"十三五"国家重点出版物出版规划项目
面向可持续发展的土建类工程教育丛书
一流本科专业一流本科课程建设系列教材

土木工程材料

第 2 版

主　编　陈　正
副主编　元　强　金　浏　侯东帅　刘清风　黄　莹
参　编　余　波　夏　晋　付传清　毛江鸿　李　静
　　　　刘剑辉　易超凡　何富强　童伟光　刘　颖
　　　　蒋琼明　廖灵青　杨燕英

机械工业出版社

本书根据现行国家标准和行业规范，结合实际教学经验编写而成，不仅有助于学生对知识点的学习，而且有助于培养学生的创新思维，提高学生分析问题、解决问题的能力。本书主要内容包括绪论、材料的基本性质、气硬性胶凝材料、水泥、混凝土、砂浆、建筑钢材、墙体材料、沥青材料、高分子材料、木材、建筑功能材料。为配合教学、突出重点，每章附有本章要点、思维导图、工程实例和习题。本书章节结构安排合理，内容注重理论联系实际和对学生综合能力的培养，提供的教学环节丰富，便于教师教学和学生阅读。

本书既可作为高等院校本科土木工程、工程管理、给排水科学与工程、建筑学等土木建筑类专业的教材，也可作为交通土建、水利工程等相关专业的教材，还可作为相关专业科研、设计、施工、监理和管理人员的参考书。

本书配有授课PPT、授课视频、习题参考答案等资源，免费提供给选用本书的授课教师，需要者请登录机械工业出版社教育服务网（www.cmpedu.com）注册后下载。

图书在版编目（CIP）数据

土木工程材料/陈正主编. —2版. —北京：机械工业出版社，2023.12（2024.8重印）
（面向可持续发展的土建类工程教育丛书）
"十三五"国家重点出版物出版规划项目 一流本科专业一流本科课程建设系列教材
ISBN 978-7-111-74348-4

Ⅰ.①土… Ⅱ.①陈… Ⅲ.①土木工程-建筑材料-高等学校-教材 Ⅳ.①TU5

中国国家版本馆 CIP 数据核字（2023）第 227437 号

机械工业出版社（北京市百万庄大街22号 邮政编码100037）
策划编辑：李 帅 责任编辑：李 帅
责任校对：梁 园 薄萌钰 韩雪清 封面设计：张 静
责任印制：郜 敏
三河市国英印务有限公司印刷
2024 年 8 月第 2 版第 3 次印刷
184mm×260mm·17.5 印张·432 千字
标准书号：ISBN 978-7-111-74348-4
定价：55.00 元

电话服务 网络服务
客服电话：010-88361066 机 工 官 网：www.cmpbook.com
　　　　　010-88379833 机 工 官 博：weibo.com/cmp1952
　　　　　010-68326294 金 书 网：www.golden-book.com
封底无防伪标均为盗版 机工教育服务网：www.cmpedu.com

第2版前言

土木工程材料是研究建设行业运用材料的学科，是土木工程专业学习的基础和核心课程。本书2020年出版了第1版，截至2023年累计重印了8次，获得了广大师生的关注和好评。本书在保留第1版原有体系和特色的基础上，按现行标准和规范进行修订，进一步融入了课程思政元素和学科前沿发展，提升精品化建设。第2版具有以下特色：

(1) 注重教学与研究、理论与实践的结合。本书涵盖了所有常用的土木工程材料，结合了编者多年来的教学经验、科研经历和项目实践，针对本科生的基础和学习特点，在叙述方面循序渐进、由浅入深，既有通俗易懂的常识性知识，又有需要理解的机理性知识，同时包含了工程实例，理论结合实践，适合立体化教学的开展。

(2) 落实"立德树人根本任务"，有机融入课程思政元素。在党的二十大报告中"推动绿色发展，促进人与自然和谐共生"的指导下，将工程中绿色环保材料的应用作为工程实例编写进本书，深挖大国工匠、家国情怀、职业担当、创新思维等课程思政元素，并与知识点相结合，树立学生精益求精的大国工匠精神和勇于创新的科学精神。

(3) 紧扣行业现行标准和规范、土木工程材料新发展，注重知识机理向研究前沿和材料发展的扩展。结合相关标准和规范的更新，对第1版第4章混凝土和第7章墙体材料相关知识进行更新；结合现代工程建设新要求和材料研究新成果，阐述新型土木工程材料的发展，突出自密实混凝土、高性能混凝土、超高性能混凝土等特种混凝土，从而激发学生的创新意识和强化工程思维的训练。

(4) 服务卓越工程师培养，注重培养学生解决复杂工程技术问题、进行工程技术创新的能力。结合本书编写团队成员参与的重大工程项目，选取代表性土木工程材料，每章通过工程案例分析和工程实例引导学生对工程材料应用中遇到的问题和创造性应用进行思考。

(5) 本书中重点、难点、课程思政素材及示范性授课配有二维码链接视频。

本书由国家级一流本科课程"土木工程材料（全英文）"、国家精品视频公开课和大学生素质教育通选课"科技建材构筑美好家园"负责人陈正担任主编。元强（中南大学）、金浏（北京工业大学）、侯东帅（青岛理工大学）、刘清风（上海交通大学）、黄莹（广西大学）担任副主编。参加编写的还有余波（广西大学）、夏晋（浙江大学）、付传清（浙江工业大学）、毛江鸿（四川大学）、李静（广西大学）、刘剑辉（广西大学）、易超凡（广西大学）、何富强（厦门理工学院）、童伟光（广西大学）、刘颖（南昌工程学院）、蒋琼明（北部湾大学）、廖灵青（广西科技大学）和杨燕英（南宁学院）。

由于时间和编者水平有限，加之土木工程材料千差万别，难免存在疏漏之处，敬请广大读者批评指正。

编　者

第1版前言

土木工程材料是土木工程专业的基础和核心课程，以材料基本性质的掌握和技术标准的应用为教学重点。随着行业的发展和规范的更新，土木工程材料课程的教材需要融入新的科技内容。

本书以高等学校土木工程学科专业指导委员会制定的《土木工程材料教学大纲》为依据，参照《高等学校土木工程本科指导性专业规范》，同时结合现行标准和规范编写，引出工程中的关键问题，满足创新型人才培养的需求。本书的编写充分考虑了近些年来新材料的发展、先进测试方法的提出，以及基础理论的进一步发展，在夯实基础的前提下，尽可能地跟上国际学术前沿。

本书分为11章，涵盖了所有常用的材料，结合了编者多年来的教学经验，针对本科生的基础和学习特点，在叙述方面循序渐进、由浅入深，既有通俗易懂的常识性知识，又有需要理解的机理性知识，同时包含了工程实例，理论结合实际，适合立体化教学的开展；"落实立德树人根本任务"，在党的二十大报告中"推动绿色发展，促进人与自然和谐共生"的指导下，将工程中绿色环保材料的应用作为工程实例编写进本书，深挖大国工匠等课程思政元素，树立学生精益求精的大国工匠精神和勇于创新的科学精神。书中重点、难点、课程思政示范性授课配有二维码链接视频。

本书由国家精品视频公开课"科技建材构筑美好家园"负责人陈正担任主编，元强（中南大学）、金浏（北京工业大学）、侯东帅（青岛理工大学）、黄莹（广西大学）担任副主编。参加编写的还有余波（广西大学）、童伟光（广西大学）、杨燕英（南宁学院）、刘颖（南昌工程学院）、廖灵青（广西科技大学）、蒋琼明（北部湾大学）、覃爱萍（广西大学）和李林（广西大学）。

由于时间和编者水平有限，加之土木工程材料千差万别，书中难免存在疏漏之处，敬请广大读者批评指正。

编　者

目　录

第2版前言

第1版前言

绪论 …………………………………………… 1

　0.1　概述 ……………………………………… 1

　0.2　土木工程材料的发展史 ………………… 3

　0.3　土木工程材料的技术标准 ……………… 9

　0.4　土木工程材料学科的特点、要求及

　　　　学习方法 ……………………………… 10

第1章　材料的基本性质 ……………………… 11

　1.1　材料的物理性质 ………………………… 12

　1.2　材料的力学性质 ………………………… 20

　1.3　材料的耐久性 …………………………… 24

　1.4　材料的装饰性 …………………………… 25

　1.5　材料的组成、结构、构造及其对材料

　　　　性质的影响 …………………………… 26

　习题 …………………………………………… 29

第2章　气硬性胶凝材料 ……………………… 31

　2.1　建筑石灰 ………………………………… 31

　2.2　建筑石膏 ………………………………… 38

　2.3　水玻璃 …………………………………… 42

　习题 …………………………………………… 45

第3章　水泥 …………………………………… 46

　3.1　硅酸盐水泥 ……………………………… 46

　3.2　掺混合材料的硅酸盐水泥 ……………… 56

　3.3　常用水泥的选用与储运 ………………… 59

　3.4　铝酸盐水泥 ……………………………… 61

　3.5　其他品种水泥 …………………………… 63

　习题 …………………………………………… 67

第4章　混凝土 ………………………………… 70

　4.1　概述 ……………………………………… 70

　4.2　普通混凝土的组成材料 ………………… 73

　4.3　新拌混凝土的和易性 …………………… 90

　4.4　混凝土的力学性能 ……………………… 94

　4.5　混凝土的变形 …………………………… 101

　4.6　混凝土的耐久性 ………………………… 106

　4.7　混凝土的质量评定 ……………………… 112

　4.8　混凝土的配合比设计 …………………… 115

　4.9　特种混凝土 ……………………………… 129

　习题 …………………………………………… 148

第5章　砂浆 …………………………………… 151

　5.1　砂浆的组成材料 ………………………… 151

　5.2　砂浆的技术性质 ………………………… 153

　5.3　砌筑砂浆 ………………………………… 158

　5.4　抹面砂浆 ………………………………… 161

　习题 …………………………………………… 167

第6章　建筑钢材 ……………………………… 168

　6.1　钢材的冶炼与分类 ……………………… 169

　6.2　建筑钢材的主要技术性能 ……………… 170

　6.3　钢材的冷加工与热处理 ………………… 176

　6.4　钢材的组织和化学成分对其性能的

　　　　影响 …………………………………… 177

　6.5　常用建筑钢材的性质与选用 …………… 180

　6.6　钢材的腐蚀与防护 ……………………… 190

　习题 …………………………………………… 193

第7章　墙体材料 ……………………………… 194

　7.1　砌墙砖 …………………………………… 194

　7.2　建筑砌块 ………………………………… 199

　习题 …………………………………………… 204

第8章　沥青材料 ……………………………… 205

　8.1　沥青 ……………………………………… 205

　8.2　沥青防水材料 …………………………… 216

　8.3　沥青混合料 ……………………………… 219

习题 …………………………………… 228

第9章 高分子材料 …………………… 229

9.1 合成高分子材料概述 …………… 230

9.2 合成高分子材料的应用 ………… 231

习题 …………………………………… 242

第10章 木材 ………………………… 243

10.1 木材的分类与构造 ……………… 244

10.2 木材的主要技术性质 …………… 246

10.3 木材的防护及应用 ……………… 249

习题 …………………………………… 254

第11章 建筑功能材料 ……………… 255

11.1 防水材料 ………………………… 256

11.2 绝热材料 ………………………… 259

11.3 吸声与隔声材料 ………………… 261

习题 …………………………………… 265

附录 核心知识点 …………………… 266

参考文献 ……………………………… 271

绪　　论

■ 0.1　概述

0.1.1　含义

土木工程是建造各类工程设施的科学、技术和工程的总称。通过土木工程建设，形成了一栋栋高楼大厦、一条条公路铁路、一座座桥梁隧道、一个个大坝码头，满足了人类吃、穿、住、用、行多方面的需求。土木工程建设中所使用的各种材料及其制品统称为土木工程材料。

土木工程材料可以分为广义的土木工程材料和狭义的土木工程材料。广义的土木工程材料是指用于土木工程中的所有材料，包括三个部分：一是构成建（构）筑物实体的材料，如水泥、混凝土、钢材、砌块砌体材料、防水保温材料等；二是施工过程中所需要的辅助材料，如脚手架、模板、挡板、安全网等；三是各种相关器材，如消防设施、给水排水设施、网络通信设施等。狭义的土木工程材料是指直接构成土木工程实体的材料。本书主要围绕狭义的土木工程材料进行介绍。

0.1.2　分类

土木工程材料种类繁多，分类的依据也很多。

1. 按化学组成分类

这是最基本的分类方法，土木工程材料按化学组成分为无机材料、有机材料和复合材料三大类，如图 0-1 所示。

2. 按材料来源分类

土木工程材料按材料来源可分为天然材料和人工材料两大类。土、木、石是人类最早的工程材料，也是典型的天然材料；现代工程常用的水泥、混凝土、钢材是典型的人工材料。

3. 按建筑功能分类

土木工程材料按其在建筑中所起的作用可分为承重材料、防水材料、隔热保温材料、防护材料、装饰材料、吸声隔声材料、黏结密封材料、智能材料等。

4. 按使用部位分类

土木工程材料在建筑工程中广泛使用，按其使用部位可分为结构材料、墙体材料、屋面材料、地面材料、吊顶材料、墙面材料等。

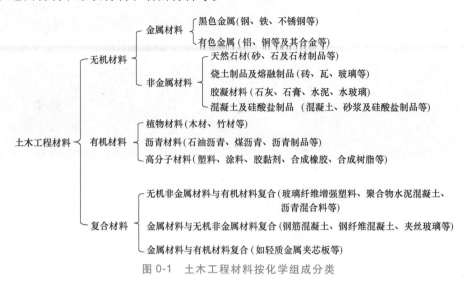

图 0-1 土木工程材料按化学组成分类

0.1.3 在工程建设中的作用

1. 工程材料是土木工程的物质基础

从高达 1000m 的国王塔到平凡无奇的普通住宅，每个建筑都是由各种零散的建筑材料经过缜密的设计和复杂的施工构建而成。一栋单体建筑所耗用的建筑材料涉及数十种，甚至上百种，质量可达几百至数千吨，甚至可达数万、几十万吨。脱离了工程材料的使用，设计方案再完美，施工方案再精细，土木工程建设也只是纸上空谈。

2. 材料的选择、使用及管理对工程造价及工程质量的影响巨大

根据中国建设工程造价管理协会收集编制的《常用房屋建筑工程技术经济指标》的统计数据，在土木工程中，建筑材料费用占工程造价的 65% 以上。掌握各种工程材料的特性，正确地选择和使用材料是对工程设计及施工人员的基本要求。材料选择的正确性和使用的合理性将直接影响工程的建设成本和工程质量，比如：C20 普通商品混凝土约为 370 元/m³，C40 的价格约为 450 元/m³，直径 ϕ20mm 的 HRB400 价格约为 3900 元/t，同规格 HRB400E 的价格约为 4000 元/t，一栋 30 层的高层框架结构的混凝土用量约为 0.35m³/m²，钢筋用量约为 70kg/m²，若建筑规模为 1 万 m²，则使用不同强度等级的混凝土价格相差约 28 万元，有无抗震要求的钢筋价格相差约 7 万元。在装饰材料上，低档装修材料和高档装修材料的价格差异约为一倍甚至更多。因此，从安全和经济等多方面选择材料，是工程质量和成本管理的基本要求。

3. 建筑艺术的发挥和建筑功能的实现，必须有品种多样、质量良好的建筑材料

2008 年，北京奥运会留下了两个标志性的建筑——"鸟巢"和"水立方"。"水立方"位于奥林匹克公园 B 区西侧，和国家体育场"鸟巢"隔马路遥相呼应，建设规模约为 8 万 m²。按照设计方案，水立方的内外立面膜结构共由 3065 个气枕组成（其中最小的为 1~2m²，最大的达到 70m²），覆盖面积达到 10 万 m²，展开面积达到 26 万 m²，是当时世界上规模最大的膜结构工程，也是唯一完全由膜结构全封闭的大型公共建筑。在整个建筑内外层包裹的

ETFE（乙烯-四氟乙烯共聚物）膜是一种新型轻质材料，不仅具有良好的热学性能和透光性，可以调节室内环境，冬季保温、夏季散热，而且使建筑结构免受游泳中心内部环境的侵蚀。离开了 ETFE 膜，水立方的设计理念将无法表达得如此淋漓尽致。

■ 0.2　土木工程材料的发展史

土木工程材料与人类文明息息相关，人类文明的发展史也是一部土木工程材料的发展史。土木工程材料的发展历程大致可分为石器时代、青铜时代、铁器时代、工业时代和科技时代五个阶段。

1. 石器时代

在旧石器时代，人类居住在天然洞穴中，不需要建筑材料。到了大约 1 万年前的新石器时代，人类开始伐木筑土，建造自己的房屋，故古代工程建设也称为"大兴土木"，这是当代土木工程的来源。图 0-2 和图 0-3 所示的西安半坡氏族的圆形房子和宁波河姆渡干栏式房屋，采用木材作为房屋的基础、柱和梁，使用黏土和草砌筑建筑的墙。现代农村存留的土砖房，也是将黏土、秸秆和稻草混合制胚，进一步晒干形成土砖，并采用黏土将土砖进行砌筑构建而成的，如图 0-4 所示。古代建筑中的材料基本来自天然材料——土和木，土取材方

图 0-2　西安半坡氏族的圆形房子

图 0-3　宁波河姆渡干栏式房屋复原图

图 0-4　土砖房

便，可塑性好，但是干缩开裂，耐水性很差；木轻质高强，易于加工，弹性和韧性好，可是内部不均匀，湿胀干缩大，耐火性和耐腐性差，但在当时的生产水平下，是最适合的建筑材料。

2. 青铜时代

青铜时代，金属工具进入人类的视野，人类开始使用金属进行开采，石作为土木工程材料登上了历史的舞台。石抗压强度高，耐久性好，但是自重大，抗弯抗剪强度低，加工运输困难，因此当时石梁的跨度都非常小。公元前 2700 年修建的左塞尔阶梯金字塔，是世界上最早用石块修建的陵墓，由实心的巨石体堆砌建成，如图 0-5 所示。公元前 438 年建成的希腊帕提侬神庙，由 46 根高达 10m 的石柱进行支撑，如图 0-6 所示。石还常用于建造石拱，石拱优化了建筑的受力形式，通过水平推力把弯矩应力变成压应力，充分发挥了石材抗压强度高的特点。建于公元 72—82 年的古罗马大角斗场，整个建筑面积约为 2 万 m²，共消耗 10 万 m³ 石料，可容纳 9 万人，是当时使用石拱的典型代表，如图 0-7 所示。我们引以为傲的赵州桥建于公元 595—605 年，整个桥体全部由石料建成，代表当时石拱建造技术的最高水平，如图 0-8 所示。在历经了十几次的水灾和多次地震之后，赵州桥至今依然保持完好。

【拱桥文化——赵州桥】

图 0-5 左塞尔阶梯金字塔

图 0-6 希腊帕提侬神庙

图 0-7 古罗马大角斗场

图 0-8 赵州桥

伴随石材的广泛使用，砌筑材料的胶结问题应运而生。古埃及使用石膏作为石的胶凝材料，如举世闻名的金字塔。古希腊则使用石灰作为胶凝材料，如希腊帕提侬神庙。公元 46

年，古罗马攻入古希腊，他们将制备石灰这门技术加以发挥，在石灰当中加入砂，做成石灰砂浆，用以砌筑石材，古罗马大角斗场就是用石灰砂浆作为胶凝材料的。石灰和石膏均具有煅烧温度低、可塑性和保水性好的优点，但强度低和耐水性差。青铜时代另外一种重要的胶凝材料为火山灰，它的主要成分为活性二氧化硅，具有潜在水硬性，并且强度高、耐久性好；但属于火山喷发物，天然资源很少，可遇而不可求。公元79年，古罗马帝国的维苏威火山喷发，繁荣的庞贝古城有2万人葬身在火山灰之下，如图0-9和图0-10所示。这次喷发对当时来说是一场巨大的灾难，但火山喷发留下的火山灰满足了几十年甚至上百年古罗马帝国建筑的需要。

图 0-9　维苏威火山

图 0-10　庞贝古城

3. 铁器时代

铁器时代制造建材的工具更加丰富，人类开始人工合成和制造各种土木工程材料，如砖和瓦。早在西周时期的墓穴中就发现了砖的痕迹。到了战国和秦朝时期，为了抵御北方的匈奴，使用砖修筑了长城，如图0-11所示。砖与石相比具有许多优点，质量相对较轻，尺寸相同，取材方便，施工方便且施工速度快，抗压强度高。

秦朝时期的阿房宫的前殿遗址中发现了瓦，如图0-12所示。到了汉朝，制瓦工艺达到

图 0-11　长城

图 0-12　阿房宫前殿遗址

了巅峰。瓦是历史上第一次出现的防水材料，它的出现具有划时代的意义。瓦的防水隔热性好，强度较高，耐腐蚀性好，但是脆性大，易破损。

【工业时代的
土木工程材料】

4. 工业时代

随着工业时代的到来，土木工程材料的发展进入了新时期。这个时期资本主义快速兴起，大跨度厂房、高层建筑和桥梁等工程的建设使土木工程材料建设的需求剧增，原有材料在性能上满足不了新的建设要求，钢铁和混凝土应运而生。

钢材的大规模应用推动着建筑结构的一次飞跃。1781 年，通车的英国塞文河铁桥是人类历史上第一座铁桥，如图 0-13 所示。它是一个拱形结构，跨度只有 30m，但在当时这是一个划时代的产品，是英国工业革命的重要象征，见证了当时的工业发展。1796 年，英国建造的第二座铸铁大桥桑德兰桥单跨已长达 73m，是塞文河铁桥跨度的两倍多，但其质量只有塞文河铁桥质量的 3/4，如图 0-14 所示。而 1786 年，建成的法兰西剧院的铁屋顶是钢铁在建筑上的应用标志，当时为了采光，还采用与玻璃结合的方式。19 世纪中叶，冶金业的发展使得强度更高、延性更好、质量更均匀的钢材广泛应用。随后高强

图 0-13 英国塞文河铁桥

度钢丝、钢索被制造出来，钢结构得到蓬勃发展，并逐渐应用于新型的桁架、框架、网架和悬索结构，出现了结构形式百花争艳的局面。1851 年，伦敦海德公园所建造的世界博览会会馆就采用了钢和玻璃建造，如图 0-15 所示。到了 1885 年，美国建造了世界上第一栋高层建筑——芝加哥家庭保险公司大厦，建筑共 10 层，高 42m，如图 0-16 所示，是世界上第一栋按现代钢框架结构原理建造的高层建筑，开摩天大楼建造之先河。建于 1889 年的埃菲尔铁塔是铁制建筑的典范作品，塔高 324m，重约 1 万 t，总共用了约 1.2 万个钢铁部

图 0-14 英国桑德兰桥

件和 250 万个铆钉，使用熟铁重达 7300t，如图 0-17 所示。钢材轻质高强，而且刚度大，不易变形，材质均匀，塑性和韧性都非常出色，但是耐腐蚀性和耐火性较差，在海边很多钢材会生锈，易受腐蚀。著名的纽约世贸中心有 110 层，高 412m，塔柱边宽 63.5m，用钢量达到 7.8 万 t，外围是密制的钢柱，墙面为铝板和玻璃，如图 0-18 所示。在 2001 年 9 月 11 日恐怖分子劫持的两架飞机分别撞击下，两栋楼仅历时 1h 左右就分别坍塌了，其主要原因就是钢材耐火性较差，燃烧温度达到 300℃ 时，普通钢材的承载力下降近 1/3，800℃ 以上时承载力几乎完全消失。

【工程伦理——
9·11 事件的思考】

图 0-15 伦敦海德公园世界博览会会馆

图 0-16 芝加哥家庭保险公司大厦

图 0-17 埃菲尔铁塔

图 0-18 纽约世贸中心

　　19世纪20年代,英国人阿斯普丁发明了"波特兰水泥",极大提高了人类征服和改造自然的能力。在"波特兰水泥"的基础上,混凝土随之出现并大量应用于建筑结构。混凝土中砂、石可以就地取材,易于成型,造就了混凝土得天独厚的生产条件。在1849年,法国园丁约瑟夫·莫尼埃发明了钢筋混凝土,充分发挥了钢筋抗拉强度高、混凝土抗压强度高的优势,使建材的用途更为广阔。世界上首座钢筋混凝土桥长16m、宽4m,尽管尺寸不大,但是具有跨时代的意义,如图0-19所示。随着混凝土结构计算理论日趋成熟和混凝土材料研究的深入,钢筋混凝土逐渐成为首选的土木工程材料。1903年,美国辛辛那提市建成的英格尔斯大楼,共16层、高64m,是世界上第一座钢筋混凝土的高层建筑,如图0-20所示。1955年所建造的华沙文化科学宫,共42层、高241m,是首个钢-混凝土组合结构,如图0-21所示。2010年建成的目前世界上最高的组合结构建筑——哈利法塔(原名迪拜塔),共162层、高828m,如图0-22所示,这是钢和混凝土协同作用造就的成果。

图 0-19 首座钢筋混凝土桥

图 0-20 美国辛辛那提市的英格尔斯大楼

图 0-21 华沙文化科学宫

图 0-22 哈利法塔

5. 科技时代

进入 21 世纪，土木工程材料开始由单一强调经济性和适用性向关注可持续性、绿色化、智能化发生转变，基础学科及相关工程学科的发展为土木工程材料的高性能、多功能、智能化和绿色生态化创造了更为充分的条件，日新月异的土木工程设计理念和建造技术对土木工程材料的发展提出了越来越多的要求，各种具有应变能力或者更强功能性的材料被不断研发，如新型防水材料、新型复合材料、新型保温材料及新型智能材料，如图 0-23 所示。此外，人们将不同组成与结构的材料复合，扬长避短，发挥各种材料的特性，如玻纤增强塑料、纤维混凝土、金属陶瓷等。随着土木工程行业的发展，未来的工程材料将向着高性能化、多功能化、智能化和生态化等方向持续发展。

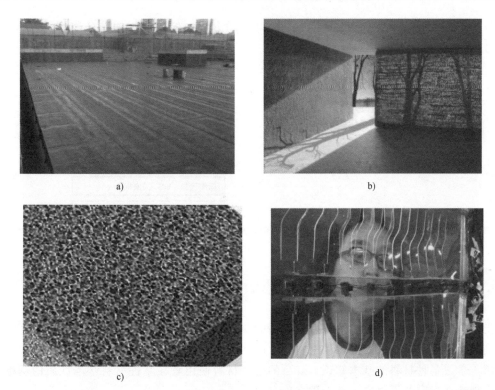

图 0-23　新型土木工程材料
a）新型防水材料　b）新型复合材料　c）新型保温材料　d）新型智能材料

■ 0.3　土木工程材料的技术标准

　　土木工程材料的选择和使用，应该根据工程的特点和使用环境来决定。材料的生产商并不固定，规模大小不一，生产管理水平差异大，因而工程材料质量存在较大的波动性，必须满足有关技术标准的规定后方可使用。绝大多数常用材料均有专门机构指定并发布相应的技术标准，明确规定了其应用于工程建设时的质量、规格、检验方法和验收规则等。

　　根据《中华人民共和国标准化法》（2017 年修订），我国的技术标准包括国家标准、行业标准、地方标准及团体标准、企业标准。各级标准一般有其固有的代号表达，见表 0-1。

表 0-1　常用的标准代号及名称

标准级别	标准代号及名称（部分）
国家标准	GB——国家标准；GBJ——建筑工程国家标准；GB/T——推荐性国家标准
行业标准（部分）	JGJ——住房和城乡建设部行业标准；JC——国家建筑材料工业局行业标准；JT——交通部行业标准；YB——冶金部行业标准；SD——水电部行业标准；LY——林业部行业标准
地方标准及团体标准（部分）	DB——地方标准；T/CCIAT——中国建筑业协会团体标准
企业标准	QB——企业标准

各类材料也有其相应的技术标准表达，其表示方法一般表达为标准名称+标准代号+标准编号+批准年份，如图0-24所示。

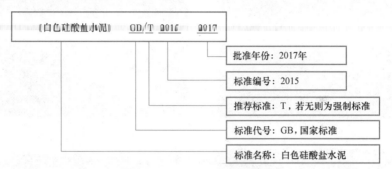

图 0-24　技术标准的表示方法

■ 0.4　土木工程材料学科的特点、要求及学习方法

土木工程材料学科具有涉及面广、引用的知识点多、综合性大、章节独立性强、实践性要求高等特点。在学习中，对每种材料的生产、组成、性质、技术要求、检验方法和应用均有要求。学习各种材料的基本知识，其目的是让材料使用者在掌握材料基本性质的基础上，能够合理地选择和使用材料，甚至创造新材料。

结合材料学科的特点和学生学习的目的，本书以材料的应用为核心，构造"一条主线"的学习思维，从性质和技术要求两个方面展开。基于图0-25所示的逻辑，在后续各种材料的学习中，形成各章学习的思维导图，以便学生预习和复习。

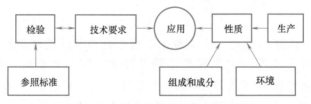

图 0-25　"一条主线"的学习思维示意图

第1章　材料的基本性质

【本章要点】

　　本章主要介绍材料的物理性质、力学性质、耐久性和装饰性等。本章的学习目标：掌握材料的密度概念和计算，孔隙率对材料性能的影响规律，强度的分类及计算；熟悉材料与水相关的性能；了解强度及强度等级的关系，材料的耐久性，材料的组成、结构和构造的概念；学会结合材料的组成和结构分析材料的性质。

【本章思维导图】

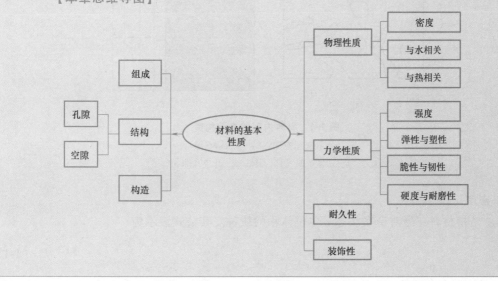

　　材料的基本性质是指材料处于不同的使用条件和使用环境时必须考虑的最基本的、共有的性质。土木工程中的建（构）筑物是由各种土木工程材料建造而成的，由于这些土木工程材料在建（构）筑物中所处的部位和环境不同，所起的作用也各有不同，因此要求各种土木工程材料必须具备相应的基本性质。例如，用于受力结构的材料，要承受各种外力的作用，因此所用的材料要具有所需的力学性质；墙体材料应具有绝热、隔声的性能；屋面材料应具有抗渗防水的性能等。由于建（构）筑物在长期使用过程中，经常受到风吹、日晒、雨淋、冰冻所引起的温度变化、干湿交替、冻融循环等作用，这就要求材料必须具有一定的耐久性。因此，土木工程材料的应用与其性质紧密相关。

土木工程材料的基本性质主要包括物理性质、力学性质、耐久性、装饰性、防火性、防辐射性等。

■ 1.1 材料的物理性质

材料的物理性质包括表示材料物理状态特征的性质和与各种物理过程有关的材料性质。

1.1.1 密度、体积密度、表观密度和堆积密度

多数材料内部都含有孔隙，由于孔的尺寸和构造不同，使不同材料表现出不同的性质特点，也决定了它们在工程中的不同用途。

材料内部的孔隙结构包括孔隙尺寸、孔隙率等。孔隙按尺寸大小可分为微孔、细孔和大孔三种；按连通性可分为开口孔和闭口孔：与外界相通的孔称为开口孔，与外界不连通且外界物质无法侵入的孔称为闭口孔。材料内部的孔隙构造如图 1-1 所示。

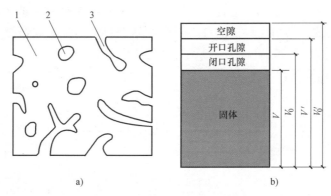

图 1-1 材料内部的孔隙构造

a）孔隙示意图 b）体积示意图

1—固体 2—闭口孔隙 3—开口孔隙

1. 密度

密度是指材料在绝对密实状态下单位体积的质量。其公式表示为

$$\rho = \frac{m}{V} \tag{1-1}$$

式中 ρ——材料的密度（g/cm³）；

　　m——材料的质量（g）；

　　V——材料在绝对密实状态下的体积（cm³）。

对于固体材料而言，m 是指干燥至恒重状态下的质量。所谓绝对密实状态下的体积是指不含有任何孔隙的体积。土木工程材料中除了钢材、玻璃等少数材料，绝大多数材料都含有一定的孔隙，如砖、石材等块状材料。对于这些有孔隙的材料，测定其密度时，应先把材料磨成细粉（粒径小于 0.2mm），经干燥至恒重后用比重瓶（李氏瓶）测定其体积，再按式（1-1）计算得到密度值。材料磨得越细，测得的数值就越准确。

2. 体积密度

体积密度是指材料在自然状态下单位体积（包括材料实体及其开口孔隙、闭口孔隙）的质量。体积密度可按照下式计算：

$$\rho' = \frac{m}{V'} \tag{1-2}$$

式中　ρ'——材料的体积密度（g/cm^3 或 kg/m^3）；

　　m——材料的质量（g 或 kg）；

　　V'——材料在自然状态下的体积（包括内部所有孔）（cm^3 或 m^3）。

对于规则形状材料的体积，可用量具测得。如加气混凝土砌块的体积是逐块量取长、宽、高三个方向的轴线尺寸，计算其体积的。对于不规则形状材料的体积，可用二次排液法或封蜡法测得。

3. 表观密度

砂、石等骨料在拌制混凝土时，内部的开口孔被水占据。混凝土拌合物的体积由水、水泥、砂、石、气孔等组成。此时，砂、石的体积不包括其开口孔的体积（该部分被水占据），只包括其绝对体积和闭口孔的体积。这时用表观密度来表示其单位体积（包括实体体积和闭口孔体积）的质量。其公式表示为

$$\rho_0 = \frac{m}{V_0} \tag{1-3}$$

式中　ρ_0——材料的表观密度（g/cm^3 或 kg/m^3）；

　　m——材料的质量（g 或 kg）；

　　V_0——材料的体积（包括材料实体及内部闭口孔，不含开口孔）（cm^3 或 m^3）。

材料表观密度的大小与其含水情况有关。当材料孔隙内含有水分时，其质量和体积均有所变化，故测定表观密度时，须注明其含水情况。通常材料的表观密度是指材料在气干状态（长期在空气中干燥）下的表观密度。在实验室中测定的通常为烘干至恒重状态下的表观密度，称为干表观密度。由于大多数材料或多或少都含有一些孔隙，因此一般材料的表观密度总小于其密度，即 $\rho_0 < \rho$。

4. 堆积密度

堆积密度是指散粒材料在自然堆积状态下单位体积的质量。其公式表示为

$$\rho_0' = \frac{m}{V_0'} \tag{1-4}$$

式中　ρ_0'——散粒材料的堆积密度（kg/m^3）；

　　m——散粒材料的质量（kg）；

　　V_0'——散粒材料在自然堆积状态下的体积（m^3）。

散粒材料在自然堆积状态下的体积是指其既含颗粒内部孔隙又含颗粒之间空隙在内的总体积。测定散粒材料的体积可通过已标定容积的容器计量而得，容器的容积视材料的种类和规格而定。如测定砂、石堆积密度就是用此法。土木工程中在计算材料用量、构件自重、配件、材料堆场体积或面积，以及计算运输材料的车辆时，均需要用到材料的上述状态参数。土木工程中常用材料的密度、体积密度和堆积密度见表1-1。

表 1-1 土木工程中常用材料的密度、体积密度和堆积密度

材料	密度/(g/cm³)	体积密度/(kg/m³)	堆积密度/(kg/m³)
钢	7.8~7.9	7850	—
花岗石	2.7~3.0	2500~2900	—
石灰石	2.4~2.6	1600~2400	1400~1700(碎石)
砂	2.5~2.6	—	1500~1700
水泥	2.8~3.1	—	1100~1300
烧结普通砖	2.6~2.7	1600~1900	—
烧结多孔砖	2.6~2.7	800~1480	—
红松木	1.55~1.60	400~600	—
玻璃	2.45~2.55	2450~2550	—
普通混凝土	—	1950~2600	—

1.1.2 孔隙率、空隙率

1. 孔隙率和密实度

孔隙率是指材料体积内孔隙体积所占的比例。其公式表示为

$$P = \frac{V'-V}{V'} \times 100\% = \left(1 - \frac{\rho'}{\rho}\right) \times 100\% \tag{1-5}$$

孔隙率相对应的是密实度，即材料体积内被固体物质充实的程度。其公式表示为

$$D = \frac{V}{V'} \times 100\% = \frac{\rho'}{\rho} \times 100\% \tag{1-6}$$

孔隙率或密实度的大小直接反映了材料的致密程度。开口孔隙率与闭口孔隙率之和等于材料的总孔隙率。孔隙率大，则密实度小。孔隙率相同的材料，它们的孔隙特征可以不同。孔隙的大小、分布、数量及构造特征对材料的性能产生很大的影响。

2. 空隙率和填充率

空隙率是指散粒状材料在某堆积体积中，颗粒之间的空隙体积所占的比例。其公式表示为

$$P' = \frac{V_0'-V'}{V_0'} \times 100\% = \left(1 - \frac{\rho_0'}{\rho'}\right) \times 100\% \tag{1-7}$$

与空隙率相对应的是填充率，即材料在某堆积体积中被颗粒填充的程度。其公式表示为

$$D' = \frac{V'}{V_0'} \times 100\% = \frac{\rho_0'}{\rho'} \times 100\% \tag{1-8}$$

通过式（1-7）和式（1-8）可以看出，散粒材料在堆积状态下，空隙率越大，填充率越小，两者之和为1。在配制混凝土时，砂、石的空隙率是控制混凝土中骨料级配与计算混凝

土含砂率的重要依据。

1.1.3 材料与水有关的性质

1. 亲水性与憎水性

当水与材料接触时，材料能被水润湿，称为材料具有亲水性；反之，材料不能被水润湿，称为材料具有憎水性。材料产生亲水性的原因是材料与水接触时，材料分子与水分子之间的作用力（吸附力）大于水分子之间的作用力（内聚力），材料表面吸附水分，即被水润湿，表现出亲水性。当水与材料接触时，材料分子与水分子之间的作用力（吸附力）小于水分子之间的作用力（内聚力），材料表面不吸附水分，即不被水润湿，表现出憎水性。

材料被水润湿的情况可用润湿角 θ 表示，如图1-2所示。组成建（构）筑物的材料经常与水或空气中的水分接触而处于材料、水和空气的三相体系中，在三相交点处，沿水滴表面的切线与水和材料的接触面之间的夹角 θ，称为润湿角。试验证明：当 $\theta \leq 90°$ 时，如图1-2a所示，材料表面容易吸附水，材料能被水润湿，表示材料为亲水性材料；当 $\theta > 90°$ 时，如图1-2b所示，材料表面不易吸附水，材料不能被水润湿，表示材料为憎水性材料。θ 越小，亲水性越好。如果润湿角 $\theta = 0°$，则表示该材料完全被水润湿。在土木工程材料中，混凝土、木材、砖等为亲水性材料，沥青、石蜡等为憎水性材料。亲水性材料表面做憎水处理，可提高其防水性能。

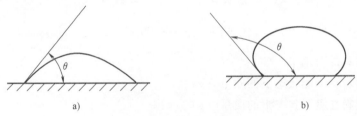

图1-2 材料润湿示意图
a）湿润 b）不湿润

2. 吸水性和吸湿性

（1）吸水性 材料在水中能吸收水分的性质称为吸水性。材料的吸水性用吸水率来表示，吸水率有以下两种表示方法：

【材料的吸水性和吸湿性】

1）质量吸水率。质量吸水率是指材料在吸水饱和状态下，内部所吸水分的质量占干燥材料质量的百分率。其公式表示为

$$W_m = \frac{m_b - m_g}{m_g} \times 100\% \tag{1-9}$$

式中 W_m——材料的质量吸水率（%）；

m_g——材料在干燥状态下的质量（g）；

m_b——材料在吸水饱和状态下的质量（g）。

2）体积吸水率。体积吸水率是指材料在吸水饱和状态下，其内部所吸水分的体积占材料自然体积的百分率。其公式表示为

$$W_V = \frac{m_b - m_g}{V'} \frac{1}{\rho_w} \times 100\% \tag{1-10}$$

式中　W_V——材料的体积吸水率（%）；

　　　V'——干燥材料在自然状态下的体积（cm^3）；

　　　ρ_w——水的密度（g/cm^3），在常温下 $\rho_w = 1g/cm^3$。

土木工程中一般采用质量吸水率表示材料的吸水性。质量吸水率与体积吸水率两者的关系表示如下：

$$W_V = W_m \rho'$$ (1-11)

式中　ρ'——材料在干燥状态下的体积密度（g/cm^3）。

材料的体积吸水率实际上等于材料的开口孔隙率，因为材料所吸水分是通过开口孔隙吸入的，开口孔隙率越大，材料吸水越多。影响材料吸水性的主要因素有材料的孔隙率和孔隙特征。对于具有微细而连通的孔隙，孔隙率越大，则吸水率越大。封闭的孔隙水分难以渗入，吸水率小。而开口孔大时，水分不易在孔内保留，仅起到润湿孔壁的作用，因此吸水率也较小。所以，不同的材料或同种材料不同的内部构造，其吸水率会有很大的差别。例如，花岗石的吸水率为 0.5%～0.7%，内墙釉面砖的吸水率为 12%～20%，混凝土的吸水率为 2%～3%，而木材的吸水率可超过 100%。

（2）吸湿性　材料在潮湿的空气中吸收水分的性质称为吸湿性。潮湿的材料在干燥的空气中也会释放出水分，称为还湿性。材料的吸湿性用含水率表示，含水率是指材料内部所含水的质量占材料在干燥状态下质量的百分率。其公式表示为

$$W_h = \frac{m_s - m_g}{m_g} \times 100\%$$ (1-12)

式中　W_h——材料的含水率（%）；

　　　m_g——材料在干燥状态下的质量（g）；

　　　m_s——材料在吸湿状态下的质量（g）。

材料的吸湿性随空气的湿度和环境温度的变化而改变。当空气湿度较大而温度较低时，材料的含水率就大，反之则小。当材料中所含水分与空气湿度达到平衡时的含水率，称为平衡含水率。具有微小开口孔隙的材料，吸湿性特别强，这是由于这类材料孔隙内表面积大，材料与水分子的吸附力大，从而使材料在潮湿的空气中更易吸收更多水分。

材料的吸水性和吸湿性均会对材料的性能产生不利的影响。通常材料大量吸水后，会造成材料的质量增加、体积改变、强度和耐久性降低，对于保温材料来说，还会显著降低其保温绝热性能。不过，利用材料的吸湿性可以起到除湿作用，常用于保持环境的干燥。

3. 耐水性

材料长期在水作用下不破坏，强度也不显著降低的性质称为耐水性。材料的耐水性用软化系数表示。其公式表示为

$$K_R = \frac{f_b}{f_g}$$ (1-13)

式中　K_R——材料的软化系数；

　　　f_b——材料在饱水状态下的抗压强度（MPa）；

　　　f_g——材料在干燥状态下的抗压强度（MPa）。

软化系数的大小表明材料浸水饱和后强度降低的程度。一般来说，材料被水浸湿后，水

分被组成材料的微粒表面吸附，形成水膜，削弱了微粒之间的结合力，材料强度都有不同程度的降低。K_R 值越小，表示材料吸水饱和后强度下降越大，即耐水性越差。材料软化系数 K_R 的波动范围为 $0\sim1$。不同的材料软化系数差别很大，如黏土软化系数接近 0，而钢材软化系数为 1。

材料的耐水性影响了材料的使用，软化系数小的材料耐水性差，其使用尤其受到限制。工程中通常将 $K_R > 0.85$ 的材料称为耐水材料。在设计长期处于水中或潮湿环境中的重要结构时，必须选用耐水材料。对于受潮较轻或次要结构部位，材料的软化系数 K_R 也不得小于 0.75。

4. 抗渗性

材料抵抗压力水渗透的性质称为抗渗性。材料的抗渗性用渗透系数 K_s 或抗渗等级 Pn 表示。渗透系数表示：一定厚度的材料，在单位压力水头作用下，在单位时间内透过单位面积的水量。其公式表示为

$$K_s = \frac{Qd}{AtH} \tag{1-14}$$

式中 K_s——材料的渗透系数（cm/h）；

Q——渗透水量（cm^3）；

d——材料厚度（cm）；

A——渗水面积（cm^2）；

t——渗水时间（h）；

H——静水压力水头（cm）。

K_s 越小，表明材料渗透的水量越小，即抗渗性越好。

材料的抗渗性也可用抗渗等级表示。抗渗等级是指用标准方法进行透水试验时，材料标准试件在透水前所能承受的最大水压力，用符号"Pn"表示，其中 n 为该材料所能承受的最大水压力（MPa）数值的 10 倍，如 P4、P6、P8、P10 等，表示材料试件能承受 0.4MPa、0.6MPa、0.8MPa、1.0MPa 的水压力而不渗水。

影响材料抗渗性的因素：一是材料本身属于亲水性还是憎水性，通常憎水性材料的抗渗性优于亲水性材料；二是材料的密实度，密实度高的材料，抗渗性较好；三是材料的孔隙特征，细微连通的孔隙水易渗入，这种孔隙越多，材料抗渗性越差。抗渗性是决定土木工程材料耐久性的重要因素，在设计地下建筑、压力管道等结构时，均要求其所用的材料必须具有良好的抗渗性。抗渗性也是检验防水材料产品质量的重要指标。

5. 抗冻性

材料在水饱和状态下，能经受多次冻融循环作用而不破坏，也不严重降低强度的性质，称为材料的抗冻性。

材料的抗冻性用抗冻等级表示。抗冻等级是以规定的试件、在规定的试验条件下，在冻融后的质量损失和强度损失不超过一定限度，并且无明显损坏和剥落所能经受的冻融循环次数来确定的。抗冻等级用符号"Fn"表示，其中 n 为该材料所能承受最大冻融循环次数，如材料的抗冻等级 F15、F25、F50、F100、F200 等，分别表示此材料可承受 15 次、25 次、50 次、100 次、200 次的冻融循环。

材料抗冻等级的选择根据结构种类、使用条件、气候条件等来决定。例如，烧结普通

砖、陶瓷面砖、轻混凝土等墙体材料，一般要求抗冻等级为 F15 或 F25；用于桥梁和道路的混凝土应为 F50、F100 或 F200，而严寒地区受冻严重的重要水工结构使用的混凝土要求高达 F400。

材料受冻融破坏的主要原因是其孔隙中的水结冰所致。材料吸水后，在负温条件下，水在材料毛细孔内冻结成冰，体积增大约9%，若材料孔隙内充满水，则结冰膨胀对孔隙壁产生很大的应力，当此应力超过材料的抗拉强度时，孔隙壁将产生局部开裂。随着冻融循环的反复，材料的破坏作用逐步加剧。所以材料的抗冻性取决于其孔隙率、孔隙特征和充水程度。如果孔隙不充满水，远未达到饱和，具有足够的自由空间，即使受冻也不致产生很大的冻胀应力。极细的孔隙，虽可以充满水，但孔隙壁对水吸附力极大，吸附在孔壁上的水冰点很低，它在很大的负温下才会结冰。粗大孔隙水分不易充满其中，对冻胀破坏也可起缓冲作用。一般情况下，毛细孔对材料的抗冻性影响较大。材料的变形能力大、强度高、软化系数大时，其抗冻性也较高。一般认为软化系数小于 0.80 的材料，其抗冻性较差。

从外界条件来看，材料受冻融破坏的程度，与冻融温度、结冰速度、冻融频繁程度等因素有关。环境温度越低、降温越快、冻融越频繁，则材料受冻融破坏越严重。材料受冻融破坏作用后，由表及里产生剥落现象。

抗冻性良好的材料，对抵抗大气温度变化、干湿交替等风化作用的能力较强，所以抗冻性常作为考察材料耐久性的一项重要指标。在设计寒冷地区和寒冷环境的建（构）筑物时，必须要考虑材料的抗冻性。处于温暖地区的土木工程，虽无冰冻作用，但需抵抗大气风化作用，确保建（构）筑物的耐久性，故也常对材料提出一定的抗冻性要求。

1.1.4 材料的热工性质

为了保证建（构）筑物具有良好的室内气候，同时能降低建（构）筑物的使用能耗，必须要求土木工程材料具有一定的热工性质。土木工程材料常用的热工性质有导热性、热容量、比热容等。

1. 导热性

当材料两面存在温度差时，热量将由温度高的一侧，通过材料传递到温度低的一侧，材料这种传导热量的能力，称为材料的导热性。

材料的导热性用导热系数表示，其公式表示为

$$\lambda = \frac{Qd}{SZ(t_2-t_1)} \tag{1-15}$$

式中 λ——导热系数 [W/(m·K)]；

Q——传导的热量 (J)；

d——材料厚度 (m)；

S——热传导面积 (m^2)；

Z——热传导时间 (s)；

t_2-t_1——材料两面的温度差 (K)。

导热系数的物理意义：厚度为 1m 的材料，当两面温度差为 1K（热力学温度单位开尔文）时，在 1s 时间内通过 1m^2 面积的热量。材料的导热系数越小，表示绝热性能越好。各种材料的导热系数差别很大，如大理石 $\lambda=3.48$W/(m·K)，泡沫塑料 $\lambda=0.03$W/(m·K)。

工程中通常把 $\lambda < 0.23\mathrm{W/(m \cdot K)}$ 的材料称为绝热材料。

2. 热容量和比热容

材料在受热时吸收热量，冷却时放出热量的性质称为材料的热容量，热容量可通过材料比热容算得，而比热容出试验测得。热容量的公式表示为

【材料的
热容量】

$$Q = mC(t_2 - t_1) \tag{1-16}$$

式中　Q——材料的热容量（J）；

　　　C——材料的比热容 $[\mathrm{J/(g \cdot K)}]$；

　　　m——材料的质量（g）；

　　$t_2 - t_1$——材料受热或冷却前后的温差（K）。

材料比热容的物理意义是指 1g 质量的材料，在温度改变 1K 时所吸收或放出的热量。材料的导热系数和热容量是设计建（构）筑物围护结构（墙体、屋盖）进行热工计算时的重要参数。设计时应选用导热系数较小而热容量较大的材料，以使建（构）筑物保持室内温度的稳定性。同时，导热系数也是工业窑炉热工计算和确定冷藏库绝热层厚度时的重要数据。表 1-2 为几种典型材料的热工性质指标。

表 1-2　几种典型材料的热工性质指标

材料	导热系数/$[\mathrm{W/(m \cdot K)}]$	比热容/$[\mathrm{J/(g \cdot K)}]$
钢	55	0.46
花岗石	2.9	0.80
普通混凝土	1.8	0.88
烧结普通砖	0.55	0.84
松木	0.15	1.63
泡沫塑料	0.03	1.30
冰	2.20	2.05
水	0.60	4.19
静止空气	0.025	1.00

3. 热阻和传热系数

材料层（墙体或其他围护结构）抵抗热流通过的能力称为热阻。热阻的公式表示为

$$R = \frac{d}{\lambda} \tag{1-17}$$

式中　R——材料层热阻（$\mathrm{m^2 \cdot K/W}$）；

　　　d——材料层厚度（m）；

　　　λ——材料的导热系数 $[\mathrm{W/(m \cdot K)}]$。

热阻的倒数 $1/R$ 称为材料层（墙体或其他围护结构）的传热系数。传热系数是指材料两面温差为 1K 时，在单位时间内通过单位面积的热量。

4. 材料的温度变形性

材料的温度变形性是指温度升高或降低时材料的体积变化。材料的热温度变形性用线膨胀系数 α 表示。

$$\Delta L = (t_2 - t_1)\alpha L \tag{1-18}$$

式中　ΔL——线膨胀或线收缩量（mm 或 m）；

　　　t_2-t_1——材料前后的温差（K）；

　　　　α——材料在常温下的平均线膨胀系数（1/K）；

　　　　L——材料原来的长度（mm 或 m）。

材料的线膨胀系数与材料的组成和结构有关，工程建设中，常选择合适的材料来满足工程对温度变形的要求。

■ 1.2　材料的力学性质

材料的力学性质是指材料在外力作用下的变形性和抵抗破坏的性质。它是选用土木工程材料时首要考虑的基本性质。

1.2.1　材料的强度与等级

1. 强度

材料在外力作用下抵抗破坏的能力称为材料的强度。当材料受到外力作用时，其内部就产生应力，外力增加，应力相应增大，直至材料内部质点间结合力不足以抵抗所作用的外力时，材料即发生破坏。材料破坏时，应力达到极限值，该极限应力值就是材料的强度，也称为极限强度。根据外力作用方式的不同，材料强度有抗压强度、抗拉强度、抗弯强度、抗剪强度等，如图 1-3 所示。

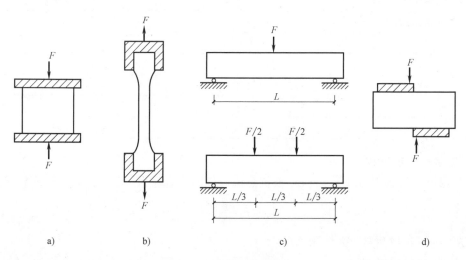

图 1-3　材料受外力作用

a）受压状态　b）受拉状态　c）受弯状态　d）受剪状态

在工程上，通常采用破坏试验法对材料的强度进行实测。将预先制作的试件放置在材料试验机上，施加外力（荷载）直至破坏，根据试件尺寸和破坏时的荷载值，计算材料的强度。材料的抗压、抗拉、抗剪强度可直接由下式计算：

$$f=\frac{F_{\max}}{A}$$

（1-19）

式中　f——材料强度（MPa）；

F_{max}——材料破坏时的最大荷载（N）；

A——试件受力面积（mm²）。

材料的抗弯强度与试件的几何外形及荷载施加的情况有关，对于矩形截面的条形试件，当其两个支点间作用一集中荷载时，其抗弯强度值按下式计算：

$$f_w = \frac{3F_{max}L}{2bh^2} \qquad (1\text{-}20)$$

式中　f_w——材料的抗弯强度（MPa）；

F_{max}——材料受弯破坏时的最大荷载（N）；

L、b、h——两支点的间距、试件横截面的宽、试件横截面的高（mm）。

当试件的支点间的三分点处作用两个相等的集中荷载时，其抗弯强度的计算公式为

$$f_w = \frac{F_{max}L}{bh^2} \qquad (1\text{-}21)$$

式中各符号的意义同上。

影响材料强度的主要因素如下：

（1）材料的组成、结构与构造　材料的孔隙率越大，则强度越小。对于同一品种的材料，其强度与孔隙率之间存在近似直线的反比关系，如图1-4所示。一般表观密度大的材料，强度也高。晶体结构材料的强度还与晶粒粗细有关，其中细晶粒的强度更高。玻璃原是脆性材料，抗拉强度低，但制成玻璃纤维后，则成了很好的抗拉材料。

（2）材料的含水状态及温度　材料含水后强度比干燥时低。一般温度高时，材料的强度将降低，沥青混合料尤其明显。

（3）试件的形状、尺寸、加载速度和表面状态　相同材料采用较小试件测得的强度比较大试件高；加载速度快者强度值偏高；试件表面光滑或涂润滑剂时，所测的强度偏低。

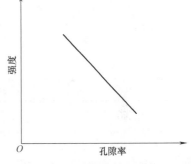

图1-4　材料强度与孔隙率的关系

由此可知，材料的强度是在特定条件下测定的数值。为了使试验结果准确，且具有可比性，各国都制定了统一的材料试验标准，在测定材料强度时，必须严格按规定的试验方法进行。

2. 强度等级与牌号

对于以强度为主要指标的材料，通常按材料强度值的高低划分成若干等级或牌号。如硅酸盐水泥按3d、28d抗压、抗折强度值划分为42.5、52.5、62.5等强度等级；普通混凝土按其28d抗压强度分10个强度等级；碳素结构钢按其抗拉强度分为4个牌号等。强度等级是人为划分的，是不连续的。根据强度划分强度等级时，规定的各项指标都合格，才能定为某强度等级，否则就要降低级别。土木工程材料按强度划分为等级或牌号，对生产者和使用者均有重要的意义，它可以使生产者在生产中控制质量有据可依，从而达到保证产品质量；对使用者则有利于掌握材料性能指标，以便合理选用材料、正确进行设计和控制施工质量。常用的土木工程材料的强度见表1-3。

表 1-3　常用的土木工程材料的强度　　　　　　　　（单位：MPa）

材料	抗压强度	抗拉强度	抗折强度
花岗石	100~250	5~8	10~14
烧结普通砖	10~30	0.7~0.9	1.0~4.0
普通混凝土	7.5~60	1~4	3~10
松木（顺纹）	30~50	80~120	60~100
建筑钢材	235~1600	235~1600	—

3. 比强度

比强度是指按单位体积质量计算的材料强度，其值等于材料的强度与其表观密度之比。对不同强度的材料进行比较，可采用比强度这个指标。比强度是反映材料轻质高强的力学参数，是衡量材料轻质高强性能的一项重要指标，比强度越大，材料的轻质高强性能越好。工程中几种常用材料的比强度见表 1-4。

由表 1-4 可知，玻璃钢和松木是轻质高强的高效能材料，普通混凝土则为质量大而强度较低的材料。因此，努力促进当代最重要的结构材料——混凝土向轻质、高强方向发展，是一项十分重要的工作。

表 1-4　几种常用材料的比强度

材料	表观密度/(kg/m³)	强度/MPa	比强度/[MPa/(kg/m³)]
低碳钢	7850	420	0.054
铝合金	2800	450	0.161
普通混凝土	2400	40	0.017
松木	500	100	0.200
玻璃钢	2000	450	0.225
烧结普通砖	1700	10	0.006

1.2.2　材料的弹性和塑性

材料在外力作用下产生变形，当外力取消后能够完全恢复原来形状的性质称为弹性。这种完全恢复的变形称为弹性变形或瞬时变形。弹性变形属于可逆变形，其数值大小与外力成正比，这个比例系数称为弹性模量，弹性模量用符号"E"表示，其值可用应力 σ 与应变 ε 之比表示：

【辩证思维——材料的弹性和塑性】

$$E = \frac{\sigma}{\varepsilon} = 常数$$

弹性模量是表示材料抵抗变形的指标，E 值越大，材料越不易变形，即抵抗变形的能力越强。各种材料的弹性模量相差很大，通常原子能高的材料具有较高的弹性模量。弹性模量是结构设计时的重要参数。

材料在外力作用下产生变形，如果外力取消后，仍能保持变形后的形状和尺寸，并且不产生裂缝的性质称为塑性。这种不能恢复的变形称为塑性变形或永久变形。塑性变形为不可逆变形。

实际上纯弹性变形的材料是没有的，通常一些材料在受力不大时，表现为弹性变形，而当外力达到一定值时，则呈现塑性变形，如低碳钢是这种材料的典型。另外许多材料在受力时，弹性变形和塑性变形同时发生，这种材料在外力取消后，弹性变形会恢复，而塑性变形不会消失，混凝土就是这类弹塑性材料的典型，其弹塑性变形曲线如图1-5所示。图中 ab 为可恢复的弹性变形，bO 则为不可恢复的塑性变形。

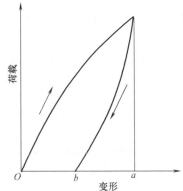

图1-5 混凝土的弹塑性变形曲线

1.2.3 材料的脆性与韧性

材料受力达到一定程度时，突然发生破坏，并无明显的塑性变形，材料的这种性质称为脆性。具有这种性质的材料称为脆性材料。大部分无机非金属材料均属于脆性材料，如天然石材、烧结普通砖、陶瓷、玻璃、普通混凝土、砂浆等。脆性材料的另一特点是抗压强度高而抗拉、抗折强度低，破坏时变形小。在工程中使用时，应注意发挥这类材料的特性。

材料在冲击或振动荷载作用下，能够吸收较大的能量，同时也能产生较大的变形而不致破坏的性质称为韧性。材料的韧性用冲击韧度表示，冲击韧度采用带缺口的试件做冲击破坏试验进行测定。其公式表示为

$$\alpha_K = \frac{A_K}{A} \tag{1-22}$$

式中 α_K——材料冲击韧度（J/cm²）；

A_K——试件破坏时所消耗的功（J）；

A——试件受力净截面面积（cm²）。

常用的韧性材料有低碳钢、木材、玻璃钢等。在土木工程中，对于要求承受冲击荷载和有抗震要求的结构，如路面、桥梁、吊车梁等的结构材料都要考虑材料的韧性。

1.2.4 材料的硬度与耐磨性

材料表面抵抗其他硬物刻划或压入的能力称为硬度，它表示材料表面的坚硬程度。材料的硬度越大，则其强度越高，耐磨性越好。

测定材料硬度的方法有很多种，通常采用刻划法、压入法或回弹法，不同的材料其硬度测定方法不同。刻划法常用于测定天然矿石的硬度，按硬度递增顺序分为10级，即滑石、石膏、方解石、萤石、磷灰石、正长石、石英、黄玉、刚玉、金刚石。钢材、木材及混凝土等的硬度常用压入法测定，如布氏硬度就是以压痕单位面积上所承受压力来表示的。回弹法常用于测定混凝土构件表面硬度，并以此估算混凝土的抗压强度。

材料表面抵抗磨损的能力称为耐磨性。材料的耐磨性用磨耗率表示，其公式表示为

$$G = \frac{m_1 - m_2}{A} \tag{1-23}$$

式中 G——材料的磨耗率（g/cm²）；

m_1——材料磨损前的质量（g）；

m_2——材料磨损后的质量（g）;

A——材料试件的受磨面积（cm^2）。

■ 1.3 材料的耐久性

材料的耐久性泛指材料在使用条件下，受各种内在或外来自然因素及有害介质的作用，能长久地不改变其原有性质、不破坏，长久地保持其使用性能的性质。

1.3.1 材料经受的环境作用

在建（构）筑物使用过程中，材料除内在原因使其组成、构造、性能发生变化外，还长期受到使用条件及环境中许多自然因素的作用，这些作用包括物理、化学、机械及生物的作用。

1. 物理作用

物理作用包括环境温度、湿度的交替变化，即干湿变化、温度变化及冻融变化等。这些作用将使材料发生体积的胀缩，或导致内部裂缝的扩展。时间长久之后会使材料逐渐破坏。在寒冷地区，冻融变化对材料会起显著的破坏作用。在高温环境下，经常处于高温状态的建（构）筑物，所选用的材料要具有耐热性能。

2. 化学作用

化学作用包括大气、环境水及使用条件下酸、碱、盐等液体或有害气体对材料的侵蚀作用。

3. 机械作用

机械作用包括使用荷载的持续作用，交变荷载引起材料疲劳、冲击、磨损、磨耗等。

4. 生物作用

生物作用包括菌类、昆虫等的作用，使材料腐朽、蛀蚀而破坏。

耐久性是材料的一项综合性质，各种材料耐久性的具体内容，因其组成和结构不同而不同。例如，钢材易受氧化而锈蚀；砖、石料、混凝土等矿物材料，多是由于物理作用而破坏，也可能同时会受到化学作用的破坏；其他无机非金属材料常因氧化、风化、碳化、溶蚀、冻融、热应力、干湿交替作用等而破坏；木材等有机材料常因生物作用腐烂、虫蛀而破坏；沥青材料、高分子材料在阳光、空气和热的作用下会逐渐老化而使材料变脆或开裂而变质。

1.3.2 材料耐久性的测定

对材料耐久性的判断，最可靠的是对其在使用条件下进行长期的观察和测定，但这需要很长时间。为此，通常采用快速检验法进行检验，这种方法是模拟实际使用条件，将材料在实验室进行有关的快速试验，根据试验结果对材料的耐久性进行判定。在实验室进行快速试验的项目主要有干湿循环、冻融循环、加湿和紫外线干燥循环、盐溶液浸渍与干湿循环、化学介质浸渍等。通过这些试验进行材料的抗渗性、抗冻性、耐蚀性、耐碳化性、耐侵蚀性、抗碱-骨料反应等检测，用这些综合的性能指标进行材料耐久性的评定。

材料的耐久性指标是根据工程所处的环境条件来决定的。例如，处于冻融环境的工程，所用材料的耐久性以抗冻性指标来表示；处于暴露环境的有机材料，其耐久性以抗老化能力来表示。

在设计建（构）筑物使用材料时，必须考虑材料的耐久性问题，因为只有选用耐久性好的材料，才能保证材料的经久耐用。提高材料的耐久性，可以节约工程材料、保证建（构）筑物长期安全、减少维修费用、延长建（构）筑物的使用寿命。

■ 1.4 材料的装饰性

装饰材料也称为饰面材料，是指装修各类土木建（构）筑物以提高其使用功能和美观，保护主体结构在各种环境因素下的稳定性和耐久性的材料及其制品。装饰性是装饰材料的主要性能要求之一。它是指材料的外观特性给人的感觉效果，即对人的视觉、情绪、感觉等精神方面的活动带来的影响。材料的装饰性主要包括颜色、光泽、透明性、纹样、质感等。

1. 颜色

材料的颜色反映了材料的色彩特征。色彩是构成一个建（构）筑物外观乃至影响环境的重要因素。不同的色彩以及不同的色彩组合，能给人以不同的感觉。如红、橙、黄等色使人联想到太阳、火焰而感到温暖，故称为暖色；见到绿、蓝、紫等色会让人联想到森林、大海、蓝天而感觉凉爽，故称为冷色。暖色调让人感到热烈、兴奋、温暖，冷色调让人感到宁静、幽雅、清凉。因此在选择装饰材料时，应充分考虑色彩给人的心理作用，创造符合实际要求的空间环境。

材料表面的颜色决定于三个方面的因素：①材料对光谱的吸收、反射、透射的作用；②人眼观察材料时照射于材料上的光线的光谱组成；③观察者眼睛对光谱的敏感性。由于这几方面因素的作用，不同的人对同一种颜色的感觉是不同的，材料的颜色通常用标准色板进行比较，或者用光谱分光度仪进行测定。

2. 光泽

光泽是材料表面方向性反射光线的性质。它对形成于材料表面上的物体形象的清晰程度起着决定性的作用。不同的光泽度，可改变材料表面的明暗程度，并可扩大视野或造成不同的虚实对比。当光线射到物体表面，若经物体表面反射形成的光线是集中的，称为镜面反射；若反射的光线分散在各个方向，则称为漫反射。镜面反射是材料产生光泽的主要原因。材料的光泽度与材料表面的平整程度、材料的材质、光线的投射及反射方向等因素有关，材料表面越光滑，光线反射越强，则光泽度越高。如釉面砖、磨光石材、镜面不锈钢等材料具有较高的光泽度，而毛石、无釉陶瓷等材料光泽度较低。材料的光泽度可用光电光泽计测定。

3. 透明性

透明性是指光线透过物体时所表现的光学特性。能透视的物体是透明体，如普通平板玻璃；能透光但不透视的物体为半透明体，如磨砂玻璃；不能透光透视的物体为不透明体，如混凝土、木材。利用不同的透明度可隔断或调节光线的明暗，造成特殊的光学效果，也可使物像清晰或朦胧。如发光顶棚的罩面材料一般用半透明体，这样可将灯具的外形遮住但又能透过光线，既美观又符合室内照明的需要；商业橱窗就需要用透明性非常高的玻璃，从而使顾客能看清所陈列的商品。

4. 纹样

纹样也称为纹理，是指材料表面所呈现的线条花纹。例如，木材、大理石及人造石材具有不同的纹理或纹样，而单色的墙布、抹灰面就没有纹理。可由各种纹理式样构成花样，如用彩色壁纸、花饰板面构成各种图案花纹。

5. 质感

质感是通过材料质地、表面构造、光泽等，产生对装饰材料的感觉。材料的表面常呈现细致或粗糙、平整或凹凸、密实或疏松等质感效果。材料的质地不同，给人的感受不同。例如，质地粗糙的材料，使人感到浑厚、稳重，因其可以吸收部分光线，会使人感受到一种光线柔和之美；质地细腻的材料，使人感觉到精致、轻巧，其表面有光泽，从而使人感受到一种明亮、洁净之美。装饰材料的质感主要来源于材料本身的质地、结构特征，还取决于材料的加工方法和加工程度。

■ 1.5 材料的组成、结构、构造及其对材料性质的影响

建（构）筑物是由多种材料组合而成的，材料所具有的各项性质又是由于材料的组分、结构与构造等内部因素所决定的，为了保证建（构）筑物能经久耐用，就需要掌握材料的性质和了解它们与材料的组成、结构、构造的关系，并合理地选用材料。

1.5.1 材料的组成

材料的组成是指材料的化学成分或矿物成分。它不仅影响着材料的化学性质，也是决定材料物理、力学性质的重要因素。

1. 化学组成

当材料与外界自然环境及各类物质相接触时，它们之间必然要按照化学变化规律发生作用。材料受到酸、碱、盐类物质的侵蚀作用，材料遇到火焰时发生燃烧，以及钢材与其他金属材料的锈蚀等都属于化学作用，材料的耐侵蚀、耐火、耐锈蚀等性能由其化学组成决定。

2. 矿物组成

某些材料如天然石材、无机胶凝材料等，其矿物组成是决定其材料性质的主要因素。水泥所含有的熟料矿物不同或其含量不同，表现出的水泥性质就各有差异。例如，在硅酸盐水泥中，熟料矿物硅酸三钙含量高的，其硬化速度较快，强度也较高。

1.5.2 材料的结构与构造

材料的性质与其结构、构造有着密切关系，也可以说材料的结构、构造是决定材料性质极其重要的因素。材料的结构大体上可以划分为微观结构、亚微观结构和宏观结构。

1. 材料的微观结构

这里的结构是指物质的原子、分子层次的微观结构。一般要借助于电子显微镜、X射线

衍射仪等具有高分辨率的设备进行观察、分析，其分析程度以"埃"（$1\text{Å} = 10^{-10}\text{m}$）为单位。与材料的许多物理性质，如强度、硬度、弹塑性、导热性等都有密切的关系。材料的结构可以分为晶体、玻璃体和胶体。

（1）晶体　晶体是指材料的内部质点（原了、分子或离于）呈现规则排列的、具有一定结晶形状的固体。晶体分为单晶体和多晶体。单晶体如水晶，因其各个方向的质点排列情况和数量不同，所以其在不同方向的物理化学性质不同，表现出各向异性；多晶体如金属，由大量排列不规则的晶粒组成，晶体的性能在各个方向相互补充和抵消，表现出各向同性。

按晶体质点及结合键的特性，可将晶体分成原子晶体、离子晶体、分子晶体和金属晶体。不同种类的晶体所构成的材料表现出的性质不同。

1）原子晶体。原子晶体是由中性原子构成的晶体，其原子之间由共价键来联系。原子之间靠数个共用电子结合，具有很大的结合能，结合比较牢固，因而这种晶体的强度、硬度与熔点都是比较高的。石英、金刚石、碳化硅等属于原子晶体。

2）离子晶体。离子晶体是由正、负离子所构成的晶体。因为离子是带电荷的，它们之间靠得失电子形成的离子键来结合。离子晶体一般比较稳定，其强度、硬度、熔点较高，但在溶液中会离解成离子，如 $NaCl$、KCl、$MgCl_2$ 等。

3）分子晶体。分子晶体由分子构成，相邻分子靠分子间作用力相互吸引。分子晶体中的分子由于电荷的非对称分布而产生的分子极化，或是由于电子运动而发生的短暂极化形成结合力（称为范德华力），因为这种结合力较弱，故其硬度低，熔点也低。分子晶体大部分属于有机化合物。

4）金属晶体。金属晶体是由金属阳离子排列成一定形式的晶格，如体心立方晶格、面心立方晶格和紧密六方晶格。在晶格间隙中有自由运动的电子，这些电子称为自由电子。金属键通过自由电子的库仑引力而结合。自由电子可使金属具有良好的导热性及导电性。

在金属材料中，晶粒的形状和大小也会影响材料的性质。常温下，晶粒越细小，晶界面积越大，金属的强度越高，塑性和韧性也越高。常采用热处理法使金属晶粒产生变化，以达到调节和控制金属材料力学性能（强度、韧性、硬度等）的效果。

（2）玻璃体　玻璃体是熔融的物质经急冷而形成的无定形体，是非晶体。熔融物经慢冷，内部质子可以规则地排列而形成晶体；若是冷却速度较快，达到凝固温度时，它还具有很大的黏度，致使质点来不及按一定的规则排列就已经凝固成固体，此时得到的就是玻璃体结构。因其质点排列无规律，玻璃体没有固定的熔点，而是在一定温度范围内逐渐软化而变化为液体。

由于在急冷过程中，质点间的能量以内能的形式储存起来，使玻璃体具有化学不稳定性，即具有潜在的化学活性，在一定条件下容易与其他物质发生化学反应，如火山灰、粒化高炉矿渣等。

（3）胶体　胶体是指一些细小的固体粒子（直径为 $1 \sim 100 \mu m$）分散在介质中所组成的结构，一般属于非晶体。由于胶体的质点很微小，表面积很大，所以表面能很大，吸附能力很强，使胶体具有很强的黏结力。

胶体由于脱水或质点凝聚作用，而逐渐产生凝胶。凝胶体具有固体性质，在长期应力作用下又具有黏性液体的流动性质。这是由于固体微粒表面有一层吸附膜，膜层越厚，流动性越大。如混凝土的强度及变形性质与水泥水化形成的凝胶体有很大的关系。

非晶体材料在外力作用下，其弹性变形和塑性变形之间没有明显的界限，一般会同时产生弹性变形和塑性变形。

2. 材料的亚微观结构

亚微观结构也称为细观结构，一般是指用光学显微镜所能观察到的材料结构，其尺寸为微米级。该尺寸下，可分析材料的结构组织；分析天然岩石的矿物组织；分析金属材料晶粒的粗细及其金相组织，如钢材中的铁素体、珠光体、渗碳体等组织；观察木材的木纤维、导管、髓线、树脂道等显微组织；分析组成混凝土材料的粗细骨粒、水泥石（包括水泥的水化产物及未水化颗粒）及孔隙等。

材料内部各种组织的性质各不相同，这些组织的特征、数量、分布及界面之间的结合情况都对材料的整体性质起着重要作用。因此，研究分析材料的亚微观结构有非常重要的意义。

3. 材料的宏观结构

材料的宏观结构是指用肉眼或放大镜能够分辨的粗大组织。其尺寸约为毫米级，以及更大尺寸的构造情况。因此，这个层次的结构也可以称为宏观构造。

材料的宏观结构（构造）按孔隙尺寸可以分为致密结构、多孔结构、微孔结构；按构成形态可分为聚集结构、纤维结构、层状结构、散粒结构。

（1）致密结构　致密结构是指基本上无孔隙存在的材料，如钢铁、有色金属、致密天然石材、玻璃、玻璃钢、塑料等。

（2）多孔结构　多孔结构是指具有粗大孔隙的结构，如加气混凝土、泡沫混凝土、泡沫塑料、人造轻质材料等。

（3）微孔结构　微孔结构是指微细的孔隙结构，在生产材料时，增加拌和水量或掺入可燃性掺料，由于水分蒸发或烧掉某些可燃物而形成微孔结构，如石膏制品、黏土砖瓦等。

（4）聚集结构　聚集结构是由骨料与胶凝材料结合而成的材料。它所包括的范围很广，如水泥混凝土、砂浆、沥青混凝土、石棉水泥制品、木纤维或刨花水泥板，以及烧土制品、陶瓷、增强塑料等。

（5）纤维结构　纤维结构是指木材纤维、玻璃纤维及矿物棉等纤维材料所具有的结构。其特点是平行纤维方向与垂直纤维方向的强度及导热性等性质都具有明显的方向差异，即各向异性。其使用方式有散铺、制成毡片或织物，以及胶结成板材等。

（6）层状结构　层状结构是指采用黏结或其他方法将材料叠合成层状的结构，如胶合板、木质叠合人造板、纸面石膏板、蜂窝夹芯板、金属隔热夹芯板和层状填料塑料板等。

（7）散粒结构　散粒结构是指松散颗粒状结构，如混凝土骨料、用作绝热材料的粉状或粒状的填充料等。

从微观、亚微观和宏观三个不同层次的结构上来研究材料的性质才能深入其本质，对改进与提高材料性能及开发新型材料都有着重要意义。

【工程案例分析1】

［现象］ 某工程灌浆材料采用水泥净浆，为了达到较好的施工性能，配合比中要求加入硅粉，并对硅粉的化学组成和细度提出要求，但施工单位将硅粉理解为磨细石英粉，生产中加入的磨细石英粉的化学组成和细度均满足要求，在实际使用中效果不好，水泥浆体成分不均，请分析原因。

［分析］ 硅粉又称为硅灰，是硅铁厂烟尘中回收的副产品，其化学组成为 SiO_2，微观结构为表面光滑的玻璃体，能改善水泥净浆的施工性能。磨细石英粉的化学组成也为 SiO_2，微观结构为晶体，表面粗糙，对水泥净浆的施工性能有不利影响。硅粉和磨细石英粉虽然化学成分相同，但细度不同，微观结构不同，导致材料的性能差异明显。

【工程案例分析2】

［现象］ 某施工队原使用普通烧结黏土砖，后改为多孔、密度仅为 $700kg/m^3$ 的加气混凝土砌块。在抹灰前往墙上浇水，发现原使用的普通烧结黏土砖易吸足水量，但加气混凝土砌块表面看来浇水不少，但实则吸水不多，请分析原因。

［分析］ 加气混凝土砌块虽多孔，但其气孔大多数为"墨水瓶"结构，肚大口小，毛细管作用差，只有少数孔是水分蒸发形成的毛细孔，故吸水及导湿均缓慢。材料的吸水性不仅要看孔数量多少，还需考虑孔的结构。

习 题

1-1 材料的密度、体积密度、堆积密度有何区别？如何测定？

1-2 材料的孔隙率和空隙率有何区别？如何计算？

1-3 什么是耐水材料？如何表示？

1-4 影响材料吸水性的主要因素有哪些？材料含水对哪些性质有影响？影响如何？

1-5 简述材料的吸水性、吸湿性、抗冻性、导热性的含义及表示方法。

1-6 普通砖进行抗压强度试验，干燥状态时的破坏荷载为 207kN，吸水饱和时的破坏荷载为 172.5kN。若试验时砖的受压面积均为 $A = 11.5cm \times 12cm$，问此砖用在建（构）筑物中常与水接触的部位是否可行？

1-7 一块标准尺寸为 240mm×115mm×53mm 的普通黏土砖，吸水饱和后质量为 2900g，烘干至恒重后质量为 2500g，将该砖磨细过筛再烘干后取 50g，用李氏瓶测得其体积为 18.5cm³。试计算砖的吸水率、密度、体积密度及孔隙率。

1-8 混凝土用石子的表观密度为 2.6g/cm³，堆积密度为 1600kg/m³，砂子的表观密度为 2.65g/cm³，堆积密度为 1500kg/m³。若在确定用砂量时，以砂的体积刚填满石子空隙体积为原则，用容积为 10L、质量为 6.20kg 的标准容器，用规定的方法装入干燥砾石并刮平，称得总质量为 21.30kg，向容器内注水至平满，砾石吸水饱和后，称其总质量为 26.70kg，将砾石取出擦干表面称得质量为 17.30kg。试计算该砾石的体积密度、堆积密度、空隙率、

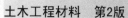

开口孔隙率。

1-9 当某一材料的孔隙率增大时，表1-5内其他性质将如何变化？

表 1-5 相关性质随孔隙率的变化

名称	孔隙率	密度	体积密度	强度	吸水率	抗冻性	导热性
变化	增大						

1-10 什么叫作材料的耐久性？提高材料的耐久性有何意义？

第2章　气硬性胶凝材料

【本章要点】

本章主要介绍建筑石膏、石灰和水玻璃的生产、性质和技术要求。本章的学习目标：熟悉石膏的生产及硬化过程；掌握石膏的特性及用途；了解石灰的生产、成分及品种；掌握生石灰水化反应的特点及硬化的原理、过程及特点；掌握石灰的特性及用途；学会结合石灰、石膏水化硬化的特点分析工程质量问题。

【本章思维导图】

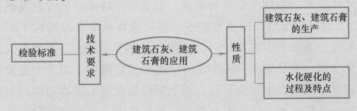

在土木工程中，把经过一系列的物理、化学作用后，由液体或膏状体变为坚硬的固体，同时能将砂、石、砖、砌块等散粒或块状材料胶结成具有一定机械强度的整体的材料，统称为胶凝材料。

胶凝材料品种繁多，按化学成分可分为无机胶凝材料和有机胶凝材料两大类，前者如水泥、石灰、石膏等，后者如沥青、树脂等。无机胶凝材料按硬化条件又可分为水硬性胶凝材料和气硬性胶凝材料两类。气硬性胶凝材料是指只能在空气中硬化并保持或继续提高其强度的胶凝材料，如石灰、石膏、水玻璃等。气硬性胶凝材料一般只适合用于地上或干燥环境，不宜用于潮湿环境，更不可用于水中。水硬性胶凝材料是指不仅能在空气中硬化，而且能更好地在水中硬化并保持或继续提高其强度的胶凝材料，如水泥。水硬性胶凝材料既适用于地上，也适用于地下或水中。

■ 2.1　建筑石灰

建筑石灰是土木工程中使用较早的矿物胶凝材料之一。由于其原料来源广泛，生产工艺简单，成本低廉，具有特定的工程性能，所以至今仍广泛应用于土木工程中。建筑石灰简称石灰，实际上它是具有不同化学成分和物理形态的生石灰、消石灰、石灰膏的统称。

本节涉及的标准规范主要有《建筑生石灰》（JC/T 479—2013）、《建筑消石灰》（JC/T 481—2013）。

2.1.1 石灰的生产

1. 原料

生产石灰的原料有两种：一是天然原料，以碳酸钙为主要成分的矿物、岩石（如石灰岩、白云岩）或贝壳等；二是化工副产品，如电石渣（是碳化钙制取乙炔时产生的，其主要成分是氢氧化钙）。天然的石灰岩是生产石灰的主要原料。

【石灰的生产】

2. 生产过程

主要成分为碳酸钙和碳酸镁的岩石经高温煅烧（加热至900℃以上），逸出 CO_2 气体，得到的白色或灰白色的块状材料即生石灰，其主要化学成分为氧化钙和氧化镁。煅烧反应式如下：

$$CaCO_3 \xrightarrow{900 \sim 1100℃} CaO + CO_2 \uparrow$$

在上述反应过程中，$CaCO_3$、CaO、CO_2 的质量比为 100∶56∶44，即质量减少44%，而在正常煅烧过程中，体积只减少约15%，所以生石灰具有多孔结构。在生产石灰的过程中，影响石灰质量的主要因素有煅烧的温度和时间、石灰岩中碳酸镁的含量及黏土杂质含量。

碳酸钙在900℃时开始分解，但速度较慢，所以煅烧温度宜控制在1000~1100℃。温度较低、煅烧时间不足、石灰岩原料尺寸过大、装料过多等因素，会产生欠火石灰。欠火石灰中 $CaCO_3$ 尚未完全分解，未分解的 $CaCO_3$ 没有活性，从而降低了石灰中有效成分含量。温度过高或煅烧时间过长，则会产生过火石灰。因为随煅烧温度的提高和时间的延长，已分解的 CaO 体积收缩，CaO 晶粒粗大，体积密度增大，质地致密，表面常被黏土杂质融化形成的玻璃釉状物包覆，因此过火石灰与水反应速度慢，熟化速度慢。当过火石灰用于工程中，其颗粒会在正火石灰硬化后才吸收水分发生水化作用，水化过程体积膨胀引起局部鼓泡或脱落，影响工程质量。

在石灰的原料中，除主要成分碳酸钙外，常含有碳酸镁。碳酸镁煅烧的反应式如下：

$$MgCO_3 \xrightarrow{700℃} MgO + CO_2 \uparrow$$

煅烧过程中碳酸镁分解出氧化镁，存在于石灰中。根据石灰中氧化镁的含量，将石灰分为钙质石灰、镁质石灰两类，前者 MgO 的含量小于或等于5%。镁质石灰熟化较慢，但硬化后强度稍高，用于土木工程中的多为钙质石灰。

3. 石灰的分类

（1）按成品加工方法分类　根据成品加工方法不同，石灰有以下四种成品：

1）块状生石灰：由石灰石经煅烧而得到具有疏松结构的白色块状物，主要成分为 CaO。

2）生石灰粉：以块状生石灰为原料，经研磨制得的生石灰粉，主要成分为 CaO。

3）消石灰粉：先将生石灰淋以适当的水，消解成氢氧化钙，再经磨细、筛分而得的干粉，也称为熟石灰，主要成分为 $Ca(OH)_2$。

4）石灰膏：将块状生石灰用过量的水（为生石灰体积的3~4倍）消化，或将消石灰粉和水拌和，所得达到一定稠度的膏状物，主要成分为 $Ca(OH)_2$ 和水。

（2）按化学成分（MgO 含量）分类　根据石灰中 MgO 含量，石灰可分为钙质石灰和镁质石灰，见表 2-1。

表 2-1　石灰的分类

石灰品种	MgO 含量		石灰品种	MgO 含量	
	钙质	镁质		钙质	镁质
生石灰	≤5%	>5%	消石灰粉	≤4%	4%~24%
生石灰粉			白云石消石灰粉	—	24%~30%

（3）按熟化速度分类　熟化速度是指石灰从加水起到达到最高温度所经的时间。根据熟化速度，石灰分为快熟石灰（熟化速度在 10min 以内）、中熟石灰（熟化速度为 10~30min）和慢熟石灰（熟化速度在 30min 以上）。

熟化速度不同，所采用的熟化方法也不同。快熟石灰应先在池中注好水，再慢慢加入生石灰，以免池中温度过高，既影响熟化石灰的质量，又易对施工人员造成伤害。慢熟石灰则应先加生石灰，再慢慢向池中注水，以保持池中有较高的温度，从而保证石灰的熟化速度。

2.1.2　生石灰的水化

生石灰的水化就是将块状生石灰在使用前加水消解，这一过程称为消解或熟化，也可称为"淋灰"，经消解后的石灰称为消石灰或熟石灰，其化学反应式为

$$CaO+H_2O \Longrightarrow Ca(OH)_2+64.88J$$

生石灰在水化过程有以下三个显著的特点：

1. 反应可逆

常温下，生石灰的水化反应向右进行。在 547℃下，反应向左进行，即 $Ca(OH)_2$ 分解为 CaO 和 H_2O。其水蒸气分解压可达 0.1MPa。为了使水化过程顺利进行，必须提高周围介质中的蒸气压力，并且不能使温度太高。

2. 水化放热量大，水化速度快

生石灰的反应为放热反应，1kg 生石灰水化放热 1160kJ，它在最初 1h 放出的热量几乎是硅酸盐水泥 1d 放热量的 9 倍，是 28d 放热量的 3 倍。这主要是因为生石灰为多孔结构，CaO 晶粒细小，内比表面积大。过火石灰的结构致密、晶粒大，水化速度就慢。当生石灰块太大时，表面生成的水化产物 $Ca(OH)_2$ 层厚，容易阻碍水分进入，因此水化时需要强烈搅拌。

3. 水化体积膨胀大

块状生石灰在水化过程中，其外观体积可增大 1~2.5 倍，在工程中容易造成事故，应予以重视。由于块状生石灰水化时体积增大，造成膨胀压力，使石灰块自动分散成粉末，所以可用此方法将块状生石灰加工成消石灰粉。

生石灰中不可避免含有欠火石灰、过火石灰及其他杂质，它们均影响石灰的质量和产浆量。为消除这类杂质的危害，石灰膏在使用前应进行过筛和陈伏，即在化灰池或熟化机中加水，拌制成石灰浆，熟化的氢氧化钙经筛网过滤（除渣）流入储灰池，在储灰池中沉淀陈伏成膏状材料，即石灰膏。为保证石灰充分熟化，必须在储灰池中储存半个月后再使用，这一过程称为陈伏。陈伏期间，石灰膏表面应保留一层足够厚度的水，或用其他材料覆盖，避

免石灰膏与空气接触而导致碳化。一般情况下，1kg 的生石灰可化成 1.5~3L 的石灰膏。

2.1.3 石灰浆的硬化

石灰浆在空气中的硬化是物理变化（干燥结晶作用）和化学反应（碳化作用）同时进行的过程。

1. 结晶过程

石灰膏中的游离水分一部分蒸发掉，另一部分被砌体吸收。氢氧化钙从过饱和溶液中结晶析出，晶相颗粒逐渐靠拢结合成固体，强度随之提高。

2. 碳化过程

氢氧化钙与空气中的二氧化碳反应生成不溶于水的、强度和硬度较高的碳酸钙，析出的水分逐渐蒸发，其反应式为

$$Ca(OH)_2 + CO_2 + nH_2O === CaCO_3 + (n+1)H_2O$$

这个反应实际是二氧化碳先与水结合形成碳酸，再与氢氧化钙作用生成碳酸钙。如果没有水，这个反应就不能进行；如果含水过多，孔隙中几乎充满水，CO_2 渗透量小，碳化作用只在表面进行。碳化过程是由表及里的，但表层生成的 $CaCO_3$ 结构较密，当 $CaCO_3$ 层达到一定厚度时，将阻碍二氧化碳的深入，也影响了内部水分的蒸发，使氢氧化钙硬化速度减慢。所以石灰碳化过程长时间只限于表面，氢氧化钙的结晶作用则主要发生在内部。石灰硬化过程的两个主要特点：一是硬化速度慢；二是体积收缩大。

从以上的石灰硬化过程可以看出，石灰的硬化只能在空气中进行，也只能在空气中才能继续发展提高其强度，所以石灰只能用于干燥环境地面上的建（构）筑物，而不宜用于水中或潮湿环境中。

2.1.4 建筑石灰的技术要求

1. 建筑生石灰的技术要求

根据《建筑生石灰》规定，建筑生石灰按生石灰的化学成分分为钙质石灰和镁质石灰两类。根据化学成分的含量分为各个等级，见表 2-2。

表 2-2 建筑生石灰的分类

类别	名称	代号
钙质石灰	钙质石灰 90	CL 90
	钙质石灰 85	CL 85
	钙质石灰 75	CL 75
镁质石灰	镁质石灰 85	ML 85
	镁质石灰 80	ML 80

建筑生石灰的化学成分应符合表 2-3 的要求。

建筑生石灰的物理性质应符合表 2-4 的要求。

2. 建筑生石灰粉的技术要求

根据《建筑生石灰》规定，建筑生石灰粉的化学成分与建筑生石灰一致，但其物理性质应符合表 2-5 的要求。

表2-3　建筑生石灰的化学成分　　　　　　　　　　　（%）

名称	氧化钙+氧化镁（CaO+MgO）	氧化镁（MgO）	二氧化碳（CO$_2$）	三氧化硫（SO$_3$）
CL 90-Q	≥90	≤5	≤4	≤2
CL 85-Q	≥85	≤5	≤7	≤2
CL 75-Q	≥75	≤5	≤12	≤2
ML 85-Q	≥85	>5	≤7	≤2
ML 80-Q	≥80	>5	≤7	≤2

表2-4　建筑生石灰的物理性质

名称	产浆量/（L/10kg）	细度
CL 90-Q	≥26	
CL 85-Q	≥26	
CL 75-Q	≥26	无要求
ML 85-Q	—	
ML 80-Q	—	

表2-5　建筑生石灰粉的技术指标

名称	产浆量/（L/10kg）	细度	
		0.2mm 筛余量（%）	90μm 筛余量（%）
CL 90-QP		≤2	≤7
CL 85-QP		≤2	≤7
CL 75-QP	无要求	≤2	≤7
ML 85-QP		≤2	≤7
ML 80-QP		≤7	≤2

3. 建筑消石灰的技术要求

根据《建筑消石灰》规定，建筑消石灰按扣除游离水和结合水质（CaO+MgO）的百分含量加以分类，见表2-6。

表2-6　建筑消石灰的分类

类别	名称	代号
钙质消石灰	钙质消石灰 90	HCL 90
	钙质消石灰 85	HCL 85
	钙质消石灰 75	HCL 75
镁质消石灰	镁质消石灰 85	HML 85
	镁质消石灰 80	HML 80

建筑消石灰的化学成分应符合表2-7的要求。

建筑消石灰的物理性质应符合表2-8的要求。

表2-7 建筑消石灰的化学成分 （%）

名称	氧化钙+氧化镁（CaO+MgO）	氧化镁（MgO）	三氧化硫（SO₃）
HCL 90-Q	≥90	≤5	≤2
HCL 85-Q	≥85		
HCL 75-Q	≥75		
HML 85-Q	≥85	>5	≤2
HML 80-Q	≥80		

表2-8 建筑消石灰的物理性质

名称	游离水（%）	细度		安定性
		0.2mm 筛余量（%）	90μm 筛余量（%）	
HCL 90	≤2	≤2	≤7	合格
HCL 85				
HCL 75				
HML 85				
HML 80				

2.1.5 建筑石灰的特性

石灰与其他胶凝材料相比具有以下特性：

1. 保水性、可塑性好

生石灰熟化为石灰浆时，能自动形成颗粒极细的呈胶体分散状态的氢氧化钙，表面吸附一层厚的水膜，因而保水性能好，且水膜层也大大降低了颗粒间的摩擦力。因此，用石灰膏制成的石灰砂浆具有良好的保水性和可塑性。在水泥砂浆中掺入石灰膏，可使砂浆的保水性和可塑性显著提高。

2. 硬化慢、强度低

石灰浆体硬化过程的特点之一就是硬化速度慢。原因是空气中的二氧化碳含量低，且碳化是由表及里，在表面形成较致密的壳，使外部的二氧化碳较难进入其内部，同时内部的水分也不易蒸发，所以硬化缓慢，硬化后的强度也不高，如 1∶3 石灰砂浆 28d 的抗压强度通常只有 0.2~0.5MPa。

3. 体积收缩大

体积收缩大是石灰在硬化过程中的另一特点，一方面是由于蒸发大量的游离水而引起显著的收缩；另一方面是碳化也会产生收缩。所以石灰除调成石灰乳液作薄层涂刷外，不宜单独使用，常掺入砂、纸筋等以减少收缩、限制裂缝的扩展。

4. 耐水性差

石灰浆体在硬化过程中的较长时间内，主要成分仍是氢氧化钙（表层是碳酸钙），由于氢氧化钙易溶于水，所以石灰的耐水性较差。硬化中的石灰若长期受到水的作用，会导致强度降低，甚至会溃散。

5. 吸湿性强

生石灰极易吸收空气中的水分熟化成熟石灰粉，所以生石灰长期存放应在密闭条件下，并应防潮、防水。

2.1.6　建筑石灰的应用

1. 拌制灰浆、砂浆

用熟化并陈伏好的石灰膏，稀释成石灰乳，可用作室内墙及顶棚的涂刷。由于石灰乳是一种廉价的涂料，施工方便且颜色洁白，能为室内增白添亮，因此应用十分广泛。

在消石灰浆或消石灰粉中，掺入砂和水拌和后，可制成石灰砂浆；在水泥砂浆中掺入石灰膏后，可制成水泥混合砂浆，广泛用于砌筑工程和抹面工程。

2. 拌制灰土、三合土

先用生石灰粉与黏土按 1 :（2~4）的比例，再加水拌和可制成灰土；用石灰粉或消石灰粉、黏土与砂子或碎砖、炉渣等填料，按一定的比例加水拌和可制成三合土或碎砖三合土；用生石灰粉与粉煤灰、黏性土，再加水拌和可拌制成粉煤灰石灰土等。灰土、三合土在强力夯打之下，密实度大大提高，而且黏土中少量的活性氧化硅和氧化铝与石灰粉水化产物氢氧化钙作用，生成了水硬性矿物，因而具有一定的抗压强度、耐水性和相当高的抗渗性能。灰土和三合土大量应用于建筑物基础、地面、道路等的垫层和地基的换土处理等。

3. 加固含水的软土地基

在含水的软土地基中制成桩孔，在桩孔内灌入生石灰块可制成石灰桩，利用石灰吸水熟化时体积膨胀的性能产生膨胀压力，从而加固软土地基。

4. 磨制生石灰粉

将生石灰磨成细粉，即建筑生石灰粉，建筑生石灰粉加入适量的水拌成的石灰浆可以直接用于土木工程中。生石灰粉的主要优点：首先生石灰粉具有较高的细度，表面积大，水化时加水量大，水化反应速度较快，水化时体积膨胀较均匀，避免产生局部膨胀过大的现象，因此可不经预先消化或陈伏而直接应用，不仅提高了施工效率，而且节约场地、改善了环境；其次生石灰粉可将熟化过程与硬化过程合二为一，熟化过程中所放热量可以加速硬化过程，从而改善石灰硬化缓慢的缺点，并可提高石灰浆体硬化后的密实度、强度和抗水性；再次石灰中的过火石灰和欠火石灰被磨细，提高了石灰的质量和利用率。

5. 生产硅酸盐制品

先将磨细的生石灰或消石灰粉与天然砂或粒化高炉矿渣、炉渣、粉煤灰等硅质材料配合均匀，加水搅拌，再经陈伏（使生石灰充分熟化）、加压成型和压蒸处理可制成蒸压灰砂砖。灰砂砖呈灰白色。如果掺入耐碱颜料，可制成各种颜色。它的尺寸与普通黏土砖相同，也可制成其他形状的砌块，主要用作墙体材料。

6. 制作碳化石灰板材

首先在磨细的生石灰中掺 30%~40% 的短玻璃纤维或轻质骨料并加水搅拌，振动成型，然后利用石灰窑的废气碳化 12~24h 而成碳化石灰板。它是一种轻质板材，能锯、能钉，适宜用作非承重内隔墙板、顶棚等。

2.1.7　建筑石灰的包装与保管

建筑生石灰粉、建筑消石灰粉一般采用袋装，可以采用符合标准规定的牛皮纸袋、复合纸袋或塑料编织袋包装，袋上应标明厂名、产品名称、商标、净重、批量编号。运输、储存时不得受潮和混入杂物。

保管时应分类、分等级存放在干燥的仓库内，不宜长期储存。运输过程中要采取防水措施。由于生石灰遇水发生反应放出大量的热，所以生石灰不宜与易燃易爆物品共存、运，以免酿成火灾。

存放时，可制成石灰膏密封或在上面覆盖砂土等方式与空气隔绝，防止硬化。

包装质量：建筑生石灰粉有每袋净质量 40kg、50kg 两种，每袋质量偏差值均不大于 1kg；建筑消石灰粉有每袋净质量 20kg、40kg 两种，每袋质量偏差值分别不大于 0.5kg、1kg。

■ 2.2　建筑石膏

石膏在建筑工程中的应用也有较长的历史。由于其具有轻质、隔热、吸声、耐火、色白且质地细腻等一系列优良性能，加之我国石膏矿藏储量居世界首位（有南京石膏矿、大波口石膏矿、平邑石膏矿等），所以石膏的应用前景十分广阔。

石膏的主要化学成分是硫酸钙，它在自然界中以两种稳定形态存在于石膏矿石中：一种是天然无水石膏（$CaSO_4$），也称为生石膏、硬石膏；另一种是天然二水石膏（$CaSO_4 \cdot 2H_2O$），也称为软石膏。天然无水石膏只可用于生产石膏水泥，而天然二水石膏可制造各种性质的石膏。

本节主要涉及的标准规范有《建筑石膏》（GB/T 9776—2022）。

2.2.1　建筑石膏的生产

建筑石膏是以 β 型半水硫酸钙为主要成分，不加任何外加剂的白色粉状胶结料。将天然二水石膏或主要成分为二水石膏的化工石膏加热，温度为 65~75℃ 时，开始脱水，至107~170℃时，脱去部分结晶水，得到 β 型半水石膏，即建筑石膏，其反应式如下：

$$CaSO_4 \cdot 2H_2O \xrightarrow{107\sim170℃} CaSO_4 \cdot 0.5H_2O + 1.5H_2O$$
（形态：β 型）

二水石膏采用不同的加热方式和温度，可生产不同性质的石膏品种。

将二水石膏置于蒸压釜中，在 0.13MPa 的水蒸气中（124℃）加热脱水，可生成 α 型半水石膏，即高强石膏，其反应式如下：

$$CaSO_4 \cdot 2H_2O \xrightarrow{124℃} CaSO_4 \cdot 0.5H_2O + 1.5H_2O$$
（形态：α 型）

α 型半水石膏晶粒较 β 型半水石膏粗大、比表面积小，使用时拌和用水量少（石膏用量的 35%~45%），硬化后有较高的密实度，所以强度较高，7d 可达 15~40MPa。

当加热温度为 170~200℃ 时，石膏继续脱水，成为可溶性硬石膏（$CaSO_4$Ⅲ），与水调和后仍能很快凝结硬化。当加热温度升高到 200~250℃ 时，石膏中残留很少的水，凝结硬化非常缓慢，但遇水后还能逐渐生成半水石膏直到二水石膏。

当加热温度高于 400℃ 时，石膏完全失去水分成为不溶性硬石膏（$CaSO_4$Ⅱ），失去凝结硬化能力，成为死烧石膏，但加入适量激发剂混合磨细后又能凝结硬化，成为无水石膏水泥。

当温度高于800℃时，部分石膏分解出CaO，磨细后的产品称为高温煅烧石膏，此时CaO起碱性催化剂作用，所得产品又重新具有凝结硬化性能。硬化后有较高的强度和耐磨性，抗水性也较好，也称为地板石膏。

当温度高于1600℃时，$CaSO_4$全部分解为石灰。

2.2.2　建筑石膏的水化和硬化

【建筑石膏的凝结和硬化】

建筑石膏与适量的水混合，最初成可塑的浆体，但很快就失去塑性而产生凝结硬化，并发展成坚硬的固体，具备强度。石膏的凝结硬化是一个连续的溶解、水化、胶化、结晶的过程，其实质是浆体内部经历了一系列的物理化学变化。首先，β型半水石膏极易溶于水，很快成生不稳定的饱和溶液。溶液中的建筑石膏遇水将水化成二水石膏，反应式如下：

$$CaSO_4 \cdot 0.5H_2O + 1.5H_2O = CaSO_4 \cdot 2H_2O$$

由于水化产物二水石膏在水中的溶解度比β型半水石膏小得多（仅为β型半水石膏溶解度的20%），因此，β型半水石膏的饱和溶液对于二水石膏就成了过饱和溶液，从而逐渐形成晶核，晶核大到某一临界值以后，二水石膏就结晶析出。这时溶液浓度降低，使新的一批半水石膏又继续溶解和水化。如此循环进行，直到β型半水石膏全部耗尽。

随着水化的进行，析出的二水石膏胶体晶体不断增多，水分逐渐减少，浆体开始失去可塑性，此时称为初凝。石膏从加水拌和开始到浆体开始失去可塑性的时间称为初凝时间。随着浆体稠度继续增加，颗粒之间的摩擦力、黏结力逐渐增大，彼此互相联结，使石膏开始产生结构强度，表现为终凝。石膏从加水拌和开始到浆体完全失去可塑性，并开始产生强度的时间称为终凝时间。石膏终凝后，其晶粒仍在逐渐长大、连生和互相交错，使其强度不断增长，直至完全干燥，强度停止发展，最后成为坚硬的固体。建筑石膏的凝结硬化过程如图2-1所示。

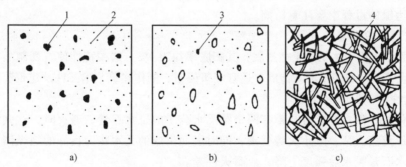

图2-1　建筑石膏的凝结硬化

a）胶化　b）结晶开始　c）结晶成长与交错

1—半水石膏　2—二水石膏胶体颗粒　3—二水石膏晶体　4—交错的晶体

2.2.3　建筑石膏的技术要求

根据《建筑石膏》的规定，建筑石膏按原材料种类分为三类：天然建筑石膏（N）、脱硫建筑石膏（S）和磷建筑石膏（P）。建筑石膏的密度一般为 $2.60 \sim 2.75 g/cm^3$，堆积密度为 $800 \sim 1000 kg/m^3$，按 2h 湿抗折强度分为 4.0、3.0 和 2.0 三个等级，其物理力学性能见表 2-9。

表 2-9　建筑石膏的物理力学性能

等级	凝结时间/min		强度/MPa			
	初凝	终凝	2h 湿强度		干强度	
			抗折	抗压	抗折	抗压
4.0	≥3	≤30	≥4.0	≥8.0	≥7.0	≥15.0
3.0			≥3.0	≥6.0	≥5.0	≥12.0
2.0			≥2.0	≥4.0	≥4.0	≥8.0

2.2.4　建筑石膏的特性

1. 凝结硬化快

建筑石膏一般在 10min 内可初凝，30min 内可终凝。因初凝时间较短，为满足施工要求，常掺入缓凝剂，也可掺入石膏用量 0.1%～0.2% 的动物胶，或掺入 1% 的亚硫酸盐酒精废液，也可以掺入硼砂或柠檬酸。掺缓凝剂后，石膏制品的强度有所下降。若需加速凝固可掺入少量磨细的未经煅烧的石膏。

2. 孔隙率大，强度较低

为使石膏具有必要的可塑性，通常加水量比理论需水量多得多（加水量为石膏用量的 60%～80%，而理论用水量只为石膏用量的 18.6%），硬化后由于多余水分的蒸发，内部的孔隙率很大，因而强度较低。硬化后的石膏体抗压强度仅为 3～5MPa，但它已能满足隔墙和饰面的使用要求。

不同品种的石膏胶凝材料硬化后的强度差别很大。高强石膏硬化后的强度比建筑石膏要高 2～7 倍。

建筑石膏的强度还与储存时间有关，通常建筑石膏在储存 3 个月后强度将降低 30%，因此在储存及运输的过程中要注意防潮。

3. 硬化后体积微膨胀

石膏在凝结过程中体积产生微膨胀，其膨胀率约为 1%。这一特性使石膏制品在硬化过程中不会产生裂缝，造型棱角清晰饱满，适宜浇筑模型、制作建筑艺术配件及建筑装饰件等。

4. 防火性好，但耐火性差

由于硬化的石膏主要成分是带有两个结晶水分子的二水石膏，遇火时，这些结晶水吸收热量蒸发，形成蒸汽幕，阻止火势蔓延，同时表面生成的无水物为良好的绝缘体，起到防火作用。但二水石膏脱水后强度下降，故耐火性差。

5. 保温性和吸声性好

建筑石膏孔隙率大，且孔隙多呈毛细孔，导热系数小，一般为 $0.121 \sim 0.205 W/(m \cdot K)$，所以其保温、隔热性能好。同时，建筑石膏中大量开口的毛细孔隙对吸声有一定的作用，因此建筑石膏具有良好的吸声性能。

6. 具有一定的调温、调湿性

由于建筑石膏热容量大且多孔而产生的呼吸功能使吸湿性增强，可起到调节室内温度、湿度的作用，创造舒适的工作和生活环境。

7. 耐水性差

由于硬化后建筑石膏的孔隙率较大，二水石膏又微溶于水，具有很强的吸湿性和吸水性，如果处在潮湿环境中，晶体间的黏结力削弱，强度显著降低，遇水则晶体溶解而引起破坏。所以石膏及其制品的耐水性较差，不能用于潮湿环境中，但经过加工处理可做成耐水纸面石膏板。

8. 可装饰性强

石膏硬化后表面细腻，呈白色，可以装饰干燥环境的室内墙面或顶棚，但受潮后颜色变黄，会失去装饰性。

9. 硬化体的可加工性能好

硬化的石膏体可锯、可钉、可刨，便于施工。

2.2.5 建筑石膏的应用

1. 室内抹灰及粉刷

建筑石膏常被用于室内抹灰和粉刷。建筑石膏加砂、缓凝剂和水拌和成石膏砂浆，用于室内抹灰，其表面光滑、细腻、洁白、美观。石膏砂浆也可作为腻子用于油漆等的打底层。建筑石膏加缓凝剂和水拌和成石膏浆体，可作为室内粉刷的涂料。

2. 建筑装饰制品

以优质的建筑石膏为基料，配以纤维增强材料、黏结剂等，与水拌制成料浆，经注模成型、硬化、干燥可制成各种建筑雕塑、建筑装饰制品等，如各种石膏雕塑、石膏罗马柱、角线、线板、角花、灯圈、灯座等。利用建筑石膏凝结快、体积稳定、装饰性强、不老化、无污染等特点，这些石膏装饰制品可广泛用于室内顶棚和墙面等的装饰。

3. 石膏板

以建筑石膏为主要原料，掺入适量纤维增强材料和外加剂，与水搅拌成均匀的浆料，经浇筑成型、干燥后制成各种石膏板。常见的石膏板有普通纸面石膏板、装饰石膏板、石膏空心条板、吸声用穿孔石膏板、耐水纸面石膏板、耐火纸面石膏板、石膏蔗渣板等。此外，各种新型的石膏板材仍在不断出现。石膏板具有质轻、保温、防火、吸声、能调节室内温度和湿度及制作方便等性能，应用较为广泛。

建筑石膏一般采用袋装，可用具有防潮及不易破损的纸袋或其他复合袋包装；包装袋上应清楚标明产品标记、制造厂名、生产批号和出厂日期、质量等级、商标、防潮标志；运输、储存时不得受潮和混入杂物，不同等级的应分别储运，不得混杂；石膏的储存期为3个月（自生产日起算）。超过3个月的石膏应重新进行质量检验，以确定等级。

石膏制品具有绿色环保、防火、防潮、阻燃、质轻、高强、易加工、可塑性好、装饰性强的优点。这些优点使得石膏及其制品备受青睐，因此石膏制品具有广阔的发展空间。当前石膏制品的发展趋势：用于生产石膏砌块、石膏条板等新型墙体材料；石膏装饰材料，如各种高强、防潮、防火又具有环保功能的石膏装饰板及石膏线条、灯盘、门柱、门窗拱眉等装饰制品，以及具有吸声、防辐射、防火功能的石膏装饰板；具有质轻、高强、耐水、保温特点的石膏复合墙体，如轻钢龙骨纸面石膏板夹岩棉复合墙体，纤维石膏板或有膏刨花板等与龙骨的复合墙体，加气（或发泡）石膏保温板或砌块复合墙体，石膏与聚苯泡沫板、稻草板等复合的大板。石膏复合墙体正逐渐地取代传统的墙体材料。

■ 2.3　水玻璃

水玻璃俗称"泡花碱"，是由碱金属氧化物和二氧化硅结合而成的能溶于水的一种水溶性硅酸盐物质。根据碱金属氧化物种类的不同，分为硅酸钠水玻璃（$Na_2O \cdot nSiO_2$）和硅酸钾水玻璃（$K_2O \cdot nSiO_2$），工程中以硅酸钠水玻璃（$Na_2O \cdot nSiO_2$）最为常用。

2.3.1　水玻璃的生产

硅酸钠水玻璃的主要原料是石英砂、纯碱。其主要生产方法有湿法生产和干法生产两种。湿法生产是将石英砂和氢氧化钠水溶液在压蒸锅（$0.2 \sim 0.3MPa$）内用蒸汽加热溶解而制成水玻璃溶液。干法生产是将石英砂和氢氧化钠按一定比例配合磨细拌匀，在玻璃熔炉内以 $1300 \sim 1400℃$ 熔融而生成硅酸钠，其反应式如下：

$$nSiO_2 + Na_2CO_3 \xrightarrow{1300 \sim 1400℃} Na_2O \cdot nSiO_2 + CO_2 \uparrow$$

熔融的水玻璃冷却后得固态水玻璃，然后在 $0.3 \sim 0.8MPa$ 的蒸压釜内加热溶解而成胶状水玻璃溶液。

水玻璃分子式中 SiO_2 和 Na_2O 的分子比 n 称为水玻璃模数，即二氧化硅与氧化钠的摩尔数比，一般为 $1.5 \sim 3.5$。水玻璃模数的大小决定水玻璃的性质。n 值越大，水玻璃的黏度越大，黏结能力越强，易分解、硬化，但也难溶解，体积收缩也大。工程中常用水玻璃的 n 值一般为 $2.5 \sim 2.8$，其密度为 $1.3 \sim 1.4g/cm^3$。

液体水玻璃常含杂质而呈青灰色、绿色或微黄色，以无色透明的液体水玻璃为最好。液体水玻璃可以与水按任意比例混合，使用时仍可加水稀释。在液体水玻璃中加入尿素，在不改变其黏度条件下可提高黏结力。

2.3.2　水玻璃的硬化

水玻璃在空气中与二氧化碳作用，析出二氧化硅凝胶，凝胶因干燥而逐渐硬化，其反应式如下：

$$Na_2O \cdot nSiO_2 + CO_2 + mH_2O = nSiO_2 \cdot mH_2O + Na_2CO_3$$

由于空气中的 CO_2 含量低，上述硬化过程进行很慢。为加速硬化，可掺入适量的促硬剂，如氟硅酸钠（Na_2SiF_6）或氯化钙（$CaCl_2$），其反应如下：

$$2Na_2O \cdot nSiO_2 + Na_2SiF_6 + mH_2O = (2n+1)SiO_2 \cdot mH_2O + 6NaF$$

氟硅酸钠的适宜掺量为水玻璃质量的 $12\% \sim 15\%$。如果用量太少，不但硬化速度缓慢，强度降低，而且未经反应的水玻璃易溶于水，因而耐水性差。但如果用量过多，又会引起凝结过速，使施工困难，而且渗透性大，强度也低。加入氟硅酸钠后，水玻璃的初凝时间可缩短到 $30 \sim 60min$，终凝时间可缩短到 $240 \sim 360min$，7d 基本达到最高强度。

2.3.3　水玻璃的特性

1. 黏结强度较高

水玻璃有良好的黏结能力，硬化时析出的硅酸凝胶呈空间网络结构，具有较高的胶凝能力，因而黏结强度高。此外，硅酸凝胶还有堵塞毛细孔隙而防止水渗透的作用。

2. 耐热性好

水玻璃不发生燃烧反应，在高温下硅酸凝胶干燥程度加剧，但强度不降反增。故水玻璃常用于配制耐热混凝土、耐热砂浆、耐热胶泥等。

3. 耐酸性强

水玻璃能经受除氢氟酸、过热（300℃以上）磷酸、高级脂肪酸或油酸以外的几乎所有的无机酸和有机酸的作用，常用于配制水玻璃耐酸混凝土、耐酸砂浆、耐酸胶泥等。

4. 耐碱性、耐水性较差

水玻璃在加入氟硅酸钠后也不能完全硬化，仍有一定量的水玻璃。由于水玻璃可溶于碱，且溶于水，硬化后的产物 Na_2CO_3 及 NaF 均可溶于水，所以水玻璃硬化后不耐碱、不耐水。为提高耐水性，可采用中等浓度的酸对已硬化的水玻璃进行酸洗处理。

2.3.4 水玻璃的应用

【水玻璃的性质与应用】

1. 配制快凝防水剂

以水玻璃为基料，加入两种、三种或四种矾配制而成二矾、三矾或四矾快凝防水剂。这种防水剂凝结迅速，一般不超过1min，工程上利用它的速凝作用和黏附性，掺入水泥浆、砂浆或混凝土中，用于修补、堵漏、抢修、表面处理。因为凝结迅速，不宜配制水泥防水砂浆，用作屋面或地面的刚性防水层。

2. 配制耐热砂浆、耐热混凝土或耐酸砂浆、耐酸混凝土

以水玻璃为胶凝材料，氟硅酸钠作为促凝剂，耐热或耐酸粗、细骨料按一定比例配制而成。水玻璃耐热混凝土的极限使用温度为1200℃。水玻璃耐酸混凝土一般用于储酸槽、酸洗槽、耐酸地坪及耐酸器材等。

3. 涂刷材料表面，可提高材料的抗渗和抗风化能力

用浸渍法处理多孔材料时，可提高其密实度和强度，对黏土砖、硅酸盐制品、水泥混凝土等均有良好的效果。但不能用以涂刷或浸渍石膏制品，因为硅酸钠与硫酸钙会发生化学反应生成硫酸钠，在制品孔隙中结晶，体积显著膨胀，从而导致制品破坏。用液体水玻璃涂刷或浸渍含有石灰的材料，如水泥混凝土和硅酸盐制品等时，水玻璃与石灰反应生成的硅酸钙胶体能填充制品孔隙，使制品的密实度有所提高。

4. 加固地基，提高地基的承载力和不透水性

将液体水玻璃和氯化钙溶液轮流压入地基土中，反应式如下：

$$Na_2O \cdot nSiO_2 + CaCl_2 + mH_2O = nSiO_2 \cdot (m-1)H_2O + Ca(OH)_2 + 2NaCl$$

反应生成的硅酸凝胶将土壤颗粒包裹并填充孔隙。而氢氧化钙又与加入的氯化钙反应生成氧氯化钙，也起胶结和填充孔隙的作用，提高地基的承载能力。硅酸胶体为一种吸水膨胀的冻状凝胶，因吸收地下水而经常处于膨胀状态，能阻止水分的渗透而使土壤固结。

水玻璃还可用作多种建筑涂料的原料。将液体水玻璃与耐火填料等调成糊状的防火漆，涂于木材表面，可抵抗瞬间火焰。

【工程案例分析1】

[现象]　某三层楼需建在软弱地基上，试找到一种经济有效的加固地基的方法。

[分析]　可采用石灰加固软弱地基。石灰桩又称为石灰挤密桩，是在直径150~400mm桩孔内注入新鲜石灰块夯实挤密而成的。石灰桩具有加固效果显著、材料易得、施工简便、造价低廉等优点，适于处理含水率较高的软弱土地基、不太严重的黄土地基湿陷性事故，或者辅助处理较严重的湿陷性事故，是一种简易有效的处理软弱地基的方法。此外还可以用灰土挤密桩。

【工程案例分析2】

[现象]　施工现场采购了生石灰，但施工时需使用熟石灰。熟石灰有两种形式，即石灰膏和熟石灰粉，如何生产这两种石灰产品？

[分析]　（1）石灰膏　在化灰池中首先将生石灰用过量水（生石灰体积的3~4倍）消化，然后经筛网流入储灰池，经沉淀除去多余的水分得到膏状物，或将消石灰粉和水拌和所得到的达一定稠度的膏状物即石灰膏，其主要成分为$Ca(OH)_2$和水。石灰膏中的水分约占50%，其表观密度为1300~1400kg/m³。1kg生石灰可熟化成1.5~3.0kg石灰膏。

（2）熟石灰粉　拌制石灰土（石灰、黏土）、三合土（石灰、黏土、砂石或炉渣等）时，需将生石灰熟化为熟石灰粉。此过程理论上需水32.1%，由于一部分水分消耗于蒸发，实际加水量常为生石灰质量的60%~80%，可采用分层浇水法，每层生石灰块厚约0.5m；或在生石灰块堆中插入有孔的水管，缓慢地向内注水。加水量以熟石灰粉略湿，但不成团为宜。熟石灰粉在使用以前，也应有类似石灰浆的"陈伏"时间。

【工程案例分析3】

[现象]　某工程进行装饰面施工，采用统一采购的粉刷石膏进行内墙和外墙面的施工。饰面施工半年后，外墙层就出现了明显的脱落现象。请分析其中的原因。

[分析]　石膏是一种气硬性胶凝材料，吸湿性强，耐水性差。作为外墙装饰材料使用时，因为室外环境经常接触潮湿空气或者雨水，石膏抵抗不住水的侵害作用，因而出现结构消融、强度下降，进而出现脱落的现象。

[拓展思考]　石膏作为新型墙体材料，其吸声、调湿、保温等功能在使用过程中如何得以保证？

【工程实例】

2008年北京奥运会和2010年上海世博会期间，为满足绿色环保的要求，奥运场馆、星级宾馆及饭店改造等工程大量应用了节能环保的建筑材料，其中就包含高科技节能环保布面石膏板，如图 2-2 所示。

　　传统纸面石膏板能耗高、抗污能力差，接缝处易开裂，隔声效果差，既不能擦洗又不耐火，诸多缺陷已跟不上可持续发展的步伐。而高科技节能环保布面石膏板拥有强度高、耐污、耐火、耐水、隔声、环保六大优势。布面石膏板在国外早已被广泛应用。在日本，人们把这种高科技节能产品视为建材家族里的"新宠"，人们用它来代替木材，因为它可以调节室内温度，当室内空气干燥时释放水分，当空气潮湿时吸收水分，在保证安全的同时带来极佳的舒适感。

图 2-2　高科技节能环保布面石膏板

习　　题

2-1　什么是气硬性胶凝材料、水硬性胶凝材料？两者的差异是什么？

2-2　生石灰、熟石灰、建筑石膏的主要成分分别是什么？

2-3　石灰浆体是如何硬化的？石灰有哪些特性？以及有哪些用途？

2-4　石灰在使用前为什么要"过筛和陈伏"？

2-5　某建筑内墙面使用石灰砂浆抹面，经过一段时间后发生了这些情况：墙面出现了开花和麻点；墙面出现了不规则的裂纹。试分析原因。

2-6　建筑石膏与高强石膏有什么不同？

2-7　简述建筑石膏水化、凝结与硬化的过程。

2-8　建筑石膏的等级是依据什么划分的？

2-9　为什么建筑石膏是一种很好的室内装饰材料，但它却不适用于室外？

2-10　什么是水玻璃模数？水玻璃模数与水玻璃的性质有何关系？

2-11　水玻璃有哪些用途？

第3章 水 泥

【本章要点】

本章主要介绍六大通用水泥,即硅酸盐类水泥的组成、水化过程、凝结硬化过程与特点、技术性质与要求、性能特征和工程应用。另外还介绍了其他品种水泥,如铝酸盐水泥,白色水泥,彩色水泥,膨胀水泥,自应力水泥,道路硅酸盐水泥,中热、低热硅酸盐水泥,砌筑水泥等。本章的学习目标:熟悉和掌握六大通用水泥的性质特点与技术要求,了解其他品种水泥的性能特点与适用范围,学会在工程设计与施工中正确选择和合理使用各类水泥。

【本章思维导图】

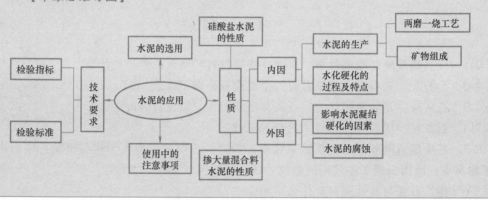

水泥属于水硬性胶凝材料,品种很多,按其用途和性能可分为通用水泥、专用水泥与特种水泥三大类。用于一般土木工程的水泥为通用水泥,如硅酸盐水泥、矿渣硅酸盐水泥等;具有专门用途的水泥称为专用水泥,如道路水泥、砌筑水泥、大坝水泥等;具有比较突出的某种性能的水泥称为特种水泥,如快硬硅酸盐水泥、膨胀水泥等。按主要水硬性物质名称的不同,水泥又可分为硅酸盐水泥、铝酸盐水泥、硫铝酸盐水泥等。土木工程中常用的水泥主要是各种硅酸盐水泥。

■ 3.1 硅酸盐水泥

由硅酸盐水泥熟料、0~5%石灰石或粒化高炉矿渣、适量石膏磨细制成的水硬性胶凝材料，称为硅酸盐水泥。硅酸盐水泥分两种类型：不掺加混合材料的称为Ⅰ型硅酸盐水泥，其代号为 P·Ⅰ；在硅酸盐水泥熟料粉磨细时掺加不超过水泥质量5%的石灰石或粒化高炉矿渣混合材料的称为Ⅱ型硅酸盐水泥，其代号为 P·Ⅱ。在生产水泥时，需加入水泥质量3%左右的石膏（$CaSO_2·2H_2O$），其作用是延缓水泥的凝结，便于施工。

本节主要涉及的标准规范有《通用硅酸盐水泥》（GB 175—2007）。

3.1.1 硅酸盐水泥的生产

生产硅酸盐系水泥的主要原料是石灰石和黏土质原料两类。石灰质原料主要提供 CaO，常采用石灰石、白垩、石灰质凝灰岩等。黏土质原料主要提供 SiO_2、Al_2O_3 及 Fe_2O_3，常采用黏土、黏土质页岩、黄土等。为了补充铁质及改善煅烧条件，还可加入适量铁粉、萤石等。

【硅酸盐水泥的生产】

生产水泥的基本工序可以概括为"两磨一烧"：首先将原材料破碎并按其化学成分配料后，在球磨机中研磨为生料；然后入窑煅烧至部分熔融，得到以硅酸钙为主要成分的水泥熟料，配以适量的石膏及混合材料在球磨机中研磨至一定细度，即得到硅酸盐水泥。其生产工艺流程如图 3-1 所示。

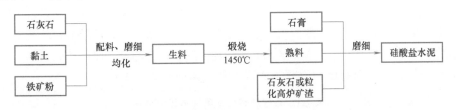

图 3-1 硅酸盐水泥的生产工艺流程

3.1.2 硅酸盐水泥的矿物组成

《通用硅酸盐水泥》定义：硅酸盐水泥熟料是由主要含有 CaO、SiO_2、Al_2O_3、Fe_2O_3 的原料，按适当比例磨成细粉烧至部分熔融所得以硅酸钙为主要矿物成分的水硬性胶凝物质。其中硅酸钙矿物（质量分数）不小于66%，氧化钙和氧化硅质量比不小于2.0。熟料的主要矿物组成有硅酸三钙（分子式 $3CaO·SiO_2$，简写 C_3S）、硅酸二钙（$2CaO·SiO_2$，简写 C_2S）、铝酸三钙（$3CaO·Al_2O_3$，简写 C_3A）与铁铝酸四钙（$4CaO·Al_2O_3·Fe_2O_3$，简写 C_4AF）。

【硅酸盐水泥的矿物组成】

3.1.3 硅酸盐水泥的凝结硬化

水泥加水拌和后，成为具有可塑性的水泥浆，水泥颗粒开始水化，随着水化反应的进行，水泥浆逐渐变稠并失去可塑性，但尚未具有强度，这一过程称为凝结。随后产生明显的强度并逐渐发展成为坚硬的水泥石，这一过程称为硬化。凝结和硬化是人为划分的，实际上这两者是一个连续的、复杂的物理化学变化过程。

1. 硅酸盐水泥的水化

水泥加水后，在水泥颗粒表面的熟料矿物立即水化，形成水化物并放出

【硅酸盐水泥的水化】

一定热量。硅酸盐水泥熟料中各矿物单独与水作用，发生以下水化反应：

$$2(3CaO \cdot SiO_2)+6H_2O \Longrightarrow 3CaO \cdot 2SiO_2 \cdot 3H_2O+3Ca(OH)_2$$

$$2(2CaO \cdot SiO_2)+4H_2O \Longrightarrow 3CaO \cdot 2SiO_2 \cdot 3H_2O+Ca(OH)_2$$

$$3CaO \cdot Al_2O_3+6H_2O \Longrightarrow 3CaO \cdot Al_2O_3 \cdot 6H_2O$$

$$4CaO \cdot Al_2O_3 \cdot Fe_2O_3+7H_2O \Longrightarrow 3CaO \cdot Al_2O_3 \cdot 6H_2O+CaO \cdot Fe_2O_3 \cdot H_2O$$

写成简写式，则为

$$2C_3S+6H \Longrightarrow C_3S_2H_3+3CH$$

$$2C_2S+4H \Longrightarrow C_3S_2H_3+CH$$

$$C_3A+6H \Longrightarrow C_3AH_6$$

$$C_4AF+7H \Longrightarrow C_3AH_6+CFH$$

没有石膏的情况下，在水泥水化早期，因铝酸三钙与水反应速度很快，导致水泥颗粒周围迅速形成大量的水化铝酸钙晶体，这些晶体引发众多水泥颗粒彼此之间迅速接触与搭接，造成水泥浆过早凝结，导致以其为原材料制备的砂浆或混凝土难以完成施工，这种过快的凝结称为急凝或闪凝。因此，水泥生产中必须加入适量石膏从而延缓水泥水化的速度。在水泥水化早期，C_3A 反应所生成的水化铝酸钙与石膏发生反应，其产物钙矾石结晶沉积在水泥颗粒表面，构成覆盖水泥颗粒的保护膜，阻止水泥的过快反应，且不会引起众多水泥颗粒之间的过早接触，从而避免了闪凝，随着水泥水化的进行，水泥浆仍会正常凝结，从而实现了石膏对水泥水化过程的缓凝。因此，水泥水化的实际环境并非纯水环境，而是"石膏水"环境。

各熟料矿物在水化凝结硬化过程中表现各异，其特性见表 3-1。

表 3-1 各种熟料矿物单独水化的特性

名称	硅酸三钙（C_3S）	硅酸二钙（C_2S）	铝酸三钙（C_3A）	铁铝酸四钙（C_4AF）
凝结硬化速度	快	慢	最快	快
28d 水化放热量	多	少	最多	中
强度	高	早期低、后期高	低	低（含量多时对抗折强度有利）

若调整熟料中各矿物组成的比例，则水泥的性质将有相应的变化，如提高硅酸三钙、铝酸三钙的含量，可使硅酸盐水泥凝结、硬化快，早期强度高。

水泥作为多矿物的集合体，水化时各矿物之间会互相影响，表现为水泥的水化过程，其水化放热曲线如图 3-2 所示。

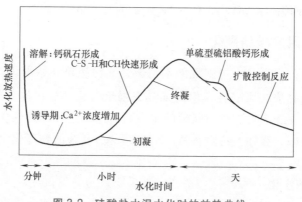

【水泥水化热】

图 3-2 硅酸盐水泥水化时的放热曲线

　　当水泥颗粒分散在水中，石膏和熟料矿物溶解进入溶液中，液相被各种离子饱和；几分钟内，Ca^{2+}、SO_4^{2+}、Al^{3+}、OH^-发生反应，形成钙矾石（AFt）；几小时后，$Ca(OH)_2$晶体和硅酸钙水化物 C-S-H 开始填充原来由水占据并溶解熟料矿物的空间；几天后，因石膏量不足，钙矾石开始分解，单硫型硫铝酸钙水化物开始形成；此后，水化物不断形成，不断填充孔隙或空隙，表现为水泥逐渐凝结硬化。

2. 硅酸盐水泥的凝结、硬化

　　水泥加水生成的胶体状水化产物聚集在颗粒表面形成凝胶薄膜，使水泥反应减慢，并使水泥浆体具有可塑性。由于生成的胶体状水化产物不断增多并在某些点接触，构成疏松的网状结构，使浆体失去流动性及可塑性，这就是水泥的凝结。此后由于生成的水化产物（凝胶、晶体）不断增多，它们相互接触、连接到一定程度时，就建立起较紧密的网状结构，并在网状结构内部不断充实水化产物，使水泥具有初步的强度，此后水化产物不断增加，强度不断提高，最后形成有较高强度的水泥石，这就是水泥的硬化。

　　硬化后的水泥石是由水泥水化产物、未水化的水泥颗粒、孔隙与水所组成的，是一个固-液-气三相多孔体系，其结构如图 3-3 所示。

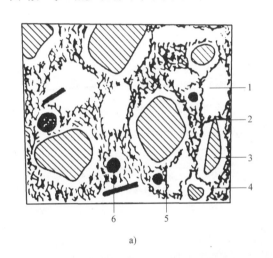
a)

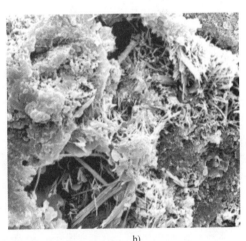
b)

图 3-3　硬化水泥石的结构

a）硬化水泥石结构　b）水化 3d 硬化水泥石 SEM 照片

1—毛细孔　2—胶凝孔　3—未水化水泥内核　4—凝胶　5—界面过渡区　6—CH 晶体

　　水泥水化后生成的主要水化产物有凝胶和晶体两类。凝胶有水化硅酸钙（C-S-H）与水化铁酸钙（CFH）；晶体主要有氢氧化钙 [$Ca(OH)_2$]、水化铝酸钙（C_3AH_6）与水化硫铝酸钙 [$3CaO \cdot Al_2O_3 \cdot 3CaSO_4 \cdot 31H_2O$，即钙矾石（AFt）]，简称"三晶二胶"。在完全水化的水泥石中，水化硅酸钙凝胶约占 70%，氢氧化钙约占 20%，水化硫铝酸钙约占 7%。水化硅酸钙凝胶难溶于水，且有较高的凝结能力，其水硬性与胶结力决定着水泥的水硬性与强度，因此它是水泥水化物中的关键成分。

　　水泥石中孔隙通常包含毛细孔、气孔、凝胶孔。通常在水胶比（拌和时，水与胶凝材料的质量比，若胶凝材料全部为水泥，则水胶比即水与水泥的质量比，也称为水灰比。）为 0.40~0.65 的水泥石中，孔径为微米级的毛细孔作为水泥石固有的组成部分之一，构成了孔隙的主体，对水泥石或者混凝土的性能有重要的作用；气孔为比毛细孔更为粗大的孔，主要来源于搅拌时夹带进水泥浆的空气，可通过控制搅拌、振捣密实减少其数量；凝胶孔也是水泥石固有的组成部分之一，存在于水化硅酸钙凝胶体内部，尺寸比毛细孔更小，一般对水泥石或混凝土性能的影响并不显著。

水泥石中的水包括孔隙中流动的自由水、孔壁附着的吸附水及水化产物含有的化学结合水。环境温湿度变化时，不同性质的水对水泥性能产生不同的影响。如温度升高，自由水的蒸发并不会影响水泥的体积发生显著变化，但是吸附水的蒸发和化学结合水的失去将引起水泥体积的显著收缩。

3. 硅酸盐水泥凝结、硬化的主要影响因素

（1）水泥的组成 水泥的组成包括水泥熟料和适量的石膏，为了改善水泥性质或降低成本，还会加入粒化高炉矿渣、粉煤灰等混合材料。水泥组成成分及其比例是影响硅酸盐水泥性质的最主要原因。水泥熟料单一矿物水化速度和石膏对水泥凝结速度的影响如图 3-4 所示。

【影响水泥凝结硬化的因素】

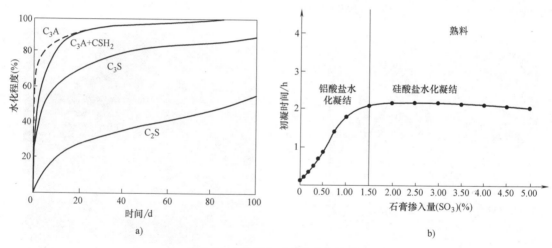

a)   b)

图 3-4 水泥组分对水化速度的影响

a）水泥熟料单一矿物水化放热曲线 b）石膏掺量对 C_3A 与硅酸钙浆体初凝时间的影响

水泥熟料的比例越高，水泥熟料中水化速度快的组分越多，水泥水化的速度越快。水泥熟料矿物的水化速度由快到慢的顺序为 $C_3A > C_3A + CaSO_4 \cdot 2H_2O > C_3S \sim C_4AF > C_2S$。水泥的 C_3A 和 C_3S 含量越高，凝结硬化速度越快，早期放热越高。C_3S 水化速度较快，生成物 C-S-H 凝胶对强度起决定作用，C_3S 含量越高，早期强度越高。硅酸盐水泥因为水泥熟料含量高，水化速度超过掺有大量混合材料的水泥，早期强度也相较要高。

石膏掺入水泥的主要目的是调节水泥的凝结时间，石膏掺量过少，不能防止"闪凝"。但掺量过多，可能导致水泥体积安定性不良。一般石膏掺量占水泥总量的 3%～5%，具体掺量由试验确定。

（2）水泥的细度 水泥颗粒越粗，水化活性越低，不利于凝结硬化；水泥颗粒越细，水与水泥接触的比表面积越大，界面区越大，反应点越多，水化速度越快，水化反应进行得越充分。虽然水泥越细，凝结硬化越快，早期强度越高，但是水化放热速度也快，水泥收缩也越大，对水泥石性能不利；且水泥太细，生产能耗高，成本增加；再者水泥太细容易变潮

结块，不利于储存运输，同时受潮会导致水泥水化活性下降，强度下降。

（3）水泥的拌和用水量 为使水泥浆体具有一定的塑性和流动性，加入的拌和用水量通常要大大超过水泥充分水化时所需的水量。拌和用水量与胶凝材料用量的比例称为水胶比。水胶比对水泥浆体中水化产物和孔隙体积的影响如图3-5所示。

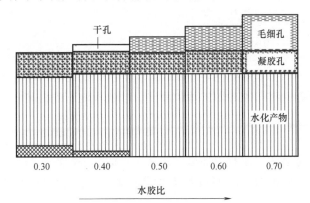

图 3-5 水胶比对水泥浆体中水化产物与孔隙体积的影响

水泥用量不变的情况下，增加拌和用水量，虽然能使水泥水化更为充分，生成的水化产物较多，但因多余的水分蒸发和水泥颗粒之间距离变大，需要水化产物固相填充的孔隙更多，凝结硬化所需时间变长。从图3-5可见，水胶比越大，水泥石中孔隙越多，强度越低。当熟料矿物组成大致相近的情况下，水胶比是影响硬化水泥石强度的主要因素。

（4）养护的温湿度 水泥是水硬性胶凝材料，其水化硬化的过程一直需要水的参与，水泥在水化过程中保持潮湿的状态，水化才能正常进行，强度才能正常发展。如果环境过于干燥，使得水分蒸发较快，影响水泥水化的正常进行，甚至会导致过大的早期干缩，进而影响水泥的强度和耐久性。

水泥水化反应是一个化学反应，反应速度随着温度升高而加快，温度升高10℃，速度加快大约1倍。提高温度可使早期强度得到较快的发展，但后期强度可能有所降低。温度低于0℃时，水化反应基本停止，此时水泥颗粒表面的水分将结冰，破坏水泥石的结构，即使温度回升也很难恢复正常结构，而且水泥水化受冻越早，其强度越低。因此，寒冷地区冬期施工，要及时采取有效措施进行保温。

（5）龄期 水泥加水拌和开始，水泥石结构发展的时间称为龄期。随着龄期的增长，水化程度不断提高，水化产物不断增加，毛细孔不断减少，水泥石的强度逐渐提高。

（6）外加剂 为了满足施工或者某些特殊需要，经常加入调节凝结时间的外加剂，如缓凝剂、促凝剂等。促凝剂将促进水泥水化、硬化，提高早期强度，而缓凝剂则相反。

3.1.4 硅酸盐水泥的特性与应用

（1）凝结硬化快，早期强度及后期强度高 硅酸盐水泥的凝结硬化速度快，强度高，尤其是早期强度增长率高，故适用于早期强度要求高的混凝土、高强混凝土、预应力混凝土、冬期施工混凝土。

（2）抗冻性好 硅酸盐水泥采用合理的配合比和充分养护后，可获得较低孔隙率的水泥石，且强度高，所以具有良好的抗冻性，适用于冬期施工及严寒地区水位

【硅酸盐水泥的
特性与应用】

升降范围内遭受反复冻融的工程。

（3）水化热大 硅酸盐水泥熟料中含有大量的 C_3S 及较多的 C_3A，在水泥水化时，放热速度快且放热量大，因而不宜用于大体积混凝土工程，但可用于低温季节或者冬期施工。

（4）耐腐蚀性差 硅酸盐水泥水化产物中有较多的氢氧化钙和水化铝酸钙，耐软水侵蚀及耐化学腐蚀能力差，故硅酸盐水泥不适宜用于海水、矿物水、硫酸盐等化学侵蚀性介质接触的地方。

（5）耐热性差 当水泥石处在温度高于 250℃ 的环境时，水泥石中的水化硅酸钙开始脱水，体积收缩，强度下降，氢氧化钙在 600℃ 以上会分解成氧化钙和二氧化碳，高温后的水泥石受潮时，生成的氧化钙与水作用，体积膨胀，造成水泥石的破坏。因此，硅酸盐水泥不宜用于温度高于 250℃ 的混凝土工程，如工业窑炉和高温炉基础。

（6）碱度高，抗碳化性好 碳化是指水泥石中的氢氧化钙与空气中的二氧化碳反应生成碳酸钙的过程，碳化会使水泥石内部碱度降低，从而其中的钢筋易发生锈蚀。而硅酸盐水泥水化后，形成较多的 $Ca(OH)_2$，碳化时碱度降低不明显，所以特别适合于重要的钢筋混凝土结构及二氧化碳含量高的环境。

（7）干缩性小，耐磨性好 硅酸盐水泥硬化过程中，形成大量的水化硅酸钙凝胶体，使水泥石密实，游离水分少，不易产生干缩裂缝，可用于干燥环境下的混凝土工程。硅酸盐水泥熟料含量高，强度高，耐磨性好，可用于路面与地面工程。

3.1.5 硅酸盐水泥的技术性质

硅酸盐水泥的密度一般为 3.05～3.20g/cm³，堆积密度一般为 1000～1600kg/m³。根据《通用硅酸盐水泥》的规定，硅酸盐水泥的主要技术要求有化学指标、碱含量指标和物理指标。

【硅酸盐水泥的技术性质】

1. 化学指标

硅酸盐水泥的化学指标主要包括不溶物、烧失量、三氧化硫、氧化镁和氯离子含量。其化学指标应满足表 3-2 要求，其中单位表示质量分数。

表 3-2　硅酸盐水泥的化学指标　　　　（%）

品种	代号	不溶物	烧失量	三氧化硫	氧化镁	氯离子
硅酸盐水泥	P·Ⅰ	≤0.75	≤3.0	≤3.5	≤5.0[①]	≤0.06[②]
	P·Ⅱ	≤1.50	≤3.5			

① 如果水泥压蒸试验合格，则水泥中氧化镁的含量（质量分数）允许放宽至 6.0%。
② 当有更低要求时，该指标由买卖双方协商确定。

2. 碱含量指标（选择性指标）

水泥碱含量，特指水泥中氧化钠（Na_2O）和氧化钾（K_2O）的总量，这是因为这两种化合物在水泥中起类似碱的作用，即当水泥碱含量较高时，如果混凝土骨料是活性的（即含较多的活性氧化硅），则容易发生有害的碱-骨料反应，生成的碱-硅酸凝胶吸水后产生较大体积膨胀，从而导致混凝土的损伤破坏。碱含量用氧化钠的等效质量分数表示，具体表示为（$Na_2O+0.685K_2O$）。若混凝土工程使用活性骨料，则所选用的水泥应为低碱水泥，其碱含量小于熟料质量的 0.6%。若使用碱含量大于熟料质量 0.6% 的水泥（高碱水泥），应进行骨料碱活性鉴定，以避免碱-骨料反应的发生。

3．物理指标

物理指标包括细度、凝结时间、体积安定性和强度四项，其中细度为选择性指标。

（1）细度 水泥的细度是指水泥颗粒的粗细程度。水泥颗粒越细，与水起反应的比表面积越大，因而水泥颗粒细，水化迅速且完全，早期强度及后期强度均较高，但在空气中的硬化收缩较大，成本也较高。若水泥颗粒过粗，则不利于水泥活性的发挥。通常，粒径小于 $40\mu m$ 的水泥颗粒具备较高的水化活性。《通用硅酸盐水泥》规定，硅酸盐水泥的细度用比表面积表示，其应大于 $300m^2/kg$。

（2）凝结时间 水泥的凝结时间分为初凝时间和终凝时间。初凝时间为自加水起至水泥净浆开始失去可塑性所需的时间，终凝时间为自加水起至水泥净浆完全失去可塑性并开始产生强度所需的时间。

水泥的凝结时间为用标准稠度测定仪测定的标准稠度水泥净浆凝结所需的时间。所谓标准稠度的净浆，是指在标准稠度测定仪上，试杆下沉深度为（6±1）mm 范围内的净浆。要配制标准稠度的水泥净浆，需测出达到标准稠度时的拌和用水量。以占水泥质量的百分率表示标准稠度用水量。硅酸盐水泥的标准稠度用水量一般为 24%～30%。未使用标准稠度进行凝结时间测试，测试结果将受到影响。《通用硅酸盐水泥》规定，硅酸盐水泥的初凝时间不小于 45min，终凝时间不大于 390min。

（3）体积安定性 水泥的体积安定性是反映水泥加水硬化后体积变化均匀性的物理指标。体积安定性不良，是指水泥硬化后产生不均匀的体积变化。使用体积安定性不良的水泥，会使构件产生膨胀开裂，降低建（构）筑物的质量，甚至引起严重事故，因此在工程中应严禁使用体积安定性不良的水泥。

水泥体积安定性不良的主要原因是熟料中含有过量的游离氧化钙或游离氧化镁，或者水泥中掺入过量的石膏。当熟料中含有过量的游离氧化钙时，因其是过火态的，相对于水泥的水化反应，游离氧化钙水化生成氢氧化钙的反应较为缓慢，且水化时体积增大，所以将引起硬化水泥石局部膨胀乃至开裂，造成体积安定性不良；当熟料中含有过量的游离氧化镁时，也会发生与过量游离氧化钙类似的情况；当水泥中掺有过量的石膏时，石膏除了适量的那一部分发挥缓凝作用，在水化初期与水化铝酸钙反应形成钙矾石以外，剩余的一部分则在逐渐硬化的水泥石中继续与水化铝酸钙反应，形成钙矾石，体积增大约 2.5 倍，将引起硬化水泥石局部膨胀乃至开裂。

这三种因素引发水泥安定性不良的共同点都是相对于早期水泥水化而言的，延迟形成的某种膨胀性产物作为局部存在的物质出现在周围已经硬化的水泥石中，随着这种膨胀性产物的数量逐渐增多，引起水泥石局部膨胀，当膨胀发生到一定程度时使脆性材料的水泥石发生开裂。这种因局部膨胀物引起脆性材料损伤破坏的方式在水泥、混凝土中具有一定的典型性，值得关注。

由于游离氧化镁在压蒸条件下才加速熟化，石膏的危害则需长期在常温水中才能发现，两者均不便于快速检测。因此，为避免因过量游离氧化镁或石膏引起的体积安定性不良，《通用硅酸盐水泥》规定，水泥中的游离氧化镁含量不得超过 5.0%，三氧化硫含量不得超过 3.5%。由熟料中游离氧化钙引起的安定性不良，用沸煮法检验。沸煮法可分为试饼法（观察标准稠度的水泥净浆试饼沸煮后的外形变化）与雷氏夹法（测定标准稠度的水泥净浆在雷氏夹中沸煮后的膨胀值）。

（4）强度　水泥强度是表征水泥质量的重要指标。《通用硅酸盐水泥》规定，采用水泥胶砂法测定水泥强度，即采用水泥与标准砂和水以 1：3：0.5 比例拌和，按规定的方法制成 40mm×40mm×160mm 的胶砂试件，在标准温度（20±2）℃的水中养护，分别测定其 3d 和 28d 的抗压强度和抗折强度。根据测定结果，将硅酸盐水泥分为 42.5、42.5R、52.5、52.5R、62.5、62.5R，其中有代号 R 者为早强型水泥。各强度等级硅酸盐水泥的强度不得低于表 3-3 中的数值。

表 3-3　硅酸盐水泥的强度要求　　　　　　　　　　　　（单位：MPa）

强度等级	抗压强度（≥）		抗折强度（≥）	
	3d	28d	3d	28d
42.5	17.0	42.5	3.5	6.5
42.5R	22.0		4.0	
52.5	23.0	52.5	4.0	7.0
52.5R	27.0		5.0	
62.5	28.0	62.5	5.0	8.0
62.5R	32.0		5.5	

3.1.6　硅酸盐水泥的腐蚀与防止措施

硅酸盐水泥加水硬化而成的水泥石，在通常使用条件下，有较好的耐久性，但在某些侵蚀性液体或气体（统称侵蚀介质）的作用下，会逐渐遭受侵蚀，引起强度降低，甚至破坏，这种现象称为水泥石的侵蚀或腐蚀。侵蚀是一个相当复杂的过程，引起水泥石侵蚀的原因很多，下面介绍几种典型的侵蚀。

【水泥的腐蚀与防止措施】

1. 软水侵蚀（溶出性侵蚀）

软水是指不含或仅含少量钙、镁等可溶性盐的水。雨水、雪水、蒸馏水、工厂冷凝水及含重碳酸盐甚少的河水与湖水等均属软水。软水能使水化产物中的氢氧化钙溶解，并促使水泥石中其他水化产物发生分解，故软水侵蚀又称为"溶出性侵蚀"。

水泥石中各水化产物都必须在含有一定 CaO 的液相中才能稳定存在，低于极限 CaO 含量时，水化产物将会发生逐步分解。各主要水化产物稳定存在时所必需的极限 CaO 含量如下：氢氧化钙约为 1.3gCaO/L；水化硅酸三钙稍大于 1.2gCaO/L；水化铁铝酸四钙约为 1.06gCaO/L；水化硫铝酸钙约为 0.045gCaO/L。

各种水化产物与水作用时，氢氧化钙由于溶解度最大，首先被溶出。在水量不多或无水压的静水情况下，由于周围的水迅速被溶出的氢氧化钙所饱和，溶出作用很快中止，破坏作用仅发生于水泥石的表面部位，危害不大。但在大量水或流动水中，氢氧化钙会不断溶出，特别是当水泥石渗透性较大而又受压力水作用时，水不仅能渗入内部，还能产生渗流作用，将氢氧化钙溶解并渗滤出来，因此不仅减小了水泥石的密实度，影响其强度，而且由于液相中氢氧化钙的含量降低，会使一些高碱性水化产物向低碱性转变或溶解。于是水泥石的结构会相继受到破坏，强度不断降低，裂隙不断扩展，渗漏更加严重，最后可能导致整体破坏。

溶出性侵蚀的速度与环境水中重碳酸盐的含量有很大关系。重碳酸盐能与水泥石中的氢氧化钙起作用，生成几乎不溶于水的碳酸钙，反应如下：

$$Ca(OH)_2+Ca(HCO_3)_2 =\!=\!= 2CaCO_3 \downarrow +2H_2O$$

生成的碳酸钙积聚在已硬化水泥石的孔隙内，可阻滞外界水的侵入和内部的氢氧化钙向外扩散。将要与软水接触的水泥混凝土制品事先在空气中放置一段时间，使其表面碳化，再与软水接触，对溶出性侵蚀有一定的抵抗作用。

2. 盐类腐蚀

（1）硫酸盐腐蚀　一些湖水、海水、沼泽水、地下水及某些工业污水中常含钠、钾等的硫酸盐，它们会先与硬化的水泥石结构中的氢氧化钙起置换反应，生成硫酸钙。硫酸钙再与水泥石中的水化铝酸钙起反应，生成高硫型水化硫铝酸钙，反应如下：

$$3CaO \cdot Al_2O_3 \cdot 6H_2O + 3(CaSO_4 \cdot 2H_2O) + 19H_2O =\!=\!= 3CaO \cdot Al_2O_3 \cdot 3CaSO_4 \cdot 31H_2O$$

生成的高硫型水化硫铝酸钙含有大量结晶水，固相体积增加到 2.22 倍，由于是在已经硬化的水泥石中发生上述反应，因此对水泥石的破坏作用很大。高硫型水化硫铝酸钙，即钙矾石（AFt），由于其在发生硫酸盐侵蚀时所引起的负面效应，又被称为"水泥杆菌"，如图 3-6 所示。

当水中硫酸盐含量较高时，硫酸钙还会在孔隙中直接结晶成二水石膏，造成膨胀压力，引起水泥石的破坏。

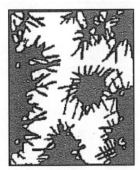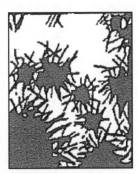

图 3-6　水泥石中的钙矾石针状晶体

（2）镁盐腐蚀　海水及地下水中常含有大量的镁盐，主要是硫酸镁和氯化镁。它们与水泥石中的氢氧化钙起置换作用，其反应式如下：

$$MgSO_4+Ca(OH)_2+2H_2O =\!=\!= CaSO_4 \cdot 2H_2O+Mg(OH)_2$$
$$MgCl_2+Ca(OH)_2 =\!=\!= CaCl_2+Mg(OH)_2$$

生成的氢氧化镁松软而无胶凝能力，氯化钙易溶于水，二水石膏则引起硫酸盐的破坏作用。因此，硫酸镁对水泥石起着镁盐和硫酸盐双重腐蚀的作用。

3. 酸类腐蚀

（1）碳酸腐蚀　工业污水、地下水中常溶解有较多的二氧化碳，它对水泥石的腐蚀作用是先生成碳酸钙，反应式如下：

$$Ca(OH)_2+CO_2+H_2O =\!=\!= CaCO_3+2H_2O$$

生成的碳酸钙再与含碳酸的水反应生成碳酸氢钙，这是一个可逆反应，反应式如下：

$$CaCO_3+CO_2+H_2O =\!=\!= Ca(HCO_3)_2$$

生成的碳酸氢钙易溶于水。当水中含有较多的碳酸，并超过平衡浓度，则上式反应向右进行。因此，水泥石中的氢氧化钙，通过转变为易溶的碳酸氢钙而溶失。氢氧化钙含量的降低还会导致水泥石中其他水化产物的分解，使腐蚀作用进一步加剧。

（2）一般酸腐蚀　工业废水、地下水、沼泽水中常含有无机酸和有机酸，工业窑炉中的烟气中常含有氧化硫，遇水后即生成亚硫酸。各种酸类对水泥石有不同程度的腐蚀作用，它们与水泥石中的碱（氢氧化钙）起中和反应，生成的化合物或者易溶于水，或者体积膨胀，在水泥石中形成孔洞或膨胀压力。对水泥石腐蚀作用较强的是无机酸中的盐酸、氢氟酸、硫酸、硝酸和有机酸中的醋酸、蚁酸和乳酸。

例如，盐酸与水泥石中的氢氧化钙起反应：

$$2HCl+Ca(OH)_2 \!\!=\!\!=\!\!=\!\! CaCl_2+2H_2O$$

生成的氯化钙易溶于水。

硫酸与水泥石中的氢氧化钙起反应：

$$H_2SO_4+Ca(OH)_2 \!\!=\!\!=\!\!=\!\! CaSO_4 \cdot 2H_2O$$

生成的二水石膏可能与水泥石中的水化铝酸钙作用，生成高硫型的水化硫铝酸钙或直接在水泥石孔隙中结晶产生膨胀压力。

4. 强碱腐蚀

碱类溶液如浓度不大时一般是无害的。但铝酸盐含量较高的硅酸盐水泥遇到强碱（如氢氧化钠）作用后也会产生破坏。氢氧化钠会与水泥熟料中未水化的铝酸盐作用，生成易溶的铝酸钠，反应如下：

$$3CaO \cdot Al_2O_3+6NaOH \!\!=\!\!=\!\!=\!\! 3Na_2O \cdot Al_2O_3+3Ca(OH)_2$$

除上述几种腐蚀类型以外，还有其他一些物质，如糖类、脂肪等对水泥石也有腐蚀作用。

综上所述，引起水泥石侵蚀的主要原因如下：

1）水泥石本身一些组分（氢氧化钙、水化铝酸钙）能溶于水或与其他物质发生化学反应，生成易溶于水、体积膨胀的或松软无胶结能力的新产物，使水泥石遭受侵蚀。

2）水泥石本身不密实，有很多毛细孔通道，侵蚀性介质（淡水、酸、硫酸盐与镁盐溶液等）容易进入其内部。

3）腐蚀与毛细孔通道的共同作用，加剧水泥石结构的破坏。

实际的腐蚀往往是一个极为复杂的过程，可能是几种类型作用同时存在，互相影响。促使腐蚀发展的因素还有较高的温度、较快的水流速、干湿交替等。防止侵蚀可采取以下措施：

1）根据工程所处的环境特点，选择合适的水泥品种。硅酸盐水泥的水化产物中氢氧化钙含量较高，因此耐腐蚀性较差。在有腐蚀性介质的环境中应优先考虑采用其他品种水泥。

2）减少拌和时的用水量，提高水泥石的密实程度。硅酸盐水泥水化理论需水量约为水泥质量的23%，实际使用中用水量往往是水泥质量的40%~70%，多余的水易形成毛细孔或水囊，使水泥石结构不密实，腐蚀性介质容易渗入水泥石内部，加速水泥石的腐蚀。降低水胶比、掺加减水剂、改进施工方法等可提高水泥石的密实程度，从而提高它的抗腐蚀性。

3）采取表面防护处理。在腐蚀性介质作用较强时，可采用表面涂层或表面加保护层的方法，如采用各种防腐涂料、玻璃、陶瓷、不锈钢板贴层等。

■ 3.2 掺混合材料的硅酸盐水泥

掺混合材料的硅酸盐水泥包括普通硅酸盐水泥、矿渣硅酸盐水泥、火山灰质硅酸盐水泥、粉煤灰硅酸盐水泥和复合硅酸盐水泥。

混合材料为天然的或人工的矿物材料，按其性能不同，可分为活性混合材料和非活性混合材料两大类。常用的非活性混合材料有磨细石英砂、石灰石粉、黏土及炉灰等。它们与水泥成分不起化学作用或化学作用很小，掺入硅酸盐水泥中仅起提高水泥产量和降低水泥强度、减少水化热、降低成本等作用。

常用的活性混合材料有粒化高炉矿渣、火山灰质混合材料（如火山灰、浮石、硅藻土、烧黏土、煤矸石灰渣等）及粉煤灰等，掺入硅酸盐水泥的主要目的是改善水泥的性质。活性混合材料是指具有潜在水硬性或火山灰特性，或者兼具有潜在水硬性和火山灰特性的混合材料，其主要的活性成分为活性 SiO_2 和活性 Al_2O_3。活性混合材料与水调和后，本身不会硬化或硬化极为缓慢，强度很低；但在碱性激发剂的作用下，就会发生显著的水化，而且在饱和氢氧化钙溶液中水化更快。其水化反应如下：

$$xCa(OH)_2 + SiO_2 + mH_2O \Longrightarrow xCaO \cdot SiO_2 \cdot nH_2O$$
$$yCa(OH)_2 + Al_2O_3 + aH_2O \Longrightarrow yCaO \cdot Al_2O_3 \cdot bH_2O$$

在掺有活性混合材料的水泥中反应所需的 CH 来源于硅酸盐水泥水化的产物，所以活性混合材料的水化反应也称为二次水化反应。由于二次水化反应消耗了原有的水化产物 CH，降低了 CH 的含量，改变了 CH 的粒型，同时 C-S-H 凝胶增加，进一步填充了原有水泥石结构的孔隙，从而改善水泥的性能。

本节涉及的标准规范主要有《通用硅酸盐水泥》（GB 175—2007）。

3.2.1 普通硅酸盐水泥

普通硅酸盐水泥简称普通水泥，其代号为 P·O，是由硅酸盐水泥熟料、5%～20%混合材料、适量石膏磨细制成的水硬性胶凝材料组成的。《通用硅酸盐水泥》规定，普通硅酸盐水泥的活性混合材料掺加量为 5%～20%，其中允许用不超过水泥质量5%且符合标准规定的窑灰或不超过水泥质量8%且符合标准规定的非活性混合材料代替。

普通水泥中混合材料掺量少，因此其性能与硅酸盐水泥相近。与硅酸盐水泥性能相比，普通水泥硬化稍慢，早期强度稍低，水化热稍小，抗冻性与耐磨性也稍差。其应用范围与硅酸盐水泥基本相同，广泛应用于各种混凝土或钢筋混凝土工程。由于普通水泥与硅酸盐水泥的水化热高，且大部分在早期（3～7d）放出，对于大型基础、水坝、桥墩等大体积混凝土的构筑物，因水化热在内部积聚、不易散发，内部温度可达50℃以上，内外温差引起的温度应力可使混凝土产生裂缝，所以大体积混凝土工程不宜选用这两种水泥。

3.2.2 掺大量混合材料的硅酸盐水泥

1. 矿渣硅酸盐水泥（简称矿渣水泥）

《通用硅酸盐水泥》规定，由硅酸盐水泥熟料和粒化高炉矿渣、适量石膏磨细制成的水硬性胶凝材料称为矿渣硅酸盐水泥，其中矿渣掺加量为20%～70%，并分为 A 型和 B 型。A型矿渣掺量为20%～50%，代号为 P·S·A；B 型矿渣掺量为50%～70%，代号为 P·S·B。其中允许用不超过水泥质量8%的活性混合材料、非活性混合材料或窑灰中的任一种材料代替。

2. 火山灰质硅酸盐水泥（简称火山灰水泥）

《通用硅酸盐水泥》规定，由硅酸盐水泥熟料和火山灰质混合材料、适量石膏磨细制成的水硬性胶凝材料称为火山灰质硅酸盐水泥，代号为 P·P，其中火山灰质混合材料掺量为20%～40%。

3. 粉煤灰硅酸盐水泥（简称粉煤灰水泥）

由硅酸盐水泥熟料和粉煤灰、适量石膏磨细制成的水硬性胶凝材料称为粉煤灰硅酸盐水泥，代号为 P·F。水泥中粉煤灰掺量按质量百分比计为 20%~40%。

上述三种水泥的性质与硅酸盐水泥、普通硅酸盐水泥相比，由于活性混合材料的掺加量较大，熟料矿物的含量相对减少，因此具有以下共同特性：早期强度较低，后期强度增长较快；环境温度、湿度对水泥凝结硬化的影响较大，故适于采用蒸汽养护；水化热较低，放热速度较慢；抗软水及硫酸盐侵蚀的能力较强；抗冻性、抗碳化性与耐磨性较差。

但由于所掺入的主要混合材料性质不同，这三种水泥又具有各自的特性。如矿渣水泥的耐热性较强，抗渗性较差，保水性较差。火山灰水泥保水性好，抗渗性好，但干燥收缩显著。粉煤灰水泥干缩性小，因而抗裂性好，且粉煤灰水泥流动性较好，因而配制的混凝土拌合物和易性好。

4. 复合硅酸盐水泥（简称复合水泥）

《通用硅酸盐水泥》规定，由硅酸盐水泥熟料、两种或两种以上规定的混合材料、适量石膏磨细制成的水硬性胶凝材料称为复合硅酸盐水泥，代号为 P·C。其中混合材料总掺加量为 20%~50%，由两种（含）以上活性混合材料或非活性混合材料组成，其中允许用不超过水泥质量 8% 的窑灰代替。掺矿渣时混合材料的掺量不得与矿渣硅酸盐水泥重复。

复合水泥除了具有上述三种掺混合材料较多的硅酸盐水泥的共性以外，其性能特征还取决于所含有的混合材料以哪一种为主。复合水泥包装袋上均印有主要混合材料的名称。同时由于复合水泥掺加了两种或三种混合材料，这三种混合材料在粒级上差异较大，产生"微骨料效应"，从而复合水泥的早期强度相较于其他三种大掺量混合材料水泥要高。

3.2.3　技术要求

根据《通用硅酸盐水泥》规定，掺混合材料的硅酸盐水泥的技术要求包括化学指标、碱含量指标和物理指标，其基本指标内容与硅酸盐水泥相同。

1. 化学指标

掺混合材料的硅酸盐水泥的化学指标应符合表3-4要求，其中单位表示为质量分数。

表3-4　混合材料的硅酸盐水泥的化学指标　　　　　（%）

品种	代号	不溶物	烧失量	三氧化硫	氧化镁	氯离子
普通硅酸盐水泥	P·O	—	≤5.0	≤3.5	≤5.0[①]	≤0.06[③]
矿渣硅酸盐水泥	P·S·A	—	—	≤4.0	≤6.0[②]	
	P·S·B	—	—			
火山灰质硅酸盐水泥	P·P	—	—	≤3.5	≤6.0[②]	
粉煤灰硅酸盐水泥	P·F	—	—			
复合硅酸盐水泥	P·C	—	—			

① 如果水泥压蒸试验合格，则水泥中氧化镁的含量（质量分数）允许放宽至 6.0%。

② 如果水泥中氧化镁的含量（质量分数）大于 6.0%，需进行水泥压蒸安定性试验并合格。

③ 有更低要求时，该指标由买卖双方协商确定。

2. 物理指标

掺混合材料的硅酸盐水泥的物理指标也包括凝结时间、体积安定性、强度和细度（选择性指标）四个方面。

（1）凝结时间　普通硅酸盐水泥、矿渣硅酸盐水泥、火山灰质硅酸盐水泥、粉煤灰硅酸盐水泥和复合硅酸盐水泥初凝不小于 45min，终凝不大于 600min。

（2）体积安定性　体积安定性采用沸煮法进行检验，可采用试饼法和雷氏法，有争议时，以雷氏法为准。

（3）强度　普通水泥和掺有大量混合材料水泥的强度等级划分依据与硅酸盐水泥相同，但受到混合材料掺入的影响，其强度等级有所区别，各龄期的要求也有所不同，见表 3-5。

表 3-5　水泥不同龄期的强度要求（GB 175—2007 及其第 3 号修改单）

（单位：MPa）

品种	强度等级	抗压强度（≥）		抗折强度（≥）	
		3d	28d	3d	28d
普通硅酸盐水泥	42.5	17.0	42.5	3.5	7.0
	42.5R	22.0		4.0	
	52.5	23.0	52.5	4.0	5.5
	52.5R	27.0		5.0	
矿渣硅酸盐水泥 火山灰质硅酸盐水泥 粉煤灰硅酸盐水泥	32.5	10.0	32.5	2.5	5.5
	32.5R	15.0		3.5	
	42.5	15.0	42.5	3.5	6.5
	42.5R	19.0		4.0	
	52.5	21.0	52.5	4.0	7.0
	52.5R	23.0		5.0	
复合硅酸盐水泥	42.5	15.0	42.5	3.5	6.5
	42.5R	19.0		4.0	
	52.5	21.0	52.5	4.0	7.0
	52.5R	23.0		5.0	

（4）细度（选择性指标）　普通硅酸盐水泥的细度指标与硅酸盐水泥相同，以比表面积表示，其比表面积不小于 $300m^2/kg$；矿渣硅酸盐水泥、火山灰质硅酸盐水泥、粉煤灰硅酸盐水泥和复合硅酸盐水泥的细度以筛余表示，其 $80\mu m$ 方孔筛筛余不大于 10% 或 $45\mu m$ 方孔筛筛余不大于 30%。

■ 3.3　常用水泥的选用与储运

硅酸盐水泥、普通硅酸盐水泥、矿渣硅酸盐水泥、火山灰质硅酸盐水泥、粉煤灰硅酸盐水泥、复合硅酸盐水泥是土木工程中广泛使用的六种水泥（通用水泥），它们均以硅酸盐水泥熟料为基本原料，在矿物组成、水化机理、凝结硬化过程及技术要求上有很多相似之处。但受到掺入混合材料品种和数量的影响，各水泥的特性及适用范围有较大差异，其主要性能和选用见表 3-6 及表 3-7。表中主要列出了前五种水泥，复合硅酸盐水泥的性能和选用与所掺主要混合材料的水泥类似。

水泥在运输与保管时，不得受潮和混入杂物，不同品种和强度等级的水泥应分别储存，水泥储存期不宜过长，宜在 3 个月以内（在正常储存条件下，一般水泥每天强度损失率为 0.2%~0.3%），尽量做到先存先用。

表3-6　五种通用水泥的性能特点和适用范围

项目	硅酸盐水泥 P·Ⅰ,P·Ⅱ	普通水泥 P·O	矿渣水泥 P·S·A,P·S·B	火山灰水泥 P·P	粉煤灰水泥 P·F
主要成分	以硅酸盐水泥熟料为主,含0~5%的混合材料	在硅酸盐水泥熟料中允许掺加不超过20%的混合材料	在硅酸盐水泥熟料中掺入占水泥质量20%~70%的粒化高炉矿渣	在硅酸盐水泥熟料中掺入占水泥质量20%~40%的火山灰质混合材料	在硅酸盐水泥熟料中掺入占水泥质量20%~40%的粉煤灰
特点	①高强 ②快硬早强 ③抗冻、耐磨性好 ④水化热大 ⑤耐腐蚀性差 ⑥耐热性差	①早期强度较高 ②抗冻性较好 ③水化热较大 ④耐腐蚀性较差 ⑤耐热性较差	①强度早期低、后期增长较快 ②强度发展对养护温湿度敏感 ③水化热较低 ④耐软水、海水及硫酸盐腐蚀性较好 ⑤耐热性较好 ⑥抗冻、抗渗性较差	①抗渗性较好,但干缩大,耐磨性差,耐热性不及矿渣水泥 ②其他同矿渣水泥	①流动性较好,干缩较小,抗裂性较好 ②其他同矿渣水泥
适用范围	①高强混凝土 ②预应力混凝土 ③快硬早强混凝土 ④抗冻混凝土	①一般的混凝土 ②预应力混凝土 ③地下与水中混凝土 ④抗冻混凝土	①一般耐热要求的混凝土 ②大体积混凝土 ③蒸汽养护构件,一般混凝土构件;一般耐软水、海水、硫酸盐腐蚀要求的混凝土	①水中、地下混凝土,抗渗混凝土 ②大体积混凝土 ③蒸汽养护构件,一般混凝土构件;一般耐软水、海水、硫酸盐腐蚀要求的混凝土	①地上混凝土 ②其他同火山灰水泥
不适用范围	①大体积混凝土 ②易受腐蚀的混凝土		①早期强度要求较高的混凝土 ②严寒地区的水位升降范围内的混凝土	①干燥环境及处在水位变化范围内的混凝土 ②耐磨要求的混凝土 ③其他同矿渣水泥	基本同火山灰水泥

表3-7　通用水泥的选用

用途	混凝土工程特点及所处环境条件	优先选用	可以选用	不宜选用
普通混凝土	在一般气候环境中的混凝土	普通水泥、硅酸盐水泥	矿渣水泥、火山灰水泥、粉煤灰水泥	—
	在干燥环境中的混凝土	普通水泥、硅酸盐水泥	—	矿渣水泥、火山灰水泥、粉煤灰水泥
	在高湿度环境中或长期处于水中的混凝土	矿渣水泥、火山灰水泥、粉煤灰水泥	普通水泥、硅酸盐水泥	—
	厚、大体积的混凝土	矿渣水泥、火山灰水泥、粉煤灰水泥	普通水泥	硅酸盐水泥

（续）

用途	混凝土工程特点及所处环境条件	优先选用	可以选用	不宜选用
有特殊要求的混凝土	要求快硬、较高强度（>C40）的混凝土	硅酸盐水泥	普通水泥	矿渣水泥、火山灰水泥、粉煤灰水泥、复合水泥
	严寒地区的露天混凝土、寒冷地区处于水位升降范围内的混凝土	普通水泥	矿渣水泥	火山灰水泥、粉煤灰水泥
	严寒地区处于水位升降范围内的混凝土	硅酸盐水泥、普通水泥	—	矿渣水泥、火山灰水泥、粉煤灰水泥
	有抗渗要求的混凝土	普通水泥、火山灰水泥、粉煤灰水泥	硅酸盐水泥	矿渣水泥
	有耐磨要求的混凝土	硅酸盐水泥、普通水泥	矿渣水泥	火山灰水泥、粉煤灰水泥
	受侵蚀性介质作用的混凝土	矿渣水泥、火山灰水泥、粉煤灰水泥	—	硅酸盐水泥、普通水泥

■ 3.4 铝酸盐水泥

铝酸盐水泥，也称矾土水泥或高铝水泥，是以铝矾土和石灰石为原料，经煅烧制得的、以铝酸钙为主要成分、氧化铝含量约为50%的熟料，经磨细制成的水硬性胶凝材料，代号为CA。

本节主要涉及的标准规范有《铝酸盐水泥》（GB/T 201—2015）。

3.4.1 铝酸盐水泥的矿物组成与水化产物

铝酸盐水泥的主要矿物组成为铝酸一钙（$CaO \cdot Al_2O_3$，简式CA），其含量约为70%，还有二铝酸一钙（$CaO \cdot 2Al_2O_3$，简式 CA_2）及少量的硅酸二钙（$2CaO \cdot SiO_2$，简式 C_2S）和其他铝酸盐。

铝酸一钙（CA）具有较高的水硬活性，硬化迅速，是铝酸盐水泥强度的主要来源。由于CA是铝酸盐水泥的主要矿物，因此，铝酸盐水泥的水化过程主要是CA的水化过程。一般认为，CA在不同温度下进行水化时，可得到不同的水化产物。当温度低于20℃时，主要水化产物为十水铝酸一钙（CAH_{10}）；温度在20~30℃时，主要水化产物为八水铝酸二钙（C_2AH_8）；当温度大于30℃时，主要水化产物为六水铝酸三钙（C_3AH_6）。此外，还有氢氧化铝凝胶（$Al_2O_3 \cdot 33H_2O$，简式 AH_3）。

CAH_{10} 和 C_2AH_8 为片状或针状晶体，能互相交错搭接成坚固的结晶连生体，形成晶体骨架，析出的氢氧化铝凝胶难溶于水，填充于晶体骨架的孔隙中，形成较密实的水泥石结构。水化5~7d后，水化产物数量较少增长，因此，铝酸盐水泥硬化初期强度增长较快。

CAH_{10} 和 C_2AH_8 都是不稳定的水化产物，会逐渐转变成较稳定的 C_3AH_6。晶体转变的结果使水泥石内析出游离水，增大了孔隙率；同时，又由于 C_3AH_6 本身强度低，所以水泥石后期强度将显著下降。在湿热条件下，这种转变更为迅速。

3.4.2 铝酸盐水泥的技术性质

铝酸盐水泥常为黄色或褐色，也有呈灰色的，其密度、堆积密度与硅酸盐水泥相近。《铝酸盐水泥》规定：按水泥中 Al_2O_3 含量（质量分数）分为 CA50、CA60、CA70 和 CA80，其物理指标包括细度、凝结时间和强度三个方面。细度可以用比表面积或筛余来表征，有争议时以比表面积为准，比表面积不小于 $300m^2/kg$ 或 $45\mu m$ 筛余不大于 20%；凝结时间和强度指标应满足表 3-8 和 3-9 的数值要求。铝酸盐水泥技术要求还有耐火度（选择性指标），根据用户是否有耐火要求继续选择。如用户有耐火度要求时，水泥的耐火度由买卖双方商定。

表 3-8 铝酸盐水泥凝结时间要求 （单位：min）

类型		初凝时间	终凝时间
CA50		≥30	≤360
CA60	CA60-Ⅰ	≥30	≤360
	CA60-Ⅱ	≥60	≤1080
CA70		≥30	≤360
CA80		≥30	≤360

表 3-9 铝酸盐水泥各龄期的强度值 （单位：MPa）

类型		抗压强度				抗折强度			
		6h	1d	3d	28d	6h	1d	3d	28d
CA50	CA50-Ⅰ	≥20①	≥40	≥50	—	≥3①	≥5.5	≥6.5	—
	CA50-Ⅱ		≥50	≥60	—		≥6.5	≥7.5	—
	CA50-Ⅲ		≥60	≥70	—		≥7.5	≥8.5	—
	CA50-Ⅳ		≥70	≥80	—		≥8.5	≥9.5	—
CA60	CA60-Ⅰ	—	≥65	≥85	—	—	≥7.0	≥10.0	—
	CA60-Ⅱ	—	≥20	≥45	≥85	—	≥2.5	≥5.0	≥10.0
CA70		—	≥30	≥40	—	—	≥5.0	≥6.0	—
CA80		—	≥25	≥30	—	—	≥4.0	≥5.0	—

① 用户要求时，生产厂家应提供试验结果。

3.4.3 铝酸盐水泥的特性与应用

1. 长期强度有降低的趋势

铝酸盐水泥的强度降低是由于晶体转化造成的，因此，铝酸盐水泥不宜用于长期承重的结构及处在高温、高湿环境的工程中，在一般的混凝土工程中应禁止使用。

2. 早期强度增长快

铝酸盐水泥 1d 强度可达最高强度的 80% 以上，故宜用于紧急抢修工程及要求早期强度高的特殊工程。

【铝酸盐水泥特性与应用】

3. 水化热大，且放热速度快

铝酸盐水泥 1d 内即可放出水化热总量的 70%~80%，使硬化体内部温度上升较高，即使在 -10℃ 下施工，铝酸盐水泥也能很快凝结硬化。因此，铝酸盐水泥适用于冬期施工的混凝土工程，但不宜用于大体积混凝土工程。

4. 不宜采用蒸汽养护

铝酸盐水泥最适宜的硬化温度为 15℃ 左右，一般不宜超过 25℃，湿热条件将加速其水化产物的晶型转变。因此，铝酸盐水泥不适用于高温季节施工，也不适合采用蒸汽养护。

5. 耐热性较高

如采用耐火粗细骨料（铬铁矿等）可制成使用温度达 1300~1400℃ 的耐热混凝土，铝酸盐水泥混凝土在 1300℃ 还能保持约 53% 的强度。

6. 抗硫酸盐侵蚀性强，耐酸性好，但抗碱性极差

铝酸盐水泥的水化产物主要为氢氧化铝，无氢氧化钙生成，因而不易被硫酸盐侵蚀。由于其抗碱性极差，使用时不得用于接触碱性溶液的工程。

此外，铝酸盐水泥与硅酸盐水泥或石灰相混合不但产生闪凝，而且会生成高碱性的水化铝酸钙，使混凝土开裂，甚至破坏。因此，施工时除不得与石灰和硅酸盐水泥混合外，也不得与尚未硬化的硅酸盐水泥接触使用。

■ 3.5　其他品种水泥

本节主要涉及的标准规范有《白色硅酸盐水泥》（GB/T 2015—2017）、《道路硅酸盐水泥》（GB/T 13693—2017）、《中热硅酸盐水泥、低热硅酸盐水泥》（GB/T 200—2017）、《砌筑水泥》（GB/T 3183—2017）。

3.5.1　白色与彩色硅酸盐水泥

1. 白色硅酸盐水泥（简称白色水泥）

白色硅酸盐水泥与硅酸盐水泥的主要区别在于氧化铁含量少，因而色白。生产时原料的铁含量应严格控制，在煅烧、粉磨及运输时均应防止着色物质混入。白色水泥的技术性质和产品等级按《白色硅酸盐水泥》规定：白色水泥细度要求 45μm 方孔筛筛余不大于 30%；初凝时间不小于 45min，终凝时间不大于 600min；体积安定性用沸煮法检验必须合格，同时水泥中三氧化硫含量不大于 3.5%，氧化镁的含量不宜超过 5.0%；按 3d、28d 的抗折强度和抗压强度分为 32.5、42.5、52.5 三个强度等级，各强度等级水泥在不同龄期的强度不得低于表 3-10 中的数值。

表 3-10　白色水泥各龄期强度数值　　　　　　　（单位：MPa）

强度等级	抗压强度（≥）		抗折强度（≥）	
	3d	28d	3d	28d
32.5	12.0	32.5	3.0	6.0
42.5	17.0	42.5	3.5	6.5
52.5	22.0	52.5	4.0	7.0

白色硅酸盐水泥有白度的规定，按白度分为 1 级和 2 级，代号分别为 P·W-1 和 P·W-2。P·W-1 的白度不小于 89，P·W-2 的白度不小于 87。

2. 彩色硅酸盐水泥（简称彩色水泥）

生产彩色水泥常用的方法是将硅酸盐水泥熟料（白色水泥熟料或普通水泥熟料）、适量石膏与碱性矿物颜料共同磨细，也可用颜料和水泥粉直接混合制成，但后一种方式颜料用量大，水泥色泽也不易均匀。所用颜料要求不溶于水、分散性好、耐碱性强、抗大气稳定性好、不影响水泥的凝结硬化、着色力强等。彩色水泥主要用于建筑物内外表面的装饰，如地面、墙、台阶等。

3.5.2 膨胀水泥与自应力水泥

这两种水泥的特点是在硬化过程中体积不但不收缩，反而有不同程度的膨胀。在钢筋混凝土中使用膨胀水泥时，由于水泥膨胀引起混凝土的膨胀，从而使钢筋产生一定的拉应力，混凝土则受到相应的压应力，这种压应力能使混凝土免于产生内部微裂缝。当该膨胀值较大时，还能抵消一部分因外界因素（如水泥混凝土管道中输送的压力水或压力气体）引发的拉应力，从而有效地改善混凝土抗拉强度低的缺点。由于这种压应力是依靠水泥自身的水化而产生的，所以称为"自应力"，并以自应力表示所产生压应力的大小。自应力大于或等于 3.0MPa 的称为自应力水泥，自应力在 0.5MPa 左右的则为膨胀水泥。

按水泥主要成分，我国常用的膨胀水泥有硅酸盐膨胀水泥、铝酸盐膨胀水泥、硫铝酸盐膨胀水泥及铁铝酸钙膨胀水泥等品种。其膨胀源均来自于水泥硬化初期，生成高硫型水化硫铝酸钙（钙矾石），导致体积膨胀。

膨胀水泥主要用于配制防水砂浆、防水混凝土，构件的接缝与管道接头，结构的加固与修补等。自应力水泥主要用于制造自应力钢筋或钢丝网混凝土压力管等。

3.5.3 道路硅酸盐水泥

以道路硅酸盐水泥熟料、适量石膏，加入符合规定的混合材料，磨细制成的水硬性胶凝材料称为道路硅酸盐水泥，代号 P·R。根据《道路硅酸盐水泥》的规定：道路硅酸盐水泥中熟料和石膏（质量分数）为 90%~100%，活性混合材料（质量分数）为 0~10%。铝酸三钙（C_3A）的含量不应大于 5%，铁铝酸四钙（C_4AF）的含量不应小于 15.0%，游离氧化钙的含量不应大于 1.0%。道路硅酸盐水泥按照 28d 抗折强度分为 7.5 和 8.5 两个等级，如 P·R7.5。各龄期的强度应符合表 3-11 的规定。

表 3-11 道路硅酸盐水泥的强度等级与各龄期强度　　　　（单位：MPa）

强度等级	抗压强度（≥）		抗折强度（≥）	
	3d	28d	3d	28d
7.5	21.0	42.5	4.0	7.5
8.5	26.0	52.5	5.0	8.5

道路硅酸盐水泥适用于道路路面及对耐磨、抗干缩等性能要求较高的工程，主要用于公路路面、机场跑道等工程结构，也可用于要求较高的工厂地面和停车场等工程。

3.5.4　中热、低热硅酸盐水泥

中热硅酸盐水泥是指以适当成分的硅酸盐水泥熟料，加入适量石膏，磨细制成的具有中等水化热的水硬性胶凝材料，代号 P·MH。低热硅酸盐水泥是指以适当成分的硅酸盐水泥熟料，加入适量石膏，磨细制成的具有低水化热的水硬性胶凝材料，代号 P·LH。

根据《中热硅酸盐水泥、低热硅酸盐水泥》的规定：中热水泥熟料中硅酸三钙（C_3S）的含量不大于 55.0%，铝酸三钙（C_3A）的含量不大于 6.0%，游离氧化钙的含量不大于 1.0%。低热水泥熟料中硅酸二钙（C_2S）的含量不小于 40.0%，铝酸三钙（C_3A）的含量不大于 6.0%，游离氧化钙的含量不大于 1.0%。按照 28d 抗压强度值，中热水泥的强度等级为 42.5，低热水泥的强度等级为 32.5 和 42.5 两个等级。因低热水泥含有较多的硅酸二钙，早强较低，90d 抗压强度不应低于 62.5MPa。

水泥 3d 和 7d 的水化热应符合表 3-12 的规定。

表 3-12　水泥 3d 和 7d 的水化热指标

品种	强度等级	水化热/（kJ/kg）	
		3d	7d
中热水泥	42.5	≤251	≤293
低热水泥	32.5	≤197	≤230
	42.5	≤230	≤260

32.5 级低热水泥 28d 的水化热不大于 290kJ/kg，42.5 级低热水泥 28d 的水化热不大于 310kJ/kg。

中热水泥和低热水泥是水化热较低的品种，适用于浇筑水工大坝、大型构筑物和大型房屋基础等大体积混凝土工程，也特别适用于大坝建筑，故常被称为大坝水泥。

【中国创造：乌东德水电站】

3.5.5　砌筑水泥

砌筑水泥是指由硅酸盐水泥熟料加入规定的混合材料和适量石膏，磨细制成的保水性较好的水硬性胶凝材料。其特性为硬化较慢、强度较低、配制的砂浆和易性好、成本低，适用于制备工业与民用建筑的砌筑砂浆，以及内外墙抹面砂浆和垫层混凝土，但不可用于结构混凝土。

根据《砌筑水泥》的规定，砌筑水泥的代号为 M。该水泥按强度分为 12.5、22.5、32.5 三个强度等级，各龄期强度见表 3-13。

表 3-13　砌筑水泥各龄期的强度　　　　　　　　　　　（单位：MPa）

水泥等级	抗压强度（≥）			抗折强度（≥）		
	3d	7d	28d	3d	7d	28d
12.5	—	7.0	12.5	—	1.5	3.0
22.5	—	10.0	22.5	—	2.0	4.0
32.5	10.0	—	32.5	2.5	—	5.5

【工程案例分析】

[现象] 某大型混凝土挡墙施工，浇筑混凝土两周后拆模，发现挡墙中出现大量贯穿性裂缝。该工程使用某水泥厂生产的 P·I42.5 水泥，其熟料矿物组成见表 3-14，试分析裂缝产生的原因。

表 3-14 熟料矿物组成

矿物组成	C_3S	C_2S	C_3A	C_4AF
比例	57%	15%	18%	10%

[分析] 若非设计、施工等因素，仅从材料影响分析。从熟料矿物组成来看，$C_3S + C_3A$ 的含量为 75%，这两种物质水化速度快，水化热高，总含量高，因此施工所用水泥的水化放热较为集中且热量高，而混凝土为热的不良导体，在这种情形下，容易产生温度应力，从而导致混凝土挡墙出现贯穿性裂缝。

[拓展思考] 如何配制水化热低的水泥？

【工程实例 1】

三峡工程大坝（见图 3-7）为混凝土重力坝，最大坝高 181m，枢纽工程混凝土浇筑总量达 2800 万 m^3，属于典型的大体积混凝土。

对于大体积混凝土，如大坝、桥墩等，建设过程中内外温差高达几十摄氏度，使混凝土处于外部收缩而内部膨胀的状态，容易导致开裂破坏。为了减少水化热的影响，主要措施如下：①三峡工程使用的水泥分别由葛洲坝、华新和湖南等三个特种水泥厂供应的 42.5 中热水泥，从水泥水化热出发降低大体积混凝土放热量；在建设过程中使用了近 500 万 t 的中热硅酸盐水泥，以避免大坝混凝土裂缝的产生。中热硅酸盐水泥是以适当成分的硅酸盐

图 3-7 三峡大坝

水泥熟料，加入适量石膏，磨细制成的具有中等水化热的水硬性胶凝材料。大量研究表明，使用中热硅酸盐水泥配制的混凝土质量优良，后期强度增长率大，自生体积变形多呈正值，满足三峡大坝的设计要求。②三峡工程所用水泥其熟料中 MgO 含量控制在 3.5%~5.0% 范围内，利用水泥中方镁石后期水化体积膨胀的特点，以补偿混凝土降温阶段的部分温度收缩。③同时结合其他降温措施，取得了良好的技术经济效果。

【工程实例2】

上海浦东新区世博会各场馆周边道路,为美化环境、诱导交通、改善排水等要求,在道路设计时采用彩色透水混凝土进行路面施工。

彩色水泥,主要由水泥、砂子、氧化铁颜料、水、外加剂经搅拌而成为彩色砂浆(或称为彩色混凝土),主要用于现场施工。在发达国家,彩色水泥和彩色混凝土早已替代了价格昂贵的天然石材,也代替了维护成本很高的行道砖和瓷砖,成为一种新的材料。随着城市建设的发展和建筑市场多元化的需求,彩色水泥在城市道路和公路建设中占有一席之地。彩色水泥人行道路面具有以下特点:造价低、使用寿命长、维护费用省、施工方便、可适合不同要求的人行道、绿色环保。

【工程实例3】

港珠澳大桥是世界最长的跨海大桥,被评为"世界新七大奇迹"之一,如图3-8所示。位于珠三角伶仃洋与珠江流域交汇口的港珠澳大桥处在一个洋流、航道、海床、气候等自然条件极其复杂的海域,不仅需重度防腐,还需要满足120年的使用寿命,因此对基础钢筋混凝土结构的耐久性有很高的要求。为满足工程建设的要求,港珠澳大桥项目内地段工程使用的是 P·Ⅱ42.5(R)、P·O42.5(R)、P·Ⅱ52.5(R)等级的高性能硅酸盐水泥。高性能硅酸盐水泥具有以下性能特点:抗氯离子侵蚀能力强,是普通硅酸盐水泥的 2~3 倍;抗硫酸盐侵蚀能力强,明显优于普通硅酸盐水泥;水化热低,可达到中热或低热硅酸盐水泥水平;后期强度高且持续增长,可显著提高混凝土的耐久性。

图 3-8 港珠澳大桥

习 题

3-1 生产硅酸盐水泥的主要原料有哪些?

3-2 什么是水泥的凝结和硬化？凝结和硬化可分为哪四个阶段？

3-3 试述硅酸盐水泥熟料的主要矿物成分及其对水泥性能的影响。

3-4 硅酸盐水泥的主要水化产物有哪几种？水泥石的结构如何？

3-5 试述水泥细度对水泥性质的影响。怎样检验？

3-6 造成硅酸盐水泥体积安定性不良的原因有哪几种？怎样检验？

3-7 试述硅酸盐水泥的强度发展规律及影响因素。

3-8 在下列工程中适宜选择哪些水泥品种？

1）现浇混凝土梁、板、柱，冬期施工。

2）高层建筑基础底板（具有大体积混凝土特性和抗渗要求）。

3）南方受海水侵蚀钢筋混凝土工程。

4）高炉炼铁炉基础。

5）高强度预应力混凝土梁。

6）地下铁道工程。

7）冬期施工的东北某大桥的沉井基础及桥梁墩台。

8）紧急抢修的军事工程。

3-9 某工程用一批普通水泥，强度检验结果见表3-15，试评定该批水泥的强度等级。

表3-15 某工程普通水泥的强度检验结果

龄期	抗折强度/MPa	抗压破坏荷载/kN
3d	4.05,4.20,4.10	41.0,42.5,46.0,45.5,43.0,43.5
28d	7.00,7.50,8.50	112,115,114,113,108,115

3-10 现有甲、乙两个水泥厂生产的硅酸盐水泥熟料，其矿物成分见表3-16。

表3-16 矿物成分

生产厂	C_3S（%）	C_2S（%）	C_3A（%）	C_4AF（%）
甲	54	20	10	16
乙	45	28	7	20

若用上述熟料分别制成硅酸盐水泥，试估计这两个厂生产的水泥性能有何差异？为什么？

3-11 硅酸盐水泥腐蚀的主要类型有哪几种？产生腐蚀的主要原因是什么？防止腐蚀的措施有哪些？

3-12 试说明下列原因：

1）生产硅酸盐水泥必须掺入适量石膏。

2）水泥出厂前严格控制水泥熟料中的 MgO 和 SO_3。

3）测定水泥凝结时间时，应采用标准稠度的水泥净浆。

3-13 什么是活性混合材料和非活性混合材料？掺入硅酸盐水泥中能起到什么作用？

3-14 为什么掺较多活性混合材料的硅酸盐水泥早期强度比较低，后期强度发展比较快，长期强度甚至超过同强度等级的硅酸盐水泥？

3-15 与普通水泥相比较，矿渣水泥、火山灰水泥和粉煤灰水泥在性能上有哪些不同？

并分析这四种水泥的适用和禁用范围。

3-16 白色硅酸盐水泥对原料和工艺有什么要求?

3-17 膨胀水泥的膨胀过程与水泥体积安定性不良所形成的体积膨胀有哪些不同?

3-18 铝酸盐水泥有什么特点?

3-19 简述铝酸盐水泥的水化过程及后期强度下降的原因。

3-20 水泥的强度等级检验为什么要用标准砂和规定的水胶比?试件为什么要在标准条件下养护?

第 4 章　混　凝　土

【本章要点】

本章主要介绍普通混凝土的原材料选用和主要性能（包括和易性、力学性质、变形性能及耐久性等方面内容），以及混凝土的质量特征与质量控制、配合比设计方法；简要介绍特种混凝土，如自密实混凝土、高性能混凝土等。本章的学习目标：熟悉和掌握普通混凝土的性能特点与工程应用特点，在工程设计与施工中正确选择原材料、合理确定配合比和评价混凝土性能。

【本章思维导图】

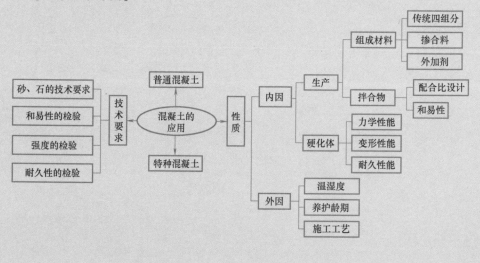

■ 4.1　概述

混凝土是现代土木工程中用途最广、用量最大的材料之一。目前全世界每年生产的混凝土材料超过 100 亿 t。广义来讲，混凝土是由胶凝材料、骨料按适当比例配合，与水（或不加水）拌和制成具有一定可塑性的流体，经硬化而成的具有一定强度的人造石。

混凝土作为建筑材料使用的历史悠久，用石灰、砂和卵石制成的砂浆和混凝土在公元前

500 年就已经在东欧使用，但最早使用水硬性胶凝材料制备混凝土的是罗马人。这种用火山灰、石灰、砂、石制备的"天然混凝土"具有胶结力强、坚固耐久、不透水等特点，在古罗马得到广泛应用，万神殿和罗马圆形剧场就是其中杰出的代表。因此，可以说混凝土建筑是古罗马最伟大的建筑遗产。

混凝土发展史中最重要的里程碑是 1824 年约瑟夫·阿斯普丁发明硅酸盐水泥，从此，水泥逐渐代替了火山灰、石灰用于制造混凝土，但主要用于墙体、屋瓦、铺地、栏杆等部位。直到 1875 年，威廉·拉塞尔斯（Willian Lascelles）采用改良后的钢筋强化的混凝土技术获得专利，混凝土才真正成为最重要的现代建筑材料。1895—1900 年用混凝土成功地建造了第一批桥墩，至此，混凝土开始作为最主要的结构材料，影响和塑造着现代建筑。

4.1.1 混凝土的分类

混凝土的种类很多，从不同的角度考虑，有以下几种分类方法：

1. 按表观密度分类

（1）重混凝土 重混凝土的表观密度大于 2800kg/m³。常采用重晶石、铁矿石、钢屑等作骨料，和锶水泥、钡水泥共同配制防辐射混凝土，常作为核工程的屏蔽结构材料。

（2）普通混凝土 普通混凝土的表观密度在 1950~2800kg/m³ 范围内。普通混凝土是土木工程中应用最为普遍的混凝土，主要用作各种土木工程的承重结构材料。

（3）轻混凝土 轻混凝土的表观密度小于 1950kg/m³，采用陶粒、页岩等轻质多孔骨料或掺加引气剂、泡沫剂形成多孔结构的混凝土。轻混凝土具有保温隔热性能好、质量轻等优点，多用于保温材料或高层、大跨度建筑的结构材料。

2. 按所用胶凝材料分类

按照所用胶凝材料的种类，混凝土可分为水泥混凝土、硅酸盐混凝土、石膏混凝土、水玻璃混凝土、沥青混凝土、聚合物混凝土和树脂混凝土等。

3. 按流动性分类

按照新拌混凝土流动性大小，混凝土可分为干硬性混凝土（坍落度小于 10mm）、塑性混凝土（坍落度为 10~90mm）、流动性混凝土（坍落度为 100~150mm）及大流动性混凝土（坍落度大于或等于 160mm）。

4. 按用途分类

按用途不同，混凝土可分为结构混凝土、大体积混凝土、防水混凝土、耐热混凝土、膨胀混凝土、防辐射混凝土、道路混凝土等。

5. 按生产和施工方法分类

按照生产方式，混凝土可分为预拌混凝土和现场搅拌混凝土；按照施工方法可分为泵送混凝土、喷射混凝土、碾压混凝土、挤压混凝土、离心混凝土、压力灌浆混凝土等。

6. 按强度等级分类

按照强度等级，混凝土可分为低强度混凝土（抗压强度小于 30MPa）、中强度混凝土（抗压强度 30~60MPa）、高强度混凝土（抗压强度为 60~100MPa）、超高强混凝土（抗压强度在 100MPa 以上）。

混凝土的品种虽然繁多，但在实践工程中还是以普通混凝土应用最为广泛，如果没有特殊说明，狭义上通常称为混凝土，本章将做重点介绍。

4.1.2　混凝土的组成

传统混凝土的基本组成材料是水泥、粗细骨料和水。其中，水泥浆体占 20%~30%，砂石骨料占 70% 左右。水泥浆在硬化前起润滑作用，使混凝土拌合物具有可塑性；在混凝土拌合物中，水泥浆填充砂子孔隙，包裹砂粒，形成砂浆，砂浆又填充石子孔隙、包裹石子颗粒，形成混凝土浆体；在混凝土硬化后，水泥浆则起胶结和填充作用。水泥浆多，混凝土拌合物流动性大，反之干稠；混凝土中水泥浆过多则混凝土水化温升高、收缩大、抗侵蚀性不好，容易引起耐久性不良。粗细骨料主要起骨架作用，传递应力，给混凝土带来很大的技术优点，它比水泥浆具有更高的体积稳定性和更好的耐久性，可以有效减少收缩裂缝的产生和发展，降低水化热。

现代混凝土中除了以上组分外，还加入化学外加剂与矿物细粉掺合料。化学外加剂的品种很多，可以改善、调节混凝土的各种性能，矿物细粉掺合料则可以有效提高混凝土的新拌性能和耐久性，同时降低成本。

4.1.3　混凝土的性能特点与基本要求

混凝土作为土木工程材料中使用最为广泛的一种材料，其优点主要体现在以下方面：

（1）可塑性强　现代混凝土可以具备很好的工作性，可以通过设计和模板形成形态各异的建筑物及构件，可塑性强。

（2）取材容易、经济　同其他材料相比，混凝土价格较低，容易就地取材，结构建成后的维护费用也较低。

（3）安全性高　硬化混凝土具有较高的力学强度，目前工程构件最高强度可达 130MPa，与钢筋有牢固的黏结力，使结构安全性得到充分保证。

（4）耐火性较好　一般而言，混凝土可有 1~2h 的防火时效，比钢铁更安全，不会像钢结构建筑物那样在高温下很快软化而造成坍塌。

（5）用途广　混凝土在土木工程中适用于多种结构形式。可以根据不同要求配制不同的混凝土，满足多种施工要求，所以称为"万用之石"。

（6）耐久性好　混凝土本来就是一种耐久性很好的材料，古罗马建筑经过几千年的风雨仍然屹立不倒，这本身就昭示着混凝土能够"历久弥坚"。

尽管如此，工程建设中，混凝土材料还存在以下不足：

（1）抗拉强度低　混凝土抗拉强度是其抗压强度的 1/10 左右，是钢筋抗拉强度的 1/100 左右。

（2）延展性不高　混凝土属于脆性材料，变形能力差，只能承受少量的张力变形；混凝土抗冲击能力差，在冲击荷载作用下容易产生脆断。

（3）自重大、比强度低　高层、大跨度建筑物要求材料在保证力学性质的前提下，以轻为宜，而混凝土的自重偏大，比强度偏低。

（4）体积变化不够稳定　混凝土配制所用水泥体积不良或者配合比不当，尤其是水泥浆量过大时，这一缺陷表现得更加突出，随着温度、湿度、环境介质的变化，容易引发体积变化、产生裂纹等内部缺陷，直接影响建筑物的使用寿命。

综合考虑混凝土的优缺点，其在工程中使用时，应满足以下五项基本要求：满足与使用环境相适应的耐久性要求；满足设计的强度要求；满足施工规定所需的工作性要求；满足业主或施工单位渴望的经济性要求；满足可持续发展所必需的生态性要求。

■ 4.2　普通混凝土的组成材料

组成混凝土的基本材料是水泥、水、砂子和石子。为改善混凝土的某些性能还常加入适量的外加剂和掺合料，外加剂和掺合料常称为混凝土的第五组分和第六组分。

本节涉及的标准规范主要有《建设用砂》（GB/T 14684—2022）、《建设用卵石、碎石》（GB/T 14685—2022）、《混凝土外加剂应用技术规范》（GB 50119—2013）、《用于水泥和混凝土中的粉煤灰》（GB/T 1596—2017）、《用于水泥、砂浆和混凝土中的粒化高炉矿渣粉》（GB/T 18046—2017）。

4.2.1　水泥

水泥是混凝土中最重要的组成材料，且价格相对较贵。配制混凝土时，水泥的品种及强度等级直接关系到混凝土的强度、耐久性和经济性。

1. 水泥品种的选择

配制混凝土时，应根据工程性质、部位、施工条件、环境状况等，按各品种水泥的特性做出合理的选择。例如，道路工程中，由于道路路面要经受高速行驶车辆轮胎的摩擦、载重车辆的强烈冲击、路面和路基经常因温差产生胀缩应力及冻融等影响，因此要求路面混凝土抗折强度高、收缩变形小、耐磨性能好、抗冻性能好，并具有较好的弹性。由此配制混凝土所用的水泥，一般应采用强度高、收缩性小、耐磨性强、抗冻性好的水泥。公路、城市道路、厂矿道路应采用硅酸盐水泥或普通硅酸盐水泥，民航机场道路和高速公路，必须采用硅酸盐水泥。六大常用水泥的选用原则，见第 3 章的有关内容。

2. 水泥强度等级的选择

水泥强度等级与混凝土的设计强度等级相适应。原则上，配制高强度等级的混凝土，应选用高强度等级的水泥；配制低强度等级的混凝土，应选用低强度等级的水泥。一般水泥强度等级标准值（以 MPa 为单位）应为混凝土强度等级标准值的 1.5~2.0 倍为宜。水泥强度过高或过低，会导致混凝土内水泥用量过少或过多，对混凝土的技术性能及经济效果产生不利影响。如必须用高强度等级水泥配制低强度等级混凝土时，会使水泥用量偏少，影响和易性及密实度，所以应掺入一定数量的掺合料。

4.2.2　细骨料

普通混凝土用骨料按粒径大小分为两种，粒径大于 4.75mm 的称为粗骨料，粒径小于 4.75mm 的称为细骨料。普通混凝土中所用细骨料有天然砂和人工砂两种，由天然岩石（不包括软质岩、风化岩石）经自然风化、水流搬运和分选、堆积等自然条件形成的天然砂；经除土处理的机制砂（由机械破碎、筛分制成的，粒径小于 4.75mm 的岩石颗粒，但不包括软质岩、风化岩石的颗粒）与混合砂（由机制砂和天然砂混合制成的砂）统称为人工砂。根据产源不同，天然砂可分为河

【细骨料的
定义与分类】

砂、湖砂、山砂和淡化海砂四类。《建设用砂》规定，砂按技术要求分为Ⅰ类、Ⅱ类和Ⅲ类。Ⅰ类用于强度等级大于 C60 的混凝土，Ⅱ类宜用于强度等级为 C30~C60 及有抗冻、抗渗或其他要求的混凝土，Ⅲ类宜用于强度等级小于 C30 的混凝土。配制混凝土时所采用细骨料的质量要求有以下方面：

1. 泥和泥块含量

含泥量是指骨料中粒径小于 0.075mm 的颗粒含量。泥块含量在细骨料中是指粒径大于 1.18mm，经水浸泡、淘洗等处理后小于 0.6mm 的颗粒含量；在粗骨料中是指粒径大于 4.75mm，经水浸泡、淘洗等处理后小于 2.36mm 的颗粒含量。石粉含量是指人工砂中粒径小于 0.075mm 的颗粒含量。

骨料中的泥颗粒极细，会黏附在骨料表面，影响水泥石与骨料之间的胶结力。泥块会在混凝土中形成薄弱部分，对混凝土的质量影响很大。因此，对骨料中泥和泥块含量必须严格控制。根据《建设用砂》，泥和泥块含量要符合表 4-1 的要求。

表 4-1 砂中的泥和泥块含量限制 （%）

类别	Ⅰ类	Ⅱ类	Ⅲ类
含泥量(按质量计,≤)	1.0	3.0	5.0
泥块含量(按质量计,≤)	0.2	1.0	2.0

2. 有害杂质

《建设用砂》强调建筑用砂中不应混有草根、树叶、树枝、煤块和炉渣等杂物。要求配制混凝土的细骨料清洁不含杂质，以保证混凝土的质量。砂中常含有一些有害杂质（如云母等），黏附在砂的表面，妨碍水泥与砂的黏结，降低混凝土的强度；同时还增加混凝土的用水量，从而加大混凝土的收缩，降低抗冻性和抗渗性。一些有机杂质、硫化物及硫酸盐都对水泥有腐蚀作用。砂中杂质的含量一般应符合表 4-2 的规定。重要工程混凝土使用的砂，应进行碱活性检验，经检验判断为有潜在危害时，应在配制混凝土时使用碱含量小于 0.6% 的水泥或采用能抑制碱-骨料反应的掺合料，如粉煤灰等；当使用含钾、钠离子的外加剂时，必须进行专门试验。在一般情况下，海砂可以配制混凝土和钢筋混凝土，但由于海砂盐含量较大，对钢筋有腐蚀作用，故对于钢筋混凝土，海砂中氯离子含量不应超过 0.06%（以干砂质量的百分率计）。预应力混凝土不宜采用海砂，若必须用海砂时，则应经淡水冲洗，其氯离子含量不得大于 0.02%。有些杂质如泥土、贝壳和杂物可在使用前经过冲洗、过滤处理将其清除，特别是配制高强度混凝土时更应严格些。

表 4-2 砂有害杂质含量限制 （%）

类别	Ⅰ类	Ⅱ类	Ⅲ类
云母(质量分数,≤)	1.0	2.0	2.0
轻物质(质量分数,≤)	1.0	1.0	1.0
有机物(比色法)	合格	合格	合格
硫化物及硫酸盐(按 SO3 质量计,≤)	0.5	0.5	0.5
氯化物(按氯离子质量计,≤)	0.01	0.02	0.06
贝壳(质量分数,≤)	3.0	5.0	8.0

3. 颗粒形状和表面特征

细骨料的颗粒形状和表面特征会影响其与水泥的黏结及混凝土拌合物的流动性。山砂的颗粒多具有棱角、表面粗糙，但泥含量和有机物杂质较多，与水泥的黏结较差，使用时应加以限制，河砂、湖砂因长期经受流水和波浪的冲刷，颗粒多呈圆形，比较洁净，且分布较广，一般工程都采用这种砂；海砂因长期受到海流冲刷，颗粒圆滑、比较洁净且粒度一般比较整齐，但常混有贝壳及盐类等有害杂质，在配制钢筋混凝土时，海砂中氯离子含量不应大于 0.06%。

4. 砂的级配和粗细程度

骨料的级配是指骨料中不同粒径颗粒的搭配分布情况。良好的级配，不仅能减少水泥用量，而且能提高混凝土的密实度、强度及其他性能。

【砂的级配和
粗细程度】

砂的颗粒级配，即表示砂大小颗粒的搭配情况。在混凝土中砂粒之间的空隙由水泥浆所填充，为达到节约水泥和提高强度的目的，就应尽量减少砂粒之间的空隙。如果是同样粗细的砂，空隙最大，如图 4-1a 所示；两种粒径的砂搭配起来，空隙减小，如图 4-1b 所示；三种粒径的砂搭配，空隙就更小，如图 4-1c 所示。由此可见，要想减小砂粒间的空隙，就应选用粒径不同的颗粒搭配。

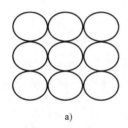 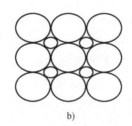 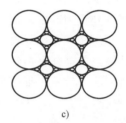

a) b) c)

图 4-1 砂的颗粒级配

a) 同样粗细的砂 b) 两种粒径的砂 c) 三种粒径的砂

砂的粗细程度是指不同粒径的砂粒混合在一起后的总体粗细程度，通常有粗砂、中砂和细砂之分。在相同质量条件下，细砂的总表面积较大，而粗砂的总表面积较小。在混凝土中，砂子的表面需要有水泥浆包裹，砂子的总表面积越大，则需要包裹砂粒表面的水泥浆就越多。因此，一般用粗砂拌制混凝土比用细砂所需的水泥浆较省。

综上所述，在拌制混凝土时，砂的颗粒级配和粗细程度应同时考虑。当砂中含有较多的粗粒径砂，并以适当的中粒径砂及少量细粒径砂填充其空隙时，可使空隙率及总表面积均较小，这样的砂比较理想，不仅水泥浆用量较少，还可提高混凝土的密实度和强度。

砂的颗粒级配和粗细程度是用筛分法来测定的。用级配区表示砂的颗粒级配，用细度模数表示砂的粗细。试验采用一套孔径为 4.75mm、2.36mm、1.18mm、0.60mm、0.30mm 和 0.15mm 的标准筛，将抽样后经缩分所得 500g 干砂，先由粗到细依次筛析，再称得各筛筛余量的质量，并计算出各筛上的分计筛余百分率 a_1、a_2、a_3、a_4、a_5、a_6（各筛上的筛余量占砂样总质量的百分率）及累计筛余百分率 A_1、A_2、A_3、A_4、A_5、A_6（各筛与比该筛粗的所有筛的分计筛余百分率之和）。累计筛余与分计筛余的关系见表 4-3。

表 4-3　累计筛余与分计筛余的关系

筛孔尺寸/mm	分计筛余(%)	累计筛余(%)
4.75	a_1	$A_1 = a_1$
2.36	a_2	$A_2 = a_1 + a_2$
1.18	a_3	$A_3 = a_1 + a_2 + a_3$
0.60	a_4	$A_4 = a_1 + a_2 + a_3 + a_4$
0.30	a_5	$A_5 = a_1 + a_2 + a_3 + a_4 + a_5$
0.15	a_6	$A_6 = a_1 + a_2 + a_3 + a_4 + a_5 + a_6$

细度模数 M_x 按式（4-1）计算。

$$M_x = \frac{A_2 + A_3 + A_4 + A_5 + A_6 - 5A_1}{100 - A_1} \qquad (4\text{-}1)$$

细度模数越大，表示砂越粗。普通混凝土用砂的细度模数范围一般为 1.6~3.7，其中 M_x 在 3.1~3.7 范围内为粗砂，M_x 在 2.3~3.0 范围内为中砂，M_x 在 1.6~2.2 范围内为细砂，配制混凝土时应优先选用中砂，Ⅰ类砂的细度模数应为 2.3~3.2。M_x 在 0.7~1.5 范围内为特细砂，配制混凝土时要特殊考虑。需要注意的是，砂的细度模数并不能反映其级配的优劣。细度模数相同的砂，级配可以很不相同。所以配制混凝土必须同时考虑砂的颗粒级配和细度模数。

按照《建设用砂》的规定，砂按 0.6mm 筛孔的累计筛余百分率，可分三个级配区（见表 4-4）。混凝土用砂的颗粒级配除特细砂外，Ⅰ类砂的累计筛余应符合表 4-4 中 2 区的规定，分计筛余应符合表 4-4 的规定；Ⅱ类和Ⅲ类砂的累计筛余应符合表 4-4 的规定。砂的实际颗粒级配除 4.75mm 和 0.60mm 筛档外，可以超出，但各级累计筛余超出值总和不应大于 5%。

表 4-4　建设用砂的颗粒级配

砂的分类	天然砂			机制砂、混合砂		
级配区	1 区	2 区	3 区	1 区	2 区	3 区
方筛孔尺寸/mm	累计筛余(%)					
4.75	10~0	10~0	10~0	5~0	5~0	5~0
2.36	35~5	25~0	15~0	35~5	25~0	15~0
1.18	65~35	50~10	25~0	65~35	50~10	25~0
0.60	85~71	70~41	40~16	85~71	70~41	40~16
0.30	95~80	92~70	85~55	95~80	92~70	85~55
0.15	100~90	100~90	100~90	97~85	94~80	94~75
分计筛余(%)						
方筛孔尺寸/mm	4.75[①]	2.36	1.18	0.60	0.30	0.15[②]	筛底[③]
分计筛余	0~10	10~15	10~25	20~31	20~30	5~15	0~20

① 对于机制砂，4.75mm 筛的分计筛余不应大于 5%。

② 对于 MB>1.4 的机制砂，0.15mm 筛和筛底的分计筛余之和不应大于 25%。

③ 对于天然砂，筛底的分计筛余不应大于 10%。

以累计筛余百分率为纵坐标，以筛孔尺寸为横坐标，可以画出三个级配区上下限的筛分曲线，如图 4-2 所示。从图 4-2 级配区曲线可看出：筛分曲线超过第 1 区往右下偏时，表示砂过粗；筛分曲线超过第3区往左上偏时，表示砂过细。

砂过粗（细度模数大于3.7）配成的混凝土，其拌合物的和易性不易控制，且内摩擦大，不易振捣成型；砂过细（细度模数小于0.7）配成的混凝土，既增加较多的水泥用量，又使强度显著降低，干缩增大。所以这两种砂未包括在级配区内。

如果砂的自然级配不合适，不符合级配区的要求，就要采用人工级配的方法来改善。最简单的措施是将粗、细砂按适当比例进行试配，掺和使用。配制混凝土时宜优先选2区砂；若采用1区砂时，应提高砂率，并保持足够的水泥用量，以满足混凝土的和易性；若采用3区砂时，宜适当降低砂率。

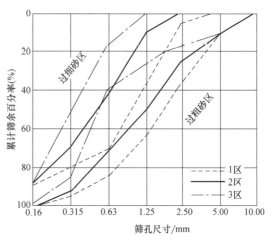

图4-2 砂的1、2、3级配区曲线

对于泵送混凝土，细骨料对混凝土的可泵性影响很大。混凝土拌合物之所以能在输送管中顺利流动，主要是由于粗骨料被包裹在砂浆中，且粗骨料是悬浮于砂浆中的，由砂浆直接与管壁接触，起到润滑作用。故细骨料宜采用中砂，细度模数为2.5~3.2，通过0.30mm筛孔的砂不应少于15%，通过0.15mm筛孔的砂不应少于5%。如砂的含量过低，输送管容易堵塞，使拌合物难以泵送，但细砂过多以及黏土、粉尘含量太大也是有害的，因为细砂含量过大则需要较多的水，并形成黏稠的拌合物，这种黏稠的拌合物沿管道的运动阻力大大增加，从而需要较高的泵送压力，增加泵送施工的难度。

5. 砂的坚固性

砂的坚固性是指在自然风化和其他外界物理化学因素作用下，骨料抵抗破坏的能力。按规定通常采用硫酸钠溶液检验，试样经5次浸泡-干燥循环后，其质量损失应符合表4-5的规定。有抗疲劳、耐磨、抗冲击要求的混凝土用砂或有腐蚀介质作用或经常处于水位变化区的地下结构混凝土用砂，其坚固性质量损失率应小于8%。

表4-5 砂的坚固性指标 （%）

混凝土所处的环境条件	循环后的质量损失
在严寒及寒冷地区室外使用并经常处于潮湿或干湿交替状态下的混凝土	≤8
其他条件下使用的混凝土	≤10

4.2.3 粗骨料

建设用粗骨料分为卵石、碎石两类。根据《建设用卵石、碎石》，粗骨料的表观密度应大于2500kg/m³，骨料的松散堆积密度应大于1350kg/m³，空隙率应小于47%。建设用石按技术要求分为Ⅰ类、Ⅱ类和Ⅲ类。配制混凝土粗骨料的质量还应考虑以下几个方面的要求：

1. 泥和泥块含量

泥和泥块对粗骨料的影响与细骨料类似，都会在混凝土中形成薄弱部分，对混凝土的质量影响很大。因此，对建设用石中泥和泥块含量必须严格控制（见表4-6）。

表 4-6　建设用石中的泥和泥块含量限制　　　　　　　　（%）

类别	I 类	II 类	III 类
卵石含泥量(质量分数,≤)	0.5	1.0	1.5
碎石泥粉含量(质量分数,≤)	0.5	1.5	2.0
泥块含量(质量分数,≤)	0.1	0.2	0.7

2. 有害杂质

粗骨料中常含有一些有害杂质,如黏土、淤泥、细屑、硫酸盐、硫化物和有机杂质,它们的危害与在细骨料中的相同。它们的含量应符合表 4-7 中规定。

表 4-7　对粗骨料中有害杂质的要求　　　　　　　　　　（%）

类别	I 类	II 类	III 类
硫化物及硫酸盐(按 SO_3 质量计,≤)	0.5	1.0	1.0
有机物	合格	合格	合格

3. 针、片状颗粒含量

碎石或卵石中的针状颗粒是指颗粒的长度大于该颗粒所属粒级的平均粒径的 2.4 倍的颗粒;片状颗粒是指粒径厚度小于平均粒径 0.4 倍的颗粒。针、片状颗粒本身容易折断,不仅影响混凝土的强度,而且会增加骨料的空隙率,影响拌合物的和易性。卵石、碎石的针、片状颗粒含量应符合表 4-8 的规定。

表 4-8　针、片状颗粒含量　　　　　　　　　　　　　（%）

类别	I 类	II 类	III 类
针、片状颗粒含量(质量分数,≤)	5	8	15

4. 最大粒径

石子中公称粒级的上限称为该粒级的最大粒径。选择石子的最大粒径主要从以下三个方面来考虑:一是从结构上考虑,石子的最大粒径应考虑建筑构件的截面尺寸及配筋疏密。通常来说,石子的最大粒径不得超过结构截面最小尺寸的 1/4,同时不得大于钢筋间最小净距的 3/4。对于混凝土实心板,石子的最大粒径不宜超过板厚的 1/3,且最大不得超过 40mm。二是从施工上考虑,根据工程实践经验,对于泵送混凝土,最大粒径与输送管内径之比,当泵送高度在 50m 以下时,碎石不宜大于 1:3,卵石不宜大于 1:2.5。泵送高度在 50~100m 时,碎石不宜大于 1:4,卵石不宜大于 1:3。当泵送高度在 100m 以上时,碎石不宜大于 1:5,卵石不宜大于 1:4,骨料应采用连续级配。粒径过大,对运输和搅拌都不方便。三是从经济上考虑。石子的最大粒径增大,在质量相同时,其总面积减小。因此,增大最大粒径可以节约水泥。试验表明,最大粒径小于 80mm 时,水泥用量随最大粒径减小而增加;最大粒径大于 150mm 时,节约水泥效果却不明显。因此,最大粒径不宜超过 150mm。综上所述,一般在水利、海港等大型工程中最大粒径通常采用 120mm 或 150mm,在房屋建筑工程中,一般采用 20mm、31.5mm 或 40mm。

对于泵送混凝土,为防止混凝土泵送时管道堵塞,保证泵送顺利进行,其粗骨料的最大粒径与输送管的管径之比,应符合表 4-9 中的要求。粗骨料的粒径越小,空隙率就越大,从而增加了细骨料的体积，加大了水泥用量。所以，为改善混凝土的可泵性而无原则地减小粗骨料的粒径，既不经济也无必要。

表4-9 粗骨料的最大粒径与输送管径之比

石子品种	泵送高度/m	粗骨料的最大粒径与输送管径比
碎石	<50	≤1∶3
	50~100	≤1∶4
	>100	≤1∶5
卵石	<50	≤1∶2.5
	50~100	≤1∶3
	>100	≤1∶4

5. 颗粒级配

石子的颗粒级配分为连续粒级和单粒粒级两种，其级配也是通过筛分试验确定的，其标准筛包括孔径为 2.36mm、4.75mm、9.50mm、16.0mm、19.0mm、26.5mm、31.5mm、37.5mm、53.0mm、63.0mm、75.0mm 和 90.0mm 的 12 个筛子，可按需要选用筛号进行筛分，其确定方法与细骨料相同。普通混凝土用碎石或卵石的颗粒级配应符合表 4-10 规定。试样筛分所需筛号，应按表 4-10 中规定的级配要求选用。

表4-10 碎石或卵石的颗粒级配范围

公称粒径/mm	累计筛余按质量计（%）											
	筛孔尺寸（方孔筛）/mm											
	2.36	4.75	9.50	16.0	19.0	26.5	31.5	37.5	53.0	63.0	75.0	90.0
连续粒级 5~16	95~100	85~100	30~60	0~10	0	—	—	—	—	—	—	—
5~20	95~100	90~100	40~80	—	0~10	0	—	—	—	—	—	—
5~25	95~100	90~100	—	30~70	—	0~5	0	—	—	—	—	—
5~31.5	95~100	90~100	70~90	—	15~45	—	0~5	0	—	—	—	—
5~40	—	95~100	70~90	—	30~65	—	—	0~5	0	—	—	—
单粒粒级 5~10	95~100	80~100	0~15	0	—	—	—	—	—	—	—	—
10~16	—	95~100	80~100	0~15	0	—	—	—	—	—	—	—
10~20	—	95~100	85~100	—	0~15	0	—	—	—	—	—	—
16~25	—	—	95~100	55~70	25~40	0~10	—	—	—	—	—	—
16~31.5	—	95~100	—	85~100	—	—	0~10	0	—	—	—	—
20~40	—	—	95~100	—	80~100	—	—	0~10	0	—	—	—
25~31.5	—	—	—	95~100	—	80~100	0~10	0	—	—	—	—
40~80	—	—	—	—	95~100	—	—	70~100	—	30~60	0~10	0

注：公称粒径的上限为该粒级的最大粒径。

在混凝土配合比设计中应优先选用连续级配。单粒粒级一般用于组合成具有要求级配的连续粒级，也可与连续粒级混合使用，以改善其级配或配成较大粒度的连续粒级。不宜用"单一"的单粒粒级配制混凝土，如必须单独使用单粒粒级，则应做技术经济分析，并通过试验证明不会发生离析或影响混凝土的质量。

6. 强度

粗骨料在混凝土中起骨架作用，为保证混凝土的强度要求，粗骨料都必须致密并具有足够的强度。碎石的强度可用岩石抗压强度和压碎指标值表示，卵石的强度只用压碎指标值来表示。

（1）岩石抗压强度测定　将岩石制成边长50mm的立方体（或直径与高均为50mm的圆柱体）试件，在水饱和状态下测定其抗压强度值。通常其抗压强度与所采用的混凝土强度等级之比不应小于1.5；火成岩强度不宜低于80MPa，变质岩强度不宜低于60MPa，水成岩强度不宜低于30MPa。碎石抗压强度一般在混凝土强度等级大于或等于C60时应检验，其他情况如有怀疑或必要时也可进行检验。

（2）碎石和卵石的压碎指标值测定　将一定量的气干状态的10~20mm石子装入标准筒（内径152mm的圆筒）内，按规定加载速度，加载至200kN，稳定5s。卸荷后先称取试样质量G_0，再用孔径为2.5mm的筛进行筛分，称取试样的筛余量G_1，按式（4-2）计算压碎指标值Q_c。

$$Q_c = \frac{G_0 - G_1}{G_0} \times 100\% \tag{4-2}$$

式中　Q_c——压碎指标（%），取三次试验结果的算术平均值，精确到1%；

G_0——试样的质量（g）；

G_1——压碎试验后筛余的试样质量（g）。

压碎指标值越小，表明粗骨料抵抗受压破碎的能力越强。压碎指标应符合表4-11的规定。C60及C60以上的混凝土应进行岩石的抗压强度检验。

表4-11　粗骨料的压碎指标要求　　　　　　　　　　　　　　　　（%）

类别	I类	II类	III类
碎石的压碎指标（≤）	10	20	30
卵石的压碎指标（≤）	12	14	16

7. 坚固性

有抗冻要求的混凝土所用粗骨料，要求测定其坚固性，即用硫酸钠溶液法检验，试样经五次循环后，其质量损失不超过表4-12的规定。

表4-12　碎石或卵石的坚固性指标　　　　　　　　　　　　　　　（%）

类别	I类	II类	III类
质量损失率（≤）	5	8	12

8. 骨料的含水状态及饱和面干吸水率

粗细骨料一般有干燥状态、气干状态、饱和面干状态和湿润状态四种含水状态，如图4-3所示。骨料含水率等于或接近于零时称为干燥状态；含水率与大气湿度相平衡时称为气干状态；骨料表面干燥而内部孔隙含水达到饱和时称为饱和面干状态；骨料不仅内部孔隙充满水，而且表面附有一层表面水时称为湿润状态。

在拌制混凝土时，骨料含水状态影响混凝土的用水量和骨料用量。骨料在饱和面干状态时的含水率，称为饱和面干吸水率。在计算混凝土中各材料的配合比时，如以饱和面干骨料为基准，则不会影响混凝土的用水量和骨料用量，因为饱和面干骨料既不从混凝土中吸取水

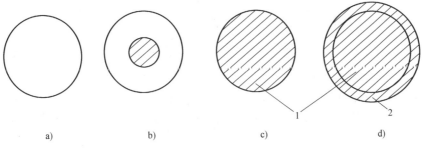

图 4-3 骨料的含水状态

a）干燥状态 b）气干状态 c）饱和面干状态 d）湿润状态

1—饱和水 2—表面水

分，也不向混凝土拌合物释放水分。因此一些大型水利工程、道路工程常以饱和面干状态骨料为基准，这样混凝土的用水量和骨料用量的控制就较准确。而在一般工业与民用建筑工程中的混凝土配合比设计，常以干燥状态的骨料为基准。这是因为坚固的骨料其饱和面干吸水率一般不超过2%，而且在工程施工中，必须经常测定骨料的含水率，以便及时调整混凝土组成材料实际用量的比例，从而保证混凝土的质量。

9. 碱-骨料反应

碱-骨料反应是指水泥、外加剂等混凝土组成物及环境中的碱与骨料中碱活性矿物在潮湿环境下缓慢发生并导致混凝土开裂破坏的膨胀反应。当粗骨料中夹杂着活性氧化硅（活性氧化硅的矿物形式有蛋白石和鳞石英等，含有活性氧化硅的岩石有流纹岩、安山岩和凝灰岩等）时，如果混凝土中所用的水泥又含有较多的碱，就可能发生碱-骨料破坏。这是因为水泥中碱性氧化物水解后形成的氢氧化钠和氢氧化钾与骨料中的活性氧化硅起化学反应，结果在碱-骨料表面生成了复杂的碱-硅酸凝胶。由于凝胶被水泥石所包围，故当凝胶吸水不断肿胀时，会使水泥石胀裂。

重要工程中，配置混凝土所使用的碎石或卵石应进行碱活性检验。经检验判定骨料有潜在危害时，则应遵守以下规定使用：使用含碱量小于0.6%的水泥或采用能抑制碱-骨料反应的掺合料；当使用含钾、钠离子的混凝土外加剂时，必须进行专门检验。目前最常用的检验方法是砂浆长度法。这种方法是用含活性氧化硅的骨料与高碱水泥制成1:1.25的胶砂试块，在恒温、恒湿中养护，定期测定试块的膨胀值，直到12个月龄期。如果在6个月中，试块的膨胀率超过0.05%或1年中超过0.1%，这种骨料就认为是具有活性的。若怀疑骨料中含有引起碱-碳酸盐反应的物质，应用岩石柱法进行检验，如果经检验判定骨料有潜在危害，则该骨料不宜用作混凝土骨料。另外，粗骨料中严禁混入煅烧过的白云石或石灰石块。

经碱-骨料反应试验后，由砂、卵石、碎石制备的试件应无裂缝、酥裂、胶体外溢等现象，在规定的试验龄期膨胀率应小于0.10%。

4.2.4 混凝土拌和用水

混凝土拌和用水的基本质量要求：不能含影响水泥正常凝结与硬化的有害物质，无损于混凝土强度发展及耐久性，不能加快钢筋锈蚀，不引起预应力钢筋脆断，保证混凝土表面不受污染。混凝土拌和用水按水源可分为饮用水、地表水、地下水、海水及经适当处理或处置后的工业废水。

4.2.5 混凝土外加剂

混凝土外加剂是指在拌制混凝土过程中，根据不同的要求，为改善混凝土性能而掺入的物质。其掺量一般不大于水泥质量的5%（特殊情况除外）。

1. 混凝土外加剂的分类

按化学成分可分为三类：无机物类，多为电解质盐类；有机物类，多为表面活性剂；有机无机复合类。

按功能可分为五类：改善混凝土流变性能的外加剂，如各种减水剂、泵送剂、引气剂、保水剂等；调节混凝土凝结时间或硬化性能的外加剂，如早强剂、缓凝剂、速凝剂等；调节混凝土气体含量的外加剂，如引气剂、加气剂、泡沫剂等；改善混凝土耐久性的外加剂，如引气剂、防冻剂、阻锈剂、防水剂等；改善混凝土其他性能的外加剂，如引气剂、膨胀剂、防水剂等。

2. 常用的混凝土外加剂

（1）减水剂 减水剂是指在混凝土拌合物坍落度基本相同的条件下，用来减少拌和用水量和增强作用的外加剂。减水剂按化学成分通常分为木质素磺酸盐类减水剂类、萘系高效减水剂类、三聚氰胺系高效减水剂类、氨基磺酸盐系高效减水剂类、脂肪酸系高效减水剂类及聚羧酸盐系高效减水剂类。

【减水剂的经济效果】

根据减水剂减水及增强能力分为普通减水剂（又称为塑化剂，减水率不小于8%，以木质素磺酸盐类为代表，还包括羟基羧酸盐、蜜糖类和腐殖酸类）、高效减水剂（又称为超塑化剂，减水率不小于14%，以萘系为代表，还包括三聚氰胺系、氨基磺酸盐系、脂肪族系等）和高性能减水剂（减水率不小于25%，以聚羧酸系减水剂为代表，还包括氨基羧酸系），并又分别分为早强型、标准型和缓凝型。

减水剂通常为表面活性剂，表面活性剂是指具有显著改变液体表面张力或两相间界面张力的物质。其分子由亲水基团和憎水基团两个部分组成。表面活性剂加入水溶液后，即溶解于水溶液，并从溶液中向界面富集，做定向排列，其亲水集团指向溶液，憎水集团指向空气或固体表面，形成定向吸附膜，从而降低水的表面张力和两相间的界面张力，这种现象称为表面活性。具有表面活性的物质，具有润湿、乳化、分散、润滑、起泡和洗涤等作用。

拌制混凝土未掺减水剂时，由于水泥颗粒之间分子凝聚力的作用，使水泥浆容易形成絮凝结构，使一部分拌和用水（游离水）包裹在水泥颗粒的絮凝结构内，从而降低混凝土拌合物的流动性。如在水泥浆中加入减水剂，减水剂的憎水基因定向吸附于水泥颗粒表面，使水泥颗粒表面带有相同的电荷，产生静电斥力，使水泥颗粒易于分散，从而使游离水从絮凝体内释放出来，在不增加用水量的条件下，增加了流动性。另外，减水剂还能在水泥颗粒表面形成一层溶剂水膜，在水泥颗粒间起到很好的润滑作用。

因此，在混凝土中加入减水剂，可以实现以下经济效果：在维持用水量和水胶比不变的条件下，可增大混凝土拌合物的流动性；在维持拌合物流动性和水泥用量不变的条件下，可减少用水量，从而降低了水胶比，提高了混凝土强度；显著改善了混凝土的孔结构，提高了密实度，从而提高混凝土的耐久性；在保持流动性及水胶比不变并减少用水量的同时，相应减少了水泥用量，即节约了水泥。此外，减水剂的加入还有减少混凝土拌合物泌水、离析现象，延缓拌合物的凝结时间和降低水化放热速度等效果。

减水剂掺入混凝土的方法有先掺法、同掺法、滞水法和后掺法四种，其中同掺法和后掺法使用较多。同掺法是将减水剂先溶入水形成溶液后再加入拌合物中一起搅拌。这种做法的优点是计量准确且易搅拌均匀，使用方便，缺点是增加了溶解和储存工序。后掺法是在混凝土拌合物运送到浇筑地点后，才加入减水剂再次搅拌均匀进行浇筑。这种做法的优点是可避免混凝土在运输过程中的分层、离析和坍落度损失，提高减水剂的使用效果，提高减水剂对水泥的适应性，缺点是需二次或多次搅拌。此法适用于预拌混凝土，且有混凝土运输搅拌车的情况。

常用减水剂的适宜掺量和效果见表 4-13。

表 4-13　常用减水剂的适宜掺量和效果

类别		普通减水剂		高效减水剂	
		木质素系	糖蜜系	多环芳香族磺酸盐系(萘系)	三聚氰胺
主要品种		木质素磺酸钙(木钙) 木质素磺酸钠(木钠) 木质素磺酸镁(木镁)	3FG、TF、ST	NNO、NF、FDN、UNF、JN、建Ⅰ型、SN-2等	SM、CRS 等
主要成分		木质素磺酸钙 木质素磺酸钠 木质素磺酸镁	矿渣、废蜜经石灰中和处理而成	芳香族磺酸盐甲醛缩合物	三聚氰胺树脂磺酸钠(SM)、古玛隆—茚树脂磺酸钠(CRS)
适宜掺量(占水泥质量)(%)		0.2~0.3	0.2~0.3	0.2~1.0	0.5~2.0
效果	减水率(%)	10左右	6~10	15~25	18~30
	早强	—	—	明显	显著
	缓凝	1~3h	3h以上	—	—
	引气(%)	1~2	—	一般为非引气或引气<2	<2

（2）早强剂　能加速混凝土早期强度发展的外加剂称为早强剂。早强剂主要有氯盐类、硫酸盐类、有机胺类及它们组成的复合早强剂，其适宜掺量和早强效果见表 4-14。

表 4-14　常用早强剂的适宜掺量和早强效果

类别	氯盐类	硫酸盐类	有机胺类	复合类
常用品种	氯化钙	硫酸钠	三乙醇胺	①三乙醇胺+氯化钠 ②三乙醇胺+亚硝酸钠+氯化钠 ③三乙醇胺+亚硝酸钠+二水石膏 ④硫酸盐复合早强剂(NC)
适宜掺量(占水泥质量的百分数)(%)	0.5~1.0	0.5~2.0	0.02~0.05 一般不单独使用，常与其他早强剂复合使用	①(A)0.05+(B)0.5 ②(A)0.05+(B)0.5+(C)0.5 ③(A)0.05+(B)0.5+(C)2.0 ④(NC)2.0~4.0
早强效果	3d强度可提高50%~100%；7d强度可提高20%~40%	显著掺1.5%时达到混凝土设计强度70%的时间可缩短一半	显著早期强度可提高50%左右；28d强度不变或稍有提高	显著2d强度可提高70%；28d强度可提高20%

氯盐类早强剂的作用机理：$CaCl_2$ 能与水泥中的 C_3A 作用，生成几乎不溶于水和 $CaCl_2$ 溶液的水化氯铝酸钙（$3CaO \cdot Al_2O_3 \cdot 3CaCl_2 \cdot 32H_2O$），又能与水化产物 $Ca(OH)_2$ 反应，生成溶解度极小的氧氯化钙 $[CaCl_2 \cdot 3Ca(OH)_2 \cdot 12H_2O]$。水化氯铝酸钙和氧氯化钙固相早期析出，形成骨架，加速水泥浆体结构的形成，同时也由于水泥浆中 $Ca(OH)_2$ 含量的降低，有利于 C_2S 水化反应的进行，因此早期强度获得提高。

硫酸盐类早强剂的作用机理：Na_2SO_4 掺入混凝土中能与水泥水化生成的 $Ca(OH)_2$ 发生反应，生成的 $CaSO_4$ 均匀分布在混凝土中，并且与 C_3A 反应，迅速生成水化硫铝酸钙，此反应的发生又能加速 C_3S 的水化，这将大大加快硬化速度，提高早期强度。

有机胺类早强剂的作用机理：三乙醇胺是一种络合剂，在水泥水化的碱性溶液中，能与 Fe^{3+} 和 Al^{3+} 等离子形成较稳定的络离子，这种络离子与水泥的水化物作用生成溶解度很小的络盐并析出，有利于早期骨架的形成，从而使混凝土早期强度提高。

使用含有硫酸钠的粉状早强剂时，应将其加入水泥中，不能先与潮湿的砂石混合。含有粉煤灰等不溶物及溶解度较小的早强剂、早强减水剂应以粉剂掺入，并要适当延长搅拌时间。

（3）引气剂　在搅拌混凝土过程中能引入大量均匀分布的、稳定而封闭的微小气泡（直径在 $10 \sim 100 \mu m$）的外加剂，称为引气剂。引气剂的主要品种有松香热聚物、松脂皂和烷基苯磺酸盐等。其中，以松香热聚物的效果较好，最常使用。松香热聚物是先由松香与硫酸、石炭酸起聚合反应，再经氢氧化钠中和而得到的憎水性表面活性剂。

在搅拌混凝土的过程中必然会混入一些空气，在搅拌力作用下就会形成大量气泡，加入水溶液中的引气剂便吸附在水气界面上，显著降低水的表面张力和界面能，引气剂分子定向排列在泡膜界面上，阻碍泡膜内水分子的移动，增加了泡膜的厚度及强度，使气泡不易破灭；水泥等微细颗粒吸附在泡膜上，水泥浆中的氢氧化钙与引气剂作用生成的钙皂沉积在泡膜壁上，也提高了泡膜的稳定性，从而使气泡稳定存在。

引气剂掺入混凝土后，可以改善混凝土拌合物的和易性：在混凝土拌合物中引入的大量微小气泡，相对增加了水泥浆的体积，气泡本身又起到如同滚珠轴承的作用，使颗粒间摩擦力减小，从而可提高混凝土的流动性。由于水分均匀分布在气泡表面，又显著改善了混凝土的保水性和黏聚性；可以提高混凝土的耐久性；由于气泡能隔断混凝土中毛细管通道及气泡对水泥石内水分结冰时所产生的水压力的缓冲作用，能显著提高混凝土的抗渗性和抗冻性；大量气泡的存在，可使混凝土弹性模量有所降低，从而对提高混凝土的抗裂性有利。但是由于引入大量的气泡，减小了混凝土受压有效面积，使混凝土强度和耐磨性有所降低，当保持水胶比不变时，含气量增加1%，混凝土强度下降3%～5%。

引气剂的掺量应根据混凝土的含气量确定。松香热聚物引气剂不能直接溶解于水，使用时需先将其先溶解于加热的氢氧化钠溶液，再加水配成一定浓度的溶液后加入混凝土中。一般松香热聚物引气剂的适宜掺量为水泥质量的 0.006%～0.012%。当引气剂与减水剂、早强剂、缓凝剂等复合使用时，配制溶液时应注意其共溶性。

（4）缓凝剂　能延长混凝土凝结时间而不显著降低混凝土后期强度的外加剂称为缓凝剂。缓凝剂大致包括有机类和无机类两大类。有机类缓凝剂多为表面活性剂，将其掺入混凝土中，能吸附在水泥颗粒表面，形成同种电荷的亲水膜，使水泥颗粒相互排斥，阻碍水泥水化产物凝聚，起到缓凝作用；无机类缓凝剂往往是在水泥颗粒表面形成一层难溶的薄膜，对水泥颗粒的正常水化起阻碍作用，从而导致缓凝。

缓凝剂的主要种类有羧基羧酸及其盐类、含糖碳水化合物、无机盐类和木质素磺酸盐类等，最常用的是糖蜜和木质素磺酸钙，以糖蜜的效果最好。常用缓凝剂的掺量和延缓凝结时间见表4-15。

表 4-15 常用缓凝剂的掺量和延缓凝结时间

类别	品种	掺量(%)（占水泥质量）	延缓凝结时间/h
糖类	糖蜜	0.2~0.5（水剂） 0.1~0.3（粉剂）	2~4
木质素磺酸盐类	木质素磺酸钙（钠）等	0.2~0.3	2~3
羧基羧酸盐类	柠檬酸、酒石酸钾（钠）	0.03~0.1	4~10
无机盐类	锌盐、硼酸盐、磷酸盐	0.1~0.2	—

缓凝剂及缓凝减水剂应配制成适当浓度的溶液加入拌和水中使用。糖蜜减水剂中常有少量难溶和不溶物，静置时会有沉淀现象，使用时应搅拌成悬浮液。当缓凝剂与其他外加剂复合使用时，必须是共溶的才能事先混合，否则应分别掺入。

（5）速凝剂 使混凝土迅速凝结硬化的外加剂称为速凝剂。速凝剂主要有无机盐类和有机物类，常用的是无机盐类。速凝剂加入混凝土后，其主要成分中的铝酸钠、碳酸钠在碱性溶液中迅速与水泥中的石膏反应生成硫酸钠，使石膏丧失其原有的缓凝作用，从而导致铝酸钙矿物（C_3A）迅速水化，并在溶液中析出其水化产物晶体，致使水泥混凝土迅速凝结。常用速凝剂的适宜掺量和使用效果见表4-16。

表 4-16 常用速凝剂的适宜掺量和使用效果

种类	铝氧熟料（红星I型）	铝氧熟料（711型）	铝氧熟料（782型）
主要成分	铝酸钠+碳酸钠+生石灰	铝氧熟料+无水石膏	矾泥+铝氧熟料+生石灰
适宜掺量(%)（占水泥质量）	2.5~4.0	3.0~5.0	5.0~7.0
初凝/min	≤5		
终凝/min	≤10		
强度	1h产生强度，1d强度可提高2~3倍，28d强度为不掺的80%~90%		

（6）防冻剂 防冻剂是一种冬期施工时使用的混凝土外加剂，能使混凝土在负温下硬化，使混凝土及砂浆在一定负温条件下继续保持强度的增长，并且不影响其后期强度。

常用防冻剂由多组分复合而成，其主要组分有防冻组分、减水组分、引气组分和早强组分等。防冻组分可分为氯盐类（如氯化钙、氯化钠）、氯盐阻锈类（氯盐与阻锈剂复合，阻锈剂有亚硝酸钠、铬酸盐、磷酸盐等）、无氯盐类（硝酸盐、亚硝酸盐、碳酸盐、尿素、乙酸盐等）三类。减水、引气、早强组分则分别采用前面所述的各类减水剂、引气剂和早强剂。

防冻剂中各组分对混凝土所起的作用：防冻组分可改变混凝土液相浓度，降低冰点，保证混凝土在负温下有液相存在，使水泥仍能继续水化；减水组分可减少混凝土拌和用水量，从而减少混凝土中的成冰量，并使冰晶粒度细小且均匀分散，减小对混凝土的破坏应力；引气组分是引入一定量的微小封闭气泡，减缓冻胀应力；早强组分能提高混凝土早期强度，增强混凝土抵抗冰冻的破坏能力。因此，防冻剂的综合效果是能显著提高混凝土的抗冻性。

（7）膨胀剂 膨胀剂是能使混凝土产生一定体积膨胀的外加剂。混凝土工程中采用的膨胀剂种类有硫铝酸钙类、硫铝酸钙-氧化钙类、氧化钙类等。

硫铝酸钙类膨胀剂加入混凝土中后，自身中无水硫铝酸钙水化或参与水泥矿物的水化或与水泥水化产物反应，生成三硫型水化硫铝酸钙（钙矾石），使固相体积大为增加，而导致体积膨胀。氧化钙类膨胀剂的膨胀作用主要由氧化钙晶体水化生成氢氧化钙晶体，体积增大而导致的。

为了保证掺有膨胀剂的混凝土的质量，混凝土的胶凝材料（水泥和掺合料）用量不能过少，膨胀剂的掺量也应合适。补偿收缩混凝土、填充用膨胀混凝土和自应力混凝土的胶凝材料最少用量分别为 $300kg/m^3$（有抗渗要求时为 $320kg/m^3$、$350kg/m^3$ 和 $500kg/m^3$，膨胀剂合适掺量分别为 6%~12%、10%~15% 和 15%~25%。粉状膨胀剂应与混凝土其他原材料一起投入搅拌机，拌和时间应比普通混凝土延长 30s。膨胀剂可与其他外加剂复合使用，但必须有良好的适应性。掺膨胀剂的混凝土不得采用硫铝酸盐水泥、铁铝酸盐水泥和高铝水泥。

（8）泵送剂 泵送剂是指能改善混凝土拌合物泵送性能的外加剂。泵送剂一般分为非引气剂型（主要组分为木质素磺酸钙、高效减水剂等）和引气剂型（主要组分为减水剂、引气剂等）两类。个别情况下，如对大体积混凝土，为防止收缩裂缝，宜掺入适量的膨胀剂。木钙减水剂除可使拌合物的流动性显著增大外，还能减少泌水，延缓水泥的凝结，使水泥水化热的释放速度明显延缓，这对泵送的大体积混凝土十分重要。引气剂不仅能使拌合物的流动性显著增加，还能降低拌合物的泌水性及水泥浆的离析现象，这对泵送混凝土的和易性和可泵性很有利。

（9）阻锈剂 阻锈剂是指能减缓混凝土中钢筋或其他预埋金属锈蚀的外加剂，也称为缓蚀剂，按其化学成分可分为无机类与有机类两大类：按阻锈机理不同可分为阳极型、阴极型和复合型三类。无机类主要以亚硝酸盐为主要阻锈成分，是应用最早、最多的一种阻锈剂。常用的亚硝酸钠属于阳极型阻锈剂。有机类阻锈剂包括胺、醇胺及其盐类。有的外加剂中含有氯盐，氯盐对钢筋有锈蚀作用，在使用这种外加剂的同时应掺入阻锈剂，可以减缓对钢筋的锈蚀，从而达到保护钢筋的目的。目前，国内外钢筋阻锈剂主要属于掺入型，而近年来提出了迁移型钢筋阻锈剂，可以直接涂覆于混凝土表面，通过自发渗透过程到达钢筋表面，最终在钢筋表面成膜实现对钢筋的保护，是目前研究的热点之一。

3. 常用混凝土外加剂的适用范围

混凝土外加剂的使用应配合混凝土施工和工程环境的要求进行，常用混凝土外加剂的适用范围见表 4-17。

表 4-17 常用混凝土外加剂的适用范围

外加剂类别		使用目的或要求	适宜的混凝土工程	备注
减水剂	木质素磺酸盐普通减水剂	改善混凝土拌合物流变性能	一般混凝土、大模板、大体积浇筑、滑模施工、泵送混凝土、夏季施工	不宜单独用于冬期施工、蒸汽养护、预应力混凝土
	糖类普通减水剂	改善混凝土拌合物流变性能	大体积、夏季施工等有缓凝要求的混凝土	不宜单独用于有早强要求的混凝土、蒸养混凝土
	萘系高效减水剂	显著改善混凝土拌合物流变性能	早强、高强、流态、防水、蒸养、泵送混凝土	—

（续）

外加剂类别		使用目的或要求	适宜的混凝土工程	备注
减水剂	三聚氰胺系高效减水剂	显著改善混凝土拌合物流变性能	早强、高强、流态、防水、蒸养混凝土	—
	聚羧酸系高性能减水剂	显著改善混凝土拌合物流变性能、提高早期强度、坍落度损失小	早强、高强、流态、防水、蒸养、泵送混凝土、清水混凝土	—
早强剂	氯盐类	显著提高混凝土早期强度；冬期施工时为防止混凝土早期受冻破坏	冬期施工、抢修工程、有早强要求或者防冻要求的混凝土；硫酸盐类适用于不允许掺氯盐的混凝土	是否能够使用氯盐类早强剂，以及氯盐类早强剂的掺量限制，均应符合有关标准的规定
	硫酸盐类			
	有机胺类			
引气剂	松香热聚物	改善混凝土拌合物和易性；提高混凝土抗冻、抗渗等耐久性	抗冻、抗渗、抗硫酸盐的混凝土，水工大体积混凝土，泵送混凝土	不宜用于蒸养混凝土、预应力混凝土
缓凝剂	木质素磺酸盐	要求缓凝的混凝土、降低水化热、分层浇筑混凝土的过程中为防止出现冷缝等	夏期施工、大体积混凝土、泵送及滑模施工、远距离输送的混凝土	掺量过大，会使混凝土长期不硬化、强度严重下降；不宜单独用于蒸养混凝土；不宜用于低于5℃下施工的混凝土
	糖类			
速凝剂	红星Ⅰ型	施工中要求快凝、快硬的混凝土，迅速提高早期强度	矿山井巷、铁路隧道、引水涵洞、地下工程及喷锚支护时的喷射混凝土或喷射砂浆；抢修、堵漏工程	常与减水剂复合使用，以防混凝土后期强度降低
	711型			
	782型			
泵送剂	非引气剂	混凝土泵送施工中为保证混凝土拌合物的可泵性，防止堵塞管道	泵送施工的混凝土	掺引气型外加剂的，泵送混凝土的含气量不宜大于4%
	引气剂			
防冻剂	氯盐类	要求混凝土在负温下能连续水化、硬化、增长强度、防止冰冻破坏	负温下施工的无筋混凝土	—
	氯盐阻锈类		负温下施工的钢筋混凝土	如含强电解质的早强剂，应符合《混凝土外加剂应用技术规范》中的有关规定
	无氯盐类		负温下施工的钢筋混凝土和预应力钢筋混凝土	含硝酸盐、亚硝酸盐、磺酸盐、不得用于预应力混凝土
膨胀剂	硫铝酸钙类	减少混凝土干缩裂缝，提高抗裂性和抗渗性，提高机械设备和构件的安装质量	补偿收缩混凝土；填充用膨胀混凝土；自应力混凝土（仅用于常温下使用的自应力钢筋混凝土压力管）	前两者不能用于长期处于80℃以上的工程中，后者不能用于海水和有侵蚀性水的工程；掺膨胀剂的混凝土只适用于有约束条件的钢筋混凝土工程和填充性混凝土工程
	氧化钙类			
	硫铝酸钙-氧化钙类			
阻锈剂	无机类	当有害物质不可避免地进入混凝土后，使有害离子丧失或减少其腐蚀能力，使钢筋锈蚀的电化过程受到抑制，从而延缓腐蚀的进程	处于海洋环境的钢筋混凝土；使用海砂或其他含氯材料作骨料的钢筋混凝土；采用低碱水泥配置的钢筋混凝土；冬季采用除冰盐的钢筋混凝土	亚硝酸盐类有一定的毒性，需加强防护；不宜用于酸性环境；高温时易氧化自燃，存放时注意防火
	有机类			有机类阻锈剂对拌合物有延缓放热作用

4.2.6 混凝土掺合料

在制备混凝土拌合物时，为了节约水泥、改善混凝土性能、调节混凝土强度等级而加入的天然或者人造的矿物材料，统称为混凝土掺合料。常用的掺合料有粉煤灰、硅灰、粒化高炉矿渣、沸石粉、钢渣、燃烧煤矸石等，其中粉煤灰、硅灰、粒化高炉矿渣等应用效果良好，应用较广。

1. 粉煤灰

粉煤灰是从煤燃烧后的烟气中收捕下来的细灰，颗粒多呈球形，表面光滑。粉煤灰有高钙和低钙之分，由褐煤燃烧形成的粉煤灰，其氧化钙含量较高（一般大于10%），呈褐黄色，称为高钙粉煤灰（C类粉煤灰），它具有一定的水硬性；由烟煤和无烟煤燃烧形成的粉煤灰，其氧化钙含量很低（一般小于10%），呈灰色或深灰色，称为低钙粉煤灰（F类粉煤灰），一般具有火山灰活性。

粉煤灰在混凝土中主要有三个效应，即形态效应、活性效应和微骨料效应。在早期主要是微骨料效应和形态效应起作用，直到水泥水化后，其活性效应才逐渐占优势地位。水泥水化生成的CH相激发了粉煤灰的活性，发生火山灰反应，生成新的C-S-H凝胶，使粉煤灰混凝土后期强度得以迅速增长，甚至超过普通混凝土的后期强度。粉煤灰颗粒极为细小，可填充到混凝土孔隙中，而火山灰反应生成的C-S-H凝胶，更能填充原有的水化空间，使掺入粉煤灰的混凝土结构更加致密。在施工上，掺入品质良好的粉煤灰对于混凝土工作性的改善也十分显著。粉煤灰的品质对其性能发挥有很大的影响，从而影响其在混凝土中的改性作用。根据《用于水泥和混凝土中的粉煤灰》，拌制混凝土用粉煤灰应符合表4-18的理化性能要求。

表4-18　混凝土用粉煤灰理化性能要求

项目		Ⅰ级	Ⅱ级	Ⅲ级
细度（45μm 方孔筛筛余）（%）	F 类粉煤灰	≤12.0	≤30.0	≤45.0
	C 类粉煤灰			
需水量比（%）	F 类粉煤灰	≤95	≤105	≤115
	C 类粉煤灰			
烧失量（%）	F 类粉煤灰	≤5.0	≤8.0	≤10.0
	C 类粉煤灰			
含水率（质量分数）（%）	F 类粉煤灰	≤1.0		
	C 类粉煤灰			
三氧化硫（SO_3）质量分数（%）	F 类粉煤灰	≤3.0		
	C 类粉煤灰			
游离氧化钙（f-CaO）质量分数（%）	F 类粉煤灰	≤1.0		
	C 类粉煤灰	≤4.0		
二氧化硅（SiO_2）、三氧化二铝（Al_2O_3）和三氧化二铁（Fe_2O_3）总质量分数（%）	F 类粉煤灰	≥70.0		
	C 类粉煤灰	≥50.0		
密度/（g/cm^3）	F 类粉煤灰	≤2.6		
	C 类粉煤灰			

（续）

项目		I 级	II 级	III 级
安定性(雷氏法)/mm	C 类粉煤灰	≤5.0		
强度活性指数(%)	F 类粉煤灰	≥70.0		
	C 类粉煤灰			

2. 硅灰

硅灰是在冶炼硅铁合金和工业硅时产生的 SiO_2 和 Si 气体与空气中的氧气迅速氧化并冷凝而形成的一种超细硅质粉体材料。硅灰在形成过程中，因相变的过程中受表面张力的作用，形成了非结晶相无定形圆球状颗粒，且表面较为光滑，有些则是多个圆球颗粒黏在一起的团聚体。它是一种比表面积很大、活性很高的火山灰物质。

硅灰能够填充水泥颗粒间的孔隙，同时与水化产物生成凝胶体，与碱性材料氧化镁反应生成凝胶体。在水泥基的混凝土、砂浆与耐火材料浇注料中掺入适量的硅灰，可起到如下作用：显著提高抗压、抗折、抗渗、防腐、抗冲击及耐磨性能；具有保水、防止离析、泌水、大幅降低混凝土泵送阻力的作用；显著延长混凝土的使用寿命；有效防止发生混凝土的碱-骨料反应。

硅灰的火山灰活性极高，其掺量一般为胶凝材料用量的 5%~10%。因其颗粒极细，单位质量很轻，在收集、装运、管理上难度较高，其售价也较贵，因此主要用于配制高强和超高强混凝土、高抗渗混凝土以及其他高性能混凝土。

3. 粒化高炉矿渣

粒化高炉矿渣是炼铁厂在高炉冶炼生铁时所得到的以硅铝酸钙为主要成分的熔融物，经水淬成粒后所得的工业固体废渣，大部分为玻璃质，具有潜在水硬胶凝性。矿渣中含有95%以上的玻璃体和硅酸二钙，硅黄长石、硅灰石等矿物，与水泥成分接近。根据《用于水泥、砂浆和混凝土中的粒化高炉矿渣粉》，拌制混凝土用矿渣粉应符合表 4-19 的技术要求。

表 4-19 混凝土用矿渣粉的技术要求

项目		级别		
		S105	S95	S75
密度/(g/cm^3)		≥2.8		
比表面积/(m^2/kg)		≥500	≥400	≥300
强度活性指数(%)	7d	≥95	≥70	≥55
	28d	≥105	≥95	≥75
流动度比(%)		≥95		
初凝时间比(%)		≤200		
含水率(质量分数)(%)		≤1.0		
三氧化硫(质量分数)(%)		≤4.0		
氯离子(质量分数)(%)		≤0.06		
烧失量(质量分数)(%)		≤1.0		
不溶物(质量分数)(%)		≤3.0		
玻璃体含量(质量分数)(%)		≥85		
放射性		$I_{Ra} ≤ 1.0$ 且 $I_{\gamma} ≤ 1.0$		

用矿渣替代一定比例的熟料或者水泥，能够产生"火山灰效应"和"微骨料效应"等作用，从而使各种原材料在性能上产生互补。将粒化高炉矿渣加入混凝土中，可有效提高混凝土的抗海水侵蚀性能，显著降低混凝土的水化热，有效抑制混凝土的碱-骨料反应，起到提高混凝土耐久性的作用。

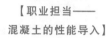

【职业担当——
混凝土的性能导入】

■ 4.3 新拌混凝土的和易性

新拌混凝土（也称为混凝土拌合物）是指将水泥、粗细骨料（砂、石）和水等组分按适当比例配合，并经搅拌均匀而成的塑性、尚未凝结的混凝土拌合物。硬化混凝土（也简称混凝土）是指新拌混凝土凝结硬化后的混凝土。

本节主要涉及的标准规范有《普通混凝土拌合物性能试验方法标准》（GB/T 50080—2016）。

【和易性的概念】

4.3.1 和易性的概念

在土木工程建设过程中，为获得密实而均匀的混凝土结构以方便施工操作（拌和、运输、浇筑、振捣等过程），要求新拌混凝土必须具有良好的施工性能，如保持新拌混凝土不发生分层、离析、泌水等操作，并获得质量均匀、成型密实的混凝土。这种新拌混凝土的施工性能称为新拌混凝土的和易性。新拌混凝土的和易性是一项综合技术性能，包括流动性、黏聚性和保水性三个方面。

1. 流动性

流动性是指新拌混凝土在自重或机械振捣作用下，能够流动并均匀密实地填充模板的能力。流动性直接影响浇捣施工的难易程度和硬化混凝土的质量。若新拌混凝土流动性过低，则难以成型与捣实，且容易造成内部或表面孔洞等缺陷；若新拌混凝土流动性过高，经振捣后易出现水泥浆或水分上浮而石子等大颗粒骨料下沉的分层、离析现象，影响混凝土质量的均匀性、成型的密实性。

2. 黏聚性

黏聚性是指新拌混凝土的组成材料之间具有一定的黏聚力，不致发生分层、离析现象，使混凝土能保持整体均匀稳定的性能。黏聚性差的新拌混凝土，容易发生石子与砂浆分离的现象，振捣后容易出现蜂窝、空洞等现象；黏聚性过强，又容易导致混凝土流动性变差，振捣成型困难。

3. 保水性

新拌混凝土保持其内部水分的能力称为保水性。保水性好的混凝土在施工过程中不会产生严重的泌水现象。保水性差的混凝土中一部分水易从内部析出至表面，在水渗流之处留下许多毛细管孔道，成为硬化混凝土内部的透水通路。

综上所述，新拌混凝土的流动性、黏聚性及保水性之间相互关联和制约。黏聚性好的新拌混凝土，往往保水性也好，但其流动性可能较差；流动性很大的新拌混凝土，往往黏聚性和保水性有变差的趋势。随着现代混凝土技术的发展，混凝土往往采用泵送施工方法，对新拌混凝土的和易性要求很高，三方面性能必须协调统一，才能既满足施工操作要求，又能确保后期工程质量良好。

4.3.2　和易性的测定

由于新拌混凝土和易性内涵较复杂，所以目前尚没有一种能够全面有效地反映新拌混凝土和易性的测定方法和指标。

根据《普通混凝土拌合物性能试验方法标准》的规定，土木工程建设中通常采用坍落度法或维勃稠度法来测定新拌混凝土的流动性，并辅以其他方法或经验，结合直观观察来评定其黏聚性和保水性，从而综合判定其和易性。

通常坍落度法适用于坍落度不小于 10mm，骨料最大公称粒径不大于 40mm 的混凝土；而对于较干硬的新拌混凝土，采用维勃稠度法。

1. 坍落度法

坍落度测定方法：将新拌混凝土分三层装入圆锥形筒（标准坍落度圆锥筒）内，每层均匀插捣 25 次，捣实后每层高度为筒高的 1/3 左右，抹平后将圆锥筒垂直平稳地向上提起，新拌混凝土锥体就会在自重作用下坍落，坍落高度即该新拌混凝土的坍落度值（单位为 mm）。新拌混凝土的坍落度值越大，表明其流动性越好，如图 4-4 所示。

在测定坍落度的同时，应观察新拌混凝土的黏聚性和保水性，从而全面地评价其和易性。

黏聚性的评价方法：用捣棒轻轻敲击已坍的新拌混凝土锥体，若锥体四周逐渐下沉，则黏聚性良好；若锥体倒塌，部分崩裂，或发生离析现象，则表示黏聚性不好。

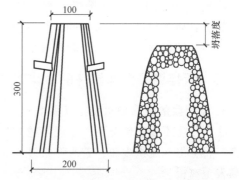

图 4-4　新拌混凝土坍落度测试示意图

保水性的评价方法：根据新拌混凝土中稀浆析出的程度来评定。若坍落度筒提起后新拌混凝土失浆而骨料外露，或较多稀浆自底部析出，则表示新拌混凝土保水性差；若坍落度筒坍塌后无稀浆或仅有少量稀浆由底部析出，则表明新拌混凝土的保水性良好。另外，通过常压泌水率和压力泌水率的测试也可以评价保水性的优劣。

根据新拌混凝土坍落度值的大小，可将其划分为四个流动性级别的混凝土：低塑性混凝土（坍落度为 10～40mm），塑性混凝土（坍落度为 50～90mm），流动性混凝土（坍落度为 100～150mm），大流动性混凝土（坍落度为 160mm 以上）。混凝土坍落度大于 160mm 时，新拌混凝土的流动性一般采用扩展度法进行测试。

目前一种新型的大流动性混凝土——自密实混凝土引起了土木工程界的广泛关注。它是通过外加剂、胶结材料、粗细骨料的选择和配合比的设计，使新拌混凝土屈服应力减小且又具有足够的塑性黏度，粗细骨料能够不离析、不泌水，在不用或基本不用振捣的成型条件下，能充分填充在模板及钢筋空隙内，形成密实而均匀的混凝土结构的一种高性能混凝土。新拌自密实混凝土的坍落度通常在 250～270mm 范围内，扩展度在 550～850mm 范围内，其拌合物一般采用扩展度法进行流动性评价。

2. 维勃稠度法

对坍落度小于 10mm 的干硬性新拌混凝土流动性采用维勃稠度指标来表征，其检测仪器称为维勃稠度仪，如图 4-5 所示。

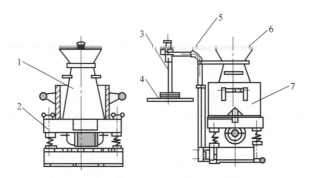

图 4-5　维勃稠度仪

1—坍落度筒　2—振动台　3—测量杆　4—透明圆盘　5—旋转台　6—漏斗　7—容器

维勃稠度法的具体测定方法：首先将新拌混凝土按规定方法装入截头圆锥筒内（同坍落度法），装满刮平后，将圆锥筒垂直向上提起，在新拌混凝土锥体顶面盖一透明玻璃圆盘，然后启动振动台并记录时间。从开始振动至玻璃圆盘底面布满水泥浆时所经历的时间（以 s 计），即新拌混凝土的维勃稠度值。

4.3.3　新拌混凝土和易性的影响因素

【和易性的
影响因素】

1. 水泥浆的数量和水胶比（稠度）

在水胶比不变的情况下，水泥浆越多，拌合物的流动性越大。但水泥浆过多，将会出现流浆现象；若水泥浆过少，则骨料之间缺少黏结物质，拌合物易发生离析。

在水泥用量、骨料用量不变的情况下，水胶比增大，水泥浆自身流动性增加，故拌合物流动性增大，反之则减小。但水胶比过大，拌合物的黏聚性和保水性将严重下降，容易造成分层离析和泌水现象；水胶比过小，会使拌合物流动性过低，影响施工。故水胶比一般应根据混凝土强度和耐久性要求合理地选用。因此工程实际中绝不能以单纯加水的办法来增大流动性，而应在保持水胶比不变的条件下，以增加水泥浆量的办法来提高新拌混凝土的流动性。

2. 砂率

砂率是指混凝土中砂的质量占砂石总质量的百分数。砂率表示了砂与石两者之间的组合关系，砂率的变动会使骨料的总表面积和空隙率发生较大的变化，因此对新拌混凝土的和易性有显著影响，其影响如图 4-6 所示。

从图 4-6a 可以看出，随砂率的增大，混凝土坍落度呈下降趋势，这是因为当水和水泥用量一定时，水泥浆的数量一定，此时，随着砂率的增大，包裹砂石的水泥浆量相对增大，与此同时，提供混凝土流动性的水泥浆数量相对减小，表现为流动性下降，坍落度变小。若砂率过小，则可能因砂石数量过少，不足以保持混凝土的黏聚性和保水性。因此，为保证混凝土的和易性良好，配制混凝土时，砂率不能过大，也不能过小，应选择合理砂率。

3. 组成材料

（1）水泥及掺合料　水泥对拌合物和易性的主要影响是水泥品种、水泥细度和水泥的

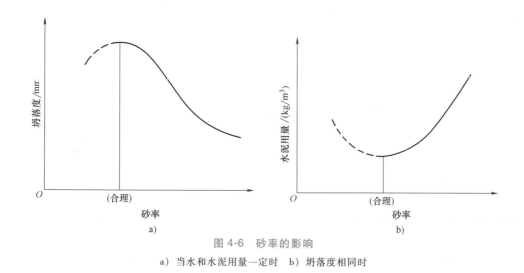

图 4-6　砂率的影响

a）当水和水泥用量一定时　b）坍落度相同时

需水量。硅酸盐或普通硅酸盐水泥所配制的新拌混凝土的流动性及黏聚性较好。混凝土中掺加矿渣、火山灰等混合料会造成需水量提高，因此在加水量相同的条件下，它们所配制的新拌混凝土流动性较低。

（2）骨料　骨料的品种、级配、颗粒形状、表面特征及粗细程度等性质对新拌混凝土和易性的影响较大。级配好的骨料，其拌合物流动性较大，黏聚性与保水性较好；表面光滑的骨料，如河砂、卵石，其拌合物流动性较大；在一定程度内，骨料的粒径增大，总表面积减小，拌合物流动性就增大。

（3）外加剂　加入减水剂或引气剂可明显提高拌合物的流动性，引气剂还可以有效地改善拌合物的黏聚性和保水性。

4. 时间及环境温度

随着存放时间的延长，新拌混凝土逐渐变得干稠，坍落度将逐渐减小，这种现象称为混凝土的坍落度经时损失。其原因是新拌混凝土中一部分水参与水泥水化，另一部分水逐渐被骨料所吸收，还有一部分水被蒸发。这些因素的综合作用，使新拌混凝土随着时间的延长，流动阻力逐渐增大，从而表现为坍落度的逐渐减小。因此，在施工中测定和易性的时间应统一，一般以搅拌完后 15min 为宜。采用预拌混凝土或者混凝土掺加减水剂等外加剂时，宜关注新拌混凝土的坍落度经时损失。

此外，随着环境温度的升高，新拌混凝土的流动性降低，坍落度经时损失加快。由于温度升高加速了水泥的水化反应速率，增加了水分的蒸发，所以夏期施工时，为了保持一定的流动性应适当增加水泥浆的数量。

5. 施工工艺

配合比相同时，机械拌和与振捣效率高于人工，有助于水泥颗粒分散和减少水泥"絮凝水"的影响，因而机械拌和的坍落度大于人工拌和的坍落度，且搅拌时间相对长时，坍落度相对大。

4.3.4　和易性的选择与改善

工程实际中选择新拌混凝土和易性时，应根据施工方法、结构构件截面尺寸大小、配筋疏密等条件，并参考有关资料及经验等来确定。原则上应在不妨碍施工操作并能保证振捣密实的条件下，尽可能采用较小的坍落度，以节约水泥并获得质量较好的混凝土。

一般情况下，非泵送法施工时坍落度可以按表 4-20 选用。而采用泵送法施工时，混凝土坍落度一般要求大于 120mm。

表 4-20　不同结构对新拌混凝土坍落度的要求

序号	结构种类	坍落度/mm
1	基础或地面等的垫层,无筋的厚大结构或配筋稀疏的结构构件	10～30
2	板、梁和大型及中型截面的柱子等	30～50
3	配筋密列的结构(薄壁、斗仓、筒仓、细柱等)	50～70
4	配筋特密的结构	70～90

表 4-20 中的数值是指采用机械振捣混凝土时的坍落度，当采用人工捣实时应适当提高坍落度值。对截面尺寸较小、形状复杂或配筋较密的构件，应选择较大的坍落度。对无筋的厚大结构、钢筋配制稀疏易于施工的结构，尽可能选用较小的坍落度，以减少水泥浆用量。

在实际工程中，为改善新拌混凝土的和易性，通常采取以下措施：

（1）改善砂、石（特别是石子）的级配　在可能的条件下，尽量采用较粗的砂、石；采用合理的砂率，可以改善新拌混凝土的内部结构，获得良好的和易性并节约水泥。

（2）增加水泥或骨料用量　当新拌混凝土坍落度太小时，应在保持水胶比不变的情况下，增加适量的水泥浆用量；当坍落度太大时，应在保持砂率不变的情况下，增加适量的砂、石。

（3）掺用外加剂或混合材料　掺用适当的外加剂或混合材料可以有效改善新拌混凝土的和易性。

■ 4.4　混凝土的力学性能

混凝土的力学性能是指混凝土在外力作用下发生变形和抵抗破坏的能力，包括受力变形、强度与韧性。

混凝土在土木工程中是一种主要的结构材料，主要用于钢筋混凝土结构或预应力混凝土结构中。在工程结构的服役状态下，混凝土材料可能会受到各种不同类型的荷载作用，如压、拉、弯、剪、疲劳或冲击等。在荷载作用下，混凝土会发生不同的变形，表现出不同的强度特征，如抗压、抗拉、抗弯、抗剪、抗疲劳等。由于混凝土属脆性材料，抗压强度远大于抗拉强度，其主要的受力方式是受压，所以混凝土受压破坏过程与抗压强度是最为关注的问题。

本节涉及的标准规范主要有《混凝土强度检验评定标准》（GB/T 50107—2010）、《混凝土结构设计规范》（2015 年版）（GB 50010—2010）、《普通混凝土配合比设计规程》（JGJ 55—2011）、《混凝土物理力学性能试验方法标准》（GB/T 50081—2019）。

4.4.1　混凝土受压破坏过程与抗压强度

1. 混凝土受压破坏过程

假定混凝土处于单轴受压状态，混凝土在此状态下典型的荷载-变形曲线

【混凝土受压破坏过程】

如图 4-7 所示。该曲线可大致划分为四段，在这四段中混凝土的荷载与变形关系各具特点，反映了混凝土受压破坏的过程。

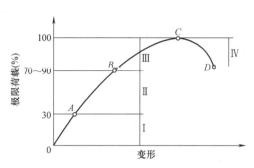

图 4-7　混凝土在单轴受压状态
下典型的荷载-变形曲线

在第 I 段（OA），荷载与变形关系基本接近于线性，荷载从 0 增大到极限荷载的 30% 左右，混凝土处于弹性阶段；第 II 段（AB），荷载与变形关系开始偏离线性，曲线开始出现上凸，混凝土进入塑性阶段，荷载从极限荷载的 30% 左右增大到 70% ~ 90%；第 III 段（BC），荷载与变形关系显著偏离线性，荷载从极限荷载的 70% ~ 90% 增大到 100%；第 IV 段（CD），即曲线的下降段，在此阶段，进一步的加载只能引起变形的进一步增大，但荷载却逐渐减小，上凸曲线逐渐下降，最终荷载与变形关系到达终点，混凝土发生断裂破坏。从强度与承载能力的角度考虑，在以上第 IV 段的末尾（C 点）即当荷载达到极限荷载时，混凝土即进入破坏状态。

2. 混凝土受压破坏的本质

混凝土沿荷载方向（受压）产生压缩变形的同时，在垂直于荷载方向会产生拉伸变形。在前述曲线的第 I 段，横向变形与纵向变形导出的拉应变与压应变关系基本服从泊松效应，即

$$\mu = \frac{\varepsilon_{\text{com}}}{\varepsilon_{\text{ten}}} \tag{4-3}$$

式中　μ——泊松比；

ε_{com}——压应变；

ε_{ten}——拉应变。

在前述曲线的第 II、第 III 与第 IV 段，虽然拉应变与压应变关系不再服从泊松效应，但横向变形仍在持续增大。伴随着横向变形的增大，混凝土内部还出现了裂纹扩展现象。在不断加载的过程中，混凝土裂纹的逐渐扩展、连通乃至贯穿，导致了混凝土的最终破坏。因此，混凝土受压破坏的本质是混凝土在受纵向压力荷载作用下引发横向拉伸变形，当横向拉伸变形达到混凝土的极限拉应变时，混凝土发生破坏。这是一种在纵向压力荷载作用下的横向拉伸破坏。

3. 混凝土受压破坏过程中的裂纹扩展

混凝土受压破坏的过程本质上是混凝土裂缝生长和贯通引起破坏的过程。

在未受外力作用时，因水泥砂浆与石子密度差异，配制混凝土时，砂浆与石子产生上下相对运动，石子下缘易发生泌水现象，硬化后的混凝土存在着大量微裂缝。在前述曲线的第 I 段，由于外力较小，混凝土尚无裂纹扩展。但当加载进入图 4-7 曲线的第 II 段后，砂浆与石子下缘的泌水界面区相对薄弱，首先引发裂纹扩展，称为界面裂纹扩展。当加载进入第 III 段后，在界面裂纹扩展的同时，还发生砂浆裂纹的扩展。随着进一步加载，结束第 III 段并进入第 IV 段后，界面裂纹与砂浆裂纹不断扩展，并逐渐互相连通、贯穿，导致混凝土被破坏。

需要指出的是，在受压破坏时，高强混凝土中的裂纹扩展过程与上述普通混凝土有显著不同的一点，即高强混凝土中首先出现的是砂浆裂纹扩展，而不是界面裂纹扩展，其原因是高强混凝土的界面区得到强化，较普通混凝土有显著改善，不再是薄弱环节。当荷载继续增大到砂浆裂纹进一步扩展，并达到粗骨料表面即界面区时，接下来发生的裂纹扩展是穿越粗骨料的裂纹扩展，而并非界面裂纹扩展。最终高强混凝土的主要破坏是由砂浆裂纹与穿越粗骨料裂纹的扩展、连通而导致的。

通常，普通混凝土的抗压强度为 20～60MPa，高强混凝土的抗压强度在 60MPa 以上。普通混凝土的弹性模量为 17.5～36MPa，高强混凝土的弹性模量高于 36MPa。普通混凝土的泊松比为 0.15～0.22，高强混凝土的泊松比可达 0.26。随着混凝土强度的提高，泊松比逐渐增大，高强混凝土的泊松比高于普通混凝土。

4.4.2　混凝土的强度

1. 立方体抗压强度

混凝土在单向压力作用下的强度为单轴抗压强度，即通常所指的混凝土抗压强度。在我国，一般采用立方体试件测定混凝土抗压强度。在有关国家标准或规范中，规定了若干与混凝土抗压强度有关的基本概念，如混凝土立方体抗压强度、立方体抗压强度标准值、强度等级。

（1）混凝土立方体抗压强度 f_{cu}　《混凝土物理力学性能试验方法标准》规定，采用边长为 150mm 的立方体试件，在标准养护条件（温度为 20℃±2℃，相对湿度在 95% 以上）下养护到 28d 龄期或设计规定龄期，所测得的抗压强度称为混凝土立方体抗压强度，用符号"f_{cu}"表示。

有时混凝土抗压强度试验所用的立方体试件边长因各种具体情况而不一定是 150mm 的标准尺寸，则应乘以换算系数，方可将所测结果换算为对应于 150mm 边长的混凝土立方体抗压强度（即 f_{cu}）。如立方体边长为 100mm，则换算系数为 0.95；立方体边长为 200mm，则换算系数为 1.05。在有些国家如美国、日本等，采用 ϕ15cm×30cm 的圆柱体试件所测得的抗压强度值大致相当于 $0.8f_{cu}$。

（2）混凝土立方体抗压强度标准值　通常对于某一指定混凝土，不同时间、不同批次测得的混凝土立方体抗压强度值呈现出一定的波动现象，且通常符合正态分布的统计规律。混凝土立方体抗压强度标准值（$f_{cu,k}$），是指对于某指定的混凝土，在其混凝土立方体抗压强度值的总体分布中的某一特定抗压强度值，即满足一定强度保证率的抗压强度值。根据《混凝土结构设计规范》（2015 年版），强度保证率取值为 95%。

（3）混凝土强度等级　根据《混凝土强度检验评定标准》，混凝土的强度等级应按立方体抗压强度标准值 $f_{cu,k}$ 划分，混凝土强度等级应采用符号 C 与立方体抗压强度标准值（以 N/mm^2 或 MPa 计）表示。立方体抗压强度标准值应为按标准方法制作和养护的边长为 150mm 的立方体试件，用标准试验方法在 28d 龄期测得的混凝土抗压强度总体分布中的一个值，强度低于该值的概率应为 5%。在《混凝土结构设计规范》中规定的混凝土强度等级有 C15、C20、C25、C30、C35、C40、C45、C50、C55、C60、C65、C70、C75、C80。例如，若某种混凝土的立方体抗压强度标准值是 43.2MPa，则该混凝土的强度等级可能是 C35。目前在我国，C55 及以下的混凝土属普通混凝土，C60 及以上的属高强混凝土。

2. 劈裂抗拉强度

混凝土作为一种脆性材料，其抗拉强度很低，一般仅为其抗压强度的 0.07~0.11。

测定混凝土轴心抗拉强度的试验具有一定的难度，应使荷载作用线与受拉试件轴线尽可能重合，确保试件在受拉区破坏，然而实际试验时很难实现，使得测得值波动较大，因此国内外均采用劈裂抗拉强度试验来测定抗拉强度。该方法的原理是在试件的两相对表面的竖线上，施加均匀分布的压力，在压力作用的竖向平面内产生均布拉应力，该拉应力随应力施加荷载而逐渐增大，当达到混凝土的抗拉强度时，试件将发生拉伸破坏，如图 4-8 所示。该破坏属脆性破坏，破坏效果如同被劈裂刀，试件沿两竖线所成的竖向平面断裂成两半，故该强度称为劈裂抗拉强度，简称劈拉强度。该试验方法大大简化了抗拉试件的制作，且能较正确地反映试件的抗拉强度。

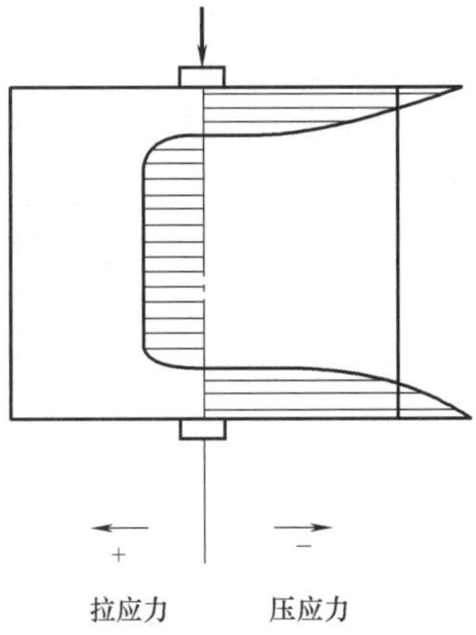

《混凝土物理力学性能试验方法标准》规定：标准试件为 150mm×150mm×150mm 的立方体试件，采用 $\phi 75mm$ 的弧

形垫块并加 3~4mm 厚的胶合板垫条，按规定速度加载。在劈裂抗拉强度试验，破坏时的拉伸应力可根据弹性力学理论计算得出。故混凝土的劈裂抗拉强度 f_{ts} 按下式计算：

$$f_{ts}=\frac{2p}{\pi a^2}=\frac{0.637p}{a^2} \qquad (4-4)$$

式中 p——破坏荷载（N）；

a——立方体试件边长（mm）。

因抗拉强度远低于抗压强度，在普通混凝土设计中抗拉强度通常不予考虑。但在抗裂性要求较高的结构（如路面、油库、水塔及预应力钢筋混凝土构件等）的设计中，抗拉强度却是确定混凝土抗裂度的主要指标。随着对钢筋混凝土及预应力钢筋混凝土裂缝控制与耐久性研究的深入开展，对提高混凝土抗拉强度的要求正日益迫切，相关研究与认识也将逐渐深入。

3. 轴心抗压强度

在混凝土结构设计中，常以轴心抗压强度 f_{cp} 为设计依据。我国轴心抗压强度的标准试验方法规定：标准试件为 150mm×150mm×300mm 的棱柱体试件，在标准养护条件下养护至 28d 龄期或设计规定龄期，所测得的抗压强度即轴心抗压强度。通常，同一种混凝土的轴心抗压强度 f_{cp} 低于立方体抗压强度 f_{cu}，两者的关系大约为 $f_{cp}=(0.7~0.8)f_{cu}$。

4. 抗折强度

交通道路路面或机场跑道用混凝土以抗折强度为主要强度指标，抗压强度为参考强度指标。抗折强度试件以标准方法制备，为 150mm×150mm×600mm （或550mm）的棱柱体试件。在标准养护条件下养护至 28d 龄期或设计规定龄期，采用三点弯曲加载方式，测定其抗折强度。

4.4.3 混凝土强度的影响因素

混凝土受压破坏可能有以下三种形式：骨料与水泥石界面的黏结破坏；骨料本身发生劈

图 4-8 劈裂抗拉试验中试件内应力分布

拉应力　压应力

裂破坏；水泥石本身的破坏。混凝土发生这三类破坏的原因，与骨料的特征、水泥石的强度、水泥石与骨料的黏结强度等内部因素有关，还受到搅拌、振捣密实效果、养护条件（温度、湿度）和龄期等外部因素的影响。

【影响混凝土强度的因素】

1. 骨料的特征

在普通混凝土配合比设计中，一般粗骨料抗压强度是混凝土设计强度的2倍，粗骨料的强度和弹性模量通常比水泥石高，且粗骨料体积超过混凝土体积的一半，一般认为粗骨料在混凝土中起到刚性骨架的作用。普通混凝土承受压荷载时，因为水胶比较高，水泥石强度和砂浆与粗骨料的界面强度相对低，成为混凝土的薄弱区，制约着混凝土强度，粗骨料的强度影响不显著。但是在高强混凝土中，因为水胶比通常低于0.4，水泥石强度和砂浆与粗骨料的界面强度提高，粗骨料本身的强度与其矿物特征就有可能成为制约混凝土强度的关键因素。

此外，骨料的种类、形状及表面特征、最大粒径及级配、吸水率等因素均会影响混凝土拌合物的性质，进而影响硬化混凝土的抗压强度。在水泥强度等级和水胶比相同的条件下，碎石混凝土的强度往往高于卵石混凝土。在高强混凝土中，粗骨料体积用量的增加对混凝土强度有一定促进作用。采用再生骨料制备混凝土时，骨料的强度、吸水率和表面特征的影响不容忽视。

2. 水泥石的强度

混凝土强度的主要来源是水泥石的强度。水泥石强度主要取决于水泥的矿物组成与硬化产物的孔隙率，而孔隙率又取决于水胶比与水泥的水化程度。水泥水化的结合水一般只占水泥质量的23%左右，但在混凝土拌和时，为满足施工可塑性或流动性的要求，用水量高达水泥质量的40%~70%。待混凝土硬化后，多余的水分蒸发或残留在混凝土中，形成毛细孔、气孔或水泡，使水泥石的有效断面减小，并且在这些孔隙周围易产生应力集中，使混凝土强度降低。

3. 水泥石与骨料的黏结强度

水泥石与骨料的黏结强度通常与混凝土界面过渡区有关。1956年，Farran用着色的树脂浸渍砂浆，发现了界面过渡区（ITZ）的存在。在新拌混凝土中，粗骨料表面包裹了一层水膜，贴近粗骨料表面的水胶比较大，导致生成氢氧化钙、钙矾石等晶体的颗粒大且数量多，水化硅酸钙凝胶相对较少，从而在粗骨料的表面到水泥石之间形成一个比基体孔隙率更高的区域——界面过渡区，其厚度为10~50μm，其形貌如图4-9所示。在随后的几十年中，研究人员发现随着现代混凝土材料的生产和性能要求的提升，ITZ因其独特的微观结构特性成为混凝土材料内部结构的薄弱环节，对混凝土力学性能和耐久性的影响不容忽视。

界面过渡区的强度直接影响了水泥石与骨料的黏结强度，其影响程度与基体水胶比及骨料特征有密切关系。基体水胶比较大时，ITZ的影响较弱，但水胶比较小时，ITZ与水泥石基体的差异变大，对混凝土强度的影响变得突出。随着骨料尺寸的增大，ITZ厚度增大，其影响增大，黏结强度下降。

此外，水泥石与骨料的黏结强度还与水泥石强度和骨料表面状况有关。水泥强度越高，则水泥石与骨料的黏结强度越高。碎石表面粗糙、多棱角，水泥石与骨料的黏结强度较高；卵石表面光滑，水泥石与骨料的黏结强度较低。

总体来说，水泥强度和水胶比成为影响普通混凝土抗压强度的决定性因素。大量试验结

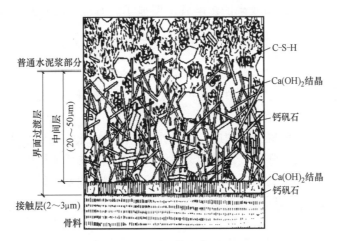

图 4-9　界面过渡区形貌

果表明，在原材料一定的情况下，混凝土 28d 抗压强度与水泥实际强度和水胶比符合鲍罗米经验公式，其具体表达如下：

$$f_{cu} = \alpha_a f_{ce} [(B/W) - \alpha_b] \tag{4-5}$$

式中　B/W——胶水比，即胶凝材料（水泥）与水的质量比；

　　　　f_{ce}——水泥实际抗压强度（MPa）；

　　α_a、α_b——经验常数。

　　式（4-5）中，水泥的实际强度 f_{ce} 应通过试验测得；如不能通过试验得到水泥的实际强度，则按式（4-6）进行取值：

$$f_{ce} = \gamma_c f_{ce,g} \tag{4-6}$$

式中　$f_{ce,g}$——水泥强度等级；

　　　γ_c——水泥强度等级值的富余系数，应按各地区实际统计数据定出。

　　当缺乏实际统计资料时，γ_c 可按《普通混凝土配合比设计规程》的规定取值，见表 4-21。

表 4-21　水泥强度等级值的富余系数（γ_c）

水泥强度等级值	32.5	42.5	52.5
富余系数	1.12	1.16	1.10

　　关于经验常数 α_a、α_b 的取值，在一般情况下，《普通混凝土配合比设计规程》规定：卵石混凝土可取 $\alpha_a = 0.49$，$\alpha_b = 0.13$；碎石混凝土可取 $\alpha_a = 0.53$，$\alpha_b = 0.20$。

　　上述经验常数 α_a、α_b 的取值，适用于强度等级低于 C60，以硅酸盐水泥、普通水泥和矿渣水泥配制的塑性混凝土。如实际混凝土情况与此不符，可结合工程实际，采用工地原材料，进行多组不同水胶比的混凝土强度试验，计算得出符合实际情况的经验常数 α_a、α_b。

4. 搅拌与振捣效果

　　搅拌不均匀的混凝土，不但硬化后的强度低，而且强度波动的幅度大。当水胶（灰）比较小时，振捣效果的影响尤为显著；但当水胶比和拌

【拱桥文化——
天峨龙滩特大桥】

合物流动性逐渐增大时，振捣效果的影响就不明显了。通常，机械振捣效果优于人工振捣效果。

5. 养护条件（温、湿度）

养护就是采取一定措施使混凝土在一种保持足够湿度和适当温度的环境中进行硬化。在混凝土浇筑完成后，应进行充分养护。养护不足或不当，将导致混凝土强度发展不足和耐久性不良。

在冬期施工条件下，混凝土需先进行保温养护，使混凝土在正温条件下凝结、硬化，且确保强度将达到一定的初始强度（或称为临界强度），然后方可进行负温养护，否则混凝土强度在达到初始强度之前即受负温作用，会导致混凝土中自由水的结冰膨胀，使混凝土发生早期冻伤，导致混凝土的强度与耐久性下降。

在干燥环境中，混凝土易出现水化硬化不足的问题，且易发生干燥收缩，甚至发生干缩开裂。为确保混凝土的正常硬化和强度的不断增长，混凝土浇筑完成后，应注意加强保湿养护。在混凝土浇筑后的 12h 以内，应加以覆盖与浇水：如采用硅酸盐水泥、普通硅酸盐水泥或矿渣水泥，浇水养护期不得少于 7d；如采用火山灰水泥或粉煤灰水泥，或者在施工中掺用了缓凝型外加剂及有抗渗要求的混凝土，浇水养护期不得少于 14d。

6. 龄期

通常，混凝土强度随龄期逐渐增长，但强度增长主要发生在 3~28d 龄期内，此后强度增长逐渐缓慢。当某一龄期 n 大于或等于 3d 时，根据我国施工人员的经验总结，在该龄期的混凝土强度 f_n 与 28d 强度 f_{28} 的关系如下：

$$\frac{f_n}{f_{28}} = \frac{\lg n}{\lg 28} \tag{4-7}$$

该公式仅适用于在标准条件下养护，中等强度（C20~C30）的混凝土。对较高强度混凝土（≥C35）和掺外加剂的混凝土，用该公式估算会产生很大误差。

4.4.4 混凝土强度试验测试结果的影响因素

同一批混凝土，如果忽略其组成的不均匀性，在理论上其强度应该是某一确定值。然而，如果强度试验条件不同，则混凝土强度的测得值是不同的。在混凝土强度试验中，通常需考虑尺寸效应、环箍效应和加载速度三方面因素对强度测得值的影响。

1. 尺寸效应

通常试件尺寸越小，其内部先天缺陷的尺寸也相应越小，故测得的混凝土强度值越高。因此，如前所述，100mm 立方体试件的抗压强度值必须乘以 0.95 的换算系数，200mm 立方体试件的抗压强度值必须乘以 1.05 的换算系数，方可得到 150mm 立方体试件的抗压强度值。

2. 环箍效应

当混凝土试件端面与试验机承压面之间存在摩擦力作用时，该摩擦力从接触界面逐渐向试件内部传递，使混凝土内的局部区域受到约束作用，使纵向受压的混凝土所发生的横向拉伸受到约束，如同受到一种环箍作用，如图 4-10 所示，故称为环箍效应。如在混凝土试件端面与试验机承压面涂抹润滑油，消除界面摩擦力，便可去除环箍效应的影响。环箍效应的作用，使混凝土强度测得值高于无环箍效应作用试件的强度值。

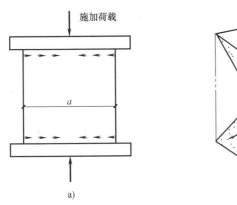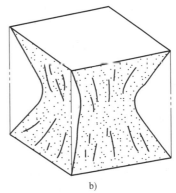

图 4-10 环箍效应

a) 因环箍效应引发的试件内应力分布 b) 立方体试件破坏后形状

3. 加载速度

在一定范围内加载速度增大，将导致混凝土强度测得值增高，这是由于如果加载速度较大时，混凝土裂纹扩展的速度并未相应地成比例增大，致使混凝土受力引发的裂纹扩展来不及充分进行，最终导致混凝土在相对较小的裂纹尺寸条件下发生破坏，使得破坏荷载偏大，从而强度测得值偏高。根据《混凝土物理力学性能试验方法标准》规定，混凝土抗压强度的加载速度应为 0.3~1.0MPa/s，其中：对 C30 以下的混凝土，可取 0.3~0.5MPa/s；对大于或等于 C30 但小于 C60 的混凝土，可取 0.5~0.8MPa/s；对大于或等于 C60 的混凝土，可取 0.8~1.0MPa/s。

4.4.5 混凝土的韧性

韧性作为混凝土的力学性能之一，在近年来的研究与工程应用中开始逐渐得到重视。通常，混凝土以断裂能、断裂韧性或断裂指数作为表征韧性的参数。作为脆性材料，普通混凝土的韧性参数比较低，如断裂能通常为 $100~250J/m^2$。换言之，普通混凝土具有高脆性、低韧性的典型特点。外加荷载或环境因素作用产生内应力进而引发裂纹扩展时，由于混凝土的高脆性、低韧性特征，使混凝土易于发生裂纹失稳扩展，导致混凝土发生脆性损伤破坏。纤维增韧可以改善混凝土的力学性能与裂纹扩展行为，这是目前国际上一个热门的研究领域，其研究方兴未艾。而裂纹扩展行为的改善，也将是提高混凝土耐久性的重要途径之一。

■ 4.5 混凝土的变形

本节涉及的标准规范主要有《混凝土物理力学性能试验方法标准》（GB/T 50081—2019）和《普通混凝土长期性能和耐久性能试验方法标准》（GB/T 50082—2009）。

【混凝土的变形】

4.5.1 变形概念

混凝土在凝结硬化过程中受到各种物理或化学因素或荷载作用会发生混凝土的总体积或局部体积变化，即出现变形。

如果混凝土处于自由的非约束状态，那么体积变化一般不会产生不利影响。但是，实际使用中的混凝土结构总会受到基础、钢筋或相邻部件的牵制而处于不同程度的约束状态。即使单一的混凝土试块没有受到外部的制约，其内部各组成相之间也是互相制约的，因而仍处于约束状态。因此，混凝土的体积变化会由于约束的作用而在混凝土内部产生应力（通常为拉应力）。混凝土能承受较高的压应力，而其抗拉强度却很低，一般不超过抗压强度的10%。从理论上讲，在完全约束条件下，混凝土内部产生的拉应力可以达到3MPa至十几兆帕（取决于混凝土的体积变化特性和弹性特性）。所以，对于受约束的混凝土，体积变化过大产生的拉应力一旦超过其自身的抗拉强度，就会引起混凝土开裂，产生裂缝。裂缝不仅是影响混凝土承受设计荷载能力的一个弱点，而且会严重损害混凝土的耐久性和外观。

4.5.2 变形分类

按不同的分类标准，可以将混凝土变形分为不同的类型。按混凝土成型后的龄期长短，混凝土变形可分为早期变形、硬化过程中的变形和硬化后的变形。吴中伟院士提出按混凝土质点的间距变化，混凝土变形可分为相向变形和背向变形。相向变形是指使混凝土质点间距缩小的变形，背向变形是指使混凝土质点间距变大的变形。自由收缩使混凝土组织密实，混凝土与钢筋的黏结力提高，是相向变形；自由膨胀则使混凝土组织变松，膨胀超过一定限度就会开裂，是背向变形。按是否受荷载作用，混凝土变形可分为非荷载作用变形和荷载作用变形。常见的非荷载作用变形有化学减缩、干缩、自收缩、温度变形、碳化收缩等。荷载作用变形有弹塑性变形和徐变。

1. 非荷载作用变形

（1）化学减缩（化学收缩）　化学减缩是指在没有干燥和其他外界因素的影响下，由于水泥凝结硬化过程中的水化作用，导致水泥水化物的固体体积小于水化前反应物的总体积，从而产生的自身体积减缩。化学减缩是不可恢复的，收缩量随混凝土的龄期延长而增加，大致与时间的对数成正比，即早期收缩大、后期收缩小。化学减缩的收缩率一般很小，为 $(4 \sim 100) \times 10^{-6}$。因此，在结构设计中考虑限制应力作用时，不把它从较大的干燥收缩率中区分出来处理，而是在干燥收缩中一并计算。若混凝土一直在水中硬化时，体积不变，甚至略有膨胀，这是由于凝胶体吸水产生的溶胀作用，与化学减缩并不矛盾。

（2）干缩　处于空气中的混凝土当内部水分散失时，会引起体积收缩，称为干燥收缩，简称干缩。但受潮或浸入水中后体积又会膨胀，即湿胀。混凝土在第一次干燥后，若再放入较高湿度的环境或水中，将发生膨胀。可是，并非全部初始干燥产生的收缩都能为膨胀所恢复，即使长期置于水中，也不可全部恢复。干缩是混凝土重要的非荷载变形之一，过大的干缩甚至会产生干缩裂缝，因此在设计时必须加以考虑，在实际工程中也必须引起施工人员的充分重视。在混凝土结构设计中，干缩率一般取 $(1.5 \sim 2) \times 10^{-4}$。

（3）自收缩　自收缩是指混凝土在与外界无物质交换的条件下，胶凝材料的水化反应引起毛细孔负压和内部相对湿度降低而导致的宏观体积的减小。自收缩不包括由于干燥、沉降、温度变化、遭受外力等原因引起的体积变化。自收缩产生的原因是随着水泥水化的进行，在硬化水泥石中形成大量微细孔，孔中自由水量逐渐降低，结果产生毛细孔应力，造成硬化水泥石受负压作用而产生收缩。自收缩的产生机理类似于干缩，但两者在相对湿度降低的机理上是不同的，干缩是由于水分扩散到外部环境中而造成的，而自收缩是由于内部水分被水化反应所消耗而造成的，因此通过阻止水分扩散到外部环境中的方法来降低自收缩并不有效。

随着现代建筑技术的发展，高强混凝土、大体积混凝土及自密实混凝土等应用日益广泛，水胶比降低，混凝土的自收缩现象发生得越来越频繁，也越来越引起人们的关注。实践中发现上述类型混凝土的自收缩较大。例如，水胶比低于 0.3 的混凝土自收缩率可以达到 $(2\sim4)\times10^{-4}$，当水胶比降低至 $0.23\sim0.17$ 时，自收缩占总收缩的 $80\%\sim100\%$，即水胶比极低的混凝土收缩的主要形式是自收缩。

（4）温度变形　混凝土与通常固体材料一样呈现热胀冷缩现象。混凝土通常的热膨胀系数为 $(6\sim12)\times10^{-6}/℃$，假设混凝土热膨胀系数为 $10\times10^{-6}/℃$，则温度下降15℃造成的冷收缩率约为 150×10^{-6}。如果混凝土的弹性模量为21GPa，不考虑徐变等产生的应力松弛，该冷缩受到完全约束所产生的弹性拉应力为3.1MPa，已经接近或超过普通混凝土的抗拉强度，容易引起冷缩开裂。因此，在结构设计中必须考虑到冷收缩造成的不利影响。

温度变形还包括混凝土内部与外部温差的影响，即大体积混凝土存在的温度变形问题。由于大体积混凝土水化过程产生的热量不易散失，因此在结构硬化过程中混凝土内部与外部环境之间存在温差，在混凝土内部冷却过程中，容易产生拉应力。可以分层分段浇筑，并采取一定控制温度变形的施工措施来降低内外温差的影响。

环境温度的变化也容易对大体积混凝土、纵长结构混凝土产生极为不利的影响，极易产生温度裂缝。如纵长100m的混凝土，温度升高或降低30℃（冬夏季温差），则将产生大约30mm的膨胀或收缩，在完全约束条件下，混凝土内部将产生7.5MPa左右的拉应力，足以导致混凝土开裂。故纵长结构或大面积混凝土均要设置伸缩缝，设置温度钢筋或掺入膨胀剂、减缩剂，防止混凝土开裂。

（5）碳化收缩　混凝土中水泥水化物与大气中 CO_2 发生化学反应称为碳化，伴随碳化产生的体积收缩称为碳化收缩。碳化收缩首先是指 $Ca(OH)_2$ 与 CO_2 发生碳化反应，生成 $CaCO_3$，导致体积收缩。其次，$Ca(OH)_2$ 碳化使水泥浆体中的碱度下降，有可能使 C-S-H 的钙硅比减小和钙矾石分解，加重上述碳化反应及引起的收缩。当混凝土湿度较大时，毛细孔中充满水，CO_2 难以进入，因此碳化很难进行，例如，水中混凝土不会碳化。易于发生碳化的相对湿度是 $55\%\sim75\%$。碳化收缩对混凝土开裂影响不大，其主要危害是对钢筋抗锈蚀不利，而钢筋锈蚀会导致混凝土保护层脱落。

2. 荷载作用变形

荷载作用变形可分为短期荷载作用下的变形和长期荷载作用下的变形两种。

（1）短期荷载作用下的变形　混凝土在外力作用下的变形包括弹性变形和塑性变形两部分。由于混凝土是一种弹塑性材料（见图4-11），在不超过其极限荷载30%的条件下，短期荷载作用会引起混凝土的线性弹性变形。继续施加荷载，混凝土则发生塑性变形。

在应力-应变曲线上任一点的应力与应变的比值，称为混凝土在该应力下的弹性模量，它反映混凝土所受应力与所产生应变之间的关系。在计算混凝土变形、裂缝开展及大体积混凝土的温度应力时，均需要知道混凝土的弹性模量。对纯弹性材料来说，弹性模量是一个定值，而对混凝土这种非匀质弹塑性材料来说，其应力-应变曲线呈非线性（图4-11a）。对硬化混凝土的静弹性模量，目前有三种取值方法：初始切线模量、切线模量和割线模量。由于初始切线模量和切线模量仅适合考察小应力或特定荷载作用，在工程结构计算中实用意义不

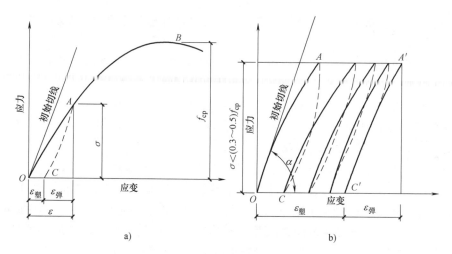

a)   b)

图 4-11　混凝土应力-应变曲线

a）混凝土处于压力作用下　b）混凝土处于低应力反复荷载作用下

大，而割线模量包括了非线性部分，也较易测准，适宜于工程应用，因此常用割线模量作为代表值，为应力-应变曲线原点与曲线上相应于40%极限应力的点所作连线的斜率（图4-11b）。在混凝土结构或钢筋混凝土结构设计中，可按《混凝土物理力学性能试验方法标准》测定混凝土静力受压弹性模量 E_c。混凝土强度等级为 C10～C60 时，其弹性模量为（1.75～3.60）$\times 10^4$ MPa。

影响弹性模量的因素如下：混凝土强度越高，弹性模量越大；混凝土养护龄期越长，弹性模量也越大；混凝土水胶比越小，混凝土越密实，弹性模量越大；骨料含量越高，骨料自身的弹性模量越大，则混凝土弹性模量越大；掺入引气剂将使混凝土弹性模量下降。

（2）长期荷载作用下的变形（徐变）　混凝土持续承受一定荷载（如应力达到50%～70%的极限强度）时，保持荷载不变，随时间的延长而增加的变形，称为徐变。

混凝土徐变在加载早期增长较快，然后逐渐减慢，当混凝土卸载后，一部分变形瞬时恢复，还有一部分要过一段时间才恢复，称为徐变恢复。剩余不可恢复部分，称为残余变形。徐变与徐变恢复如图 4-12 所示。

一般认为，徐变产生的原因是水泥石凝胶体在长期荷载作用下的黏性流动或滑移，同时吸附在凝胶粒子上的吸附水因荷载应力而向毛细管渗出。混凝土的徐变对混凝土及钢筋混凝土结构物的应力和应变状态有很大影响。徐变可能超过弹性变形，甚至达到弹性变形的 2～4 倍。徐变应变一般可达（3～15）$\times 10^{-4}$。

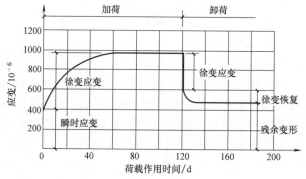

图 4-12　徐变与徐变恢复

混凝土的徐变在不同结构物中有不同的作用：对普通钢筋混凝土构件，混凝土的徐变能消除混凝土内部温度应力和收缩应力，减弱混凝土的开裂现象；对预应力混凝土结构，混凝土的徐变使预应力损失大大增加，这是极其不利的。因此预应力结构通常要求混凝土强度等级应较高，以减小徐变及预应力损失。

影响混凝土徐变的因素有以下几点：

1）水泥用量越多，徐变越大，采用强度发展快的水泥则混凝土徐变减小。

2）环境湿度减小和混凝土失水会使徐变增大。

3）水胶比越小，混凝土徐变越小。

4）增大骨料含量，则会相应增大混凝土弹性模量，从而会使徐变减小。

5）尽量在较晚的龄期加载，会使混凝土徐变减小。

6）龄期长、结构致密、强度高，则徐变小。

7）应力水平越高，徐变越大。

此外，徐变还与试验时的应力种类、试件尺寸、温度等有关。

4.5.3 混凝土收缩的主要影响因素

混凝土收缩的主要影响因素分内因和外因两个方面：内因是指混凝土组成材料的品种、质量、级配、外加剂及配合比等；外因是指环境温度、湿度、风速等。外因对收缩的影响有时比内因更大。

1. 水泥用量和品种

砂石骨料的收缩值很小，故混凝土的干缩主要来自水泥浆的收缩，水泥浆的收缩应变可达 2000×10^{-6} 以上。在水胶比一定时，水泥用量越大，混凝土干缩值也越大。故在配制高强混凝土时，尤其要控制水泥用量。对普通混凝土而言，相应的干缩比为混凝土 : 砂浆 : 水泥浆 = 1 : 2 : 4 左右。混凝土的极限收缩应变为 $(500 \sim 900) \times 10^{-6}$。

水泥的品种不同，干缩值也有较大差异。一般情况下，矿渣水泥、火山灰水泥比普通水泥收缩大。故对干燥环境施工和使用的混凝土结构，要尽量避免使用矿渣水泥或火山灰水泥。

2. 骨料用量和质量

混凝土收缩的主要组分是水泥石。增加骨料用量可以适当减小收缩。在相同条件下，采用弹性模量相对较高的骨料，也可以减小收缩。

3. 水胶比

在水泥用量一定时，水胶比越大，意味着多余水分越多，蒸发产生的收缩值也会相应越大。因此要严格控制水胶比，尽量降低水胶比。

4. 外加剂

混凝土外加剂种类繁多，功能各异。常见的有减水剂、速凝剂、早强剂等。外加剂已经成为现代混凝土材料中不可或缺的组成部分，在土木工程建设中发挥着改善新拌混凝土和易性、调节新拌混凝土的凝结硬化性能、提高混凝土强度和耐久性，或者其他特殊性能的作用。

5. 环境条件

气温、湿度、风速对收缩都会产生重大影响。气温越高、环境湿度越小或风速越大，混凝土的干燥速度就越快，在混凝土凝结硬化初期特别容易引起干缩开裂，故必须根据不同环境情况采取早期浇水、保湿，或者蒸汽养护等具体措施。

混凝土的收缩容易引起开裂，进而导致混凝土耐久性和力学性能的下降。为减少收缩引起的开裂，常采用以下措施：合理选取水泥，采用低水化热水泥，并尽量减少水泥用量；尽量减少用水量，降低水胶比；选用热膨胀系数低、弹性模量高的骨料；正确选用外加剂；在搅拌前预冷原材料；合理分缝、分块、减轻约束；在混凝土中埋冷却水管；表面绝热保温，调节表面温度的下降速率；采用蒸汽养护、蒸压养护等养护措施。

■ 4.6 混凝土的耐久性

【价值塑造——
工程环境与耐久性】

混凝土的耐久性是指它暴露在使用环境下抵抗各种物理和化学作用破坏的能力。根据混凝土所处的环境条件不同，混凝土耐久性应考虑的因素也不同。例如，承受压力水作用的混凝土，需要具有一定的抗渗性能；遭受环境水侵蚀作用的混凝土，需要具有与之相适应的抗侵蚀性能等。

混凝土的耐久性是一个综合性概念，它包括很多方面的性能，如抗渗性、抗冻性、抗侵蚀性、抗碳化性、抗碱-骨料反应、抗氯离子渗透等。这些性能决定着混凝土经久耐用的程度。

本节涉及的标准规范主要有《普通混凝土配合比设计规程》（JGJ 55—2011）、《普通混凝土长期性能和耐久性能试验方法标准》（GB/T 50082—2009）、《混凝土结构耐久性设计标准》（GB/T 50476—2019）、《高性能混凝土应用技术规程》（CCECS 207：2006）。

4.6.1 混凝土的抗渗性

1. 抗渗性的定义与意义

混凝土材料抵抗压力水渗透的能力称为抗渗性，它是决定混凝土耐久性最基本的因素。在钢筋锈蚀、冻融循环、硫酸盐侵蚀和碱-骨料反应这些导致混凝土品质劣化的原因中，水能够渗透到混凝土内部是其破坏的前提。混凝土材料的腐蚀大多是在水或以水为载体的侵蚀性介质侵入的条件下产生。一般来说，混凝土的渗透性越低，水及侵蚀性介质越不易渗入，混凝土耐久性越好。

2. 抗渗性的试验测定

普通混凝土的抗渗性用抗渗等级表示，共有 P4、P6、P8、P10、P12 五个等级。混凝土的抗渗试验采用 185mm×175mm×150mm 的圆台形试件，每组 6 个试件。试件按照标准试验方法成型并在 28~60d 养护期间内进行抗渗性试验。试验时将圆台形试件周围密封并装入模具，从圆台试件底部施加水压力，初始压力为 0.1MPa，每隔 8h 增加 0.1MPa，当 6 个试件中有 4 个试件未出现渗水时的最大水压力为其抗渗等级。《普通混凝土配合比设计规程》中规定，具有抗渗要求的混凝土，试验要求的抗渗水压值应比设计值高 0.2MPa，试验结果应符合下式要求：

$$P_t \geqslant \frac{P}{10} + 0.2 \tag{4-8}$$

式中　　P_t——6 个试件中 4 个试件未出现渗水时的最大水压值（MPa）；

　　　　P——设计要求的抗渗等级值。

高性能混凝土由于具有很高的密实度，按上述的加压透水方法无法正确评价其渗透性，而应采用《普通混凝土长期性能和耐久性能试验方法标准》的电通量法（ASTMC1202方法）或快速氯离子迁移系数法（RCM法）。

电通量法是将混凝土试块切割成尺寸为 $100mm \times 100mm \times 50mm$ 或直径 $\phi100mm \times 50mm$ 的上下表面平行的试样，在真空下浸水饱和后，侧面密封安装到试验箱中，两端安置铜网电极，负极浸入质量浓度为 3% 的 NaCl 溶液，正极浸入 0.3mol/L 的 NaOH 溶液，通过计算60V电压下6h通电量来评价混凝土渗透性。其评价范围见表4-22。

表4-22 混凝土 Cl⁻ 渗透性级别评价（根据《高性能混凝土应用技术规程》）

6h 总导电量/C	Cl⁻ 渗透性级别	相应类型的混凝土
>4000	高	水胶比大于 0.6 的普通混凝土
2000~4000	中	中等水胶比(0.5~0.6)的普通混凝土
1000~2000	低	低水胶比(0.4~0.5)混凝土
100~1000	非常低	低水胶比(0.38)的含矿物微细粉混凝土
<100	可忽略不计	低水胶比(<0.3)的含矿物微细粉混凝土

3. 抗渗性的提高途径

影响混凝土抗渗性的根本因素是孔隙率和孔隙特征，混凝土孔隙率越低，连通孔越少，抗渗性越好。所以，提高混凝土抗渗性的主要措施是降低水胶比（水灰比）、选择好的骨料级配、充分振捣和养护、掺用引气剂和优质粉煤灰掺合料等。试验表明，当 $W/B>0.55$ 时，抗渗性很差；当 $W/B<0.50$ 时，抗渗性较好。掺用引气剂的抗渗混凝土，其含量宜控制在 3%~5%，引气剂的引入让微小气泡切断了许多毛细孔的通道，但当含气量超过 6% 时，会引起混凝土强度急剧下降。有研究表明：胶凝材料体系中掺用 30% 粉煤灰，且水胶比小于 0.40 时，会有效减少混凝土的吸水性，主要原因是优质粉煤灰能发挥其形态效应、微骨料效应和活性效应，提高混凝土的密实度，细化孔隙。

4.6.2 混凝土的抗冻性

1. 抗冻性的定义与冻融破坏机理

混凝土的抗冻性是指混凝土在水饱和状态下经受多次冻融循环作用，能保持强度和外观完整性的能力。

【青藏铁路精神】

通常混凝土是多孔材料，若内部含有水分，则水在负温下结冰时体积膨胀约9%，此时水泥浆体及骨料在低温下收缩，以致水分接触位置将膨胀；而冰融化为水时体积又将收缩。在这种冻融循环的作用下，混凝土结构受到结冰体积膨胀造成的静水压力和因结冰、水蒸气压力的差别推动未冻结水向冻结区迁移，从而造成的渗透压力。当上述冻结过程中水结冰引发的内应力或者融化过程中这两种压力所产生的内应力超过混凝土的抗拉强度时，混凝土就会产生裂缝；多次冻融循环使裂缝不断扩展直到破坏。混凝土的密实度，孔隙构造、数量，孔隙的充水程度是决定抗冻性的重要因素。密实的混凝土和具有封闭孔隙的混凝土抗冻性较高。

2. 抗冻性的试验测定

混凝土抗冻性用抗冻等级表示。抗冻试验有两种方法，即慢冻法和快冻法。

（1）慢冻法 目前建工、水工碾压混凝土及抗冻性要求较低的工程中还在广泛使用慢冻法。采用慢冻法时，抗冻性能以抗冻标号表示，采用的试验条件是气冻水融。对于并非长期与水接触或者不是直接浸泡在水中的工程，如抗冻要求不太高的工业和民用建筑，气冻水融的试验条件与该类工程的实际使用条件比较相符，但所耗时间和劳动量较大，正在慢慢淘汰。其抗冻等级采用立方体试块（100mm×100mm×100mm），以龄期28d的试件在吸水饱和后经反复冻融循环作用（冻≥4h，融≥4h），以抗压强度下降不超过25%、质量损失不超过5%时所承受的最大冻融循环次数表示，分为D25、D50、D100、D150、D200、D250、D300。

（2）快冻法　快冻法是以防冻液作为冻融介质，在水冻水融条件下，以经受的快速冻融循环次数来表示混凝土抗冻性能的方法，与慢冻法的气冻水融方法有显著区别。由于水工、港工、电力工程等工程对混凝土抗冻性要求高，其冻融循环次数高达200~300次，且经常处于水环境中，因此一般采用水（防冻液）冻水（防冻液）融为基础的快速冻融试验方法。其抗冻等级采用28d龄期的棱柱体试件（100mm×100mm×400mm），饱和吸水后经冻融循环（一个循环在2~4h内完成），以相对动弹性模量值不小于60%，而且质量损失率不超过5%时所承受的最大循环次数表示，分为F50、F100、F150、F200、F250、F300、F400。

快冻法试验中，常用耐久性系数表征混凝土抗冻性能的好坏。根据快速冻融最大次数，按下式可以求出混凝土的耐久性系数：

$$K_n = P_n \frac{N}{100} \tag{4-9}$$

式中　K_n——混凝土耐久性系数；

　　　N——满足快冻法控制指标要求的最大冻融循环次数；

　　　P_n——经 N 次冻融循环后试件的相对动弹性模量。

根据气候条件、环境温湿度、混凝土所在部位及经受冻融循环次数等因素，工程对混凝土提出不同的抗冻等级要求。

3. 混凝土抗冻性的提高措施

提高混凝土抗冻性的关键是提高其密实度，可以采取以下措施：降低混凝土水胶比，降低孔隙率；掺加引气剂，保持含气量在4%~5%；提高混凝土强度，在相同含气量的情况下，混凝土强度越高，抗冻性越好。

4.6.3　混凝土的碳化

1. 碳化的定义

碳化是指空气中的二氧化碳与水泥石中的水化产物在有水的条件下发生化学反应，生成碳酸钙和水。碳化过程是二氧化碳由表及里向混凝土内部逐渐扩散的过程。未经碳化的混凝土 pH = 12 ~ 13，碳化后 pH = 8.5 ~ 10，接近中性，故碳化又称为中性化。混凝土碳化程度常用碳化深度表示。

2. 碳化对混凝土的影响

碳化对混凝土的不利影响首先是减弱了混凝土对钢筋的保护作用。通常情况下，钢筋混凝土结构中的钢筋处于水泥石的碱性环境中，钢筋的表面能够形成一层保护钢筋不致锈蚀的钝化膜。但由于混凝土的碳化，钝化膜对钢筋的保护作用将被削弱或破坏，促使锈蚀反应发生，产生体积膨胀，致使混凝土产生顺筋开裂。此外，碳化作用还使混凝土的收缩增大，混凝土表面产生拉应力，从而降低混凝土的抗拉、抗折作用，严重时导致混凝土开裂。

碳化作用对混凝土也有一些有利影响。表层混凝土碳化生成的碳酸钙能填充混凝土的孔隙，使表面硬度和密实度有所提高，对阻止有害介质的侵入起到一定的作用；同时碳化作用放出的水分有助于水泥的水化，使混凝土的抗压强度略有提高。如预制混凝土管桩就是利用碳化作用来提高桩的表面质量的，但总体来说，碳化对混凝土性能的影响是弊多利少。

3. 碳化的影响因素

（1）外部环境　首先是二氧化碳的浓度。二氧化碳浓度升高将加速碳化的进行。近年来，工业排放二氧化碳量持续上升，城市建筑混凝土碳化速度也在加快。其次是环境湿度。水分是碳化反应进行的必需条件，常置于水中或干燥环境中的混凝土，碳化都会停止，相对湿度在50%～75%时，碳化速度最快。

（2）混凝土内部因素　首先是水泥品种与掺合料用量。在混凝土中，随着胶凝材料体系中硅酸盐水泥熟料成分减少，掺合料用量的增加，碳化速度也在加快。其次是混凝土的密实度。随着水胶比降低、孔隙率减少，二氧化碳气体和水不易扩散到混凝土内部，碳化速度减慢。

4. 碳化的预防措施

在实际工程中，为减少碳化作用对钢筋混凝土结构的不利影响，常用的方法：在可能的情况下尽量降低水胶比，提高混凝土的密实性；根据工程所处环境的使用条件，合理选择水泥品种；使用减水剂、引气剂，改善混凝土的和易性或者引入封闭气孔改善孔结构；在钢筋混凝土结构中采用足够的混凝土保护层厚度，使碳化深度在建筑物设计年限内达不到钢筋表层；必要时在混凝土表面涂刷保护层或粘贴面层材料，以防止二氧化碳侵入。在设计钢筋混凝土结构，尤其当确定采用钢丝网薄壁结构时，必须考虑混凝土的抗碳化问题。

4.6.4　抗侵蚀性

1. 抗侵蚀性的定义

混凝土的抗侵蚀性是指混凝土抵抗外界侵蚀性介质破坏的能力。当混凝土所处使用环境中有侵蚀性介质时，混凝土很可能遭受侵蚀，通常有氯盐侵蚀、硫酸盐侵蚀、碳酸侵蚀等。随着混凝土在海洋、盐渍、高寒等环境中的大量使用，对混凝土的抗侵蚀性提出了更严格的要求。混凝土的抗侵蚀性受胶凝材料的组成、混凝土的密实度、孔隙特征及强度等因素的影响。

2. 抗侵蚀性的预防措施

混凝土的抗渗性、抗冻性和抗侵蚀性之间是相互联系的，且均与混凝土的密实程度，即孔隙总量及孔隙结构特征有关。若混凝土内部的孔隙形成相互连通的渗水通道，混凝土的抗渗性差，相应的抗冻性和抗侵蚀性将随之降低。提高混凝土抗侵蚀性能的常用方法有采用减水剂降低水胶比，提高混凝土密实度；掺加引气剂，在混凝土中形成均匀分布的不连通的微孔；加强养护，杜绝施工缺陷；防止由于离析、泌水而在混凝土内形成孔隙通道等。采用外部保护措施来隔离侵蚀介质，提高混凝土的抗侵蚀性，如在混凝土表面涂抹密封材料或加盖沥青、塑料等覆盖层。

3. 氯盐侵蚀与钢筋腐蚀

【职业道德——
钢筋锈蚀的影响】

在混凝土所遭受的侵蚀中，由于氯盐侵蚀的范围广且对混凝土内的钢筋危害大，所以混凝土的抗氯盐侵蚀性更受关注。氯盐对钢筋锈蚀的影响一方面是氯离子的去钝化作用。以硅酸盐水泥为胶凝材料的混凝土孔溶液通常呈高碱性，在这种高碱性环境中钢筋表面会迅速形成一层致密的钝化膜，从而保护钢筋不受腐蚀。若环境中存在氯离子，氯离子会从混凝土表面向钢筋表面迁移。当钢筋表面的氯离子积聚至临界浓度值时，钝化膜会发生局部去钝化。这些去钝化区域露出的铁基体与尚完好的钝化区域形成电位差，会引起钢筋的电化学反应。局部露出的铁基体作为阳极区发生阳极反应失去电子，即发生钢筋锈蚀。大面积的钝化区域作为阴极区，水和氧气在其上发生阴极反应得到电子。这种大阴极对小阳极的坑蚀将会发展得十分迅速，使钢筋截面的损失率迅速增加。另一方面是氯离子的去极化作用。Cl^-与阳极反应生成的Fe^{2+}相遇会生成可溶性的$FeCl_2$，并向混凝土中扩散，带走积聚在阳极上的Fe^{2+}，从而加速钢筋的锈蚀。值得注意的是，$FeCl_2$在向混凝土内扩散时遇到OH^-会立即生成$Fe(OH)_2$沉淀，在此过程中结合的氯离子又被释放出来。由此可见，氯离子在此过程中并未被消耗而是反复参与反应。

氯离子临界浓度是指使钢筋发生去钝化所需的氯离子浓度，其主要表达方式有氯离子含量和$[Cl^-]/[OH^-]$两种。已有研究认为，就$[Cl^-]/[OH^-]$表示方法而言，当比值大于0.6时，钢筋钝化膜将变得不稳定；就氯离子含量表示方法而言，普通混凝土的氯离子临界浓度值为$0.6 \sim 0.9 \ kg/m^3$。由于影响氯离子临界浓度的因素有很多，如pH、钢筋表面条件、胶凝材料类型、水胶比等，氯离子临界浓度测试方法或表示方法不同也会造成其取值存在较大差异，因此应视具体情况选取氯离子临界浓度值。

4.6.5 碱-骨料反应

1. 碱-骨料反应的定义与危害

混凝土中的碱性氧化物（Na_2O、K_2O）与骨（集）料中的活性SiO_2、活性碳酸盐发生化学反应，生成碱-硅酸盐凝胶或碱-碳酸盐凝胶，沉积在骨料与水泥胶体的界面上，吸水后体积膨胀3倍以上导致混凝土开裂破坏。

多年来，碱-骨料反应已经使许多处于潮湿环境中的结构物受到破坏，包括桥梁、大坝、堤岸等。1988年以前，我国碱-骨料破坏的问题并不显著，这与我国长期使用掺混合材料的中低强度水泥及混凝土强度等级低有关。进入20世纪90年代后，由于混凝土强度等级越来越高，水泥用量大且碱含量高，导致碱-骨料病害的发生。1999年京广线主线，石家庄南某铁路桥发生严重的碱-骨料反应，导致部分梁更换，部分梁维修加固；山东兖石部分桥梁也因碱-骨料病害而出现网状开裂，维修代价高，但效果差。

2. 碱-骨料破坏的特征

碱-骨料反应引起的混凝土开裂破坏一般发生在混凝土浇筑后两三年或者更长时间以后；常呈现顺筋开裂和网状龟裂；裂缝边缘出现凹凸不平现象；越潮湿的部位反应越强烈，膨胀和开裂破坏越明显；常有透明、淡黄色、褐色凝胶从裂缝处析出。

3. 碱-骨料病害的预防措施

混凝土中碱-骨料反应一旦发生，不易修复且损失大。预防措施如下：避免使用碱活性骨料；限制混凝土中碱的总含量，一般不大于 $3kg/m^3$；保证混凝土在使用期一直处于干燥状态，或者提高混凝土的抗渗性，注意隔绝水的侵入；掺用矿物细粉掺合料，如粉煤灰、磨细矿渣，至少要替代 25% 以上的水泥；掺用引气剂。

4.6.6 提高混凝土耐久性的主要措施与要求

1. 减少拌和用水及水泥浆的用量

【家国情怀——混凝土耐久性的改善措施】

拌和水和水泥浆的用量是直接影响混凝土抗渗性、抗冻性和抗侵蚀性等多个性能的主要因素之一。《混凝土结构耐久性设计标准》中，明确规定了不同环境中最大水胶比的数值，以作为保证混凝土耐久性良好的依据。如设计使用年限为 50 年的梁柱等条形构件配制 C40 混凝土时，在室内干燥环境中最大水胶比为 0.55，处于轻度盐雾的海上大气区时最大水胶比为 0.42。此外，有研究表明：相较于最大水胶比，拌和水的最大用量作为控制混凝土耐久性质量要求的一种指标更为适宜。因为依靠水胶比的控制尚不能解决混凝土中因浆体过多而引起收缩和水化热增加的负面影响问题。在高性能混凝土中，减少浆体量，增大骨料所占的比例，是提高混凝土抗渗性或抗氯离子扩散性的重要手段。如果控制拌和水用量，则可同时控制浆体用量（浆骨比），就有可能从多个方面体现耐久性要求。对水胶比很低的混凝土，用水量一般不宜超过 $150kg/m^3$。对水胶比在 0.42 以下的混凝土，用水量一般应控制在 $170kg/m^3$ 以下。

减少拌和水用量与水泥浆量的同时，要保证混凝土仍具有较高的工作性能，应选用良好级配和粒形的粗骨料，添加高效减水剂和低需水量比的矿物掺合料。

2. 增强界面的黏结性

随着水胶比的降低，混凝土中骨料与水泥浆界面过渡区日趋成为薄弱的环节，强化界面是提高耐久性的重要措施。通过降低水胶比和水泥浆量、增加矿物细粉掺合料和改善骨料表面状态等途径，可以有效降低界面水胶比、提高混凝土基体密实性、减少氢氧化钙在界面的富集现象、增强骨料与界面区的机械咬合力，从而提升界面过渡区的黏结性。

3. 合理选择水泥品种

不同工程环境和工程要求，对水泥性能的要求不同，可以合理选用不同的水泥品种来满足相应的工程要求。

4. 降低毛细孔渗透性

（1）降低水胶比（W/B） 对混凝土整体而言，降低拌和水量而增加胶凝材料的质量，有助于改善混凝土基体的孔隙结构，高性能混凝土建议水胶比（W/B）≤ 0.38。

（2）降低孔隙率和孔径 可通过添加适宜粒径的矿物细粉掺合料来降低孔隙率和孔径。掺合料的水化活性作用将消耗部分 $Ca(OH)_2$ 晶体，并且其"微骨料效应"使孔隙变细且减少。

5. 掺用引气剂、减水剂等外加剂

掺用引气剂，引入微小封闭气泡，由于这些微小气泡可以缓解部分内部应力，抑制裂纹生成和扩展，不仅可以有效提高混凝土抗渗性、抗冻性，而且可以明显提高混凝土抗化学侵蚀能力。高效减水剂的掺入，对降低水胶比有重要的意义。

6. 加强混凝土质量的生产控制和养护

在混凝土施工中，应当均匀搅拌、浇筑和振捣密实及加强养护以保证混凝土的施工质量。

■ 4.7 混凝土的质量评定

混凝土材料是典型的多相复合材料，影响其性能的因素众多，因此实际工程中的质量控制较为困难。为确保混凝土材料在工程中的质量稳定与性能可靠，应严格控制影响其质量的诸因素，如原材料、计量、搅拌、运输、成型、养护等。对于已经生产或使用的混凝土，准确评定其质量状况则更为重要，因为混凝土的实际性能是确定工程质量最基本的保障。评定混凝土质量最常用的指标是强度。

本节主要涉及的标准规范有《混凝土质量控制标准》（GB 50164—2011）、《普通混凝土配合比设计规程》（JGJ 55—2011）、《混凝土强度检验评定标准》（GB/T 50107—2010）。

4.7.1 强度分布规律——正态分布

影响混凝土强度的因素众多，且许多影响因素是随机的，故混凝土的强度也呈现出一定幅度内的随机波动性。大量试验结果表明，混凝土强度的概率密度分布接近正态分布，如图 4-13 所示。其中，f_{cu} 表示混凝土立方体试件抗压强度，$\bar{f}_{cu}$ 表示混凝土立方体试件抗压强度平均值；$f_{cu,k}$ 表示混凝土立方体试件抗压强度标准值；P、Q 分别表示试块强度达到标准值和未达到标准值的概率；t 表示混凝土要求保证率对应的概率度；σ 表示强度标准差。

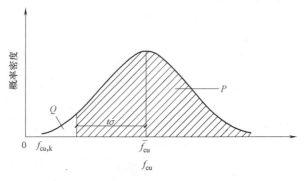

图 4-13 混凝土强度的概率密度分布

以混凝土强度的平均值 $\bar{f}_{cu}$ 为对称轴，距离对称轴越远的强度值出现的概率越小，曲线与横轴包围的面积为 1。曲线高峰为混凝土强度平均值的概率密度。概率分布曲线窄而高，则说明混凝土的强度测定值比较集中，波动小，混凝土的均匀性好，施工水平较高。反之，如果曲线宽而扁，说明混凝土强度值离散性大，混凝土的质量不稳定，施工水平低。

强度保证率是指混凝土的强度值在总体分布中大于强度设计值的概率，可用图 4-13 中的阴影部分的面积表示。《普通混凝土配合比设计规程》规定，工业与民用建筑及一般构筑物所用混凝土的保证率不低于 95%。一般首先通过变量 $t = \dfrac{\bar{f}_{cu} - f_{cu,k}}{\sigma}$ 将混凝土强度的概率分布曲线转化为标准正态分布曲线，然后通过标准正态分布方程 $P(t) = \displaystyle\int_{t}^{+\infty} \phi(t)\,\mathrm{d}t =$

$\dfrac{1}{\sqrt{2\pi}}\displaystyle\int_{t}^{+\infty} e^{\frac{t^{2}}{2}}\mathrm{d}t$ 求得强度保证率，其中概率度 t 与保证率 $P(t)$ 的关系见表4-23。

表4-23　不同概率度 t 对应的强度保证率 $P(t)$

t	0.00	0.50	0.84	1.00	1.20	1.28	1.40	1.60
$P(t)$	50.0	69.2	80.0	84.1	88.5	90.0	91.9	94.5
t	1.645	1.70	1.81	1.88	2.00	2.05	2.33	3.00
$P(t)$	95.0	95.5	96.5	97.0	97.7	99.0	99.4	99.87

4.7.2　混凝土质量评定参数

在生产中常用强度平均值、标准差、强度保证率和变异系数等参数来评定混凝土质量。

强度平均值为预留的多组混凝土试块强度的算术平均值，即

$$\bar{f}_{cu}=\frac{1}{n}\sum_{i=1}^{n}f_{cu,i} \tag{4-10}$$

式中　n——预留混凝土试块组数，每组3块；

$f_{cu,i}$——第 i 组试块的抗压强度（MPa）。

标准差 σ 又称为均方差，其数值表示正态分布曲线上拐点至强度平均值（也即对称轴）的距离，可用下式计算：

$$\sigma=\sqrt{\frac{\sum\limits_{i=1}^{n}f_{cu,i}^{2}-n\bar{f}_{cu,i}^{2}}{n-1}} \tag{4-11}$$

变异系数 C_{v} 又称为离散系数，以强度标准差与强度平均值之比来表示，即

$$C_{v}=\frac{\sigma}{\bar{f}_{cu}} \tag{4-12}$$

强度平均值只能反映强度整体的平均水平，而不能反映强度的实际波动情况。通常用标准差反映强度的离散程度，对于强度平均值相同的混凝土，标准差越小，则强度分布越集中，混凝土的质量越稳定，此时标准差的大小能准确地反映出混凝土质量的波动情况；但当强度平均值不等时，适用性较差。变异系数也能反映强度的离散程度，变异系数越小，说明混凝土的质量水平越稳定，对于强度平均值不同的混凝土可用该指标判断其质量波动情况。

4.7.3　混凝土的配制强度

根据正态分布规律可知，当所配制的混凝土强度平均值等于设计强度时，其强度保证率仅为50%，显然不能满足要求，会造成极大的工程隐患。因此，为了达到较高的强度保证率，要求混凝土的配制强度 $f_{cu,0}$ 必须高于设计强度标准值 $f_{cu,k}$。

由 $t=\dfrac{\bar{f}_{cu}-f_{cu,k}}{\sigma}$ 可得，$\bar{f}_{cu}=f_{cu,k}+t\sigma$。令混凝土的配制强度等于平均强度，即 $f_{cu,0}=\bar{f}_{cu}$，则可得

$$f_{cu,0}=f_{cu,k}+t\sigma \tag{4-13}$$

式中 $f_{cu,0}$——混凝土配制强度（MPa）；

  $f_{cu,k}$——混凝土设计强度（MPa）；

  t——混凝土要求保证率对应的概率度；

  σ——强度标准差。

式（4-13）中，概率度 t 的取值与强度保证率 $P(t)$ 一一对应，其值通常根据要求的保证率查表4-23获得。强度标准差 σ 一般根据混凝土生产单位以往积累的资料经统计计算获得。当无历史资料或资料不足时，可根据以下情况参考取值：混凝土设计强度等级不高于C20时，$\sigma=4.0$。混凝土设计强度等级为 C25～C45 时，$\sigma=5.0$。混凝土设计强度等级为C50～C55时，$\sigma=6.0$。

《普通混凝土配合比设计规程》规定，混凝土配制强度应按下式计算：

$$f_{cu,0} \geqslant f_{cu,k} + 1.645\sigma \tag{4-14}$$

在混凝土设计强度确定的前提下，保证率和标准差决定了配制强度的高低，保证率越高，强度波动性越大，则配制强度越高。

【例4-1】 某商品混凝土公司，计划配制强度等级为 C40 的预拌混凝土，根据其过去一年的统计资料，确定对应的强度标准差为 5MPa，强度保证率为 95% 时对应的概率度为 1.645。试回答以下问题：

1）确定保证率为 95% 时所要求的配制强度。

2）如果配制强度确定为 49MPa，能否满足 95% 的保证率？为什么？

3）如果配制强度确定为 45MPa，为了满足 95% 的保证率，强度的标准差应该控制在什么范围内？

【解】 1）因 $t=1.645$，$\sigma=5$MPa，根据公式 $f_{cu,0}=f_{cu,k}+t\sigma$ 可得配制强度

$$f_{cu,0} = (40+1.645\times5)\text{MPa} = 48.23\text{MPa}$$

2）由公式 $f_{cu,0}=f_{cu,k}+t\sigma$ 可得 $t=\dfrac{f_{cu,0}-f_{cu,k}}{\sigma}$，将 $f_{cu,0}=49$MPa，$\sigma=5$MPa 代入得

$$t=\frac{49-40}{5}=1.8>1.645$$

所以当配制强度确定为 49MPa 时可以满足 95% 的保证率。因为配制强度为 49MPa 时，对应的概率度为 1.8，95% 保证率对应的概率度为 1.645。

3）由公式 $f_{cu,0}=f_{cu,k}+t\sigma$ 可得，$\sigma=\dfrac{f_{cu,0}-f_{cu,k}}{t}$，将 $f_{cu,0}=45$MPa，$t=1.645$ 代入得

$$\sigma=\frac{45-40}{1.645}\text{MPa} = 3.0\text{MPa}$$

所以，为了满足 95% 的保证率，强度的标准差应不大于 3.0MPa。

4.7.4 混凝土强度的检验评定

混凝土强度的检测评定以抗压强度作为主控指标。留置试块用的混凝土应在浇筑地点随机抽取且具有代表性，取样频率及数量、试件尺寸大小选择、成型方法、养护条件、强度测试及强度代表值的取定等，均应符合现行国家标准的有关规定。

根据《混凝土强度检验评定标准》的规定，混凝土的强度应按照批次分批检验，同一

个批次的混凝土强度等级应相同、生产工艺条件应相同、龄期应相同及混凝土配合比基本相同。目前，评定混凝土强度的常用方法主要有统计方法评定和非统计方法评定两类。

1. 统计方法评定

商品混凝土公司、预制混凝土构件厂家及采用现场集中搅拌混凝土的施工单位所生产的混凝土强度一般采用该种方法来评定。根据混凝土生产条件不同，利用该方法进行混凝土强度评定时，应视具体情况按下述两种情况分别进行：

（1）标准差已知 当一定时期内混凝土的生产条件较为一致，且同一品种的混凝土强度变异性较小时，可以把每批混凝土的强度标准差 σ_0 作为一常数来考虑。进行强度评定时，一般用连续的 3 组或 3 组以上的试块组成一个检验批，且其强度满足相应要求。

（2）标准差未知 当混凝土的生产条件不稳定，且混凝土强度的变异性较大，或没有能够积累足够的强度数据用来确定检验批混凝土立方体抗压强度的标准差时，应利用不少于10 组的试块组成一个检验批进行混凝土强度评定。

2. 非统计方法评定

非统计方法主要用于评定现场搅拌批量不大或小批量生产的预制构件所需的混凝土或当同一批次的混凝土留置试块组数少于 10 的情形。由于缺少相应的统计资料，非统计方法的准确性较差，故对混凝土强度的要求更为严格。

在生产实际中应根据具体情况选用适当的评定方法。对于用判定为不合格的混凝土浇筑的构件或结构应进行工程实体鉴定和处理。

■ 4.8 混凝土的配合比设计

本节主要涉及的标准规范有《普通混凝土配合比设计规程》（JGJ 55—2011）、《水泥胶砂强度检验方法（ISO 法）》（GB/T 17671—2021）、《混凝土结构设计规范》（2015 年版）（GB 50010—2010）、《水泥密度测定方法》（GB/T 208—2014）、《普通混凝土用砂、石质量及检验方法标准》（JGJ 52—2006）、《混凝土结构工程施工质量验收规范》（GB 50204—2015）、《混凝土结构耐久性设计标准》（GB/T 50476—2019）。

4.8.1 概述

1. 混凝土配合比的含义及表示方法

混凝土配合比是指混凝土各组成材料（水泥、水、砂、石）之间的比例关系。

混凝土配合比常用的表示方法有两种：一种是以每立方米混凝土中各种材料的用量表示，如水泥 320kg、水 160kg、砂 700kg、石子 1220kg，其每立方米混凝土总质量为 2400kg；另一种是以各项材料相互间的质量比来表示（以水泥质量为 1），将上例换算成质量比，即水泥：水：砂：石 = 1：0.5：2.19：3.81，水胶比 = 0.50。

2. 混凝土配合比设计的基本要求

设计混凝土配合比的任务，就是要根据原材料的技术性及施工条件，合理选择原材料，并确定出能够满足工程所要求的技术经济指标的各项组成材料的用量。

混凝土配合比设计的基本要求：

1）满足混凝土结构设计的强度等级。

2）满足施工所要求的混凝土拌合物的和易性。

3）满足混凝土结构设计中耐久性要求指标（如抗冻等级、抗渗等级和抗侵蚀性等）。

4）节约水泥和降低混凝土成本。

3. 配合比设计的基本资料

在进行混凝土配合比设计时，需事先明确的基本资料如下：

1）混凝土设计要求的强度等级。

2）工程所处环境及耐久性要求（如抗渗等级、抗冻等级等）。

3）混凝土结构类型。

4）施工条件，包括施工质量管理水平及施工方法（如强度标准差的统计资料、混凝土拌合物应采用的坍落度）。

5）各项原材料的性质及技术指标，如水泥的品种及强度等级，骨料的种类、级配，砂的细度模数，石子最大粒径，各项材料的密度、表观密度及体积密度等。

4.8.2　混凝土配合比基本参数的确定

混凝土配合比设计，实质上就是确定四项材料用量之间的三个比例关系，即水与凝胶材料之间的比例关系（用水胶比 W/B 来表示）、砂与石子之间的比例关系（用砂率 β_s 来表示）及水泥浆与骨料之间的比例关系（用每立方米混凝土的用水量 m_{w0} 来反映）。若这三个比例关系已定，混凝土的配合比就确定了。

通常把水胶比、砂率、单位用水量称为混凝土配合比的三个基本参数。这三个参数与混凝土各项性能之间有着密切关系，合理确定这三个参数，就能使混凝土满足各项技术与经济要求。混凝土配合比的三个参数及其确定原则如图 4-14 所示。在确定混凝土配合比的这三个参数时应注意以下几点：

1）在组成材料一定的情况下，水胶比对混凝土的强度和耐久性起着关键性作用，水胶比的确定必须同时满足混凝土的强度和耐久性的要求。在满足混凝土强度与耐久性要求的前提下，为了节约水泥，可采用较大的水胶比。

2）在水胶比一定的条件下，单位用水量是影响混凝土拌合物流动性的主要因素，单位用水量可根据施工要求的流动性及粗骨料的最大粒径来确定。在满足施工要求的流动性的前提下，单位用水量取较小值，如以较小的水泥浆数量就能满足和易性的要求，则具有较好的经济性。

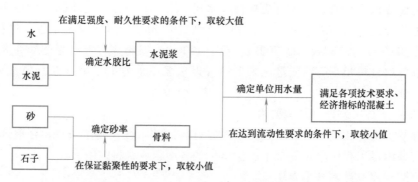

图 4-14　混凝土配合比三个参数的确定原则

3）砂率对混凝土拌合物的和易性，特别是对其中的黏聚性和保水性有很大影响，适当提高砂率有利于保证混凝土的黏聚性和保水性。在保证混凝土拌合物和易性的前提下，从降低成本方面考虑，可选用较小的砂率。

4.8.3　配合比设计步骤

在对原材料进行正确选择和严格的质量检验后，普通混凝土配合比设计首先应按照要求的技术指标进行混凝土配合比的初步计算，得出"初步配合比"；然后经试验室试拌调整，得出"基准配合比"；再经强度复核（如有其他性能要求，则需做相应的检验项目），定出"设计配合比"；最后根据现场原材料的实际情况（如砂、石含水等）修正试验室得出的"设计配合比"，从而得出"施工配合比"。

具体步骤如图 4-15 所示。

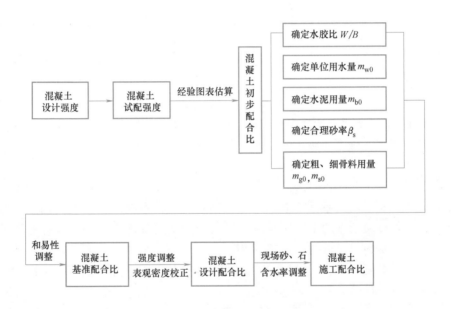

图 4-15　混凝土配合比设计步骤

1. 配制强度 ($f_{cu,0}$) 的确定

为了使混凝土强度具有标准要求的保证率，必须使其配制强度高于所设计的强度等级值。

1）当混凝土的设计强度等级小于 C60 时，配制强度应按式（4-14）计算。

2）当设计强度等级大于或等于 C60 时，配制强度应按下式计算：

$$f_{cu,0} \geqslant 1.15 f_{cu,k} \tag{4-15}$$

混凝土强度标准差应按照下列规定确定：

① 当具有近 1~3 个月的同一品种、同一强度等级混凝土的强度资料时，其混凝土强度标准差 σ 应按式（4-11）计算。

② 对于强度等级不大于 C30 的混凝土：当 σ 计算值不小于 3.0MPa 时，应按照计算结果取值；当 σ 计算值小于 3.0MPa 时，σ 应取 3.0MPa。对于强度等级大于 C30 且小于 C60

的混凝土：当 σ 计算值不小于 4.0MPa 时，应按照计算结果取值；当 σ 计算值小于 4.0MPa 时，σ 应取 4.0MPa。

③ 当没有近期的同一品种、同一强度等级混凝土强度资料时，其强度标准差 σ 可按表 4-24 取值。

表 4-24 混凝土强度标准差 σ 值

混凝土强度等级	低于 C20	C20～C45	C50～C55
σ/MPa	4.0	5.0	6.0

遇到下列情况时应适当提高混凝土配制强度：

1）现场条件与试验条件有显著差异时。

2）重要工程和对混凝土有特殊要求时。

3）C30 级及以上强度等级的混凝土，且工程验收可能采用非统计方法评定时。

2. 初步配合比的计算

按选用的原材料性能及对混凝土的技术要求进行初步配合比的计算，以便得出供试配用的配合比。

（1）初步确定水胶比（W/B） 根据已测定的胶凝材料实际强度 f_b（或选用的水泥强度等级）、粗骨料种类及所要求的混凝土配制强度（$f_{cu,0}$），按混凝土强度公式计算出所要求的水胶比（适用于混凝土强度等级小于 C60）：

$$W/B = \frac{\alpha_a f_b}{f_{cu,0} + \alpha_a \alpha_b f_b} \qquad (4-16)$$

式中 α_a、α_b——石子回归系数，取值应符合下列规定：根据工程所使用的原材料，通过试验建立的水胶比与混凝土强度关系式来确定；当不具备上述试验统计资料时，可按表 4-25 采用；

f_b——胶凝材料（水泥与矿物掺合料按使用比例混合）28d 胶砂实际强度（MPa）。

表 4-25 回归系数 α_a、α_b

粗骨料品种	碎石	卵石
α_a	0.53	0.49
α_b	0.20	0.13

f_b 的试验方法应按《水泥胶砂强度检验方法（ISO 法）》执行。当无实测值时，可按下列规定确定：

1）根据 3d 胶砂强度或快测强度推定 28d 胶砂实际强度 f_b 值。

2）当矿物掺合料为粉煤灰和粒化高炉矿渣粉时，可按下式推算 f_b 值：

$$f_b = \gamma_f \gamma_s f_{ce} \qquad (4-17)$$

式中 γ_f、γ_s——粉煤灰影响系数和粒化高炉矿渣粉影响系数，可按表 4-26 选用；

f_{ce}——水泥 28d 胶砂抗压实际强度（MPa），可实测，也可按式（4-6）计算。

表 4-26　粉煤灰影响系数和粒化高炉矿渣粉影响系数

种类掺量(%)	粉煤灰影响系数 γ_f	粒化高炉矿渣粉影响系数 γ_s
0	1.00	1.00
10	0.90~0.95	1.00
20	0.80~0.85	0.95~1.00
30	0.70~0.75	0.90~1.00
40	0.60~0.65	0.80~0.90
50	—	0.70~0.85

注：1. 采用Ⅰ级或Ⅱ级粉煤灰，宜取上限值。
　　2. 采用 S75 级粒化高炉矿渣粉宜取下限值，采用 S95 级粒化高炉矿渣粉宜取上限值，采用 S105 级粒化高炉矿渣
　　　粉可取上限值加 0.05。
　　3. 当超出表中的掺量时，粉煤灰和粒化高炉矿渣粉影响系数应经试验确定。

　　为了保证混凝土必要的耐久性，一般工程环境中使用的混凝土的最低强度等级应符合表 4-27 的规定，水胶比不得大于表 4-27 中规定的最大水胶比值，如计算所得的水胶比大于最大水胶比，应舍弃计算值，取最大水胶比。其他工程环境使用的混凝土的最大水胶比应符合《混凝土结构耐久性设计标准》的规定。

表 4-27　一般工程环境中混凝土材料的最低强度等级和最大水胶比

环境作用等级		设计使用年限					
		100 年		50 年		30 年	
		最大水胶比	混凝土最低强度等级	最大水胶比	混凝土最低强度等级	最大水胶比	混凝土最低强度等级
板、墙等面形构件	Ⅰ-A	0.55	≥C30	0.60	≥C25	0.60	≥C25
	Ⅰ-B	0.50	C35	0.55	C30	0.60	C25
		0.45	≥C40	0.50	≥C35	0.55	≥C30
	Ⅰ-C	0.45	C40	0.50	C35	0.55	C30
		0.40	C45	0.45	C40	0.50	C35
		0.36	≥C50	0.40	≥C45	0.45	≥C40
梁、柱等条形构件	Ⅰ-A	0.55	C30	0.60	C25	0.60	≥C25
		0.50	≥C35	0.55	≥C30		
	Ⅰ-B	0.50	C35	0.55	C30	0.60	C25
		0.45	≥C40	0.50	≥C35	0.55	≥C30
	Ⅰ-C	0.45	C40	0.50	C35	0.55	C30
		0.40	C45	0.45	C40	0.50	C35
		0.36	≥C50	0.40	≥C45	0.45	≥C40

注：1. 环境作用等级与环境条件相关，环境条件是指混凝土表面的局部环境。
　　2. 环境作用等级中，Ⅰ代表一般环境，A 代表室内干燥环境或长期浸泡水中环境，B 代表非干湿交替的结构内部潮湿环境或非干湿交替的露天环境或长期湿润环境，C 代表干湿交替环境（干湿交替是指混凝土表面经常交替接触到大气和水的环境条件）。

　　（2）选取每立方米混凝土的用水量（m_{w0}）　用水量的多少，主要根据所要求的混凝土坍落度值及所用骨料的种类、规格。所以应先考虑工程种类与施工条件，按表 4-20 确定适宜的坍落度值，对混凝土水胶比在 0.40~0.80 范围时，可按表 4-28 定出每立方米混凝土的用水量。

表 4-28　干硬性和塑性混凝土的用水量　　　　　　　　　　（单位：kg/m³）

拌合物稠度		卵石最大粒径/mm				碎石最大粒径/mm			
项目	指标	10	20	31.5	40	16	20	31.5	40
维勃稠度 /s	16~20	175	160	—	145	180	170	—	155
	11~15	180	165		150	185	175		160
	5~10	185	170		155	190	180		165
坍落度 /mm	10~30	190	170	160	150	200	185	175	165
	35~50	200	180	170	160	210	195	185	175
	55~70	210	190	180	170	220	205	195	185
	75~90	215	195	185	175	230	215	205	195

注：1. 本表用水量是采用中砂时的取值。采用细砂时，每立方米用水量可增加 5~10kg；采用粗砂时，减少 5~10kg。

2. 掺用各种外加剂和矿物掺合料时，用水量应相应调整。

3. 混凝土水胶比小于 0.40 时，可通过试验确定。

掺外加剂时，每立方米流动性或大流动性混凝土的用水量（m_{w0}）可按下式计算：

$$m_{w0} = m'_{w0}(1-\beta) \tag{4-18}$$

式中　m_{w0}——未掺外加剂时推定的满足实际坍落度要求的每立方米混凝土用水量（kg/m³），以表 4-28 中 90mm 坍落度的用水量为基础，按每增大 20mm 坍落度相应增加 5kg/m³ 用水量来计算；

β——外加剂的减水率（%），应经混凝土试验确定。

另外，单位用水量也可按下式大致估算：

$$m_{w0} = \frac{10}{3}(S+K) \tag{4-19}$$

式中　S——混凝土拌合物的坍落度（cm）；

K——系数，取决于粗骨料种类与最大粒径，可参考表 4-29 取用。

表 4-29　混凝土单位用水量计算公式中的 K 值

系数	碎石				卵石			
	最大粒径/mm							
	10	20	40	80	10	20	40	80
K	57.5	53.0	48.5	44.0	54.5	50.0	45.5	41.0

注：1. 采用火山灰硅酸盐水泥时，增加 4.5~6.0。

2. 采用细砂时，增加 3.0。

（3）确定胶凝材料用量（m_{b0}）　每立方米混凝土的胶凝材料用量（m_{b0}）应按下式计算：

$$m_{b0} = \frac{m_{w0}}{W/B} \tag{4-20}$$

为了保证混凝土耐久性，混凝土的最小胶凝材料用量应符合表 4-30 的规定，配制 C15 及其以下强度等级的混凝土，可不受表 4-30 的限制。

表 4-30　混凝土的最小胶凝材料用量　　　　　　　　（单位：kg/m³）

最大水胶比	最小胶凝材料用量		
	素混凝土	钢筋混凝土	预应力混凝土
0.60	250	280	300
0.55	280	300	300
0.50		320	
≤0.45		330	

注：当用活性掺合料取代部分水泥时，表中的最大水胶比和最小胶凝材料用量即替代前的水胶比和水泥用量。

（4）确定矿物掺合料用量（m_{f0}）　首先通过试验确定矿物掺合料在混凝土中的掺量。钢筋混凝土中矿物掺合料最大掺量宜符合表 4-31 的规定，预应力钢筋混凝土中矿物掺合料最大掺量宜符合表 4-32 的规定。

表 4-31　钢筋混凝土中矿物掺合料最大掺量

矿物掺合料种类	水胶比	最大掺量（%）	
		硅酸盐水泥	普通硅酸盐水泥
粉煤灰	≤0.40	45	35
	>0.40	40	30
粒化高炉矿渣粉	≤0.40	65	55
	>0.40	55	45
钢渣粉	—	30	20
磷渣粉	—	30	20
硅灰	—	10	10
复合掺合料	≤0.40	60	50
	>0.40	50	40

注：1. 采用其他通用硅酸盐水泥时，宜将水泥混合材料中掺量 20% 以上的计入矿物掺合料。

　　2. 复合掺合料中各组分的掺量不宜超过任一组分单掺时的最大掺量。

　　3. 在混合使用两种或两种以上矿物掺合料时，矿物掺合料总掺量应符合表中复合掺合料的规定。

表 4-32　预应力钢筋混凝土中矿物掺合料最大掺量

矿物掺合料种类	水胶比	最大掺量（%）	
		硅酸盐水泥	普通硅酸盐水泥
粉煤灰	≤0.40	35	30
	>0.40	25	20
粒化高炉矿渣粉	≤0.40	55	45
	>0.40	45	35
钢渣粉	—	20	10
磷渣粉	—	20	10
硅灰	—	10	10
复合掺合料	≤0.40	50	40
	>0.40	40	30

注：1. 采用其他通用硅酸盐水泥时，宜将水泥混合材料中掺量 20% 以上的计入矿物掺合料。

　　2. 复合掺合料中各组分的掺量不宜超过任一组分单掺时的最大掺量。

　　3. 在混合使用两种或两种以上矿物掺合料时，矿物掺合料总掺量应符合表中复合掺合料的规定。

每立方米混凝土的矿物掺合料用量（m_{f0}）应按下式计算：

$$m_{f0} = m_{b0}\beta_f \tag{4-21}$$

式中 m_{f0}——每立方米混凝土中矿物掺合料用量（kg）；

$\qquad m_{b0}$——每立方米混凝土中胶凝材料用量（kg）；

$\qquad \beta_f$——计算水胶比过程中确定的矿物掺合料掺量（%）。

（5）确定水泥用量（m_{c0}） 每立方米混凝土的水泥用量（m_{c0}）应按下式计算：

$$m_{c0} = m_{b0} - m_{f0} \qquad (4\text{-}22)$$

（6）确定外加剂用量（m_{a0}） 每立方米混凝土中外加剂用量（m_{a0}）应按下式计算：

$$m_{a0} = m_{b0}\beta_a \qquad (4\text{-}23)$$

式中 m_{a0}——每立方米混凝土中外加剂用量（kg）；

$\qquad \beta_a$——外加剂掺量（%），应经混凝土试验确定。

（7）选取合理的砂率（β_s） 合理的砂率值主要根据混凝土拌合物的坍落度、黏聚性及保水性等特征来确定。当无历史资料可参考时，混凝土砂率的确定应符合下列规定：

1）砂率可按式（4-25）计算。

2）坍落度小于 10mm 的混凝土，其砂率应经试验确定。

3）坍落度为 10~60mm 的混凝土，其砂率可根据粗骨料品种、最大公称粒径及水胶比按表 4-33 选取。

表 4-33　混凝土的砂率　　　　　　　　　　　　　　　　（%）

水胶比	卵石最大公称粒径			碎石最大公称粒径		
	10mm	20mm	40mm	10mm	20mm	40mm
0.4	26~32	25~31	24~30	30~35	29~34	27~32
0.5	30~35	29~34	28~33	33~38	32~37	30~35
0.6	33~38	32~37	31~36	36~41	35~40	33~38
0.7	36~41	35~40	34~39	39~44	38~43	36~41

注：1. 本表数值是中砂的选用砂率，对细砂或粗砂，可相应地减小或增大砂率。

　　2. 采用人工砂配制混凝土时，砂率可适当增大。

　　3. 只用一个单粒级粗骨料配制混凝土时，砂率应适当增大。

　　4. 对薄壁构件，砂率宜取偏大值。

4）坍落度大于 60mm 的混凝土，其砂率可经试验确定，也可在表 4-33 的基础上，按坍落度每增大 20mm 砂率增大 1% 的幅度予以调整。

砂率应根据砂填充石子空隙并稍有富余，能在石子间形成一定的砂浆层，以减少粗骨料间的摩擦阻力的原则来确定。根据此原则可列出砂率计算公式如下：

因为

$$V_{s0} = V_{g0}P'$$
$$m'_{s0} = \rho'_{s0}V_{s0}$$
$$m'_{g0} = \rho'_{g0}V_{g0} \qquad (4\text{-}24)$$

所以

$$\beta_s = \beta\frac{m'_{s0}}{m'_{g0}+m'_{s0}} = \beta\frac{\rho'_{s0}V_{s0}}{\rho'_{g0}V_{g0}+\rho'_{s0}V_{s0}} = \beta\frac{\rho'_{s0}V_{g0}P'}{\rho'_{g0}V_{g0}+\rho'_{s0}V_{g0}P'} = \beta\frac{\rho'_{s0}P'}{\rho'_{g0}+\rho'_{s0}P'} \qquad (4\text{-}25)$$

式中 β_s——砂率（%）；

m'_{s0}、m'_{g0}——每立方米混凝土中砂及石子理论用量（kg）；

V_{s0}、V_{g0}——混凝土中砂及石子松散体积（m^3）；

ρ'_{s0}、ρ'_{g0}——砂和石子堆积密度（kg/m^3）；

P'——石子空隙率（%）；

β——砂浆剩余系数，又称为拨开系数，一般取 1.1~1.4。

（8）计算粗、细骨料的用量（m_{g0}）及（m_{s0}） 粗、细骨料的用量可用体积法或假定表观密度法求得。

1）假定表观密度法（质量法）。根据经验，如果原材料情况比较稳定，所配制的混凝土拌合物的表观密度将接近一个固定值，这就可先假设一个混凝土拌合物表观密度为 m_{cp}（kg/m^3），因此可列出下式：

$$m_{f0}+m_{c0}+m_{g0}+m_{s0}+m_{w0}=m_{cp} \tag{4-26}$$

又有砂率：

$$\beta_s=\frac{m_{s0}}{m_{g0}+m_{s0}}\times100\% \tag{4-27}$$

式中 m_{g0}——每立方米混凝土的粗骨料用量（kg）；

m_{s0}——每立方米混凝土的细骨料用量（kg）；

m_{w0}——每立方米混凝土的用水量（kg）；

β_s——砂率（%）；

m_{cp}——每立方米混凝土拌合物的假定质量（kg），可取 2350~2450kg/m^3。

按式（4-25）计算或查表4-33得到的砂率，由式（4-26）和式（4-27）可求出粗、细骨料的用量。

2）体积法。假定混凝土拌合物的体积等于各组成材料绝对体积和混凝土拌合物中所含空气体积的总和。因此在计算每立方米混凝土拌合物的各材料用量时，可列出下式：

$$\frac{m_{c0}}{\rho_c}+\frac{m_{f0}}{\rho_f}+\frac{m_{g0}}{\rho_g}+\frac{m_{s0}}{\rho_s}+\frac{m_{w0}}{\rho_w}+0.01\alpha=1 \tag{4-28}$$

式中 ρ_c——水泥密度（kg/m^3），应按《水泥密度测定方法》测定，也可取 2900~3100kg/m^3；

ρ_f——矿物掺合料密度（kg/m^3），可按《水泥密度测定方法》测定；

ρ_g——粗骨料的表观密度（kg/m^3），应按《普通混凝土用砂、石质量及检验方法标准》测定；

ρ_s——细骨料的表观密度（kg/m^3），应按《普通混凝土用砂、石质量及检验方法标准》测定；

ρ_w——水的密度（kg/m^3），可取 1000kg/m^3；

α——混凝土的含气量百分数，在不使用引气型外加剂时，α 可取 1。

由式（4-27）和式（4-28）可求出粗、细骨料的用量。

通过以上八个步骤可将水、胶凝材料、砂和石子的用量全部求出，得到初步配合比，供试配用。值得注意的是，以上混凝土配合比计算公式和表格，均以干燥状态骨料为基准（干燥状态骨料是指含水率小于 0.5%的细骨料或含水率小于 0.2%的粗骨料），如需以饱和面干骨料为基准进行计算时，则应做相应的修改。

3. 基准配合比的确定

从初步配合比的计算可以看出，各材料的用量是借助于一些经验公式或图表得出的，因而不一定符合实际情况。在工程中，应采用实际使用的原材料、混凝土的搅拌、振捣方法进行试配，通过试拌调整，直到混凝土拌合物的和易性符合要求为止，从而得出供检验混凝土强度用的基准配合比。

1）按初步配合比称取材料进行试拌。混凝土拌合物搅拌均匀后测定坍落度，并检查其黏聚性和保水性的好坏。

2）和易性的调整。如坍落度不满足要求，或黏聚性和保水性不好，则应在保持水胶比不变的条件下相应调整水泥浆数量或砂石用量。当坍落度低于设计要求时，可保持水胶比不变，增加适量水泥浆；如坍落度太大，可在保持砂率不变的条件下增加骨料；如黏聚性和保水性不良，可能是含砂不足，可适当增大砂率。每次调整后再进行试拌试验，直到符合要求为止。试拌调整工作完成后，应测出混凝土拌合物的表观密度（$\rho_{0h实}$）。

4. 设计配合比的确定

经过和易性调整试验得出的混凝土基准配合比，其水胶比不一定选用恰当，强度不一定符合要求，所以应检验混凝土的强度。一般采用三个不同的配合比，其中一个为基准配合比，另外两个配合比的水胶比，应较基准配合比分别增加或减少 0.05，其用水量应该与基准配合比相同，砂率值可分别增加或减少 1%。每种配合比制作一组（三块）立方体试块，标准养护 28d，试验测定其抗压强度。

在调整混凝土强度时，尚需注意检验混凝土拌合物的和易性和表观密度，应保持混凝土拌合物的和易性在合理的范围内。必要时可同时制作一组或几组试块，供快速检验或较早龄期时试压，以便提前定出混凝土配合比供施工使用，但以后仍需以标准养护 28d 的检验结果为准，调整配合比。

通过试验测得抗压强度，先选出既满足混凝土强度要求，水泥用量又较少的配合比为所需的配合比，再做混凝土表观密度的校正。因为在调整的过程中，各材料的用量均有所变化，原来是以每立方米为单位计算的，这时其体积不一定是 $1m^3$ 了，故要做混凝土表观密度的校正，其步骤如下：

1）计算混凝土拌合物的表观密度计算值 $\rho_{c,c}$：

$$\rho_{c,c} = m_c + m_f + m_g + m_s + m_w \tag{4-29}$$

2）按下式计算混凝土配合比校正系数 δ：

$$\delta = \frac{\rho_{c,t}}{\rho_{c,c}} \tag{4-30}$$

式中　$\rho_{c,t}$——混凝土拌合物表观密度实测值（kg/m^3）；

　　　$\rho_{c,c}$——混凝土拌合物表观密度计算值（kg/m^3）。

3）当混凝土拌合物表观密度实测值与计算值之差的绝对值不超过计算值的 2% 时，以上定出的配合比，即设计配合比；若两者之差超过 2%，则须将已定出的混凝土配合比中每项材料用量均乘以校正系数 δ，即最终定出的设计配合比，也称为试验室配合比。

对有特殊要求的混凝土，如抗渗等级不低于 P6 级的抗渗混凝土、抗冻等级不低于 F50 级的抗冻混凝土、高强混凝土、大体积混凝土等，其混凝土配合比设计应按《普通混凝土配合比设计规程》有关规定进行。

5. 施工配合比的确定

设计配合比是以干燥材料为基准的，而施工现场存放的砂、石材料都含有一定的水分。所以现场材料的实际称量应按施工现场砂、石的含水情况进行修正，修正后的配合比称为施工配合比。施工现场存放的砂、石的含水情况常有变化，应按变化情况，随时加以修正。

现假定施工现场测出砂的含水率为 W_s、石子的含水率为 W_g，则将上述设计配合比换算为施工配合比，其材料的称量应为

$$m'_c = m_c \tag{4-31}$$
$$m'_f = m_f \tag{4-32}$$
$$m'_s = m_s(1+W_s) \tag{4-33}$$
$$m'_g = m_g(1+W_g) \tag{4-34}$$
$$m'_w = m_w - m_s W_s - m_g W_g \tag{4-35}$$

4.8.4 普通混凝土配合比设计实例

【例4-2】 某工程欲施工一正常室内现浇钢筋混凝土梁，要求混凝土设计强度等级为C25，最小截面尺寸为250mm，钢筋最小净距为50mm。施工单位新组建，拟采用机械搅拌和振捣成型。试进行该混凝土配合比设计。所用原材料条件如下：

水泥：42.5级普通硅酸盐水泥（水泥强度等级富余系数 γ_c 按统计资料选取为1.1），密度为 $3.1g/cm^3$；Ⅱ级F类粉煤灰，密度为 $2.6g/cm^3$。

砂：中砂，级配合格，表观密度 $\rho_{s0} = 2.65g/cm^3$；堆积密度 $\rho'_{s0} = 1.50g/cm^3$；含水率 $W_s = 3\%$。

碎石：最大粒径31.5mm，级配合格，表观密度 $\rho_{g0} = 2.70g/cm^3$；堆积密度 $\rho'_{g0} = 1.55g/cm^3$；含水率 $W_g = 1\%$。

水：自来水。

【解】 根据《混凝土结构工程施工质量验收规范》的要求、结构截面的最小尺寸和钢筋净距，选用粗骨料的最大粒径为

$$D_{max} = \frac{1}{4} \times 250mm = 62.5mm \qquad D_{max} = \frac{3}{4} \times 50mm = 37.5mm$$

现采用最大粒径为31.5mm的碎石，符合规定。

1. 确定配制强度 $f_{cu,0}$

$$f_{cu,0} = f_{cu,k} + t\sigma$$

混凝土强度的保证率为95%，对应 $t = 1.645$。

施工单位新组建，不具有近期的同一品种混凝土强度资料，其混凝土强度标准差 σ 按表4-24取用，$\sigma = 5MPa$。

故 $$f_{cu,0} = (25 + 1.645 \times 5)MPa = 33.2MPa$$

2. 估算初步配合比

（1）确定水胶比 W/B 因为采用42.5级普通硅酸盐水泥，Ⅱ级F类粉煤灰；假设粉煤灰用量为20%，查表4-26得 $\gamma_f = 0.85$，$\gamma_s = 1.0$，则

$$f_b = \gamma_f \gamma_s f_{ce} = \gamma_f \gamma_s \gamma_c f_{ce,g} = 0.85 \times 1.0 \times 1.1 \times 42.5MPa = 39.74MPa$$

回归系数取值：碎石 α_a 取 0.53，α_b 取 0.20，则水胶比为

$$W/B = \frac{\alpha_a f_b}{f_{cu,0} + \alpha_a \alpha_b f_b} = \frac{0.53 \times 39.74}{33.2 + 0.53 \times 0.20 \times 39.74} = 0.56$$

查表 4-27，对于正常室内现浇混凝土，最大水胶比为 0.60，故可初步确定水胶比值为 0.56。

（2）确定用水量 m_{w0}　施工采用机械搅拌和振捣成型，普通截面、配筋的混凝土，参照表 4-20，所需坍落度为 30~50mm；对于中砂，最大粒径为 31.5mm 的碎石，参照表 4-28，$1m^3$ 混凝土的用水量可初步确定为 $m_{w0} = 185kg$。

如采用 $m_{w0} = \frac{10}{3}(S+K)$ 估算，最大粒径为 31.5mm 的碎石，参照表 4-29，$K = 50.4$。

则 $m_{w0} = \frac{10}{3} \times (5 + 50.4) kg/m^3 = 185 kg/m^3$。

（3）确定胶凝材料用量（m_{b0}）　混凝土的胶凝材料用量为

$$m_{b0} = \frac{m_{w0}}{\dfrac{W}{B}} = \frac{185}{0.56} kg/m^3 = 330.4 kg/m^3$$

为了保证混凝土耐久性，混凝土的最小胶凝材料用量应符合表 4-30 的规定。则每立方米混凝土的矿物掺合料用量（m_{f0}）为

$$m_{f0} = m_{b0} \beta_f = (330.4 \times 20\%) kg/m^3 = 66.1 kg/m^3$$

混凝土的水泥用量（m_{c0}）为

$$m_{c0} = m_{b0} - m_{f0} = (330.4 - 66.1) kg/m^3 = 264.3 kg/m^3$$

（4）确定砂率 β_s　参照表 4-33，对于中砂，最大粒径为 31.5mm 的碎石，当水胶比为 0.56 时，砂率值的选用范围按插入法计算为 32.8%~37.8%，现取 $\beta_s = 35\%$。

如采用拨开石子法：

$$P' = (1 - \rho'_{g0}/\rho_{g0}) \times 100\% = (1 - 1.55/2.70) \times 100\% = 43\%$$

$$\beta_s = \beta \frac{\rho'_{s0} P'}{\rho'_{g0} + \rho'_{s0} P'} = 1.2 \times \frac{1.50 \times 0.43}{1.55 + 1.50 \times 0.43} = 35.3\%$$

（5）计算砂、石用量（m_{s0}）及（m_{g0}）　选用体积法计算，由式（4-27）和式（4-28）得

$$\frac{264.3}{3.1} + \frac{66.1}{2.6} + \frac{m_{g0}}{2.70} + \frac{m_{s0}}{2.65} + \frac{185}{1.00} + 10 \times 1 = 1000$$

$$35\% = \frac{m_{s0}}{m_{g0} + m_{s0}} \times 100\%$$

联立解此二式，求得 $m_{s0} = 651.9 kg/m^3$，$m_{g0} = 1210.5 kg/m^3$。

根据以上估算，得出初步配合比为

$$m_{c0} = 264.3 \text{kg/m}^3, m_{f0} = 66.1 \text{kg/m}^3$$

$$m_{w0} = 185 \text{kg/m}^3, m_{s0} = 651.9 \text{kg/m}^3, m_{g0} = 1210.5 \text{kg/m}^3$$

3 试验调整，确定试验室配合比

（1）检验和易性，确定基准配合比　称取 15L 混凝土拌合物所需材料：水泥 3.96kg，粉煤灰 0.99kg，水 2.78kg，砂 9.78kg，石子 18.16kg。拌制混凝土拌合物，做和易性试验。观察黏聚性与保水性均较好，但坍落度只有 25mm 左右，比要求的坍落度小，应适当增加胶浆的数量（保持水胶比不变）。当增加 5% 的用水量及胶凝材料用量后，试拌材料用量分别如下所示：

水泥：$m_c = 3.96 \times (1+5\%) \text{kg} = 4.16 \text{kg}$

粉煤灰：$m_f = 0.99 \times (1+5\%) \text{kg} = 1.04 \text{kg}$

水：$m_w = 2.78 \times (1+5\%) \text{kg} = 2.92 \text{kg}$

砂：$m_s = 9.78 \text{kg}$

石子：$m_g = 18.16 \text{kg}$

经检验、调整和易性后，测得坍落度约为 40mm，符合要求。实测混凝土的表观密度为 2397kg/m³。则经过调整和易性合格的配合比（基准配合比）为

水泥：$m_c = \dfrac{4.16}{4.16+1.04+2.92+9.78+18.16} \times 2397 \text{kg/m}^3 = 276.53 \text{kg/m}^3$

粉煤灰：$m_f = \dfrac{1.04}{4.16+1.04+2.92+9.78+18.16} \times 2397 \text{kg/m}^3 = 69.13 \text{kg/m}^3$

水：$m_w = \dfrac{2.92}{4.16+1.04+2.92+9.78+18.16} \times 2397 \text{kg/m}^3 = 194.10 \text{kg/m}^3$

砂：$m_s = \dfrac{9.78}{4.16+1.04+2.92+9.78+18.16} \times 2397 \text{kg/m}^3 = 650.10 \text{kg/m}^3$

石子：$m_g = \dfrac{18.16}{4.16+1.04+2.92+9.78+18.16} \times 2397 \text{kg/m}^3 = 1207.14 \text{kg/m}^3$

（2）检验强度，确定试验室配合比　配制三种不同水胶比的混凝土，并制作三组试件。一组水胶比为基准配合比的水胶比，另外两组的水胶比分别 ±5%，砂率分别也 ±1%。配制 15L 混凝土拌合物所需材料用量见表 4-34。

试件经标准养护 28d，进行强度试验，得出各配合比混凝土试件的强度见表 4-34。利用表 4-34 中的三组数据，绘制强度与胶水比关系曲线，如图 4-16 所示。

表 4-34　材料用量及混凝土强度试验结果

组别	水胶比	水泥用量（%）	粉煤灰用量（%）	用水量（%）	砂率（%）	用砂量（%）	用石量（%）	试验结果/MPa
Ⅰ	0.51	4.53	1.20		34	9.50	18.44	36.6
Ⅱ	0.56	4.16	1.05	2.92	35	9.78	18.16	34.8
Ⅲ	0.61	3.78	1.00		36	10.05	17.89	30.5

由图 4-16 可求出与配制强度为 33.2MPa 相对应的水胶比为 0.54，则以基准配合比的用水量 194.10kg/m³ 为依据，确定各材料用量：

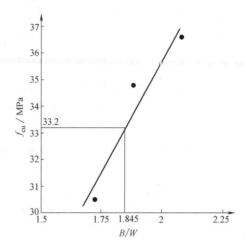

图 4-16　实测 f_{cu}-B/W 关系

胶凝材料用量为

$$194.10\text{kg/m}^3 \times \frac{1}{0.54} = 359.44\text{kg/m}^3$$

粉煤灰用量为

$$359.44\text{kg/m}^3 \times 20\% = 71.89\text{kg/m}^3$$

水泥用量为

$$359.44\text{kg/m}^3 - 71.89\text{kg/m}^3 = 287.55\text{kg/m}^3$$

用砂量为 650.10kg/m^3；用石量为 1207.14kg/m^3。

（3）表观密度的校正　按上述计算配合比进行拌和混凝土，拌合物表观密度实测值为 2425kg/m^3。

该拌合物的计算表观密度为

$$(194.10+359.44+650.10+1207.14)\text{kg/m}^3 = 2410.78\text{kg/m}^3,$$

确定两者的误差率：

$$\left| \frac{2425-2410.78}{2410.78} \right| \times 100\% = 0.59\% < 2\%$$

故不需做表观密度校正，设计配合比为：水泥用量 287.55kg/m^3，粉煤灰用量 71.89kg/m^3，用水量 194.10kg/m^3，砂子用量 650.10kg/m^3，石子用量 1207.14kg/m^3。

（4）确定施工配合比

水泥：$m_c' = m_{c0} = 287.55\text{kg/m}^3$

粉煤灰：$m_f' = m_{f0} = 71.89\text{kg/m}^3$

砂：$m_s' = m_s(1+W_s) = 650.10 \times (1+3\%)\text{kg/m}^3 = 669.60\text{kg/m}^3$

石子：$m_g' = m_g(1+W_g) = 1207.14 \times (1+1\%)\text{kg/m}^3 = 1219.21\text{kg/m}^3$

水：$m'_w = m_w - m_s W_s - m_g W_g = (194.10 - 650.10 \times 3\% - 1207.14 \times 1\%) \text{kg/m}^3 = 162.53 \text{kg/m}^3$

■ 4.9 特种混凝土

4.9.1 自密实混凝土

【拱桥文化——
平南三桥】

随着建筑高度的持续增加和美观要求的提高，混凝土结构的配筋加密程度增大、形体更加复杂、浇筑高度增加，施工过程对新拌混凝土的流动性有着更高的要求。虽然减水剂等外加剂的添加可以使新拌混凝土在同一水胶比下，流动性显著提高，但同时泌水、离析、骨料沉降等问题也随之增多，进而影响了硬化混凝土的力学和耐久性能。围绕如何使新拌混凝土同时具备高流动性和高黏聚性这一问题，工程人员和学者们通过多年研究和试验，配置出了自密实混凝土。根据《自密实混凝土应用技术规程》（JGJ/T 283—2012），自密实混凝土的定义为：具有高流动性、均匀性和稳定性，浇筑时不需要外力振捣，能够在自重作用下流动并充满模板空间的混凝土。

本小节主要涉及的标准规范有《自密实混凝土应用技术规程》（JGJ/T 283—2012）。

1. 原材料

配置自密实混凝土胶凝材料宜采用硅酸盐水泥或通用硅酸盐水泥，同时可以掺入粉煤灰、粒化高炉矿渣和硅灰等常用矿物掺合料，但矿物掺合料的使用需要符合相关现行国家标准《用于水泥和混凝土中的粉煤灰》（GB/T 1596—2017）、《用于水泥、砂浆和混凝土中的粒化高炉矿渣粉》（GB/T 18046—2017）和《高强高性能混凝土用矿物外加剂》（GB 18736—2017）的规定。粗骨料宜采用连续级配或2个及以上单粒径级配搭配使用，且最大公称粒径不应大于20mm，对于某些复杂结构或者有特殊要求的工程，粗骨料的最大粒径宜控制在16mm以内。此外，值得注意的是针片状骨料对自密实混凝土的工作性能有显著影响，其含量越高，新拌混凝土的流动阻力越大，其流动性也就越差。因此，在配置自密实混凝土时，针片状骨料含量不宜高于8%，且含泥量和泥块含量须分别控制在1%和0.5%以内。细骨料则宜采用级配Ⅱ区的中砂，其含泥量和泥块含量分别不宜高于3%和1%。如果采用外加剂，则还须符合现行国家标准《混凝土外加剂》（GB 8076—2008）和《混凝土外加剂应用技术规范》（GB 50119—2013）的相关规定。

2. 配合比

自密实混凝土的配合比宜采用绝对体积法进行设计。其中水胶比宜控制在0.45以内，且胶凝材料的用量宜达到400~550kg/m³。粗骨料的体积分数主要取决于自密实混凝土的坍落扩展度等级，从SF1级到SF3级依次宜为32%~35%，30%~33%和28%~30%。细骨料（砂）在砂浆中的比例宜控制在40%~45%。

3. 性能

自密实混凝土与普通混凝土在性能上的主要区别在于前者具有更加卓越的流变性能。对于一般的自密实混凝土，其坍落度可以达到200mm以上，坍落扩展度也在600mm以上，且自密实混凝土的浇筑不需要外力振捣。在实际工程中，自密实混凝土拌合物除了需要满足普通混凝土关于凝结性能和工作性能等方面的要求外，还需要满足自密实性能的要求，其评估参数和要求，见表4-35。自密实混凝土的和易性与原材料及其配合比密切相关，且影响因素众多。各因素措施对自密实混凝土拌合物性能的影响，见表4-36。当自密实混凝土的配合比需要调整时，也可参考此表进行调整。

表 4-35 自密实混凝土拌合物的自密实性能及要求（JGJ/T 283—2012）

自密实性能	性能指标	性能等级	技术要求
填充性	坍落扩展度/mm	SF1	550~655
		SF2	660~755
		SF3	760~855
	扩展时间 T_{500}/s	VS1	≥2
		VS2	<2
间隙通过性	坍落扩展度与J环扩展度差值/mm	PA1	25<PA1≤50
		PA2	0≤PA1≤25
抗离析性	离析率(%)	SR1	≤20
		SR2	≤15
	粗骨料振动离析率(%)	f_m	≤10

表 4-36 各因素措施对自密实混凝土拌合物性能的影响（JGJ/T 283—2012）

采取措施		影响性能					
		填充性	间隙通过性	抗离析性	强度	收缩	徐变
1	黏性太高						
1.1	增大用水量	+	+	—	—	—	—
1.2	增大浆体体积	+	+	+	+	—	—
1.3	增加外加剂用量	+	+		+	0	0
2	黏性太低						
2.1	减少用水量	—	—	+	+	+	+
2.2	减少浆体体积	—	—	—	—	+	+
2.3	减少外加剂用量			+		0	0
2.4	添加增稠剂			+	0	0	0
2.5	采用细粉	+	+	+	0	—	—
2.6	采用细砂	+	+	+	0		0
3	屈服值太高						
3.1	增大外加剂用量	+	+	—	+	0	0
3.2	增大浆体体积	+	+	+	+	—	—
3.3	增大灰体积	+	+		+	—	—
4	离析						
4.1	增大浆体体积	+	+	+	+	—	—
4.2	增大灰体积	+	+	+	+	—	—
4.3	减少用水量	—	—	+	+	+	+

（续）

采取措施		影响性能					
		填充性	间隙通过性	抗离析性	强度	收缩	徐变
4.4	采用细粉	+	+	+	0	—	—
5	工作性损失过快						
5.1	采用慢反应型水泥	0	0	—	—	0	0
5.2	增大惰性物掺量	0	0	—	—	0	0
5.3	用不同类型外加剂	※	※	※	※	※	※
5.4	采用矿物掺合料	※	※	※	※	※	※
6	堵塞						
6.1	降低最大粒径	+	+	+	—	—	—
6.2	增大浆体体积	+	+	+	—	—	—
6.3	增大灰体积	+	+	+	+	—	—
说明		+		具有好的效果			
		—		具有较差的效果			
		0		没有显著效果			
		※		结果发展趋势不确定			

此外，硬化后的自密实混凝土力学性能和耐久性能也需满足国家现行相关标准的规定和实际工程的要求。通常普通自密实混凝土的28d抗压强度至少要达到40MPa。

4. 潜在问题

自密实混凝土中的灰骨比高于普通混凝土，此外由于粉煤灰和粒化高炉矿渣等矿物掺合料的掺入，自密实混凝土的干收缩和热收缩问题也比普通混凝土更严重。目前缓解此类问题的主要方法仍是以调整自密实混凝土的水胶比和胶凝材料组分为主，在降低水化热的同时，保证自密实混凝土硬化后的强度。

5. 应用

目前，自密实混凝土的应用虽然还达不到普通混凝土那么广泛，但随着技术的不断进步和革新，近年来自密实混凝土在国内外的土建工程项目中得到了有效应用。例如在欧洲和日本，自密实混凝土已经成功应用于水下结构和大体积钢筋混凝土结构。此外，自密实混凝土在北美地区的应用主要以预制混凝土为主，这主要受当地严格的质量控制标准影响。而在我国，自密实混凝土的主要应用在桥梁工程和水利工程方面，特别是在一些国家重大工程中陆续得到了应用，如黄埔大桥、长江三峡水坝、黄河大桥、杭州湾大桥等。

4.9.2　高性能混凝土

本小节主要涉及的标准规范有《高性能混凝土应用技术规程》（CECS 207：2006）

1. 高性能混凝土的定义

混凝土自19世纪被用作结构材料以来，其平均抗压强度在20~40MPa。随着高效减水剂与一些优质活性矿物细粉、超细粉（如硅灰、沸石粉等）的发展，混凝土发展成为能在较低水胶比条件下成型密实而获得较高强度（>60MPa）的水泥基复合材料，高强混凝土

（HSC，High Strength Concrete）应运而生。一般而言，提高混凝土的强度是为了建造更大的结构，即建设更大跨度的桥梁和更高的建筑。到了20世纪90年代，人们发现，仅靠提高强度提升建筑物质量是明显不够的。许多学者和工程师逐渐认识到，混凝土建筑物过早劣化的问题同时需要解决，由此便提出了更为宽泛的高性能概念。与此同时，随着纤维混凝土（FRC，Fiber Reinforced Concrete）的发展与对混凝土的耐腐蚀性、耐久性和抵抗各种恶劣环境的能力要求，美国提出了高性能混凝土（High Performance Concrete，HPC）的概念。高性能混凝土除了要求具有流动性好、可泵性好、强度高外，耐久性也是高性能混凝土的重要指标（"三高"要求：高工作性能、高强度、高耐久性）。经过数十年的发展，国内外多种观点逐渐交流融合后，目前对高性能混凝土的定义已有明确的认识。

（1）美国混凝土协会（American Concrete Institute，ACI）关于HPC的定义　ACI首先提出HPC，认为HPC是同时具有某些性能的均质混凝土，必须采用严格的施工工艺与优质原材料。

1）定义中所要求的性能包括易浇筑、压实而不离析，高早期强度，高韧性，高体积稳定性，在严酷环境下使用寿命长。当然，不同的工程、不同的场合，所要求的性能是不同的。HPC并不一定需要混凝土抗压强度值很高，但仍需要达到55MPa以上。

2）定义强调了对HPC均匀性的要求，越重要、质量要求越高的工程，对HPC匀质性的要求也就应该越高。

3）定义明确表示HPC的获得不仅靠优化组分材料，还应贯穿混凝土生产和施工全过程。

（2）我国工程建设标准《高性能混凝土应用技术规程》的相关规定　高性能混凝土是指采用常规材料和工艺生产，具有混凝土结构所要求的各项力学性能，且具有高耐久性、高工作性和高体积稳定性的混凝土。该标准强调的重点是耐久性，规定根据混凝土结构所处的环境条件，高性能混凝土应满足下列的一种或几种技术要求：

1）水胶比不大于0.38。

2）56d龄期的6h总导电量小于1000C。

3）300次冻融循环后相对动弹性模量大于80%。

4）胶凝材料抗硫酸盐腐蚀试验的试件15周膨胀率小于0.4%，混凝土最大水胶比不大于0.45。

5）混凝土中可溶性碱的总含量小于$3.0kg/m^3$。

综上所述，高性能混凝土是混凝土技术从传统理念向现代转变、革新过程中的产物，并非一个能做精确界定的简单术语。其所具有的技术路线和追求目标表明，国内外土木工程界科技人员已开始意识到，通过一定的技术措施，在一定的技术参数条件下，能够赋予混凝土高耐久性，从而保障混凝土结构具备足够长的使用寿命。

2. 高性能混凝土的组成与结构

（1）高性能混凝土的水泥石微结构　高性能混凝土的水泥石微结构按照中心质假说，属于次中心质的未水化水泥颗粒（H粒子）、属于次介质的水泥凝胶（L粒子）和属于负中心质的毛细孔组成水泥石。系统性地观察高性能混凝土的水泥石微结构：①从强度的角度看，孔隙率一定时，H/L粒子比值越大，水泥石强度越高；但有个最佳值，超过后水泥石强度随其提高而下降。②在一定范围内，H/L粒子最佳比值随孔隙率下降而提高。也就是说在次中心质的尺度上，一定量的孔隙率需要一定量的次中心质以形成足够的效应圈，起到效应叠加的作用，改善次介质。③在水胶比很低的高性能混凝土中，水泥石的孔隙率很低，在一定的 H/L 粒子比值下，强度随孔隙率的减少而提高。因此，尽管水泥的水化程度很低，水泥石中保留了很大的 H/L 粒子比值，但与很低的孔隙率和良好的孔结构相配合，可获得高强度。

（2）高性能混凝土的界面结构和性能　高性能混凝土的界面特点主要是由低水胶比和掺入外加剂与矿物细粉带来的。由于低水胶比提高了水泥石强度和弹性模量，使水泥石和骨料弹性模量的差距变小，因而使界面过渡区的水膜层厚度减少，晶体生长的自由空间减少；掺入的活性矿物细粉与 $Ca(OH)_2$ 反应后，会增加 C-S-H 和 AFt 的生成数量，减少 $Ca(OH)_2$ 含量，并且干扰水化物的结晶，因此水化物结晶颗粒尺寸变小，富集程度和取向程度下降，硬化后的界面孔隙率也下降。

（3）高性能混凝土结构的模型特点

1）孔隙率很低，而且基本上不存在大于 100nm 的大孔。

2）水化物中 $Ca(OH)_2$ 减少，C-S-H 和 AFt 增多。

3）未水化颗粒多，未水化颗粒和矿物细粉等各级中心质增多（H/L 粒子比值增大），各中心质间的距离缩短，有利的中心质效应增多，中心质网络骨架得到强化。

4）界面过渡区厚度小，并且孔隙率低、$Ca(OH)_2$ 数量减少，取向程度下降，水化物结晶颗粒尺寸减小，更接近于水泥石本体水化物的分布，因而得到加强。

3. 高性能混凝土的配制原则

（1）高性能混凝土的配制原则　为实现混凝土的高性能，混凝土的配制应遵循下述原则：

【系统思考——混凝土配合比设计的考量】

1）水胶比。水胶比对高性能混凝土很重要，但不能过分地提高胶凝材料的用量。胶凝材料过多，不仅成本高，混凝土的体积稳定性也差，同时对提升强度的作用不大，因此可主要考虑依靠减水剂实现混凝土的低水胶比。

2）高效减水剂和引气剂。在高性能混凝土中加入高效减水剂，保证混凝土在低水胶比、胶凝材料用量不过多的情况下有大的流动度。萘系高效减水剂的掺量一般为胶凝材料总量的 0.8%～1.5%。在使用萘系高效减水剂时复合一定剂量的引气剂，保证混凝土具有 3%～4% 的含气量。如选用聚羧酸型高效减水剂，则不仅掺量低，而且减水率高，混凝土流动性好，还有一定的引气作用。

3）选择高质量的骨料。高性能混凝土对骨料的颗粒级配和最大粒径有严格的要求。可通过改变加工工艺，改善骨料的粒径和级配，同时不必过于追求骨料的高强度，以增加界面的黏结强度为主。

4）掺入活性矿物材料。降低水泥用量，由水泥、粉煤灰或磨细矿粉等共同组成合理的胶凝材料体系。在配制高性能混凝土时，应适当加入活性矿物材料，其品种及掺量应根据环境要求和试验来确定。

（2）高性能混凝土的配合比设计　基于耐久性设计思路，参照《高性能混凝土应用技术规程》进行高性能混凝土的配合比设计。

4.9.3 纤维混凝土

纤维混凝土（Fiber Reinforced Concrete，FRC），是指以水泥浆、砂浆或混凝土为基体，以金属纤维、合成纤维、无机非金属纤维或天然有机纤维为增强材料组成的复合材料。

1. 纤维混凝土的分类

按所用纤维的类别和品种不同，纤维混凝土可分为金属纤维混凝土、合成纤维混凝土、无机非金属纤维混凝土、天然有机纤维混凝土、混杂纤维混凝土五类。

单位体积纤维混凝土中纤维的含量通常用纤维所占体积百分率来表示，称为"纤维体积率"，用 ρ_f（%）表示。按照纤维体积率范围不同，纤维混凝土可分为低纤维体积率纤维混凝土、中纤维体积率纤维混凝土、高纤维体积率纤维混凝土三类。对于钢纤维，低体积率的范围是 0.1% ~ 1.0%，中体积率的范围是 1.0% ~ 2.5%，高体积率的范围是 3.0% ~ 20.0%。

按所用纤维的长度及其在纤维混凝土中的取向不同，纤维混凝土可分为连续纤维混凝土、非连续纤维混凝土、连续与非连续纤维混凝土三类。在混凝土中呈一维或二维定向排列的长纤维一般称为连续纤维，呈三维乱向分布的短纤维一般称为非连续纤维。纤维在混凝土中的取向很大程度上取决于所采用的成型方法。

2. 纤维的作用

在混凝土中掺入纤维的主要目的是降低混凝土的脆性，提高混凝土的变形性能。纤维在混凝土中主要起阻裂、增强、增韧、提高耐久性等作用。

（1）阻裂作用　纤维可阻止混凝土中微裂缝的产生与扩展。这种阻裂作用既存在于混凝土的塑性阶段，也存在于混凝土的硬化阶段。在混凝土浇筑后的24h内抗拉强度极低，处于约束状态，当其所含水分蒸发时极易产生大量微裂缝，均匀分布于混凝土中的合成纤维、有机纤维和无机纤维可以承受因塑性收缩引起的拉应力，从而阻止或减少微裂缝的产生。混凝土硬化后，若仍处于约束状态，因周围环境温度与湿度的变化而使干缩引起的拉应力超过其抗拉强度时，也容易生成大量裂缝，此情况下钢纤维等较高弹性模量的纤维可阻止或减少裂缝的生成。

（2）增强作用　混凝土不仅抗拉强度低，且因存在内部缺陷而往往难以保证需求，加入纤维可使其抗拉性能得以改善。

（3）增韧作用　在荷载作用下，即使混凝土发生开裂，纤维可横跨裂缝承受拉应力，阻止裂缝的扩展，使混凝土具有一定的韧性和变形能力，使混凝土结构具有一定的延性和抗震耗能能力，这是混凝土中掺入纤维的重要目的之一。

（4）提高耐久性　纤维可以提高混凝土的抗冻、抗渗、抗冲击、抗疲劳、耐磨和抗冲刷等耐久性，添加纤维是提高结构使用寿命的有效途径之一。另外，纤维可以提高混凝土结构的抗爆、抗碰撞和抗火灾等性能。

在纤维混凝土中，纤维能否同时起到以上四个方面的作用，或只起到其中两个方面或单一作用，就纤维本身而论，主要取决于下列五个因素：

（1）纤维品种　纤维品种的不同，它们的力学性能也不相同，甚至某些性能有较大差异。一般来说，纤维抗拉强度均比混凝土的抗拉强度要高出两个数量级，但不同品种纤维的弹性模量相差较大，纤维的弹性模量越大，在承受拉伸或者弯曲荷载时，纤维所分担的应力份额也越大；若纤维的极限延伸率过大，往往使纤维与基体过早脱离，因而未能充分发挥纤维的增强作用；纤维的泊松比过大，也会导致纤维与基体过早脱离。低弹性模量合成纤维的主要作用是阻止混凝土早期塑性开裂；而钢纤维、碳纤维、聚乙烯醇、高弹性模量聚乙烯等纤维不但对早期阻裂有一定作用，而且对阻止硬化混凝土开裂也有作用，钢纤维还可以提高混凝土的抗弯拉强度、抗剪切强度及变形能力等。各种纤维的主要物理、力学指标见表4-37。

表4-37　各种纤维的主要物理、力学指标

纤维品种	密度/(g/cm³)	抗拉强度/MPa	弹性模量/GPa	极限延伸率(%)
钢纤维	7.8	380~2000	200~210	3.5~4.0
抗碱玻璃纤维	2.7~2.78	1950~2480	71~80	2.5~3.6
聚丙烯纤维	0.9~0.91	300~660	3.5~4.8	15~20
聚丙烯腈纤维	1.18	500~800	8.9~23	9~11
聚乙烯醇纤维	1.3	1200~1600	30~40	5~10
聚乙烯纤维	0.97	1100~2600	47~120	3.5
碳纤维	1.3~1.9	1400~3500	230~300	0.4
芳纶纤维(kevlar49)	1.44	2760~2840	109~117	2.3~2.5
尼龙纤维	1.14~1.16	900~960	5.2	18~20
玄武岩纤维	2.80	3000~4840	79.3~93.1	3.1
植物纤维	1.0~1.5	200~700	4.8~35	1.5~10
纤维素纤维	1.10	600~900	8.5	—

（2）纤维长度与长径比　当使用连续的长纤维时，因纤维与混凝土基体的黏结较好，故可充分发挥纤维的增强作用。当使用短纤维时，纤维的长度及其长径比必须大于它们的临界值。纤维的临界长径比是指纤维的临界长度与其直径的比值。

（3）纤维的体积率　用各种纤维制成的纤维混凝土均有一临界纤维体积率，当纤维的实际体积率大于临界体积率时，混凝土的抗拉强度才得以提高。

（4）纤维取向　纤维在纤维混凝土中的取向对其利用效率有很大影响，纤维取向与应力方向相一致时，其利用效率高。

（5）纤维外形与表面状况　纤维外形与表面状况对纤维与混凝土基体的黏结强度有较大影响。纤维外形主要是指纤维横截面的形状及其沿纤维长度的变化、纤维是单丝状或集束状等；纤维的表面状况主要是指纤维表面的粗糙度，以及是否有其他覆盖物等。横截面为矩形或异形的纤维与基体的黏结强度大于横截面为圆形的纤维，横截面沿长度而变化的纤维，与基体的黏结强度大于横截面恒定不变的纤维。纤维表面的粗糙度越大，则越有利于与基体的黏结。界面亲水性的纤维与混凝土黏结强度高。

3. 纤维混凝土的特性

纤维的掺入使混凝土性能发生明显改善，和普通混凝土相比，纤维混凝土具有以下特性：

1）在配合比设计和拌和工艺上采取相应措施可使纤维在基体中均匀分散，拌合物具有

良好的施工性能。

2）与普通混凝土相比，纤维混凝土的抗拉强度、弯拉强度、抗剪强度均有提高。

3）纤维在基体中可明显降低早期收缩裂缝，并可降低长期收缩裂缝和温度裂缝。

4）纤维混凝土的裂后变形性能明显改善。

5）纤维混凝土的收缩变形和徐变变形较普通混凝土有一定程度的降低。

6）纤维混凝土的抗疲劳、抗冲击、抗爆及抗碰撞性能有显著提高。

7）高弹性模量纤维用于钢筋混凝土和预应力混凝土构件中时，可显著提高构件的抗剪强度、抗冲切强度、局部抗压强度和抗扭强度，并延缓裂缝出现，降低裂缝宽度，提高构件的裂后刚度和延性。

8）纤维混凝土的耐磨性、耐空蚀性、耐冲刷性、抗冻融性和抗渗性有不同程度的提高。

9）纤维混凝土的抗断裂和抗震耗能能力显著提高。

10）纤维混凝土中纤维的耐腐蚀性和耐老化与纤维品种和基体特征有关。碳纤维、石棉纤维在碱性环境中不受腐蚀、耐紫外线、耐候性好，故碳纤维、石棉纤维混凝土的耐久性好。合成纤维耐紫外线老化性能差，如聚丙烯纤维，但由于水泥石和骨料的保护，基体内部纤维不产生老化。

11）某些特殊纤维配制的混凝土，其热力学性能、电磁学性能、耐久性能较普通混凝土也有变化。

4.9.4　再生混凝土

再生骨料混凝土简称再生混凝土，是指将废弃混凝土块经过破碎、清洗、分级后，按一定比例与级配混合，部分或全部代替砂石等天然骨料（主要是粗骨料）配制而成的混凝土。随着生态环境的不断恶化，可持续发展已成为人类必然的选择。我国不仅人均资源占有率低，而且浪费与污染严重，发展循环经济是改变现状的唯一出路。作为建筑结构最重要的材料——混凝土，实现循环利用是混凝土产业的客观要求。大力发展再生混凝土，是新时期行业发展的需要。

1. 再生混凝土的性能

（1）强度　关于再生混凝土力学性能的研究较为丰富，由于试验条件和试验方法的差异，再生混凝土强度的规律性较差，不同的研究者的结论也有所不同。一些试验研究表明，再生混凝土抗压强度比原生混凝土低。如 Kakizaki、Buck、Ravindrarajah、BCSJ 和邢振强等人均发现再生混凝土的抗压强度相较普通混凝土有不同程度的降低。而另一些研究认为，由于界面结合得到加强，再生混凝土的抗压强度高于原生混凝土或相同配合比的普通混凝土。

尽管如此，大量试验表明，在同一水胶比的条件下，再生骨料强度越高，再生混凝土的强度也就越高。通过加入硅粉和高效减水剂可配制出高强再生混凝土。

（2）工作性能　再生骨料比天然骨料的吸水率大、孔隙率大、表面粗糙度高、用浆量多，在相同水胶比的条件下再生混凝土中再生骨料所占比例越高，混凝土坍落度就越小。在再生混凝土中掺加粉煤灰或多掺高效减水剂可以提高坍落度，同时可以保证有较好的保水性和黏聚性。

（3）干缩性　与普通混凝土相比，再生混凝土的干缩量和徐变量增加 40%～80%。干缩率的大小取决于基体混凝土的性能、再生骨料的品质及再生混凝土的配合比。黏附在再生骨料颗粒上的水泥浆含量越高，再生混凝土的干缩率越大。再生混凝土的干缩性还与骨料的高吸水率、高孔隙率相关，所以它的干缩性比天然骨料混凝土要大且其干缩程度随再生骨料取代比例的增大而增大。可以通过掺加粉煤灰和膨胀剂等方法减少和抑制再生混凝土的干缩。

（4）抗渗性 相同水胶比的再生混凝土比普通混凝土的抗氯离子渗透性略差，但是可以通过掺加粉煤灰和采用低水胶比，填补再生骨料中的裂纹，或者是骨料与骨料之间的间隙，使混凝土骨料与水泥砂浆的界面更加致密，同时由于降低了混凝土的孔隙率，从而使抗氯离子渗透性得到加强。

（5）抗碳化性 试验研究发现，相同水胶比下，再生混凝土的碳化深度高于普通混凝土，且随着水胶比的增加而增大。随着再生骨料掺量的增加，碳化速度有所增加。崔正龙、大芳贺义喜等人以100%再生骨料替代天然碎石和砂子制备再生混凝土试件，发现全再生混凝土与普通混凝土试件相比，抗碳化能力差，碳化速度增加约3倍。

（6）抗冻性 多数试验结果表明，再生混凝土抗冻性较普通混凝土差，这与再生骨料吸水率大、孔隙率高有关。但也有研究认为，再生混凝土的抗冻性未必低，如Limbachiya Mukesh 和藤本直史等的研究表明再生混凝土与天然骨料混凝土具有基本相等的抗冻性，Malhotra 和 Buck 等人的研究结果表明再生混凝土的抗冻性并不低于普通混凝土，有些情况下甚至优于普通混凝土。通过掺加粉煤灰和采用低水胶比，抗冻性可以达到 F150 以上。

从目前的研究来看，再生混凝土性能的优劣与其制备工艺和再生骨料特性有密切关系。

2. 再生混凝土的配制

再生混凝土以破碎后的废弃混凝土作为骨料，再生骨料与天然骨料相比强度低、吸水率高、表面粗糙度高，所以再生混凝土在进行配合比设计时与普通混凝土有所不同。目前配制再生混凝土有以下四种方法：一是按照普通混凝土配合比设计方法进行设计和配制，但对于鲍罗米公式中经验系数的取值要进行修正；二是以普通混凝土配合比设计方法为基础，根据再生骨料吸水率计算所得的水量计入拌和用水中或用水对再生骨料进行预处理；三是以普通混凝土配合比设计方法为基础，用相同水胶比的水泥浆对再生骨料进行预处理，或者拌和时直接增加水泥和水的用量；四是通过选取适当因素和水平，进行正交试验，进行最优配合比设计。

由于再生骨料的吸水率比较大，所以将再生混凝土拌和用水量分为两部分：一部分为骨料所吸附的水分，称为吸附水，它是骨料吸水至饱和面干状态时的用水量；另一部分为拌和水用量，除了一部分蒸发外，这部分水用来提高拌合物的流动性并参与水泥的水化反应。吸附水的用量根据试验确定。再生混凝土可以利用废弃混凝土作粗骨料，也可以利用废弃混凝土作全骨料。利用废弃混凝土作为全骨料配制生成全级配再生混凝土时，全级配再生骨料由于破碎工艺及骨料来源的不同，破碎出骨料的级配可能存在一定的差异，全骨料中的再生细骨料的比例有时会比较低，所以在进行配合比设计时，针对现场骨料的级配情况，必须加入废弃混凝土细颗粒调整砂率。但考虑到砂率过大，会导致坍落度下降，因此调整后的砂率不宜过大，建议控制在40%以内。此外，粉煤灰的掺入也是必不可少的，粉煤灰的微骨料效应和二次水化反应可以增加混凝土的密实性，提高再生混凝土后期强度，提高混凝土的耐久性。考虑到再生混凝土的经济性，粉煤灰的掺量可控制在 $100\sim120\text{kg/m}^3$。

3. 再生混凝土发展存在的问题及展望

有关再生混凝土的研究工作很多，但目前国内利用再生混凝土的工程很少，其主要原因如下：

（1）规范标准不完备 到目前为止，我国对再生混凝土还没有一套完整的规范，骨料加工行业也很不成熟。再生骨料来源的稳定性得不到保证，质量不均匀，其本身的随机性和变异性大，导致再生混凝土的抗压强度的变异性增加，控制再生混凝土的质量有一定难度。

（2）经济性不足 经济性是阻碍再生混凝土推广的另一个原因。由于再生骨料的生产成本较高，致使再生混凝土的成本要高于普通混凝土。

（3）传统观念制约 早期试验中，很多学者认为再生骨料天然存在的缺陷使再生混凝土的力学性能和耐久性不如原生混凝土，因此对再生混凝土采取保守态度。但从社会、经济、环境效益上进行综合考虑，推广再生混凝土技术势在必行。为了使废弃混凝土实现再生利用，必须出台强制性政策，引导使用，同时通过各种措施扶植相关产业，为再生混凝土的广泛应用铺平道路。

随着环境污染和资源危机的加剧，发展循环经济已成为共识，建设节约型社会是改变现状的唯一出路。作为建筑业中最大宗的材料——混凝土实现可循环使用是经由之路。再生混凝土的应用符合这一发展趋势。尤其在大力推行社会主义新农村建设的背景下，再生混凝土足以满足新农村建设中的中低层房屋的需要。发展再生混凝土，可以改善人居环境，节约更多的资源、能源，使工程建设对生态的压力减少。这不仅是水泥混凝土和土木工程可持续发展的需要，也是人类生存和社会发展的需要。

4.9.5 大体积混凝土

现代建筑中时常涉及大体积混凝土施工，如高层楼房基础、大型设备基础、大坝等。在《普通混凝土配合比设计规程》（JGJ 55—2011）中对大体积混凝土定义为"体积较大的、可能由胶凝材料水化热引起的温度应力导致有害裂缝的结构混凝土"，可解释为"混凝土结构物中实体最小尺寸大于或等于1m或易引起裂缝的混凝土"。美国混凝土学会有过这样的规定"任何就地浇筑的大体积混凝土，其尺寸之大，必须采取措施解决水化热及随之引起的体积变形问题，以最大限度地减少开裂"。日本建筑学会标准（JASSS）的定义是"结构断面最小尺寸在800mm以上，水化热引起混凝土内的最高温度与外界气温之差，预计超过25℃的混凝土，称为大体积混凝土"。大体积混凝土的表面系数比较小，水泥水化热释放比较集中，内部温升比较快。混凝土内外温差较大时，会使混凝土产生温度裂缝，影响结构安全和正常使用。所以必须从根本上分析它，来保证施工的质量。

本小节主要涉及的标准规范有《混凝土结构工程施工质量验收规范》（GB 50204—2015）、《建筑工程冬期施工规程》（JGJ/T 104—2011）、《高层建筑混凝土结构技术规程》（JGJ 3—2010）、《大体积混凝土施工标准》（GB 50496—2018）。

1. 大体积混凝土裂缝

大体积混凝土由于混凝土构件尺寸大，混凝土内部水泥水化所释放的水化热散失较慢，升温较大，因而冷却时发生收缩。这种温差引起的变形，加上混凝土体积的收缩，将产生不同程度的拉应力而出现裂缝，成为大体积混凝土的突出的共性问题。大体积混凝土裂缝的产生主要是首先由混凝土内外温差产生的应力和应变引起的，其次是混凝土内外约束条件对混凝土应力和应变的影响。工程实践证明，大体积混凝土裂缝的产生主要有以下原因：

（1）水泥水化热的影响　大体积混凝土由于体积较大，水泥水化热聚集在结构内部不易散发，引起混凝土内部急剧升温。水泥用量越大，水泥早期强度越高，混凝土内部温升越快。试验研究表明，水泥水化热在前13d内释放的热量最多，约占总热量的50%，浇筑后35d混凝土内部的温度最高。随着混凝土龄期的增长，混凝土降温收缩变形的约束也越来越强，即产生较大的温度应力，当混凝土抗拉强度不足以抵抗此温度应力时，便可产生温度裂缝。

（2）内外约束条件的影响　混凝土结构在变形过程中，必然要受到一定的约束，阻碍混凝土的自由变形，这种阻碍变形的因素称为约束条件。如大体积混凝土与地基浇筑在一起，地基与混凝土接触面形成的约束为外约束，而混凝土内部各质点间形成的约束为内约束。当外约束条件较弱时，混凝土易在约束边界部位开裂；当混凝土内部约束较弱时，混凝土易在内部产生裂缝。

（3）外界气温变化的影响　大体积混凝土在施工期间，外部气温变化对大体积混凝土开裂有着重要影响。大体积混凝土由于体积大，不易散热，其内部温度在有的工程中高达90℃以上，而且持续时间长。温度应力是由温差引起的变形造成的，温差越大，温度应力也越大。

（4）混凝土收缩变形的影响　混凝土收缩变形主要包括混凝土的塑性收缩变形和混凝土体积变形两个方面。混凝土的塑性收缩变形是指混凝土硬化之前，混凝土处于塑性状态，如果上部混凝土的均匀沉降受到限制，就容易形成一些不规则的混凝土塑性收缩裂缝。混凝土体积变形是指混凝土在凝结硬化过程中体积的变化，这种体积变化主要是由于混凝土硬化时吸附水不断逸出而形成的干缩变形。

2. 控制大体积混凝土裂缝的技术措施

（1）优选水泥品种，控制水泥用量　大体积混凝土结构产生裂缝的原因很多，但其主要原因是混凝土的导热性能较差，水泥水化热的大量积聚，使混凝土出现早期升温和后期降温现象。因此，控制水泥水化热引起的升温，即减少混凝土内外温差，对降低温度应力、防止产生温度裂缝将起到关键作用。

1）选用中热或低热水泥品种。混凝土升温的热源主要是水泥在水化反应中产生的水化热，因此选用中热或低热水泥品种，是控制混凝土升温的最根本方法。

2）充分利用混凝土的后期强度。大量的试验结果表明，每立方米混凝土中的水泥用量，每增减10kg，其水化热将使混凝土的温度相应升降1℃。因此，为控制混凝土升温，减小温度应力，避免温度裂缝，一方面在满足混凝土强度和耐久性的前提下，尽量减少水泥的用量，对于普通混凝土控制在每立方米混凝土水泥用量不超过400kg；另一方面可根据结构实际承受荷载的情况，对结构的强度和刚度进行复核，并取得设计单位、监理单位和质量检查部门的认可后，采用f_{45}、f_{60}或f_{90}替代f_{28}作为混凝土的设计强度，这样可使每立方米混凝土的水泥用量减少40~70kg，混凝土水化热升温也相应降低4~7℃。

（2）掺加外加剂和掺合料　大体积混凝土中掺加的外加剂主要是木质素磺酸钙。木质素磺酸钙属阴离子表面活性剂，它对水泥颗粒有明显的分散效应，并能使水的表面张力降低。因此，在混凝土中掺入水泥质量的0.2%~0.3%的木质素磺酸钙，不仅能使混凝土的和易性有明显的改善，而且可减少10%左右的拌和用水，若保持强度不变，可节省水泥10%，从而可降低水化热。大量试验证明，在混凝土中掺入一定量的粉煤灰后，不仅可满足混凝土的流动性，还可以降低混凝土的水化热。

（3）正确选用骨料　结构工程的大体积混凝土，宜优先选择以自然连续级配的粗骨料配制。根据施工条件，尽量选用粒径较大、级配良好的石子。根据有关试验结果证明，采用5~40mm石子比采用5~20mm石子，每立方米混凝土可减少用水量15kg左右，在相同水胶比的情况下，水泥用量可节约20kg左右，混凝土升温可降低2℃。

大体积混凝土中的细骨料，以采用优质的中、粗砂为宜，细度模数宜在2.6~2.9范围内。根据有关试验资料表明，采用细度模数为2.79、平均粒径为0.381mm的中粗砂，比采用细度模数为2.12、平均粒径为0.336mm的细砂，每立方米混凝土可减少水泥用量28~35kg，减少用水量20~25kg，这样就降低了混凝土的升温和减小混凝土的收缩。

试验表明，骨料中的含泥量多少是影响混凝土质量的最主要因素。在大体积混凝土施工中，石子的含泥量不得大于1%，砂的含泥量不得大于2%。

（4）控制混凝土拌合物温度和水化热绝热升温值　为了降低大体积混凝土的总升温，减小结构物的内外温差，必须控制混凝土的拌合物温度与水化热绝热升温值。

1）拌合物温度。混凝土的原材料在投入搅拌前，各有各的温度，通过搅拌调合成一个温度，称为拌合物温度。拌合物温度可参照《建筑工程冬期施工规程》计算。对于大体积混凝土温度，《混凝土结构工程施工质量验收规范》规定不宜超过28℃；《高层建筑混凝土结构技术规程》规定，浇筑后混凝土内外温差不应超过25℃。因此，大体积混凝土的拌合物温度，在夏期施工或某些特定情况下要采取降温措施。

2）水化热绝热升温值。根据《大体积混凝土施工标准》，混凝土的水化热绝热升温值一般按下式计算：

$$T_{(t)} = \frac{WQ}{C\rho}(1-e^{-mt}) \qquad (4\text{-}36)$$

式中　$T_{(t)}$——浇完一段时间 t，混凝土的绝热升温值（℃）；

　　　W——每立方米混凝土的胶凝材料用量（kg）；

　　　Q——胶凝材料水化热总量（kJ/kg）；

　　　C——混凝土的比热容，一般为 0.92~1.00[kJ/(kg·℃)]；

　　　ρ——混凝土的质量密度，可取 2400~2500kg/m³；

　　　e——常数，为 2.718；

　　　t——龄期（d）；

　　　m——与水泥品种、用量和入模温度等有关的单方胶凝材料对应系数，可按式（4-37）
　　　　　计算：

$$m = h(A\lambda W_{\mathrm{C}}+B) \qquad (4\text{-}37)$$

式中　h——不同掺量掺合料水化热调整系数；

　A、B——与混凝土施工入模温度有关的系数，按表4-38取内插值，当入模温度低于10℃
　　　　　或高于30℃时，按10℃或30℃选取；

　　　W_{C}——单方其他硅酸盐水泥用量（kg）；

　　　λ——修正系数。当使用不同品种水泥时，按相应的修正系数换成等效硅酸盐水泥的
　　　　　用量，如 P·Ⅱ 按0.98修正，P·O 按0.88修正，P·P 和 P·F 按0.7修正。

表 4-38 不同入模温度对 m 的影响值

入模温度（℃）	10	20	30
A	0.0023	0.0024	0.0026
B	0.045	0.5159	0.9871

计算结果如超出要求，应考虑改用水化热较低的水泥品种，或掺用减水剂或粉煤灰以降低水泥用量。

（5）延缓混凝土的升温速率 大体积混凝土浇筑后，加强表面的保湿、保温养护，对防止混凝土产生裂缝具有重要作用。保湿、保温养护的目的有三个：第一，减小混凝土的内外温差，防止出现表面裂缝；第二，防止混凝土骤然受冷，避免产生贯穿裂缝；第三，延缓混凝土的冷却速度，以减小新老混凝土的上下层约束。总之，在混凝土浇筑之后，用适当的材料加以覆盖，采取保湿和保温措施，不仅可以减少升温阶段的内外温差，防止产生表面裂缝，而且可以使水泥顺利水化，提高混凝土的极限拉伸值，防止产生过大的温度应力和温度裂缝。混凝土终凝后，在其表面蓄存一定深度的水，采取蓄水养护是一种较好的方法。

（6）提高混凝土的极限拉伸值 混凝土的收缩值和极限拉伸值，除与水泥用量、骨料品种和级配、水胶比、骨料泥含量等因素有关外，还与施工工艺和施工质量密切相关。因此，通过改善混凝土的配合比和施工工艺，采取二次振捣或二次投料等方式，可以在一定程度上减少混凝土的收缩和提高混凝土的极限拉伸值，这对防止产生温度裂缝也可起到一定的作用。

（7）改善边界约束和构造设计 防止大体积混凝土产生温度裂缝，除可以采取以上施工技术措施外，在改善边界约束和构造设计方面也可采取一些技术措施，如合理分段浇筑、设置滑动层、避免应力集中、设置缓冲层、合理配筋、设应力缓和沟等。

（8）降低混凝土内部升温幅度 如在混凝土中预埋水管，通过水的流动冷却混凝土内部，从而降低混凝土内部升温幅度。

4.9.6 喷射混凝土

喷射混凝土是利用压缩空气，借助喷射机械，把一定配合比的速凝混凝土高速高压喷向岩石或结构物表面，从而在被喷射面形成混凝土层，使岩石或结构物得到加强和保护。喷射混凝土主要用于矿山、竖井平巷、交通隧道和水工涵洞等地下建筑物的混凝土支护或喷锚支护，地下水池、油罐和大型管道的抗渗混凝土施工，各种工业炉衬的快速修补，大型混凝土构筑物的补强和修补等。喷射混凝土施工一般不用模板，可以省去支模、浇筑和拆模工序，将混凝土的搅拌、输送、浇筑和捣实合为一道工序，具有施工进度快、强度增长快、密实性良好、施工准备简单、适应性较强、施工技术易掌握和工程投资较少等优点，但也有施工厚度不易控制、回弹量较大、表面不平整、劳动条件差和需专门的施工机械等缺点。

本小节涉及的主要标准规范有《岩土锚杆与喷射混凝土支护工程技术规范》（GB 50086—2015）。

1. 喷射混凝土的原材料与配合比

（1）喷射混凝土的原材料 喷射混凝土的主要原材料有水泥、骨料、拌和用水和外加剂等。水泥是喷射混凝土中的关键性原材料，对水泥品种和强度等级的选用主要应满足工程环境条件和工程使用要求。一般情况下，喷射混凝土应优先选用强度等级不低于 42.5 的硅酸盐水泥或普通硅酸盐水泥，必要时可选用特种水泥。应特别注意的是，选择水泥品种时要注意其与速凝剂的相容性。如果水泥品种选择不当，不仅可能造成急凝或缓凝、初凝与终凝时间过长等不良现象，而且会增大回弹量，影响喷射混凝土强度的增长，甚至会造成工程的失败。

喷射混凝土宜采用细度模数大于 2.5，质地坚硬的中粗砂。砂子过细会使混凝土干缩增大，过粗会使喷射时回弹增大。砂子的其他技术指标应满足有关标准要求。喷射混凝土所用粗骨料的最大粒径不宜大于 16mm，宜采用连续粒级级配，其余指标应符合有关标准规定。

用于喷射混凝土的外加剂主要有速凝剂、引气剂、减水剂、早强剂和增黏剂等。使用速凝剂的主要目的是使喷射混凝土速凝快硬，以减少混凝土的回弹，防止喷射混凝土因重力作用而脱落，提高其在潮湿或含水岩层中使用的适应性能，也可以适当加大一次喷射厚度和缩短喷射层间的间隔时间。速凝剂的掺量应适宜，大多数速凝剂的最佳掺量为水泥质量的 2.5%~4.0%，若掺量超过 4.0%，不仅后期强度将严重降低，而且凝结时间反而会增长。喷射混凝土也可按需要掺入其他外加剂，其掺量应通过试验确定。

（2）喷射混凝土的配合比　喷射混凝土配合比的设计要求和设计方法与普通混凝土基本相似，但由于施工工艺有很大差别，所以还必须满足一些特殊要求。无论干喷法或湿喷法施工，拌合料设计必须符合下列要求：必须具有良好的黏附性，喷射到指定的厚度，获得密实均匀的混凝土；具有一定的早强作用，4~8h 的强度应能具有控制底层变形的能力；在速凝剂用量满足可喷性和早期强度的条件下，必须达到设计的 28d 强度；工程施工中粉尘含量较小，混凝土回弹量较少，且不发生管路堵塞；喷射混凝土设计要求的其他性能，如耐久性、抗渗性和抗冻性等。按《岩土锚杆与喷射混凝土支护工程技术规范》：灰骨比宜为 1:4~1:4.5，水胶比宜为 0.40~0.50，砂率宜为 50%~60%。湿喷混凝土的胶凝材料用量不宜小于 400kg/m³，混凝土拌合物的坍落度宜为 80~130mm。

2. 喷射混凝土的施工工艺

喷射混凝土的施工机具包括混凝土喷射机、喷嘴、混凝土搅拌机、上料装置、动力及储水容器等。按混凝土在喷嘴处的状态，喷射混凝土的喷射施工工艺有干法和湿法两种。将水泥、砂、石子和速凝剂等按一定配合比拌和而成的混合料装入喷射机内，并在其微湿状态输送至喷嘴处加水加压喷出者为干式喷射混凝土；将水胶比为 0.45~0.50 的混凝土拌合物输送至喷嘴处加压喷出者为湿式喷射混凝土。干式喷射设备简单，价格较低，能进行远距离压送，易加入速凝剂，喷射脉冲现象少，但施工粉尘多，回弹比较严重，工作条件差；湿式喷射施工粉尘少，回弹比较轻，混凝土质量易保证，但设备比较复杂，不易远距离压送和加入速凝剂，混凝土拌合物容易在输送管中产生凝结和堵塞，清洗比较困难。国内以干式喷射机施工为主。

混凝土施工中，应注意以下事项：

（1）控制骨料含水率　喷射混凝土所用的骨料，如果含水率低于 4%，在搅拌、上料及喷射工程中，很容易使粉尘飞扬；如果含水率高于 8%，很容易发生喷射机料罐黏料和堵管现象。因此，骨料在使用前应提前 8h 洒水，使之充分均匀湿润，保持适宜的含水率，这样对拌制拌合料时水泥同骨料的黏结、减少粉尘和提高喷射混凝土的强度都是有利的。喷射混凝土所用骨料中适宜的含水率，一般情况以 5%~7% 为宜。

（2）水泥预水化的控制　骨料中有适宜的含水率，具有众多的优越性。但是，水泥与高湿度的骨料接触会产生部分水泥预水化，特别是加入速凝剂更会加速水泥预水化。水泥预水化的混合料，会出现结块成团现象，使拌合料温度升高，喷射后形成一种缺乏凝聚力的、松散的、强度很低的混凝土。为了防止水泥预水化的不利影响，最重要的是缩短拌合料从搅拌到喷射的时间，即拌合料一般应随搅随喷，两者应当紧密衔接。

（3）优化配合比设计，严格控制混凝土的回弹　混凝土回弹是指由于喷射料流与坚硬表面、钢筋碰撞或骨料颗粒间相互撞击，导致从受喷面上弹落混凝土拌合料的状况。回弹率大小同原材料的配合比、施工方法、喷射部位及一次喷射厚度关系很大，其中混凝土的配合比是最重要的一个方面。在正常情况下，侧墙的回弹率不得超过 10%，拱顶的回弹率不得超过 15%。回弹物应及时回收利用，但掺量不得超过总骨料的 30%，并要经试验确定。

（4）加强对喷射混凝土的养护　加强对喷射混凝土的养护，对于水泥含量高、表面粗糙的薄壁喷射混凝土结构尤为重要。为使水泥充分水化，减少和防止收缩裂缝，在喷射混凝土终凝后即应开始洒水养护。工程实践证明，喷射混凝土在喷射后的 7d 内，是养护最关键的时期，因此，在任何情况下，地下工程养护时间不得少于 7d，地面工程不得少于 14d。

4.9.7 超高性能混凝土

混凝土作为建筑行业最重要材料之一，在土木工程结构大型化、复杂化的趋势下，在高性能混凝土（HPC）应用发展的同时，人们并没有停止对混凝土向更高强度、更高性能发展的追求，超高性能混凝土（Ultra-High Performance Concrete，UHPC）应运而生。根据《超高性能混凝土试验方法标准》（T/CECS 864—2021），UHPC 是由水泥、矿物掺合料、骨料、纤维、外加剂和水等原材料制成的具有超高力学性能、超高抗渗性能的高韧性水泥基复合材料。

本小节主要涉及的标准规范有《超高性能混凝土基本性能与试验方法》（T/CECS 864—2021）、《超高性能混凝土（UHPC）技术要求》（T/CECS 10107—2020）。

1. UHPC 的性能等级及标记

根据《超高性能混凝土（UHPC）技术要求》，UHPC 按产品用途分为结构类超高性能混凝土（ST）和非结构类超高性能混凝土（NST），按养护方法分为自然养护类超高性能混凝土（N）和热养护类超高性能混凝土（H），其性能包括拓展度、抗压性能、抗拉性能等方面，各指标分级结果，见表4-39。

表 4-39　UHPC 性能等级

性能	等级	数值
拓展度（S/mm）	UF1	$S < 650$
	UF2	$650 \leqslant S < 750$
	UF3	$S \geqslant 750$

（续）

性能	等级	数值
抗压强度（f_{cu}/MPa）	UC1	$100 \leqslant f_{cu} < 120$
	UC2	$120 \leqslant f_{cu} < 150$
	UC3	$150 \leqslant f_{cu} < 180$
	UC4	$f_{cu} \geqslant 180$
抗拉强度（f_t/MPa）	UT1	$\geqslant 5$
	UT2	$\geqslant 5$
	UT3	$\geqslant 7$
	UT4	$\geqslant 10$

UHPC 应按产品用途代号、养护方法代号、产品简称、拓展度等级、抗压性能等级、抗拉性能等级、标准编号顺序进行标记。标记示例：自然养护的结构类超高性能混凝土，拓展度等级为 UF1，抗压性能等级为 UC2，抗拉性能等级为 UT3，标记为

ST-N-UHPC UF1/UC2/UT3-T/CECS 10107—2020

2. 超高性能混凝土的理论基础

（1）高致密水泥基均匀体系　混凝土骨料粒径与其界面的微裂隙尺寸和扩展有直接关系，因而高强、高性能混凝土强调粗骨料的最大粒径趋小化。在超高性能混凝土中，采用石英细砂（最大粒径 $400 \sim 600 \mu m$）作为骨料，剔除了粗骨料，并在混凝土中掺加活性组分，采用很低的水胶比，从而提高了基体的匀质性和密实性。具体来讲，有以下两个方面：

1）微粉效应作用。在超高性能混凝土中，剔除了粗骨料，减小了过渡区的厚度与范围，并掺加了活性组分，使极细小的粒子及反应生成的水化物填充沉积在水泥凝胶孔及微裂缝之中（称为"微粉效应"），在极低的水胶比下，这不仅极大地降低混凝土的基体缺陷，也大大地降低了混凝土中的孔隙率，并显著改善了混凝土的孔结构。

2）骨料对水泥石变形的约束作用　在超高性能混凝土的体系中，由于消除了粗骨料对砂浆收缩的约束，在整体上提高了体系的匀质性，减少了应力，从而改善了超高性能混凝土的各项性能。

（2）微观增强　吴中伟院士提出的水泥基复合材料的中心质假说，把不同尺度的分散相称为中心质，把连续相称为介质。具体来说，水泥基复合材料中的骨料、钢筋、钢丝网、各种纤维和增强聚合物属于大中心质，未水化的水泥熟料颗粒为次中心质，水化产物——水泥凝胶等为次介质，毛细孔为负中心质。各级中心质和介质都存在相互的效应，即围绕各级中心质存在着吸附、黏结、机械咬合等作用，称为"中心质效应"。依据中心质假说，活性粉末混凝土中，水胶比很低，各级中心质数量多，中心质之间的距离大大减小，中心质效应变得很强，从而使混凝土结构在很大程度上得到强化。

（3）纤维增强　活性粉末混凝土一般采用高强度的钢纤维，当混凝土破坏时，钢纤维通常是被拔出而非被拉断。在活性粉末混凝土中，钢纤维对基体的作用同普通纤维混凝土中的纤维作用相同，概括起来主要有三种：阻裂、增强和增韧。纤维混凝土中纤维的主要作用是限制水泥基材料在外力作用下裂缝的扩展。若纤维的体积掺量超过某一临界值，整个复合

材料可继续承受较高的荷载并产生较大的变形，直到纤维被拉断或纤维从基体中被拔出以致复合材料被破坏。

（4）硅灰强化 矿物超细粉是指粒径小于 $10\mu m$ 的矿物粉体材料，是作为高性能混凝土的一个组分材料而被单独粉磨的。一般超细粉的比表面积$\geqslant 6000cm^2/g$，而一般水泥的比表面积仅为 $2800\sim 3200cm^2/g$。由于超细化，其具有表面能高、对水泥空隙有微观填充作用及化学活性很高等特性，这使超细粉在水泥浆体中具有过去一般掺合料没有的功能，并给混凝土带来许多新的特性。高性能混凝土超细粉的品种有硅灰、粉煤灰及超细矿渣等。超高性能混凝土中必不可少的一种矿物超细粉掺合料就是硅灰。硅灰的作用是降低泌水，减少水分在骨料颗粒下方的积聚，且硅灰与氢氧化钙反应生成水化硅酸钙，既降低了界面的厚度又提高了界面的密实度，大大地降低了界面区渗透性，从而使混凝土抵抗有害离子侵入的能力也大大加强。

【工程案例分析 1】

［现象］ 某混凝土搅拌站生产 C35 商品混凝土，采用 Ⅱ 区中砂和碎石进行配制。某日因生产任务紧张，临时从附近的采石场购买了一批碎石，该批碎石泥含量为 2.5%，泥块含量为 0.5%。按原试验室配合比进行混凝土的配制，抽样测试发现，混凝土和易性不良，且强度不足。请分析其中原因。

［分析］ 拌制 C35 混凝土所用砂石宜采用 Ⅱ 类砂石，根据砂石规范，建筑用卵石或碎石泥含量应低于 1%、泥块含量应低于 0.2%，测试的结果表明该石子泥含量较高，泥块含量超标。虽然砂石中的黏土和泥块的塑性和保水性要高于水泥颗粒，一定范围内可能有助于增加混凝土拌合物的保水性和黏聚性，但黏土和泥块属于高吸水性物质，会大量吸收拌和用水，严重降低混凝土拌合物的流动性，因而整体上，混凝土和易性不良。若黏土和泥块大量吸收拌和用水，则导致用水量不足，影响混凝土成型的密实度和水泥的水化，同时黏土等杂质还影响了骨料与水泥石的黏结，直接导致硬化后混凝土的强度降低和耐久性下降。

［拓展思考］ 如何配制高强混凝土？

【工程案例分析 2】

［现象］ 某铁路大桥工程墩台为圆端形实体墩，桥墩截面尺寸为 880cm×220cm，墩身高度 10~30cm。桥墩表面设置 φ16mm 钢筋网，桥墩台混凝土强度等级为 C30。混凝土工程施工中模板使用大型组合钢模板，混凝土搅拌站自动计量集中拌和，混凝土罐车运输，泵送入模，每次施工高度 10m。开始施工后在混凝土浇筑 3d 后拆模，发现在桥墩直线段上距曲线段 50cm 左右对称出现 4 条竖向裂缝，裂缝宽度为 0.1~0.2mm，深度 60cm 左右。

［分析］ 经过墩身混凝土强度回弹，混凝土 3d 强度基本达到设计强度等级 C30。检测原材料均合格，调查施工过程及新拌混凝土性能均正常。对混凝土及环境温度检测结果如下：混凝土内部温度 64℃，混凝土表面温度 40℃，环境气温白天为 24~34℃，晚上气温为 10~20℃。

经综合分析，该混凝土表面裂缝主要是混凝土水化热引起升温大，再加上昼夜环境温差大，引起混凝土中心温度到环境气温温度梯度大，混凝土收缩和膨胀引起应力差造成的温度裂缝。

【工程案例分析3】

[现象]　2016年11月24日，江西丰城发电厂三期扩建工程发生冷却塔施工平台坍塌特别重大事故，造成73人死亡、2人受伤，直接经济损失10197.2万元。

[分析]　根据丰城市气象局提供的气象资料，2016年11月21日至11月24日期间，当地气温骤降，分别为17~21℃、6~17℃、4~6℃和4~5℃，且为阴有小雨天气，这种气象条件延迟了混凝土强度发展。事故调查组委托检测单位进行了同条件混凝土性能模拟试验，采用第50~52节筒壁混凝土实际使用的材料，按照混凝土设计配合比的材料用量，模拟事发时当地的小时温湿度，拌制的混凝土入模温度为8.7~14.9℃。试验结果表明，第50节模板拆除时，第50节筒壁混凝土抗压强度为0.89~2.35MPa；第51节筒壁混凝土抗压强度小于0.29MPa；第52节筒壁混凝土无抗压强度。而按照规定，拆除第50节模板时，第51节筒壁混凝土强度应该达到6MPa以上。对7号冷却塔拆模施工过程的受力计算分析表明，在未拆除模板前，第50节筒壁根部能够承担上部荷载作用，当第50节筒壁5个区段分别开始拆模后，随着拆除模板数量的增加，第50节筒壁混凝土所承受的弯矩迅速增大，直至超过混凝土与钢筋界面黏结破坏的临界值。

经调查认定，事故的直接原因是施工单位在7号冷却塔第50节筒壁混凝土强度不足的情况下，违规拆除第50节模板，致使第50节筒壁混凝土失去模板支护，不足以承受上部荷载，从底部最薄弱处开始坍塌，造成第50节及以上筒壁混凝土和模架体系连续倾塌坠落。坠落物冲击与筒壁内侧连接的平桥附着拉索，导致平桥也整体倒塌。

【工程实例1】

中国国家博物馆（见图4-17）在2007—2010年的改扩建工程中，采用HT泡沫混凝土做垫层兼保温层，不仅取得了轻质、高强和保温隔热的效果，而且极大地缩短了工期，降低了成本。泡沫混凝土是一种轻质、保温、隔热耐火、隔声和抗冻的混凝土材料，广泛应用于节能墙体材料之中，如图4-18所示。我国现今的泡沫混凝土更多地应用在屋面泡沫混凝土保温层现浇、泡沫混凝土面块、泡沫混凝土轻质墙板、泡沫混凝土补偿地基。

图4-17　中国国家博物馆

图4-18　泡沫混凝土块

【工程实例2】

四川泸州合江长江一桥是成渝地区环线高速公路泸渝段的控制性工程之一，如图 4-19
所示。著名桥梁专家郑皆连院士主持修建的合
江一桥主跨 530m。桥梁建设中，创立了主拱
科学计算方法及主拱与主梁合理构造设计，研
发了主拱新性能材料、施工技术与装备，制定
了世界首部钢管混凝土拱桥设计规范，是材料
节省、经济美观、低碳环保可持续的桥梁典
范。合江长江一桥不仅捧回"詹天佑奖""鲁
班奖"等国内土木工程领域建设项目科技创
新的最高荣誉奖，又斩获在世界桥梁界具有极
高影响力的乔治·理查德森奖。

图 4-19　四川泸州合江长江一桥

钢管混凝土是指在钢管中填充混凝土而
形成，且钢管及其核心混凝土能共同承受外荷载作用的结构构件。钢管混凝土作为一
种新兴的组合结构，在结构上能够将两者的优点结合在一起，使混凝土处于侧向受压
状态，抗压强度可成倍提高。同时由于混凝土的存在，提高了钢管的刚度，两者共同
发挥作用，从而大大地提高了承载能力。钢管混凝土结构的迅速发展是由于它具有良
好的受力性能和施工性能，不仅承载力高、延性好，抗震性能优越，同时还施工方便，
工期大大缩短。

【工程实例3】

云桂铁路南盘江特大桥（见图 4-20）位于云南省红河哈尼族彝族自治州与文山壮族苗
族自治州交界处，是云桂铁路重难点控制性工
程。大桥全长 852.43m，最高桥墩 102m，桥
面凌空飞跨南盘江，桥面到江面的高度为
270m，主桥单跨达 416m。南盘江特大桥集国
内外拱桥、斜拉桥、悬索桥、连续梁桥等桥型
优点于一身，施工技术难度前所未有，几乎囊
括了我国桥梁建设所有的顶尖技术，被列为我
国铁路桥梁建设的重难点科研攻关项目。

南盘江特大桥由上承式钢筋混凝土拱桥、
连续梁、连续钢构、简支梁和 T 构组成。其中

图 4-20　云桂铁路南盘江特大桥

劲性骨架外包 C60 高性能混凝土，其浇筑量达 24000m³，总质量达到了 6 万多吨，相当于 5
万多辆小轿车的质量。按照普通施工工艺，一次性浇筑很难实现，为了确保施工质量，建设
过程中先后攻克了体积高达 3.2 万 m³ 的拱座大体积混凝土防裂缝施工、大吨位劲性骨架制
作安装、大高差条件下钢管内 C80 高性能混凝土抽真空压注等 12 项世界级技术难题，取得
了 41 项科技创新成果，为我国特殊结构桥梁的科研和发展积累了宝贵经验。

习　题

4-1　普通混凝土的组成材料有哪几种？在混凝土中各起什么作用？

4-2　什么是骨料级配？当两种砂的细度模数相同时，其级配是否也相同？反之，如果级配相同，其细度模数是否相同？

4-3　骨料有哪几种含水状态？为什么施工现场必须经常测定骨料的含水率？

4-4　什么是减水剂、早强剂、引气剂？简述减水剂的减水机理。

4-5　粉煤灰掺入混凝土中，对混凝土产生什么效应？

4-6　如何测定塑性混凝土拌合物和干硬性混凝土拌合物的流动性？它们的指标各是什么？单位是什么？

4-7　影响混凝土拌合物和易性的主要因素有哪些？有怎样的影响？改善混凝土拌合物和易性的主要措施有哪些？

4-8　如何判定混凝土拌合物属于流态、流动性、低流动性或干硬性？

4-9　在试拌混凝土时出现下列情况，拌合物和易性达不到要求，应采取什么措施来改善？

1）混凝土拌合物黏聚性、保水性均好，但坍落度太小。

2）混凝土拌合物坍落度超过原设计要求，保水性较差，且用棒敲击一侧时，混凝土发生局部崩塌。

4-10　配制混凝土时为什么要选用合理砂率？

4-11　为什么混凝土在潮湿条件下养护时收缩较小，干燥条件下养护时收缩较大，而在水中养护时几乎不收缩？

4-12　混凝土有哪几种变形？这些变形对混凝土结构有什么影响？

4-13　试述混凝土产生干缩的原因。影响混凝土干缩值大小的主要因素有哪些？

4-14　采用哪些措施可以减小混凝土的徐变？

4-15　试述温度变形对混凝土结构的危害。有哪些有效防止措施？

4-16　混凝土在下列情况下均能导致其产生裂缝，试解释裂缝产生的原因，并指出主要防止措施：

1）水泥水化热大。

2）水泥体积安定性不良。

3）大气温度变化大。

4）碱-骨料反应。

5）混凝土早期受冻。

6）混凝土遭到硫酸盐侵蚀。

4-17　如何确定混凝土的强度等级？混凝土强度等级如何表示？单位是什么？普通混凝土划分几个强度等级？

4-18　试简单分析下述不同的试验条件测得的强度有什么不同及其原因。

1）试件形状不同（同横截面的棱柱体试件和立方体试件）。

2）试件尺寸不同。

3）加荷速度不同。

4）试件与压板之间的摩擦力大小不同（涂油和不涂油）。

4-19 影响混凝土弹性模量的因素有哪些？混凝土的弹性模量有几种表示方法？常用的是哪一种？怎样测定？

4-20 试结合混凝土的荷载-变形曲线说明混凝土的受力破坏过程。

4-21 某住宅楼工程构造柱用碎石混凝土，设计强度等级为C20，配制混凝土所用水泥28d抗压强度实测值为35.0MPa。已知混凝土强度标准差为4.0MPa，强度保证率为90%，试确定混凝土的配制强度及满足强度要求的水胶比。

4-22 试从混凝土的组成材料、配合比、施工、养护等几个方面综合考虑，提出提高混凝土强度的措施。

4-23 混凝土的 W/B 和相应28d强度数据见表4-40，所用水泥为42.5级普通水泥，试求出强度经验公式中的 α_a、α_b 值（精确至0.01）。

表 4-40 混凝土的 W/B 和相应28d强度

编号	1	2	3	4	5	6	7	8
W/B	0.40	0.45	0.50	0.55	0.60	0.65	0.70	0.75
f/MPa	36.3	35.3	28.2	24.0	23.0	20.6	18.4	15.0

4-24 影响混凝土抗渗性的因素有哪些？改善措施有哪些？

4-25 试述混凝土耐久性的含义。耐久性要求的项目有哪些？提高耐久性有哪些措施？

4-26 某施工单位生产C20的混凝土，在一个月内根据施工配合比先后留置了28组立方体试块，测得每组试块的抗压强度代表值（MPa）为29.5，27.5，24.0，26.5，26.0，25.2，27.6，28.5，25.6，26.1，26.7，24.1，25.2，27.6，28.6，26.7，23.2，27.1，25.8，23.9，28.1，27.8，24.9，25.6，23.1，25.4，26.2，29.6。

试计算该批混凝土强度的平均值、标准差和保证率，并判定该批混凝土的生产质量能否满足95%保证率的要求。

4-27 配制混凝土如何确定其坍落度？

4-28 在进行混凝土的配合比设计时，为什么必须进行试配和调整？

4-29 某试验室欲配制C20碎石混凝土，按计算配合比试配了15L，各材料用量分别为水泥4.5kg、砂9.2kg、石子17.88kg、水2.7kg。经试配调整，在增加了10%水泥浆后，新拌混凝土的和易性满足了设计要求。经测定新拌混凝土的实际表观密度为2450kg/m³，试确定混凝土的基准配合比（以每立方米混凝土中各材料的用量表示）。就此配合比制作了边长为100mm的立方体试件一组，经28d标准养护，测得其抗压强度值分别为26.8MPa、26.7MPa、27.5MPa，试分析该混凝土强度是否满足设计要求。（$\sigma = 4.0$MPa）

4-30 某混凝土经试拌调整后，得配合比为1：2.20：4.40，$W/B = 0.6$，且已知 $\rho_c = 3.10$g/m³，$\rho'_s = 2.60$g/m³，$\rho'_g = 2.65$g/m³。求每立方米混凝土各材料用量。

4-31 使用碎石配制强度为34.5MPa的混凝土，所用水泥实际强度为53.5MPa，考虑到耐久性，最大水胶比不得超过 0.60，请确定初步水胶比。

4-32 某混凝土工程所用水泥为 42.5 级普通水泥，密度为 $3.12g/cm^3$，碎石表观密度为 $2.50g/cm^3$，中砂表观密度为 $2.50g/cm^3$。已知混凝土配合比为 1：3：5，水胶比为 0.50。求每立方米混凝土各种材料用量。

4-33 某严寒地区一室外现浇钢筋混凝土楼梯，要求混凝土设计强度等级为 C35，最小截面尺寸为 150mm，钢筋最小净距为 50mm。施工单位新组建，拟采用人工搅拌和振捣成型。试进行该混凝土配合比设计。所用原材料条件如下：

水泥：52.5 级普通硅酸盐水泥，密度为 $3.1g/cm^3$，水泥强度等级标准值的富余系数为 1.13。砂：中砂，级配合格，表观密度 $\rho_{s0} = 2.65g/cm^3$；堆积密度 $\rho'_{s0} = 1.55g/cm^3$；含水率 $W_s = 2.5\%$。碎石：最大粒径为 31.5mm，级配合格，表观密度 $\rho_{g0} = 2.80g/cm^3$；堆积密度 $\rho'_{0s} = 1.60g/cm^3$；含水率 $W_g = 1\%$。水：自来水。

第5章 砂　浆

【本章要点】

　　本章主要介绍砌筑砂浆、抹面砂浆和防水砂浆。本章的学习目标：了解建筑砂浆的分类及组成，熟悉砂浆和易性的含义、表示方法及影响因素；掌握砂浆强度的主要影响因素及影响规律；熟悉砂浆配合比的设计方法，学会在工程设计与施工中合理使用建筑砂浆。

【本章思维导图】

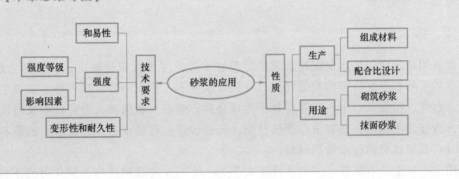

　　建筑砂浆是由胶凝材料（水泥、石灰、石膏等）、细骨料（砂、炉渣等）和水（有时还掺入某些外掺材料）按一定比例配制而成的，是建筑工程中，尤其是民用建筑中使用最广、用量较大的一种建筑材料。建筑砂浆可用来砌筑各种砖、石块、砌块等；可进行墙面、地面、梁柱面、顶棚等表面的抹灰；可用来粘贴大理石、水磨石、瓷砖等饰面材料；可用于填充管道及大型墙板的接缝；也可以制成具有特殊性能的砂浆对结构进行特殊处理（保温、吸声、防水、防腐、装修等）。

　　砂浆按胶凝材料种类不同可分为水泥砂浆、石灰砂浆、聚合物砂浆和混合砂浆等；按用途可分为砌筑砂浆、抹面砂浆、绝热砂浆和防水砂浆等。

■ 5.1　砂浆的组成材料

　　建筑砂浆的主要组成材料有水泥、掺合料、细骨料、外加剂、水等。

【砂浆的组成材料】

5.1.1 水泥

1. 水泥的品种

水泥品种的选择与混凝土基本相同，通用硅酸盐系列水泥和砌筑专用水泥都可以用来配制建筑砂浆。砌筑专用水泥是专门用来配制砌筑砂浆和内墙抹面砂浆的水泥，强度低，配制的砂浆具有较好的和易性。另外，对于一些有特殊用途的砂浆，如用于预制构件的接头、接缝或用于结构加固、修补裂缝等的砂浆，可采用膨胀水泥；装饰砂浆使用白色水泥、彩色水泥等。

2. 强度等级

水泥的强度等级应根据砂浆强度等级进行选择，应为砂浆强度等级的4~5倍。为合理利用资源，节约材料，配制砂浆时尽量选用低强度等级水泥。水泥砂浆采用的水泥，强度等级不宜大于42.5；水泥混合砂浆不宜采用强度等级大于52.5的水泥。用高强度等级水泥配制低强度等级砂浆时，为了保证砂浆的和易性，可掺加适量的掺合料。严禁使用过期水泥。

3. 水泥用量

为保证砂浆的保水性能，对水泥和掺合料的用量进行规定：水泥砂浆中水泥用量 ≥ $200kg/m^3$，水泥混合砂浆中水泥和掺合料总量应 ≥ $350kg/m^3$，预拌砌筑砂浆中水泥和掺合料总量应 ≥ $200kg/m^3$。

5.1.2 掺合料

当采用高强度等级水泥配制低强度等级砂浆时，因水泥用量较少，砂浆易分层、泌水。为改善砂浆的和易性、节约胶凝材料、降低砂浆成本，在配制砂浆时可掺入磨细生石灰、石灰膏、石膏、粉煤灰、电石膏等材料作为掺合料。但石灰膏的掺入会降低砂浆的强度和黏结力，并改变使用范围，其掺量应严格控制。高强砂浆、有防水和抗冻要求的砂浆不得掺入石灰膏及含石灰成分的保水增稠材料。

用生石灰生产石灰膏，应用孔径不大于3mm×3mm的筛网过滤，熟化时间不得少于7d，陈伏两周以上为宜；如用磨细生石灰粉生产石灰膏，其熟化时间不得小于2d，否则会因过火石灰颗粒熟化缓慢、体积膨胀，使已经硬化的砂浆产生鼓泡、崩裂现象。沉淀池中储存的石灰膏，应采取防止干燥、冻结和污染的措施。严禁使用脱水硬化的石灰膏。消石灰粉不得直接用于砂浆中。磨细生石灰粉也必须熟化成石灰膏后方可使用。

为了保证电石膏的质量，要求按规定过滤后方可使用。因电石膏中乙炔含量大，会对人体造成伤害，因此按规定检验合格后才可使用。

砂浆中加入粉煤灰、磨细矿粉等矿物掺合料时，掺合料的品质应符合国家现行的有关标准要求，掺量可经试验确定，粉煤灰不宜使用Ⅲ级粉煤灰。

为方便施工现场对掺量进行调整，统一规定膏状物质（石灰膏、电石灰膏等）试配时的稠度为（120±5）mm，稠度不同时，应按表5-1换算其用量。

表 5-1 石灰膏不同稠度的换算系数

稠度/mm	120	110	100	90	80	70	60	50	40	30
换算系数	1.00	0.99	0.97	0.95	0.93	0.92	0.90	0.88	0.87	0.86

5.1.3 细骨料

配制砂浆最常用的细骨料是天然砂。砂应符合混凝土用砂的技术性质要求。由于砂浆层较薄，砂的最大粒径应有所限制，理论上不应超过砂浆层厚度的 1/5~1/4。例如，砖砌体用砂浆宜选用中砂，最大粒径不大于 2.5mm 为宜；石砌体用砂浆宜选用粗砂，砂的最大粒径应不大于 4.75mm；光滑的抹面及勾缝的砂浆宜采用细砂，其最大粒径不大于 1.2mm 为宜。毛石砌体可用较大粒径骨料配制小石子砂浆。用于装饰的砂浆，还可采用彩砂、石渣等。

砂中含泥量对砂浆的和易性、强度、变形性和耐久性均有不利影响。为保证砂浆质量，尤其在配制高强度砂浆时，应选用洁净的砂。因此对砂的含泥量应予以限制：对强度等级为 M5 以上的砌筑砂浆，含泥量不应超过 5%；对强度等级小于 M5 级的水泥混合砂浆，含泥量不应超过 10%。

当细骨料采用人工砂、细炉渣、细矿渣等时，应根据经验并经试验，保证不影响砂浆质量才能够使用。

5.1.4 外加剂

为改善新拌砂浆的和易性与硬化后砂浆的各种性能或赋予砂浆某些特殊性能，常在砂浆中掺入适量外加剂。使用外加剂，不用再掺入石灰膏等掺合料就可获得良好的工作性，可以节约能源，保护自然资源。

混凝土中使用的外加剂（见 4.2.5 小节），对砂浆也具有相应的作用，可以通过试验确定外加剂的品种和掺量。例如，为改善砂浆和易性，提高砂浆的抗裂性、抗冻性及保温性，可掺入减水剂等外加剂；为增强砂浆的防水性和抗渗性，可掺入防水剂等；为增强砂浆的保温隔热性能，除选用轻质细骨料外，还可掺入引气剂提高砂浆的孔隙率。外加剂加入后应充分搅拌使其均匀分散，以防产生不良影响。

5.1.5 水

砂浆拌和用水与混凝土拌和用水的要求相同，应选用无有害杂质的洁净水来拌制砂浆。

■ 5.2 砂浆的技术性质

建筑砂浆的主要技术性质包括新拌砂浆的和易性，硬化后砂浆的强度、黏结性和收缩等。对于硬化后的砂浆要求具有所需要的强度、与底面的黏结良好及较小的变形。

本节主要涉及的标准规范有《砌筑砂浆配合比设计规程》（JGJ/T 98—2010）、《砌体结构工程施工质量验收规范》（GB 50203—2011）。

5.2.1 新拌砂浆的和易性

新拌砂浆的和易性是指在搅拌运输和施工过程中不易产生分层、离析现象，并且易于在粗糙的砖、石等表面上铺成均匀薄层的综合性能。通常用流动性和保水性两项指标表示。

【砂浆的
和易性】

1. 流动性

流动性是指砂浆在自重或外力作用下是否易于流动的性能。砂浆流动性实质上反映了砂浆的稠度。流动性的大小以砂浆稠度测定仪的圆锥体沉入砂浆中深度的毫米数来表示，称为稠度（沉入度）。砂浆流动性的选择与基底材料种类及吸水性能、施工条件、砌体的受力特点及天气情况等有关。对于多孔吸水的砌体材料和干热的天气，要求砂浆的流动性大一些；对于密实不吸水的砌体材料和湿冷的天气，要求砂浆的流动性小一些。可参考表5-2和表5-3来选择砂浆流动性。

表 5-2　砌筑砂浆流动性要求　　　　　　　　　　　　　　（单位：mm）

砌体种类	砂浆稠度
烧结普通砖砌体	70~90
蒸压粉煤灰砖砌体	
混凝土实心砖、混凝土多孔砖砌体	50~70
普通混凝土小型空心砌块砌体	
蒸压灰砂砖砌体	
烧结多孔砖、空心砖砌体	60~80
轻骨料小型空心砌块砌体	
蒸压加气混凝土砌块砌体	
石砌体	30~50

表 5-3　抹面砂浆流动性要求　　　　　　　　　　　　　　（单位：mm）

抹灰工程	机械施工	手工操作
准备层	80~90	110~120
底层	70~80	70~80
面层	70~80	90~100
石膏浆面层	—	90~120

影响砂浆流动性的主要因素：胶凝材料及掺合料的品种和用量、砂的粗细程度、形状及级配、用水量、外加剂品种与掺量和搅拌时间等。

2. 保水性

保水性是指新拌砂浆保存水分的能力，也表示砂浆各组成材料是否易分离的性能。

新拌砂浆在存放、运输和使用过程中，都必须保持其水分不致很快流失，才能便于施工操作且保证工程质量。如果砂浆保水性不好，在施工过程中很容易泌水、分层、离析或水分易被基面所吸收，使砂浆变得干稠，致使施工困难，同时影响胶凝材料的正常水化、硬化，降低砂浆本身强度以及与基层的黏结强度。因此，砂浆要具有良好的保水性。一般来说，砂浆内胶凝材料充足，尤其是掺入了石灰膏和黏土膏等掺合料后，砂浆的保水性均较好，砂浆中掺入加气剂、微沫剂、塑化剂等也能改善砂浆的保水性和流动性。

但是砌筑砂浆的保水性并非越高越好，对于不吸水基层的砌筑砂浆，保水性太高会使砂浆内部水分早期无法蒸发释放，从而不利于砂浆强度的增长并且增大了砂浆的干缩裂缝，降低了整个砌体的整体性。

砂浆保水性可用分层度或保水率评定，考虑到我国目前砂浆品种日益增多，有些新品种砂浆用分层度试验来衡量砂浆各组分的稳定性或保持水分的能力已不太适宜，而且在砌筑砂浆实际试验应用中与保水率试验相比，分层度试验难操作、可复验性差且准确性低，所以在《砌筑砂浆配合比设计规程》中取消了分层度指标，规定用保水率衡量砌筑砂浆的保水性。砂浆保水率就是用规定稠度的新拌砂浆，按规定的方法进行吸水处理，吸水处理后砂浆中保留的水的质量，并用原始水量的质量百分数来表示。砌筑砂浆的保水率要求见表5-4。

表5-4 砌筑砂浆的保水率

砌筑砂浆品种	水泥砂浆	水泥混合砂浆	预拌砌筑砂浆
保水率(%)	≥80	≥84	≥88

5.2.2 硬化砂浆的技术性质

砂浆硬化后成为砌体的组成之一，应能与砌体材料结合、传递和承受各种外力，使砌体具有整体性和耐久性。因此，砂浆应具有一定的抗压强度、黏结强度、耐久性及工程所要求的其他技术性质。

1. 抗压强度和强度等级

砂浆强度是以边长为 70.7mm×70.7mm×70.7mm 的立方体试块，在标准养护条件下养护 28d，测得的抗压强度。砌筑砂浆按抗压强度划分为若干强度等级。水泥砂浆及预拌砂浆的强度等级分为 M30、M25、M20、M15、M10、M7.5、M5，水泥混合砂浆的强度等级分为 M15、M10、M7.5、M5。砂浆立方体试件抗压强度应按下式计算：

$$f_{\mathrm{m,cu}} = K \frac{N_{\mathrm{u}}}{A} \tag{5-1}$$

式中　$f_{\mathrm{m,cu}}$——砂浆立方体试件抗压强度（MPa）；

　　　N_{u}——试件破坏荷载（N）；

　　　A——试件承压面积（mm^2）；

　　　K——换算系数，取 1.35。

立方体抗压强度试验的试验结果应按下列要求确定：

1) 应以三个试件测值的算术平均值作为该组试件的砂浆立方体抗压强度平均值（f_2），精确至 0.1MPa。

2) 当三个测值的最大值或最小值中有一个与中间值的差值超过中间值的15%时，应把最大值及最小值一并舍去，取中间值作为该组试件的抗压强度值。

3) 当两个测值与中间值的差值均超过中间值的15%时，该组试验结果应为无效。

2. 砂浆抗压强度的影响因素

砂浆不含粗骨料，是一种细骨料混凝土，因此有关混凝土的强度规律，原则上也适用于砂浆。砂浆抗压强度的主要影响因素是胶凝材料的强度和用量，此外，水胶比、骨料状况、砌筑层（砖、石、砌块）吸水性、掺合材料的品种及用量、养护条件（温度和湿度）都会对砂浆的强度有影响。

（1）用于砌筑不吸水基底的砂浆　用于黏结吸水性较小、密实的底面材料（如石材）的砂浆，其强度取决于水泥强度和水胶比，与混凝土类似，计算公式如下：

$$f_{m,0} = a f_{ce}\left(\frac{B}{W} - b\right) \qquad (5-2)$$

式中　$f_{m,0}$——砂浆 28d 试配抗压强度（试件用有底试模成型）（MPa）；

　　　f_{ce}——水泥 28d 的实测抗压强度（MPa）；

　　　$\dfrac{B}{W}$——胶水比；

　　　a、b——经验系数，可取 $a = 0.29$，$b = 0.4$。

（2）用于砌筑多孔吸水基底的砂浆　用于黏结吸水性较大的底面材料（如砖、砌块）的砂浆，砂浆中一部分水分会被底面吸收，由于砂浆必须具有良好的保水性，即使用水量不同，经底层吸水后，留在砂浆中的水分大致相同，可视为常量。在这种情况下，砂浆的强度取决于水泥强度和水泥用量，可不必考虑水胶比；可用下面经验公式：

$$f_{m,0} = \frac{\alpha f_{ce} Q_c}{1000} + \beta \qquad (5-3)$$

式中　$f_{m,0}$——砂浆的试配强度（试件用无底试模成型）（MPa）；

　　　Q_c——每立方米砂浆的水泥用量（kg/m³）；

　　　f_{ce}——水泥 28d 的实测强度值（MPa）；

　　　α、β——砂浆的特征系数，其中 $\alpha = 3.03$、$\beta = -15.09$，也可由当地的统计资料计算
　　　　　　　获得。

3. 黏结强度

由于砖、石、砌块等材料是靠砂浆黏结成一个坚固整体并传递荷载的，因此，要求砂浆与基材之间应有一定的黏结强度。两者黏结得越牢，整个砌体的整体性、强度、耐久性及抗震性等越好。

一般砂浆抗压强度越高，则其与基材的黏结强度越高。此外，砂浆的黏结强度与基层材料的表面状态、清洁程度、湿润状况及施工养护等条件有很大关系，同时还与砂浆的胶凝材料种类有很大关系，加入聚合物可使砂浆的黏结强度大为提高。

实际上，针对砌体这个整体来说，砂浆的黏结强度较砂浆的抗压强度更为重要。考虑到我国的实际情况，以及抗压强度相对来说容易测定，因此，将砂浆抗压强度作为必检项目和配合比设计的依据。

5.2.3　砂浆的变形性与耐久性

1. 砂浆的变形性

砂浆在承受荷载，以及温度和湿度发生变化时，均会发生变形。如果变形过大或不均匀，就会引起开裂。如抹面砂浆若产生较大收缩变形，会使面层产生裂纹或剥离等质量问题。因此要求砂浆具有较小的变形性。

砂浆变形性的影响因素很多，有胶凝材料的种类和用量、用水量、细骨料的种类和质量、外部环境条件等。

（1）结构变形的影响　砂浆属于脆性材料，墙体结构变形会引起砂浆裂缝。当由于地基不均匀沉降、横墙间距过大、砖墙转角应力集中处未加钢筋、门窗洞口过大、变形缝设置不当等原因使墙体因强度、刚度、稳定性不足而产生结构变形，超出砂浆允许变形值时，砂

浆层将发生开裂。

（2）温度的影响　温度变化导致建筑材料膨胀或收缩，但不同材质有不同的温度系数和变形应力，这将使界面处产生温度应力，一旦温度应力大于砂浆抗拉强度，将使材料发生相对位移，导致砂浆产生裂缝。暴露在阳光下的外墙砂浆层的温度往往会超过气温，加上昼夜和寒暑温差的变化，会产生较大的温度应力，使砂浆层产生温度裂缝，虽然裂缝较为细小，但如此反复，裂纹会不断地扩大。

（3）湿度变化的影响　外墙抹面砂浆长期裸露在空气中，往往因湿度的变化而膨胀或收缩。砂浆的湿度变形与砂浆含水率和干缩率有关。由湿度引起的变形中，砂浆的干缩速率是一条逆降的曲线，初期干缩迅速，时间长会逐渐减缓。虽然湿度变化造成的收缩是一种干湿循环的可逆过程，但膨胀值是其收缩值的 1/9，当收缩应力大于砂浆的抗拉强度时，砂浆必然产生裂缝。

砌筑工程中，不同砌体材料的吸水性差异很大，砌体材料的含水率越大，干燥收缩越大。砂浆若保水性不良，用水量较多，砂浆的干燥收缩也会增大。而砂浆与砌体材料的干缩变形系数不同，在界面上会产生拉应力，引起砂浆开裂，降低抗剪强度和抗震性能。

实际工程中，可通过掺入抗裂性材料来提高砂浆的塑性、韧性，改善砂浆的变形性能。如配制聚合物水泥砂浆、阻裂纤维水泥砂浆（以水泥砂浆为基体，以非连续的短纤维或者连续的长纤维作增强材料所组成的水泥基复合材料）、膨胀类材料抗裂砂浆等。

2. 砂浆的耐久性

硬化后的砂浆要与砌体一起经受周围介质的物理化学作用，因而砂浆应具有一定的耐久性。试验证明，砂浆的耐久性随抗压强度的增大而提高，即它们之间存在一定的相关性。防水砂浆或直接受水和受冻融作用的砌体，对砂浆还应有抗渗性和抗冻性要求。在砂浆配制中除控制水胶比外，常加入外加剂来改善抗渗性和抗冻性，如掺入减水剂、引气剂及防水剂等，并通过改进施工工艺，填塞砂浆的微孔和毛细孔，增加砂浆的密实度。砌筑砂浆的抗冻性要求见表 5-5。

表 5-5　砌筑砂浆的抗冻性要求

使用条件	抗冻指标	质量损失率（%）	强度损失率（%）
夏热冬暖地区	F15		
夏热冬冷地区	F25	≤5	≤25
寒冷地区	F35		
严寒地区	F50		

砂浆与混凝土相比，只是在组成上没有粗骨料，因此砂浆的搅拌时间、使用时间对砂浆的强度有影响。砌筑砂浆应采用机械搅拌，搅拌要均匀。《砌体结构工程施工质量验收规范》规定：水泥砂浆和水泥混合砂浆的搅拌时间不得少于 120s；水泥粉煤灰砂浆和掺用外加剂的砂浆搅拌时间不得少于 180s；掺液体增塑剂的砂浆，应先将水泥、砂干拌 30s 混合均匀后，再将混有增塑剂的水溶液倒入干混料中继续搅拌，搅拌时间为 210s；掺固体增塑剂的砂浆，应先将水泥、砂和增塑剂干拌 30s 混合均匀后，再将水倒入继续搅拌 210s。有特殊要求时，搅拌时间或搅拌方式可按产品说明书的技术要求确定。工厂生产的预拌砂浆及加气混凝土砌块专用黏结砂浆的搅拌时间应按企业技术标准确定或产品说明书采用。

砂浆应随拌随用，必须在 4h 内使用完毕，不得使用过夜砂浆。试验资料表明，5MPa 强度的砂浆，过夜后的强度只能达到 3MPa；2.5MPa 强度的砂浆过夜后只能达到 1.4MPa。

■ 5.3 砌筑砂浆

砂浆配合比用每立方米砂浆中各种材料的用量来表示。砌筑砂浆应先根据工程类别及砌体部位的设计要求来选择砂浆的类别与强度等级，再按砂浆强度等级确定其配合比。

砂浆强度等级确定后，一般可以通过查有关资料或手册来选取砂浆配合比。如需计算及试验，较精确地确定砂浆配合比，可采用《砌筑砂浆配合比设计规程》（JGJ/T 98—2010）中的设计方法，按照下列步骤进行：

1）计算砂浆试配强度 $f_{m,0}$（MPa）。

2）计算每立方米砂浆中的水泥用量 Q_c（kg）。

3）计算每立方米砂浆中掺合料用量 Q_D（kg）。

4）确定每立方米砂浆中的砂用量 Q_s（kg）。

5）按砂浆稠度选择每立方米砂浆中用水量 Q_w（kg）。

6）砂浆试配和调整。

本节主要涉及的标准规范有《砌筑砂浆配合比设计规程》（JGJ/T 98—2010）、《建筑砂浆基本性能试验方法标准》（JGJ/T 70—2009）。

5.3.1 砂浆配合比设计

1. 确定砂浆的试配强度

（1）计算公式 砂浆试配强度按下式确定：

【砂浆的配合比设计】

$$f_{m,0} = kf_2 \tag{5-4}$$

式中 $f_{m,0}$——砂浆的试配强度（MPa）；

f_2——砂浆抗压强度平均值（即设计强度等级值）（MPa）；

k——系数，根据施工水平按表 5-6 取值。

（2）砂浆强度等级的选择 砌筑砂浆的强度等级应根据工程类别及砌体部位选择。在一般建筑工程中，办公楼、教学楼及多层住宅等工程宜用 M5～M15 的砂浆；特别重要的砌体才使用 M15 以上的砂浆。

（3）砂浆现场强度标准差确定

1）当近期同一品种砂浆强度资料充足时，现场标准差 σ 按数理统计方法算得。

2）当不具有近期统计资料时，现场标准差 σ 按表 5-6 取用。

表 5-6 砌筑砂浆强度标准差 σ 及 k 值

施工水平	σ/MPa							k
	M5	M7.5	M10	M15	M20	M25	M30	
优良	1.00	1.50	2.00	3.00	4.00	5.00	6.00	1.15
一般	1.25	1.88	2.50	3.75	5.00	6.25	7.50	1.20
较差	1.50	2.25	3.00	4.50	6.00	7.50	9.00	1.25

2. 计算水泥用量 Q_c

每立方米砂浆中的水泥用量应按下式计算：

$$Q_c = \frac{1000(f_{m,0} - \beta)}{\alpha f_{ce}}$$ (5-5)

式中 $f_{m,0}$——砂浆的试配强度（MPa）；

　　Q_c——每立方米砂浆的水泥用量（kg），应精确到 $1kg/m^3$；

　　f_{ce}——水泥的实测强度（MPa），应精确到 $0.1MPa$；

　　α、β——砂浆的特征系数，$\alpha = 3.03$、$\beta = -15.09$。

在无法取得水泥的实测强度值时，可按下式计算：

$$f_{ce} = \gamma_c f_{ce,k}$$ (5-6)

式中 $f_{ce,k}$——水泥强度等级值（MPa）；

　　γ_c——水泥强度的富余系数，可按实际统计资料确定，无统计资料时可取 1.0。

当计算出水泥砂浆中的水泥计算用量不足 $200kg/m^3$ 时，应按 $200kg/m^3$ 选用。

3. 计算掺合料用量 Q_d

$$Q_d = Q_a - Q_c$$ (5-7)

式中 Q_d——每立方米砂浆的掺合料用量（kg）；

　　Q_a——每立方米砂浆中水泥和掺合料的总量（kg），可为 $350kg/m^3$。当计算出水泥用量已超过 $350kg/m^3$ 时，则不必采用掺合料，直接使用纯水泥砂浆即可。

掺合料使用石灰膏、电石膏时的稠度，应为（120 ± 5）mm。当稠度不同时，其用量应乘以表 5-1 中的换算系数进行换算。

4. 确定砂用量 Q_s

每立方米砂浆中的砂用量，应以干燥状态（含水率<0.5%）的堆积密度值作为计算值。当含水率>0.5%时，应考虑砂的含水率，若含水率为 W_s，则砂用量等于 $Q_s(1+W_s)$。

5. 确定用水量 Q_w

每立方米砂浆中的用水量，按砂浆稠度等要求，可根据经验或按表 5-7 选用。

表 5-7　每立方米砂浆中用水量选用值

砂浆品种	水泥混合砂浆	水泥砂浆
用水量/kg	210~310	270~330

注：1. 水泥混合砂浆中的用水量，不包括石灰膏或电石膏中的水。
　　2. 当采用细砂或粗砂时，用水量分别取上限或下限。
　　3. 稠度小于 70mm 时，用水量可小于下限。
　　4. 施工现场气候炎热或干燥季节，可酌量增大用水量。

5.3.2　水泥砂浆配合比选用

根据试验及工程实践，现场配制水泥砂浆的试配可按表 5-8 选用，水泥粉煤灰砂浆材料用量可按表 5-9 选用。

表 5-8　每立方米水泥砂浆材料用量　　　　　　　　　　（单位：kg）

强度等级	水泥用量 Q_c	用砂量 Q_s	用水量 Q_w
M5	200～230		
M7.5	230～260		
M10	260～290		
M15	290～330	砂的堆积密度值	270～330
M20	340～400		
M25	360～410		
M30	430～480		

注：1. M15 及 M15 以下强度等级水泥砂浆宜用强度等级为 32.5 级的水泥。

　　2. M15 以上强度等级的水泥砂浆，水泥强度等级为 42.5 级。

表 5-9　每立方米水泥粉煤灰砂浆材料用量　　　　　　（单位：kg）

砂浆强度等级	水泥和粉煤灰总量	粉煤灰	砂	用水量
M5	210～240			
M7.5	240～270	粉煤灰掺量可占胶凝材料总量的 15%～25%	砂的堆积密度值	270～330
M10	270～300			
M15	300～330			

注：表中水泥强度等级为 32.5 级。

5.3.3　水泥砂浆配合比的试配、调整和确定

　　按计算或查表所得配合比进行试拌，根据《建筑砂浆基本性能试验方法标准》测定砌筑砂浆拌合物的稠度和保水率。当不能满足要求时，应调整材料用量，直到符合要求为止，此时的配合比为试配时的砂浆基准配合比。

　　试配时至少应采用三个不同的配合比：基准配合比、按基准配合比中水泥用量分别增减 10% 的两个配合比。在保证稠度和保水率合格的条件下，可将用水量、掺合料用量和保水增稠材料用量做相应调整。

　　采用与工程实际相同的材料和搅拌方法试拌砂浆，分别测定不同配合比砂浆的表观密度及强度，选定符合试配强度及和易性要求、水泥用量最少的配合比作为砂浆的试配配合比。

　　根据拌合物的密度，校正材料的用量，保证每立方米砂浆中的用量准确。校正步骤如下：

　　1）按确定的砂浆配合比计算砂浆理论表观密度值 ρ_t（精确至 $10kg/m^3$）：

$$\rho_t = Q_c + Q_d + Q_s + Q_w \tag{5-8}$$

　　2）根据砂浆的实测表观密度 ρ_c 计算校正系数：

$$\delta = \frac{\rho_c}{\rho_t} \tag{5-9}$$

　　3）当砂浆的实测表观密度与理论表观密度值之差的绝对值不超过理论值的 2% 时，配合比不做调整；当超过 2% 时，应将试配得到的配合比每项材料用量均乘以校正系数后，确定为砂浆设计配合比。

一般情况下水泥砂浆拌合物的表观密度不应小于 $1900kg/m^3$ ，水泥混合砂浆和预拌砂浆的表观密度不应小于 $1800kg/m^3$ 。

5.3.4 砂浆配合比设计实例

【例 5-1】 某混凝土砖砌体工程使用水泥混合砂浆砌筑，砂浆的设计强度等级为 M10，稠度为 50~70mm。所用原材料为：水泥采用 32.5 强度等级矿渣硅酸盐水泥，强度富余系数为 1.1；砂采用中砂，堆积密度为 $1450kg/m^3$ ，含水率为 2%；掺合料采用石灰膏，稠度为 100mm。施工企业施工水平一般。试计算砂浆的配合比。

【解】 （1）计算试配强度 $f_{m,0}$

$$f_{m,0} = kf_2$$

式中，$f_2 = 10MPa$ ，$k = 1.20$ （查表 5-6），则

$$f_{m,0} = 10MPa×1.20 = 12MPa$$

（2）计算水泥用量 Q_c

$$Q_c = \frac{1000(f_{m,0}-\beta)}{\alpha f_{ce}}$$

式中，$\alpha = 3.03$ ，$\beta = -15.09$ ，$f_{ce} = 32.5MPa×1.1 = 35.75MPa$ ，则

$$Q_c = \frac{1000×(12+15.09)}{3.03×35.75}kg/m^3 = 250.10kg/m^3$$

（3）计算石灰膏用量 Q_d

$$Q_d = Q_a - Q_c$$

式中取 $Q_a = 350kg/m^3$ ，则

$$Q_d = 350kg/m^3 - 250.10kg/m^3 = 99.9kg/m^3$$

石灰膏稠度为 100mm，查表 5-1，稠度换算系数为 0.97，$Q_d = 99.9kg/m^3 × 0.97 = 96.9kg/m^3$

（4）计算砂用量 Q_s

$$Q_s = 1450×(1+2\%)kg/m^3 = 1479kg/m^3$$

（5）确定用水量 Q_w 可选取 $280kg/m^3$ ，扣除砂中所含水量，拌和用水量为

$$Q_w = (280-1450×2\%)kg/m^3 = 251kg/m^3$$

砂浆试配时各材料的用量比例： $Q_c : Q_d : Q_s : Q_w = 1 : 0.39 : 5.92 : 1.00$
经试配、调整，最后确定施工所用的砂浆配合比。

■ 5.4 抹面砂浆

凡涂抹在基底材料的表面，兼有保护基层和增加美观作用的砂浆，可统称为抹面砂浆。

【抹面砂浆】

根据抹面砂浆功能不同，一般可将抹面砂浆分为普通抹面砂浆、防水砂浆、装饰砂浆和特种砂浆（如绝热、吸声、耐酸、防射线砂浆）等。

与砌筑砂浆相比，抹面砂浆的特点和技术要求：抹面层不承受荷载；抹面砂浆应具有良

好的和易性，容易抹成均匀平整的薄层，便于施工；抹面层与基底层要有足够的黏结强度，使其不脱落、不开裂；抹面层多为薄层，并分层涂抹，面层要求平整、光洁、细致、美观；多用于干燥环境，大面积暴露在空气中。

抹面砂浆的组成材料与砌筑砂浆基本上是相同的。但为了防止砂浆层的收缩开裂，有时需要加入一些纤维材料，或者为了使其具有某些特殊功能需要选用特殊骨料或掺合料。与砌筑砂浆不同，对抹面砂浆的技术性质主要不是抗压强度，而是和易性及与基底材料的黏结强度。

5.4.1　普通抹面砂浆

普通抹面砂浆对建筑物和墙体起到保护作用。它可以抵抗风、雨、雪等自然环境对建筑物的侵蚀，并提高建筑物的耐久性，同时使建筑物表面或墙面达到平整、光洁、美观的效果。

常用的普通抹面砂浆有水泥砂浆、石灰砂浆、水泥混合砂浆、麻刀石灰砂浆（简称麻刀灰）、纸筋石灰砂浆（简称纸筋灰）等。

普通抹面砂浆通常分为两层或三层进行施工。底层抹灰的作用是使砂浆与基底能牢固地黏结，因此要求底层砂浆具有良好的和易性、保水性和较好的黏结强度。中层抹灰主要是找平，有时可省略。面层抹灰是为了获得平整、光洁的表面效果。各层抹灰面的作用和要求不同，因此每层所选用的砂浆也不一样。同时不同的基底材料和工程部位，对砂浆技术性能要求也不同，这也是选择砂浆种类的主要依据。

水泥砂浆宜用于潮湿或强度要求较高的部位；混合砂浆多用于室内底层或中层或面层抹灰；石灰砂浆、麻刀灰、纸筋灰多用于室内中层或面层抹灰。水泥砂浆不得涂抹在石灰砂浆层上。

普通抹面砂浆的组成材料及配合比，可根据使用部位及基底材料的特性确定，一般情况下参考有关资料和手册选用。

5.4.2　装饰砂浆

装饰砂浆是指涂抹在建筑物内外墙表面，具有美观装饰效果的抹面砂浆。

装饰砂浆的底层和中层抹灰与普通抹面砂浆基本相同，但是其面层要选用具有一定颜色的胶凝材料和骨料或者经各种加工处理，使建筑物表面呈现各种不同的色彩、线条和花纹等装饰效果。

1. 装饰砂浆的组成材料

1）胶凝材料。装饰砂浆所用胶凝材料与普通抹面砂浆基本相同，只是灰浆类饰面更多地采用白色水泥或彩色水泥。

2）骨料。装饰砂浆所用骨料，除普通天然砂外，石渣类饰面常使用石英砂、彩釉砂、着色砂、彩色石渣等。

3）颜料。装饰砂浆中的颜料应采用耐碱和耐日晒的矿物颜料。

2. 装饰砂浆饰面方式

装饰砂浆饰面方式可分为灰浆类饰面和石渣类饰面两大类。

（1）灰浆类饰面　灰浆类饰面是指主要通过水泥砂浆的着色或对水泥砂浆表面进行艺

术加工，从而获得具有特殊色彩、线条、纹理等质感的饰面。其主要优点是材料来源广泛，施工操作简便，造价比较低廉，而且通过不同的工艺加工可以创造不同的装饰效果。常用的灰浆类饰面有以下几种：

1）拉毛灰。拉毛灰是用铁抹子或木蟹，将罩面灰浆轻压后顺势拉起，形成一种凹凸质感很强的饰面层。拉细毛时用棕刷蘸着灰浆拉成细的凹凸花纹。

2）甩毛灰。甩毛灰是用竹丝刷等工具将罩面灰浆甩涂在基面上，形成大小不一而又有规律的云朵状毛面饰面层。

3）仿面砖。仿面砖是在采用掺入氧化铁系颜料（红、黄）的水泥砂浆抹面上，用特制的铁钩和靠尺，按设计要求的尺寸进行分格划块，沟纹清晰，表面平整，酷似贴面砖饰面。

4）拉条。拉条是在面层砂浆抹好后，用一凹凸状轴辊作模具，在砂浆表面上滚压出立体感强、线条挺拔的条纹。条纹分半圆形、波纹形、梯形等多种，条纹可粗可细，间距可大可小。

5）喷涂。喷涂是先用挤压式砂浆泵或喷斗，将掺入聚合物的水泥砂浆喷涂在基面上，形成波浪、颗粒或花点质感的饰面层。再在表面喷一层甲基硅醇钠或甲基硅树脂疏水剂，可提高饰面层的耐久性和耐污染性。

6）弹涂。弹涂是先用电动弹力器，将掺入107胶的两三种水泥色浆，分别弹涂到基面上，形成1~3mm圆状色点，获得不同色点相互交错、相互衬托、色彩协调的饰面层。再刷一道树脂罩面层，起防护作用。

（2）石渣类饰面　石渣类饰面是指用水泥（普通水泥、白色水泥或彩色水泥）、石渣、水拌成石渣浆，同时采用不同的加工手段除去表面水泥浆皮，使石渣呈现不同的外露形式及水泥浆与石渣的色泽对比，构成不同的装饰效果。

石渣是天然的大理石、花岗石及其他天然石材经破碎而成的，俗称米石。常用的规格有大八厘（粒径为8mm）、中八厘（粒径为6mm）、小八厘（粒径为4mm）。石渣类饰面比灰浆类饰面色泽较明亮，质感相对丰富，不易褪色，耐光性和耐污染性也较好。常用的石渣类饰面有以下几种：

1）水刷石。将水泥石砂浆涂抹在基面上，待水泥浆初凝后，以毛刷蘸水刷洗或用喷枪以一定水压冲刷表层水泥浆皮，使石渣半露出来，达到装饰效果。

2）干粘石。干粘石又称为甩石子，是在水泥浆或掺入107胶的水泥砂浆黏结层上，把石渣、彩色石子等粘在其上，再拍平压实而成的饰面。石粒的2/3应压入黏结层内，要求石子粘牢，不掉粒并且不露浆。

3）斩假石。斩假石又称为剁假石，是以水泥石渣（掺30%石屑）浆做成面层抹灰，待具有一定强度时，用钝斧或凿子等工具，在面层上剁斩出纹理，而获得类似天然石材经雕琢后的纹理质感。

4）水磨石。水磨石是由水泥、彩色石渣或白色大理石碎粒及水按一定比例配制，需要时掺入适量颜料，经搅拌均匀，浇筑捣实、养护，待硬化后将表面磨光而成的饰面。常常将磨光表面用草酸冲洗、干燥后上蜡。

水刷石、干粘石、斩假石和水磨石等装饰效果各具特色。在质感方面：水刷石最为粗犷，干粘石粗中带细，斩假石典雅庄重，水磨石润滑细腻。在颜色花纹方面：水磨石色泽华丽、花纹美观；斩假石的颜色与斩凿的灰色花岗石相似；水刷石的颜色有青灰色、奶黄色等；干粘石的色彩取决于石渣的颜色。

5.4.3　防水砂浆

用作防水层的砂浆称为防水砂浆。砂浆防水层又称为刚性防水层，适用于不受振动和具有一定刚度的混凝土或砖石砌体的表面。

防水砂浆主要有三种：

（1）水泥砂浆　水泥砂浆是由水泥、细骨料、掺合料和水制成的砂浆。普通水泥砂浆多层抹面用作防水层。

（2）掺入防水剂的防水砂浆　在普通水泥中掺入一定量的防水剂而制成的防水砂浆是目前广泛应用的一种防水砂浆。常用的防水剂有硅酸钠类、金属皂类、氯化物金属盐及有机硅类。防水砂浆的配合比为水泥与砂的质量比，一般不宜大于 1∶2.5，水胶比应为 0.50~0.60，稠度不应大于 80mm。水泥宜选用 32.5 强度等级以上的普通硅酸盐水泥或 42.5 强度等级矿渣水泥，砂子宜选用中砂。防水砂浆的施工方法有人工多层抹压法和喷射法等。各种方法都是以防水抗渗为目的，减少内部连通毛细孔，提高密实度。

（3）膨胀水泥和无收缩水泥配制砂浆　由于该种水泥具有微膨胀或补偿收缩性能，从而能提高砂浆的密实性和抗渗性。

5.4.4　特种砂浆

（1）隔热砂浆　隔热砂浆是指采用水泥等胶凝材料及膨胀珍珠岩、膨胀蛭石、陶粒砂等轻质多孔骨料，按照一定比例配制的砂浆。其具有质量小、保温隔热性能好［导热系数一般为 0.07~01.0W/（m·K）］等特点，主要用于屋面、墙体绝热层和热水、空调管道的绝热层。常用的隔热砂浆有水泥膨胀珍珠岩砂浆、水泥膨胀蛭石砂浆、水泥石灰膨胀蛭石砂浆等。

（2）吸声砂浆　吸声砂浆是指采用轻质多孔骨料拌制而成的砂浆，由于其骨料内部孔隙率大，因此吸声性能也十分优良。吸声砂浆还可以在砂浆中掺入锯末、玻璃纤维、矿物棉等材料拌制而成，主要用于室内吸声墙面和顶面。

（3）耐腐蚀砂浆

1）水玻璃类耐酸砂浆。一般采用水玻璃作为胶凝材料拌制而成，常常掺入氟硅酸钠作为促硬剂。耐酸砂浆主要作为衬砌材料、耐酸地面或内壁防护层等。

2）耐碱砂浆。使用强度等级 42.5 以上的普通硅酸盐水泥（水泥熟料中铝酸三钙含量应小于 9%），细骨料可采用耐碱、密实的石灰岩类（石灰岩、白云岩、大理岩等）、火成岩类（辉绿岩、花岗石等）制成的砂和粉料，也可采用石英质的普通砂。耐碱砂浆可耐一定温度和浓度下的氢氧化钠和铝酸钠溶液的腐蚀，以及任何浓度的氨水、碳酸钠、碱性气体和粉尘等的腐蚀。

3）硫黄砂浆。以硫黄为胶结料，加入填料、增韧剂，经加热熬制而成的砂浆。采用石英粉、辉绿岩粉、安山岩粉作为耐酸粉料和细骨料。硫黄砂浆具有良好的耐腐蚀性能，几乎能耐大部分有机酸、无机酸、中性和酸性盐的腐蚀，对乳酸也有很强的耐蚀能力。

（4）防辐射砂浆　防辐射砂浆是指采用重水泥（钡水泥、锶水泥）或重质骨料（黄铁矿、重晶石、硼砂等）拌制而成，可防止各类辐射的砂浆，主要用于射线防护工程。

（5）聚合物砂浆　聚合物砂浆是指在水泥砂浆中加入有机聚合物乳液配制而成的砂浆，具有黏结力强、干缩率小、脆性低、耐蚀性好等特性，用于修补和防护工程。常用的聚合物乳液有氯丁胶乳液、丁苯橡胶乳液、丙烯酸树脂乳液等。

【工程案例分析1】

［现象］　某工程采用混合砂浆进行多孔砖内墙饰面抹灰。将石灰粉、水泥和砂三种材料同时拌制成抹面砂浆后，直接抹在砖墙上。过了几个星期，发现砂浆面出现空鼓剥落现象，试分析其原因。

［分析］　多孔砖为吸水性基面，进行混合砂浆抹面前，应进行吸水湿润，否则，多孔砖将从混合砂浆中吸收水分，导致砂浆水化程度不足，因而影响砂浆的强度发展，最终导致因强度不足而出现空鼓剥落现象。

［拓展思考］　预拌砂浆是指由专业化厂家生产的，用于建设工程中的各种砂浆拌合物，是我国发展起来的一种新型建筑材料。生产预拌砂浆要注意些什么问题？

【工程案例分析2】

［现象］　2014年11月以来，江苏昆山一住宅小区一期工程四幢建筑，属于剪力墙结构高层建筑，建筑面积66000m²，四幢建筑外墙外保温陆续出现开裂、鼓包及脱落现象，每处空鼓、脱落面积为2~3m²，严重影响小区居住安全，造成较大的社会影响。该工程竣工不足4年，即出现外墙保温大面积空鼓及脱落，属于典型的质量事故。

［分析］　经过调查，事故主要原因有以下方面：首先，抗裂砂浆厚度局部偏薄（设计为15mm的抗裂砂浆，实际最薄处仅为2.5mm）；网格未全部压入抗裂砂浆层，造成开裂，雨水直接进入保温层从而引起空鼓，在负风压作用下，空鼓逐渐增大进而开裂、脱落；其次，阳角部位未进行有效加强处理，阳角处网格布未包角施工，且阳角处网格布无有效搭接，致使空鼓、开裂、脱落最先在该部位出现；最后，经过省建筑工程质量检测中心现场抽测，四幢楼的保温系统现场抗拉拔试验数据均不符合《无机轻骨料砂浆保温系统技术规程》（JGJ/T 253—2019）的第6.1.2条的规定。

【工程实例1】

北京工人体育场（见图5-1）改建工程是本着节俭办奥运的原则对既有场馆进行改扩建的项目之一。其采用的高强钢绞线网-聚合物砂浆复合面层加固技术是一种新型的加固技术，具有高强、防火、聚合力强、无污染等特点，有效解决了传统加固方法存在的技术缺陷，可同时满足对加固效果、建筑外观保护、结构防火性能及环境保护等多方面的综合要求。

高强钢绞线网-聚合物砂浆复合面层加固技术是指将被加固构件进行界面处理后，先将钢绞线网敷设于被加固构件的受拉区，再在其表面涂抹聚合物砂浆。其中钢绞线是受力的主体，在加固结构中发挥高于普通钢筋的抗拉强度；聚合物砂浆有良好的渗透性、对氯化物和一般化工品的阻抗性好，黏结强度和密实程度很高，它一方面起到有效保护钢绞线网和原有钢筋的作用，防止其内混凝土进一步碳化，另一方面将钢绞线网良好地黏结于原结构上，形成整体，使钢绞线网与原结构变形协调、共同工作，有效提高结构构件的刚度和承载能力，而且其耐久性、耐腐蚀性和防火性能均有优异表现。

图5-1　北京工人体育场

【工程实例2】

黄河三盛公水利枢纽工程（见图5-2）位于内蒙古自治区巴彦淖尔市磴口县巴彦高勒镇东南的黄河干流上。该枢纽是目前黄河干流上唯一的大型闸坝工程，工程规模属于大（1）型工程，工程等级为I等。三盛公水利枢纽工程投入运行40余年来，枢纽工程混凝土表面冻融、剥蚀、碳化严重，对此，采用表面喷涂SPC聚合物砂浆抹面的方式对混凝土表面进行防碳化加固处理。

SPC聚合物水泥砂浆是将高分子聚合物乳液与由水泥、石英砂、膨胀剂等组成的干混砂浆按比例拌和而成的一种聚合物水泥砂浆。聚合物乳液含表面活性剂，起减水作用，从而提高了砂浆的密实性和抗渗透能力；聚合物分子中的活性基团与水泥水化游离的 Ca^{2+}、Al^{3+}、Fe^{2+} 等离子交换，形成桥键，使砂浆承受变形能力增强，限制裂缝的发展，与普通砂浆相比，SPC聚合物水泥砂浆抗拉强度高、抗冻、抗渗、抗冲耐磨、抗裂性能高。将SPC聚合物水泥砂浆喷涂在混凝土表面上，不仅具有防止混凝土进一步碳化的能力，还可以防止混凝土的表面冻融、剥蚀等病害的发生。经过SPC聚合物砂浆修补，枢纽工程混凝土表面碳化侵蚀明显得到控制，钢筋锈蚀减缓，为今后枢纽工程继续安全运行、发挥经济效益与社会效益提供了有力的保障。

图5-2　黄河三盛公水利枢纽工程

【工程实例3】

罗赛雷斯大坝（见图5-3）是位丁苏丹境内青尼罗河上的一项大型工程，环氧砂浆在其修复工程中发挥了极大作用，用以满足大坝未来25年运行中的抗冲耐磨要求。环氧砂浆是水工建筑物过流面抗冲磨损、抗气蚀与破坏后修复的优选建筑材料之一，在高速水流冲刷（流速达到15m/s以上）且携带泥沙、石块或圆木等大量漂浮物的部位，其抗冲耐磨要求很高，除常规采用的高强度抗冲耐磨硅粉混凝土之外，在过流面上仍需再涂抹一层环氧砂浆，以此显著增强过流面的抗冲耐磨性能。

图 5-3 罗赛雷斯大坝

习 题

5-1 建筑砂浆的和易性包括哪些方面？如何测定建筑砂浆的和易性？

5-2 影响砌筑砂浆强度的主要因素有哪些？如何影响？

5-3 对抹面砂浆和砌筑砂浆的组成材料及技术性质的要求有哪些不同？为什么？

5-4 什么是混合砂浆？工程中为什么常采用水泥混合砂浆抹面？

5-5 为什么抹面砂浆中常掺入纤维材料？

第6章　建筑钢材

【本章要点】

本章主要介绍建筑钢材的生产及性质、结构用钢和混凝土用钢的技术标准。本章的学习目标：熟悉钢的分类及各类钢的特点；掌握钢的各项技术性能的定义、意义或表示方法；掌握化学元素 C、Si、Mn、P、S 等对钢材性能的影响；了解冷加工强化、时效处理、热处理的定义、分类及机理；掌握不同冷加工方法对钢材性能的影响；熟悉碳素结构钢牌号的表示方法及其质量等级的划分依据；熟悉低合金钢牌号的表示方法；掌握热轧钢筋强度等级的划分及选用；熟悉建筑钢材的技术标准；学会在工程设计与施工中正确选择和合理使用建筑钢材。

【本章思维导图】

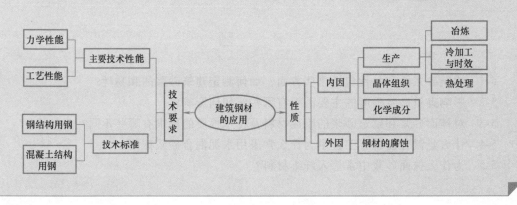

金属材料分为黑色金属和有色金属两大类，在土木工程中具有广泛的用途。黑色金属是指以铁元素为主要成分的金属及其合金，如生铁、碳素钢、合金钢等；有色金属则是指以其他金属元素为主要成分的金属及其合金，如铝、铜、锌等及其合金。土木工程中使用量最大、应用最广泛的金属材料是建筑钢材。

建筑钢材是指在建筑工程中使用的各种钢材，具有组织均匀密实、强度高、弹性模量大、塑性及韧性好、承受动力荷载能力强，且便于加工和装配等优点。建筑钢材主要应用于钢结构的各种型材（圆钢、角钢、槽钢、工字钢和 H 型钢）和钢筋混凝土结构（各种钢筋、钢丝和钢绞线）中，同时也用于围护结构和装饰工程的各种深加工钢板和复合板等。

近年来，随着钢结构建筑体系的发展，一些厂房、大型商场、仓库、体育场馆、飞机场乃至别墅、高层住宅，相继采用钢结构体系。而一些临时用房和市政工程为缩短工期，采用钢结构的比例也逐渐增加。公路和铁路建设中，钢结构更是占有绝对的地位，所以今后及很长一段时间内，建筑钢材的用量将会越来越大。由丁建筑钢材主要用作结构材料，钢材的性能对结构的安全性起着决定性的作用，因此有必要对各种钢材的性能有充分的了解，以便在设计和施工中合理地选择和使用。

■ 6.1 钢材的冶炼与分类

6.1.1 钢材的冶炼

【从重轨到"鞍钢宪法"】

钢的主要化学成分是铁元素和碳元素，因此又被称为铁碳合金，此外有少量的硅、锰、磷、硫、氧、氮等元素。碳含量（指质量分数，下同）大于 2% 的铁碳合金称为生铁或铸铁，碳含量在 2% 以下，含有害杂质较少的铁碳合金便可称为钢，常用建筑钢材的碳含量一般在 1.3% 以下。

钢是由生铁冶炼而成的。生铁中碳、硫、磷等杂质的含量较高，强度低，塑性及韧性差，不易进行焊接、锻造、轧制等加工，所以必须进行冶炼。炼钢的过程就是把熔融的生铁进行氧化，使碳的含量降低到预定的范围，磷、硫等杂质的含量也降低到允许范围。在炼钢过程中，由于采用的炼钢方法不同，除掉碳及磷、硫、氧、氮等杂质的程度也不同，所得到钢材的质量也有差异。目前国内主要有氧气转炉炼钢法、平炉炼钢法和电炉炼钢法三种炼钢方法。

1. 氧气转炉炼钢法

以熔融铁液为原料，不需要燃料，而是向转炉内吹入高压氧气，使铁液中硫、磷等有害杂质迅速氧化，而被有效除去。该方法的特点是冶炼速度快，钢质较好，且成本较低。氧气转炉炼钢法常用来生产优质碳素钢和合金钢。目前，氧气转炉炼钢法是最主要的一种炼钢方法。

2. 平炉炼钢法

平炉炼钢法是以固体或液态生铁、铁矿石或废钢铁为原料，以煤气或重油为燃料，依靠废钢铁及铁矿石中的氧与杂质起氧化作用而成渣，熔渣浮于表面，使下层液态钢液与空气隔绝，避免空气中的氧、氮等进入钢中。平炉炼钢法冶炼时间长，有足够的时间调整和控制其成分，去除杂质更为彻底，故钢的质量好。平炉炼钢法可用于炼制优质碳素钢、合金钢及其他有特殊要求的专用钢。其缺点是能耗高，成本高。

3. 电炉炼钢法

电炉炼钢法的主要原料是废钢及生铁，利用电能加热进行高温冶炼。该法熔炼温度高，且温度可自由调节，清除杂质较彻底，因此电炉钢的质量最好，但成本也最高。电炉炼钢法主要用于冶炼优质碳素钢及特殊合金钢。

6.1.2 钢材的分类

钢材的分类根据不同的需要而采用不同的分类方法，常用的分类方法有以下几种：

【钢材的分类】

1. 按化学成分分类

按化学成分不同，钢可分为碳素钢和合金钢。

（1）**碳素钢** 碳含量为 0.02%~2% 的铁碳合金称为碳素钢，碳素钢中还含有少量硅、锰，以及磷、硫、氧、氮等有害杂质。其中碳含量对钢的性质影响显著。根据碳含量不同，碳素钢又可分为低碳钢（碳含量<0.25%）、中碳钢（碳含量为 0.25%~0.60%）、高碳钢（碳含量>0.60%）。

（2）**合金钢** 在碳素钢中加入一定量的合金元素则称为合金钢。常用的合金元素有硅、锰、钛、镍、铬等，添加合金元素可改善钢的性能，或使钢获得某种特殊性能。合金钢按合金元素含量不同可分为低合金钢（合金元素总含量<5%）、中合金钢（合金元素总含量为 5%~10%）、高合金钢（合金元素总含量>10%）。

土木工程中所用的钢材主要是碳素钢中的低碳钢和合金钢中的低合金钢。

2. 按脱氧程度分类

按脱氧程度不同，钢可分为沸腾钢、镇静钢、半镇静钢和特殊镇静钢四种。

（1）**沸腾钢（代号 F）** 沸腾钢是脱氧不充分的钢，钢液中氧含量较高。当钢液注入锭模后，氧化铁与碳继续发生反应，生成大量一氧化碳气体，气体外逸引起钢液出现"沸腾"的现象，故称为沸腾钢。这种钢的塑性较好，有利于冲压，但其内部杂质分布不均匀，偏析严重，冲击韧性及焊接性较差。但因其成本较低、产量高，常用于一般的土木工程结构中。

（2）**镇静钢（代号 Z）** 镇静钢是脱氧充分的钢，在浇筑时钢液能够平静地冷却凝固，故称为镇静钢。镇静钢材质致密均匀，焊接性好，耐蚀性强，质量高于沸腾钢，但成本较高，主要用于承受冲击荷载作用或其他重要的结构工程。

（3）**半镇静钢（代号 b）** 脱氧程度介于沸腾钢和镇静钢之间，故称为半镇静钢。

（4）**特殊镇静钢（代号 TZ）** 特殊镇静钢是一种比镇静钢脱氧程度还要充分彻底的钢，其质量最好，主要用于特别重要的结构工程。

3. 按钢材品质分类

按钢中有害杂质硫（S）和磷（P）含量分类，可分为以下四类：

1）普通质量钢。S 含量小于或等于 0.50%，P 含量小于或等于 0.045%。

2）优质钢。S 含量小于或等于 0.035%，P 含量小于或等于 0.035%。

3）高级优质钢。S 含量小于或等于 0.025%，P 含量小于或等于 0.025%。

4）特级优质钢。S 含量小于或等于 0.015%，P 含量小于或等于 0.025%。

4. 按用途分类

按用途的不同，钢可分为以下三类：

1）结构钢。主要用于建筑工程结构及制造机械零件的钢，一般为低碳钢或中碳钢。

2）工具钢。主要用于制造各种工具、量具及模具的钢，一般为高碳钢。

3）特殊钢。具有特殊物理、化学或力学性能的钢，如不锈钢、耐热钢、耐酸钢、耐磨钢、磁性钢等，一般为合金钢。

6.2 建筑钢材的主要技术性能

钢材的主要技术性能包括力学性能和工艺性能两个方面。其中力学性能是钢材最重要的性能指标，包括抗拉性能、冲击韧性、耐疲劳性等。工艺性能主要包括冷弯性能及焊接性。

6.2.1 钢材的力学性能

钢材是土木建筑工程中广泛应用的结构材料，使用中要承受拉力、压力、弯曲、扭曲等各种静力荷载作用，这就要求钢材具有一定的强度及其抵抗有限变形而不破坏的能力。对于承受动力荷载作用的钢材，还要求具有较高的冲击韧性。

1. 抗拉性能

抗拉性能是建筑钢材最重要的技术性能。钢材受拉时，在产生应力的同时，相应地产生应变。应力和应变的关系反映出钢材的主要力学特征。低碳钢是土木工程中使用最广泛的一种钢材，由于其在常温、静载条件下受拉时的应力-应变关系曲线比较典型，因此建筑钢材的抗拉性能常以其应力-应变曲线来描述，如图 6-1 所示。根据曲线特征，低碳钢在受拉过程中经历了弹性（OA）、屈服（AB）、强化（BC）和缩颈（CD）四个阶段，其力学性能可由弹性模量、屈服强度、抗拉强度和伸长率等指标来反映。

【低碳钢的受拉过程】

（1）弹性阶段（OA） 该阶段应力较小，应力与应变呈正比例关系。若卸去外力，试件可恢复原状，无残余变形。弹性阶段的最高点 A 点所对应的应力称为弹性极限，以 R_p 表示。在弹性阶段，应力与应变的比值为常数，称为弹性模量，用 E 表示，即 $E = \dfrac{\Delta R}{\Delta e}$。弹性模量反映钢材抵抗弹性变形的能力，是计算结构受力变形的重要参数。常用低碳钢的弹性模量 $E = (2.0 \sim 2.1) \times 10^5$ MPa，弹性极限 $R_p = 180 \sim 200$MPa。

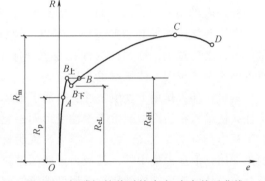

图 6-1 低碳钢拉伸时的应力-应变关系曲线

（2）屈服阶段（AB） 当应力超过弹性极限后，应变的增长比应力快，应力与应变不再呈正比，开始出现明显的塑性变形。在屈服阶段，应力与应变呈锯齿形变化，锯齿形的最高点 $B_上$ 点所对应的应力称为上屈服强度 R_{eH}；锯齿形的最低点 $B_下$ 点所对应的应力称为下屈服强度 R_{eL}。上屈服强度与试验过程中的许多因素有关，下屈服强度比较稳定，容易测试，用 R_{eL} 表示。钢材受力大于 R_{eL} 后，会出现较大的塑性变形，已不能满足使用要求，因此屈服强度是设计中钢材强度取值的依据，是工程结构计算中非常重要的一个参数。常用低碳钢的 $R_{eL} = 185 \sim 235$MPa。

（3）强化阶段（BC） 当应力超过屈服强度后，由于钢材内部组织结构中的晶格发生了畸变，阻止了晶格进一步滑移，钢材抵抗塑性变形的能力又重新提高，钢材得到强化，应力-应变曲线继续上升直至最高点 C，故称 BC 段为强化阶段。对应于最高点 C 的应力值 R_m 称为钢材的抗拉强度。常用低碳钢的 $R_m = 375 \sim 500$MPa。

抗拉强度 R_m 是钢材受拉时所能承受的最大应力值，虽然其不能直接作为计算依据，但屈服强度与抗拉强度之比（屈强比，R_{eL}/R_m）能反映钢材的利用率和结构安全可靠程度。

屈强比越小，钢材可靠性就越大，结构安全性越高。但如果屈强比过小，钢材会因有效利用率太低而造成浪费。所以结构设计时，应考虑有合理的屈强比，常用碳素结构钢的屈强比为0.58～0.63，低合金结构钢为0.65～0.75。

（4）缩颈阶段（CD）　当应力达到最高点C之后，钢材试件抵抗变形的能力明显降低，变形迅速发展，应力逐渐下降，试件被明显拉长。在某一薄弱截面（有杂质或缺陷之处），断面开始明显减小，产生缩颈直到被拉断。故CD段称为缩颈阶段。

试件拉断后，标距的伸长与原始标距长度的百分率称为钢材的断后伸长率A。测定时将拉断后的两截试件紧密对接在一起，并位于同一轴线上，量出拉断后的标距长度l_1，其与试件原始标距长度l_0的差即试件的塑性变形伸长值，如图6-2所示。

断后伸长率A按下式计算：

$$A = \frac{l_1 - l_0}{l_0} \times 100\% \tag{6-1}$$

式中　A——断后伸长率（％）；

l_0——试件的原始标距长度（mm）；

l_1——试件拉断后的标距长度（mm）。

由于试件断裂前产生缩颈现象，使塑性变形在试件标距内的分布是不均匀的，缩颈处的变形最大，离缩颈部位越远其变形越小。所以，原标距与试件直径之比越小，缩颈处的伸长在整个伸长值中所占的比例就越大，伸长率也就越大。

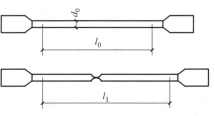

图 6-2　试件拉伸前和断裂后标距的长度

钢材在外力作用下发生塑性变形而不破坏的性能，称为塑性。建筑用钢材应具有良好的塑性，使结构在使用中能由于塑性变形而避免突然破断。伸长率表示钢材的塑性变形能力，在工程中具有重要意义。伸长率越大，说明材料的塑性越好。尽管结构中的钢材是在弹性范围内使用，但应力集中处，其应力可能超过屈服强度，此时塑性变形可以使结构中的应力重新分布，从而避免结构破坏。常用低碳钢的伸长率$A = 20\% \sim 30\%$。

中碳钢与高碳钢拉伸试验的R-e曲线如图6-3所示，与低碳钢相比有明显不同，比两类钢材无明显屈服阶段，在加载过程中应力随应变持续增加，直至断裂，伸长率小。由于在外力作用下屈服现象不明显，不易直接测出屈服强度，规范规定以产生残余变形达试件原始标距长度l_0的0.2%时所对应的应力值，作为其屈服强度，称为条件屈服强度，用$R_{r0.2}$表示。

2. 冲击韧性

冲击韧性是指钢材抵抗冲击荷载作用的能力。钢材的冲击韧度a_k（J/cm²）是用标准试件（中部加工成V型或U型缺口），如图6-4所示，在试验机的摆锤冲击下，以破坏后缺口处单位面积上所消耗的功来表示。试验时首先将试件放置在固定支座上，然后以摆锤冲击试件刻槽处的背面，使试件承受冲击弯曲而断裂。钢材的冲击韧度a_k按下

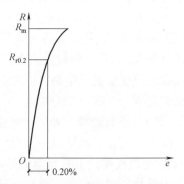

图 6-3　中碳钢、高碳钢的R-e曲线

式计算：

$$a_k = \frac{W}{A} \tag{6-2}$$

式中　a_k——冲击韧度（J/ cm^2）；

　　　A——试件槽口处最小横截面面积（cm^2）；

　　　W——试件冲断时所吸收的冲击能（J），$W = GH - Gh$，G 为摆锤的重力，H、h 如图 6-4 所示。

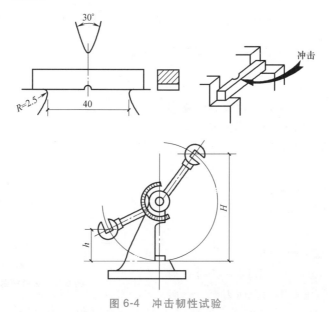

图 6-4　冲击韧性试验

a_k 值越大，钢材的冲击韧性越好。a_k 值小的钢材在断裂前没有显著的塑性变形，属于脆性材料，不宜用作承担冲击荷载的构件，如连杆、桥梁轨道等。对于经常受冲击荷载作用的结构，要选用 a_k 值大的钢材。

钢材的冲击韧性受很多因素影响，主要影响因素有以下方面：

（1）化学成分　钢材中有害元素硫、磷含量较高时，则冲击韧性下降。

（2）冶炼质量　脱氧不完全、存在化学偏析现象的钢，冲击韧性小。

（3）冷加工及时效　钢材经冷加工及时效处理后，冲击韧性降低。

（4）环境温度影响　如图 6-5 所示，在较高温度环境下，冲击韧度 a_k 随温度下降而缓慢降低，破坏时呈韧性断裂。当温度降至某一范围内，随着温度的下降，冲击韧度 a_k 大幅度降低，钢材开始发生脆性断裂，这种现象称为钢材的冷脆性，此时的温度称为脆性临界温度。脆性临界温度越低，表明钢材的低温冲击性能越好。在严寒地区使用的钢材，

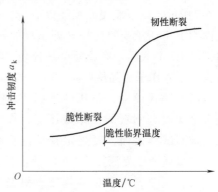

图 6-5　钢材冲击韧度与温度的关系

设计时必须考虑其冷脆性。由于脆性临界温度的测定较复杂，通常根据气温条件在-20℃或-40℃时测定的冲击韧度 a_k 来推断其脆性临界温度范围。

3. 耐疲劳性

当钢材受到交变荷载反复作用时，即使应力远低于屈服强度也会发生突然破坏的现象称为疲劳破坏。疲劳破坏一般是由拉应力引起的，受交变荷载反复作用时，钢材首先在局部开始形成细小裂纹，随后由于微裂纹尖端的应力集中使微裂缝逐渐扩大，直至突然发生瞬时疲劳断裂。由于钢材的疲劳断裂是在低应力状态下突然发生的，所以危害极大，往往容易造成灾难性的事故。

钢材的耐疲劳性用疲劳强度来表示。疲劳强度是指在疲劳试验中，试件在交变荷载作用下，于规定的周期基数内不发生断裂所能承受的最大应力。一般把钢材承受 $10^6 \sim 10^7$ 次交变荷载作用时不发生破坏的最大应力作为疲劳强度。在设计承受交变荷载且须进行疲劳验算的结构时，应当了解所用钢材的疲劳强度。钢材的疲劳强度与其内部组织状态、化学偏析、杂质含量及各种缺陷有关，钢材表面粗糙程度和腐蚀情况等都会影响疲劳强度。

钢材疲劳曲线如图6-6所示。

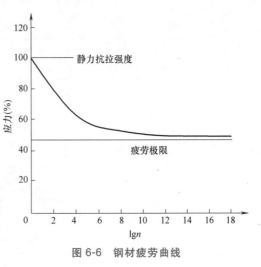

图6-6　钢材疲劳曲线

4. 硬度

硬度是指钢材抵抗硬物压入表面的能力。测定钢材硬度采用压入法，即以一定的静荷载 P，首先把一定的压头压在金属表面，然后测定压痕的面积或深度来确定硬度。根据试验方法和适用范围的不同，硬度可分为布氏硬度、洛氏硬度、维氏硬度等，建筑钢材常用的硬度为布氏硬度和洛氏硬度。

（1）布氏硬度　布氏硬度测定方法是将一个直径为 D（mm）的硬质合金球，以荷载 P（N）将其压入试件表面，经规定的持续时间 $10 \sim 15s$ 后卸除荷载，即产生直径为 d（mm）的压痕，如图6-7所示。以压痕表面积除以荷载，试件单位压痕面积 F 上所承受的荷载 P 即钢材的布氏硬度值，用符号 HBW 表示。布氏硬度法比较准确，但压痕较大，不宜用于成品检验。

（2）洛氏硬度　洛氏硬度的测定方法是用硬质合金球或金刚石圆锥体做压头，在一定荷载下压入被测试样表面，经规定持续时间后，卸除荷载，测量残余压痕深度 h。h 的数值越大，表示试样越软；反之，表示试样越硬。根据残余压痕深

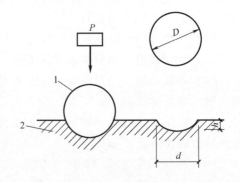

图6-7　布氏硬度试验
1—硬质合金球　2—试件

度 h 值计算洛氏硬度值，用符号 HR 表示。洛氏硬度法的压痕小，所以常用于判断工件的热处理效果。

钢材的硬度实际上是材料的强度、韧性、弹性、塑性和变形强化等一系列性能的综合反映，材料的强度越高，塑性变形抵抗能力越强，硬度值也就越大。因此，当已知钢材的硬度时，即可估计钢材的抗拉强度。

6.2.2 钢材的工艺性能

良好的工艺性能可以保证钢材顺利通过各种加工，而使钢材制品的质量不受影响。钢材的工艺性能主要包括冷弯性能及焊接性。

【钢材的工艺性能】

1. 冷弯性能

冷弯性能是指钢材在常温条件下承受弯曲变形的能力。钢材的冷弯性能以试验时的弯曲角度 α 和弯心直径 d 来表示。钢材的冷弯试验是通过厚度为 a 的试件，采用标准规定的弯心直径 d（$d = na$，n 为整数），弯曲到规定的弯曲角度（180°或90°）时，试件的弯曲外表面若无裂纹、断裂及起层等现象，即认为冷弯性能合格。可知，α 角越大，d/a 越小，表明试件冷弯性能越好，如图 6-8 所示。

钢材在单轴拉伸试验中的伸长率反映钢材的均匀变形性能，而冷弯试验则检验钢材在非均匀变形下的性能。因此，冷弯性能更好地反映钢材内部组织结构的均匀性，如是否存在内应力、微裂纹偏析和夹杂物等缺陷。

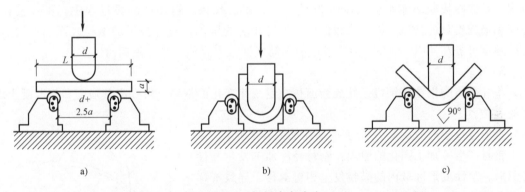

图 6-8 钢材冷弯试验

a）装好的试件 b）$\alpha = 180°$ c）$\alpha = 90°$

2. 焊接性

焊接是采用加热或同时加热加压的方法将两个金属件连接在一起。建筑工程中的钢结构90%以上通过焊接的方法进行连接。钢筋混凝土结构中，焊接工艺在钢筋接头、钢筋网、钢筋骨架、预埋件之间的连接及装配式构件的安装中被大量采用。

焊接性是指在一定的焊接工艺下，在焊缝及附近过热区不产生裂纹及硬脆倾向，焊接后的力学性能，特别是强度不低于被连接钢材的性质。钢材的焊接性主要受化学元素种类及其含量的影响，碳含量小于 0.25% 的碳素钢具有良好的焊接性；碳含量大于 0.30% 的碳素钢，其焊接性变差。加入过多的合金元素（硅、锰、钒、钛）均会降低钢材的焊接性。磷、硫能使焊缝处出现热脆并产生裂纹。对于高碳钢和合金钢，焊接时应采用焊前预热和焊后处理等措施，以保证焊接质量。

【大国工匠：大术无极】

■ 6.3 钢材的冷加工与热处理

6.3.1 冷加工强化

【钢材的冷加工强化】

将钢材在常温下进行冷拉、冷拔、冷轧等各种加工，使之产生塑性变形，从而提高了屈服强度，相应降低了塑性和韧性，这种加工方法称为冷加工强化。目前常用的冷轧带肋钢筋、冷拉钢筋、预应力高强冷拔钢丝等，都是利用这一原理进行加工的产品。经冷加工，钢材的屈服强度提高，从而达到节约钢材的目的。

1. 冷拉

冷拉是将热轧钢筋一端固定，用冷拉设备对其另一端进行张拉，使之伸长。钢材经冷拉后屈服强度可提高 20%~30%，钢筋的长度增加 4%~10%，一般可节约钢材 10%~20%。但钢材经冷拉后屈服阶段缩短，伸长率减小，材质变硬。根据张拉时控制参数的不同，冷拉有单控和双控之分。单控是指在张拉时，只控制其冷拉伸长率；双控是指既控制其冷拉应力，又控制其冷拉伸长率。所以，双控比单控冷拉质量更容易得到保证。

2. 冷拔

冷拔是将光圆钢筋在常温下使其多次通过比其直径小 0.5~1mm 的硬质合金拔丝模孔的过程。每次冷拔断面缩小应在 10% 以下，可经多次拉拔。钢筋在冷拔过程中，不仅受拉，还受到周围模具的挤压，因而冷拔的作用比冷拉更为强烈。经冷拔后的钢材表面质量增高，屈服强度可提高 40%~60%，但冷拔后的钢筋塑性大大降低，具有硬钢的性质。

3. 冷轧

冷轧是将圆钢在轧钢机上轧成断面按一定规律变化的钢筋，可提高其强度和与混凝土之间的黏结力。

钢筋经冷拉时效后应力-应变的变化如图 6-9 所示。

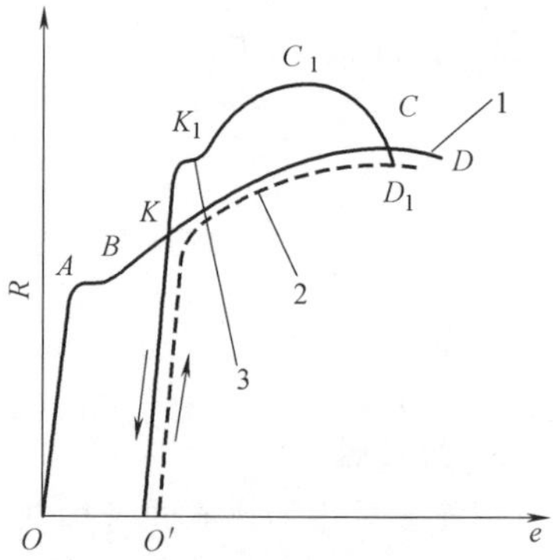

钢材产生冷加工强化的原因：钢材经冷加工发生塑性变形后，塑性变形区域内的晶粒发生相对滑移，导致滑移面下的晶粒破碎，晶格扭曲畸变，滑移面变得凹凸不平，从而对晶粒的进一步滑移起到阻碍作用。要使其继续产生滑移就必须增加外力，因此屈服强度得到提高。同时，冷加工强化后的钢材，塑性变形后滑移面减少，从而塑性和韧性降低。由于塑性变形产生内应力，故冷加工后钢材的弹性模量会有所下降。

图 6-9 钢筋经冷拉时效
后应力-应变的变化
1—未冷拉　2—无冷拉时效
3—经冷拉时效

6.3.2 时效

钢材经冷加工后，随着时间的延长，屈服强度和抗拉强度逐渐提高，而塑性和韧性逐渐降低的现象，称为时效。钢材经过冷加工后，在常温下放置 15~20d，或加热至 100~200℃ 并保持 2h 左右，该过程称为时效处理，前者称为自然时效，后者称为人工时效。一般对强度较低的钢筋通常采用自然时效，强度较高的钢筋则采用人工时效。钢材因时效而导致其性能改变的程度称为时效敏感性。时效敏感性越大的钢材，经过时效处理后，其冲击韧度和塑性的降低就越显著。为了保证使用安全，在设计承受动力荷载的重要结构工程（如桥梁、吊车梁等）时，应当选用时效敏感性较小的钢材。

6.3.3　钢材的热处理

热处理是指将钢材按一定的规则加热、保温和冷却，以改变其金相组织，从而获得所需性能的工艺过程。热处理的目的是提高钢的力学性能，发挥钢材的潜力，提高工件的使用性能和延长寿命。钢材的热处理方法有退火、正火、淬火和回火。

【钢材的热处理】

1. 退火

退火是指将钢材加热到一定温度，保温后缓慢冷却（随炉冷却）的热处理工艺，包括低温退火和完全退火。低温退火的加热温度在基本组织转变温度以下，完全退火的加热温度高于基本组织转变温度，为 800~850℃。其目的是细化晶粒，改善组织，减少加工中产生的缺陷，减轻晶格畸变，消除内应力，提高塑性和冲击韧度。

2. 正火

正火是退火的一种特例。正火与退火的主要区别是冷却速度不同，正火在空气中冷却的速度比退火冷却要快。与退火相比，正火后的钢材强度、硬度较高，而塑性减小。正火的主要目的是细化晶粒、消除组织缺陷等。

3. 淬火

淬火是指钢材加热到基本组织转变温度以上（900℃以上），保温使组织完全转变，随即放入液体介质中快速冷却的热处理工艺。淬火的目的是得到高强度、高硬度的钢材，但会使钢材的塑性和韧性显著降低。经淬火后钢材的脆性和内应力很大，因此，淬火后一般要及时地进行回火处理。

4. 回火

回火是指将钢材加热到基本组织转变温度以下（150~650℃），保温后在空气中冷却的一种热处理工艺。通常回火和淬火是两道相连的热处理过程，其目的是促进不稳定组织转变为需要的组织，消除淬火产生的内应力，改善钢材的力学性能等。

■ 6.4　钢材的组织和化学成分对其性能的影响

6.4.1　钢材的组织及其对钢材性能的影响

1. 钢材的晶体结构

钢材是铁-碳合金晶体，在其晶体结构中，各原子之间以金属键的方式结合，这种结合方式是钢材具备较高强度和良好塑性的根本原因。描述原子在晶体中排列形式的空间格子称为晶格，钢的晶格有两种类型，即体心立方晶格和面心立方晶格。就每个晶粒来说，其性质是各向不同的，但由于许多晶粒是不规则聚集的，故钢材是各向同性材料。

钢材的晶格并不都是完美无缺的规则排列，而是存在许多不同形式的缺陷，这是钢材的实际强度远低于其理论强度的根本原因。钢材晶格的主要缺陷有三种，如图 6-10 所示。

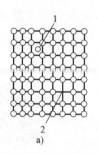
a)

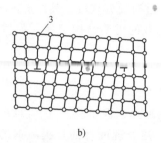
b)

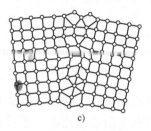
c)

图 6-10 钢材晶格缺陷示意图

a）点缺陷 b）线缺陷 c）面缺陷

1—间隙原子 2—空位 3—刃型位错

（1）点缺陷 点缺陷包括空位和间隙原子。空位减弱了原子间的结合力，使钢材强度降低；间隙原子使钢材强度有所提高，但塑性降低。

（2）线缺陷 刃型位错是线缺陷。刃型位错是金属晶体成为不完全弹性体的重要原因之一，可使杂质易于扩散。

（3）面缺陷 晶界面上原子排列紊乱。面缺陷可使钢材强度提高而塑性降低。

2. 钢材的基本晶体组织

钢中碳含量虽然很少，但对钢材性能影响非常大。铁原子和碳原子之间的结合有三种基本方式：固溶体、化合物和机械混合物，钢的晶体组织就是由上述单一或多种结合形式所构成的具有一定形态的集合体。钢的晶体组织及含量受碳含量和结晶时的温度条件所决定。在标准条件（极缓慢冷却条件）下，钢的基本晶体组织有铁素体、渗碳体和珠光体三种。

（1）铁素体 铁素体是碳溶于 α-Fe（铁在常温下形成的体心立方晶格）中的固溶体。α-Fe 原子间间隙较小，其溶碳能力较差，在室温下最大溶碳量不超过 0.006%。由于溶碳少且晶格中滑移面较多，所以，铁素体的强度和硬度低，但塑性及韧性好。

（2）渗碳体 渗碳体是铁与碳的化合物 Fe_3C，碳含量高达 6.67%。其晶体结构复杂，塑性差，性硬脆，抗拉强度低，是碳素钢中的主要强化组分。

（3）珠光体 珠光体是铁素体和渗碳体相间形成的层状机械混合物。其层状可认为是铁素体上分布着硬脆的渗碳体片。珠光体的性能介于铁素体与渗碳体之间。

建筑钢材的碳含量一般均在 0.8% 以下，其基本晶体组织为铁素体和珠光体，而无渗碳体。所以，建筑钢材既具有较高的强度和硬度，又具有较好的塑性和韧性，因而能够很好地满足各种工程所需技术性能的要求。

6.4.2 钢材的化学成分及其对钢材性能的影响

钢材性能主要取决于其化学成分。钢材中除了主要化学成分铁（Fe），还含有碳（C）、硅（Si）、锰（Mn）、硫（S）、磷（P）、氧（O）、氮（N）、钛（Ti）、钒（V）等元素。这些元素主要来自炼钢原料、燃料和脱氧剂中。各种元素含量虽小，但对钢的性能都会产生一定的影响。为了保证钢的质量，国家标准对各类钢的化学成分都做了严格的规定。

（1）碳 碳是影响钢材性能的主要元素，其对钢材性能的影响如图 6-11 所示。当碳含量（指质量分数）低于 0.8% 时，随着碳含量的增加，强度和硬度提高，塑性及韧性降低；当碳含量超过 1.0% 时，钢材的强度反而下降。此外，随着碳含量的增加，钢材的焊接性变

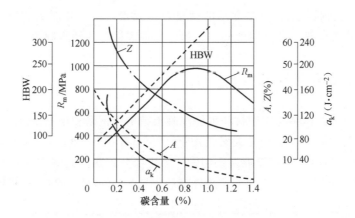

图 6-11　碳含量对碳素钢性能的影响

R_m—抗拉强度　a_k—冲击韧性　A—伸长率　Z—断面收缩率　HBW—硬度

差，冷脆性和时效敏感性增大，耐大气锈蚀性下降。一般工程所用碳素钢均为低碳钢，即碳含量小于 0.25%；工程中所用低合金钢，其碳含量小于 0.52%。

（2）硅　硅是在炼钢时为脱氧去硫而加入的，是钢中有益的合金元素。当钢中硅含量小于 1.0% 时，随着硅含量的增加，能显著提高钢材的强度、耐蚀性及疲劳强度，而对塑性及韧性没有明显影响。在普通碳素钢中，其含量一般不大于 0.35%，在合金钢中不大于 0.55%。当硅含量超过 1% 时，钢的塑性和韧性会明显降低，冷脆性增加，焊接性变差。

（3）锰　锰是低合金钢的主加合金元素，属于有益元素。锰具有很强的脱氧去硫能力，能减轻氧、硫元素所引起的热脆性，随着锰含量的增加，可改善钢材的热加工性能，同时提高钢材的强度及硬度。当锰含量小于 1.0% 时，对钢材的塑性和韧性无明显影响；当钢中锰含量过高时，则会显著降低钢的焊接性。

（4）磷　磷是钢中的有害元素，由炼钢原料带入。随着磷含量的提高，钢材的强度和硬度提高，但塑性和韧性显著下降。特别是温度越低，对韧性和塑性的影响越大，即引起所谓的"冷脆性"，磷还会显著降低钢材的焊接性。通常磷含量要小于 0.045%。

（5）硫　硫是钢中的有害元素，随着硫含量的增加，钢材的热脆性加大，各种力学性能降低，同时降低钢材的焊接性、热加工性和耐蚀性等性能。因此，钢材中的硫元素即使微量存在也对钢有危害，故其含量必须严格加以控制。通常硫含量要小于 0.045%。

【硫磷氧元素的影响】

（6）氧　氧是钢中有害元素，多数以 FeO 形式存在。随着氧含量的增加，钢材的强度降低，塑性和韧性显著降低，焊接性变差。氧还会造成钢材的热脆性。通常氧含量要小于 0.03%。

（7）氮　氮对钢材性能的影响与碳和磷基本相似，使钢的强度提高，塑性特别是韧性显著下降，同时会加剧钢材的时效敏感性和冷脆性，降低焊接性。氮在有铝、铌、钒等元素的配合下，可减小其不利影响改善钢材性能，可作为低合金钢的合金元素使用。

（8）钛　钛是强脱氧剂，并能细化晶粒，是常用的合金元素。钛能显著提高钢材的强度，改善钢材的韧性和焊接性，但钢材的塑性会稍有降低。

（9）钒　钒是弱脱氧剂，也是常用的微量合金元素。钒可减弱碳和氮的不利影响，细化晶粒，有效地提高强度，减少时效倾向，但会增加焊接时的硬脆倾向。

■ 6.5　常用建筑钢材的性质与选用

常用建筑钢材分为钢结构用钢材和钢筋混凝土结构用钢筋和钢丝。

本节主要涉及的标准规范有《碳素结构钢》（GB/T 700—2006）、《低合金高强度结构钢》（GB/T 1591—2018）、《钢筋混凝土用钢　第1部分：热轧光圆钢筋》（GB/T 1499.1—2017）、《钢筋混凝土用钢　第2部分：热轧带肋钢筋》（GB/T 1499.2—2018）、《冷轧带肋钢筋》（GB/T 13788—2017）、《预应力混凝土用螺纹钢筋》（GB/T 20065—2016）、《预应力混凝土用钢丝》（GB/T 5223—2014）、《预应力混凝土用钢绞线》（GB/T 5224—2023）。

6.5.1　钢结构用钢材

我国钢结构用钢材主要有碳素结构钢和低合金高强度结构钢。

1. 碳素结构钢

碳素结构钢是建筑用钢最常用的钢种之一，适用于一般结构工程中，可以加工成各种型钢、钢筋和钢丝。我国碳素结构钢由氧气转炉或电炉冶炼，一般以热轧、控轧或正火状态交货。

【碳素结构钢】

（1）碳素结构钢的牌号及其表示方法　《碳素结构钢》按照钢的力学指标把碳素结构钢划分为 Q195、Q215、Q235、Q275 四个牌号。牌号由代表屈服强度的字母、屈服强度数值、质量等级符号、脱氧方法等四个部分按顺序组成。其中"Q"代表屈服强度，屈服强度数值共有 195MPa、215MPa、235MPa 和 275MPa 四种；质量等级根据硫、磷含量分为 A、B、C、D 四个等级；代表钢材脱氧程度的符号，沸腾钢为 F、镇静钢为 Z、特殊镇静钢为 TZ。其中，镇静钢 Z 和特殊镇静钢 TZ 在钢的牌号组成表示方法中可省略。如 Q235BF 和 Q235BZ 分别表示屈服强度 235MPa 的质量等级为 B 级的沸腾碳素结构钢和 B 级的镇静碳素结构钢，其中 Q235BZ 也可以省略为 Q235B。

（2）碳素结构钢的性能　根据《碳素结构钢》规定，各种牌号的碳素结构钢化学成分、力学性能、冷弯试验指标应分别符合表 6-1～表 6-3 的要求。

表 6-1　碳素结构钢的化学成分　　　　　　　　　　（质量分数，%）

牌号	等级	化学成分（≤）					脱氧方法
		C	Mn	Si	S	P	
Q195	—	0.12	0.50	0.30	0.040	0.035	F、Z
Q215	A	0.15	0.12	0.35	0.050	0.045	F、Z
	B				0.045		
Q235	A	0.22	1.40	0.35	0.050	0.045	F、Z
	B	0.20			0.045		
	C	0.17			0.040	0.040	Z
	D	0.17			0.035	0.035	TZ

（续）

牌号	等级	化学成分（≤）					脱氧方法
		C	Mn	Si	S	P	
Q275	A	0.24			0.050	0.045	F、Z
	B	0.21	1.50	0.35	0.045	0.045	Z
		0.22					
	C	0.20			0.040	0.040	Z
	D				0.035	0.035	TZ

表 6-2 碳素结构钢的力学性能

牌号	等级	拉伸试验													冲击试验（V型缺口）	
		屈服强度/MPa						抗拉强度 R_m/MPa	断后伸长率 A（%）					温度/℃	冲击功（纵向）/J
		钢材厚度（直径）/mm							钢材厚度（直径）/mm						
		≤16	>16~40	>40~60	>60~100	>100~150	>150~200		≤40	>40~60	>60~100	>100~150	>150~200		
		不小于							不小于						不小于
Q195	—	195	185	—	—	—	—	315~430	33		—				
Q215	A	215	205	195	185	175	165	335~450	31	30	29	27	26	—	—
	B													20	27
Q235	A	235	225	215	215	195	185	370~500	26	25	24	22	21	—	—
	B													20	27
	C													0	
	D													−20	
Q275	A	275	265	255	245	225	215	410~540	22	21	20	18	17	—	—
	B													20	27
	C													0	
	D													−20	

表 6-3 碳素结构钢的冷弯试验指标

牌号	试样方向	冷弯试验 B=2a,180°	
		钢材厚度（直径）/mm	
		≤60	>60~100
		弯心直径 d	
Q195	纵	0	—
	横	0.5a	
Q215	纵	0.5a	1.5a
	横	a	2a
Q235	纵	a	2a
	横	1.5a	2.5a
Q275	纵	1.5a	2.5a
	横	2a	3a

从表6-1~表6-3中可以看出：碳素结构钢随着牌号的增大，碳含量和锰含量增加，强度和硬度提高，但伸长率下降，塑性和韧性降低，冷弯性能逐渐变差；同一钢号的钢材，质量等级越高，其硫、磷含量越低，钢材质量越好；特殊镇静钢优于镇静钢。

碳素结构钢的钢号和材质在选用时应根据结构的工作条件、承受的荷载类型、受荷大小、连接方式等各方面进行综合考虑，并以冶炼方法和脱氧程度来区分其品质。

（3）碳素结构钢的应用　碳素结构钢因具有性能稳定、易加工、成本低等特点，在土木工程中得到广泛的使用。

Q195、Q215两种牌号的钢，强度较低，但塑性及韧性较好，易于冷加工和焊接，故多用于受荷较小及焊接结构中，常用来制作钢钉、铆钉及螺栓等。

Q235牌号的钢，由于具有较高的强度，良好的塑性、韧性和焊接性，综合性能好，能较好地满足一般钢结构和钢筋混凝土结构的用钢要求，故其是工程用钢最典型、生产和使用量最大、用途最广泛的钢材。其中，Q235A可用于承受静载作用的钢结构；Q235B可用于承受动载焊接的普通钢结构；Q235C可用于承受动载焊接的重要钢结构；Q235D可用于低温承受动载焊接的钢结构。

Q275牌号的钢，强度较高，但塑性、韧性较差，焊接性也差，不易进行冷弯加工，可用来轧制带肋钢筋，制作螺栓配件，用于钢筋混凝土结构及钢结构中，但更多的是用于机械零件和工具等。

沸腾钢不得用于直接承受重级动载的焊接结构，不得用于计算温度等于和低于-20℃的承受中级或轻级动载的焊接结构，也不得用于计算温度等于和低于-30℃的承受静载或间接承受动载的焊接结构。

2. 低合金高强度结构钢

低合金高强度结构钢是在碳素结构钢的基础上加入总量小于5%的合金元素而形成的结构钢。加入合金元素的目的是提高钢材的强度、冲击韧度和耐蚀性等。常用的合金元素主要有锰、硅、钒、钛、铬和镍等。低合金高强度结构钢是脱氧完全的镇静钢，其强度高于碳素结构钢。低合金高强度结构钢共有Q355、Q390、Q420、Q460、Q500、Q550、Q620、Q690八个牌号。

（1）低合金高强度结构钢的牌号及其表示方法　按照《低合金高强度结构钢》的规定，钢的牌号由屈服强度字母Q、屈服强度数值、交货状态代号、质量等级符号四个部分按顺序组成。例如，Q355NB，其中，Q表示钢的屈服强度的"屈"字汉语拼音的首字母；355表示规定的最小上屈服强度数值，单位为兆帕（MPa）；N表示交货状态为正火或正火轧制；B表示质量等级为B级。当需方要求钢板具有厚度方向性能时，则在上述规定的牌号后加上代表厚度方向（Z向）性能级别的符号，如Q355NBZ25。

（2）低合金高强度结构钢的性能　低合金高强度结构钢的化学成分、力学性能应分别满足表6-4~表6-9的规定。

（3）低合金高强度结构钢的应用　低合金高强度结构钢与碳素结构钢相比，具有较高的强度，综合性能较好，在相同使用条件下，可比碳素结构钢节省20%~30%用钢量，故其对减轻结构自重比较有利；同时，低合金高强度结构钢具有良好的塑性和韧性、焊接性、耐磨性、耐蚀性、耐低温性等优点，有利于延长钢材的使用年限，延长结构的使用寿命。

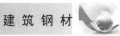

表 6-4　正火、正火轧制钢的牌号及化学成分

（质量分数，%）

牌号 钢级	质量等级	C ≤	Si ≤	Mn	P① ≤	S① ≤	Nb	V	Ti③	Cr ≤	Ni ≤	Cu ≤	Mo	N	Als④ ≥
Q355N	B	0.20	0.50	0.90~1.65	0.035	0.035	0.005~0.05	0.01~0.12	0.006~0.05	0.30	0.50	0.40	0.10	0.015	0.015
	C	0.20			0.030	0.030									
	D	0.18			0.030	0.025									
	E	0.18			0.025	0.020									
	F	0.16			0.020	0.010									
Q390N	B	0.20	0.50	0.90~1.70	0.035	0.035	0.01~0.05	0.01~0.20	0.006~0.05	0.30	0.50	0.40	0.10	0.015	0.015
	C				0.030	0.030									
	D				0.030	0.025									
	E				0.025	0.020									
Q420N	B	0.20	0.60	1.00~1.70	0.035	0.035	0.01~0.05	0.01~0.20	0.006~0.05	0.30	0.80	0.40	0.10	0.015	0.015
	C				0.030	0.030									
	D				0.030	0.025									0.025	
	E				0.025	0.020									
Q460N②	C	0.20	0.60	1.00~1.70	0.030	0.030	0.01~0.05	0.01~0.20	0.006~0.05	0.30	0.80	0.40	0.10	0.015	0.015
	D				0.030	0.025								0.325		
	E				0.025	0.020									

注：钢中应至少含有铝、铌、钒、钛等细化晶粒元素中至少一种，单独或组合加入时，应保证其中至少一种合金元素含量不小于表中规定含量的下限。

① 对于型钢和棒材，磷和硫含量上限值可提高 0.005%。

② V、Nb、Ti 的总含量 ≤0.22%，Mo、Cr 的总含量 ≤0.30%。

③ 最高可到 0.20%。

④ 可用全铝 Alt 替代，此时全铝最小含量为 0.020%。当钢中添加了铌、钒、钛等细化晶粒元素且含量不小于表中规定含量的下限时，铝含量下限值不限。

表 6-5　热机械轧制钢的牌号及化学成分

（质量分数，%）

牌号 钢级	质量等级	C④ ≤	Si	Mn	P①	S①	Nb	V	Ti②	Cr	Ni	Cu	Mo	N	B	Als③ ≥
Q355M	B	0.14	0.50	0.16	0.035	0.035	0.01~0.05	0.01~0.10	0.006~0.05	0.30	0.50	0.40	0.10	0.015	—	0.015
	C				0.030	0.030										
	D				0.030	0.025										
	E				0.025	0.020										
	F				0.020	0.010										

（续）

牌号 钢级	质量等级	化学成分														
		C	Si	Mn	P① ≤	S① ≤	Nb	V ≤	Ti②	Cr	Ni	Cu	Mo	N	B	Als③ ≥
Q390M	B	0.15④	0.50	1.70	0.035	0.035	0.01~0.05	0.01~0.12	0.006~0.05	0.30	0.50	0.40	0.10	0.015	—	0.015
	C				0.030	0.030										
	D				0.030	0.025										
	E				0.025	0.020										
Q420M	B	0.16④	0.50	1.70	0.035	0.035	0.01~0.05	0.01~0.12	0.006~0.05	0.30	0.80	0.40	0.20	0.015	—	0.015
	C				0.030	0.030										
	D				0.030	0.025								0.025		
	E				0.025	0.020										
Q460M	C	0.16④	0.60	1.70	0.030	0.030	0.01~0.05	0.01~0.12	0.006~0.05	0.30	0.80	0.40	0.20	0.015	—	0.015
	D				0.030	0.025								0.025		
	E				0.025	0.020										
Q500M	C	0.18	0.60	1.80	0.030	0.030	0.01~0.11	0.01~0.12	0.006~0.05	0.60	0.80	0.55	0.20	0.015	0.004	0.015
	D				0.030	0.025								0.025		
	E				0.025	0.020										
Q550M	C	0.18	0.60	2.00	0.030	0.030	0.01~0.11	0.01~0.12	0.006~0.05	0.80	0.80	0.80	0.30	0.015	0.004	0.015
	D				0.030	0.025								0.025		
	E				0.025	0.020										
Q620M	C	0.18	0.60	2.60	0.030	0.030	0.01~0.11	0.01~0.12	0.006~0.05	1.00	0.80	0.80	0.30	0.015	0.004	0.015
	D				0.030	0.025								0.025		
	E				0.025	0.020										
Q690M	C	0.18	0.60	2.00	0.030	0.030	0.01~0.11	0.01~0.12	0.006~0.05	1.00	0.80	0.80	0.30	0.015	0.004	0.015
	D				0.030	0.025								0.025		
	E				0.025	0.020										

注：钢中应至少含有铝、铌、钒、钛等细化晶粒元素中一种，单独或组合加入时，应保证其中至少一种合金元素含量不小于表中规定含量的下限。
① 对于型钢和棒材，磷和硫含量上限值可提高 0.005%。
② 最高可到 0.20%。
③ 可用全铝 Alt 替代，此时全铝最小含量为 0.020%。当钢中添加了铌、钒、钛等细化晶粒元素且含量不小于表中规定含量的下限时，铝含量下限值不限。
④ 对于型钢和棒材，Q355M、Q390M、Q420M 和 Q460M 的最大碳含量可提高 0.02%。

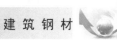

表 6-6　热轧钢材的拉伸性能

| 牌号 | | 上屈服强度 R_{eH}/MPa（≥） 公称厚度或直径/mm | | | | | | | | | 抗拉强度 R_m/MPa 公称厚度或直径/mm | | | |
钢级	质量等级	≤16	>16~40	>40~63	>63~80	>80~100	>100~150	>150~200	>200~250	>250~400	≤100	>100~150	>150~250	>250~400
Q355	B、C	355	345	335	325	315	295	285	275	—	470~630	450~600	450~600	—
	D									265②				450~600②
Q390	B、C、D	390	380	360	340	340	320	—	—	—	490~650	470~620	—	—
Q420③	B、C	420	410	390	370	370	350	—	—	—	520~680	500~650	—	—
Q460③	C	460	450	430	410	410	390	—	—	—	550~720	530~700	—	—

① 当屈服不明显时，可用规定塑性延伸强度 $R_{p0.2}$ 代替上屈服强度。
② 只适用于质量等级为 D 的钢板。
③ 只适用于型钢和棒材。

表 6-7　热轧钢材的伸长率

| 牌号 | | 断后伸长率 A（%） | 公称厚度或直径/mm | | | | | |
钢级	质量等级	试样方向	≤40	>40~63	>63~100	>100~150	>150~250	>250~400
Q355	B、C、D	纵向	22	21	20	18	17	17①
		横向	20	19	18	18	17	17①
Q390	B、C、D	纵向	21	20	20	19	—	—
		横向	20	19	19	18	—	—
Q420②	B、C	纵向	20	19	19	19	—	—
Q460②	C	纵向	18	17	17	17	—	—

① 只适用于质量等级为 D 的钢板。
② 只适用于型钢和棒材。

表 6-8　正火、正火轧制钢材的拉伸性能

牌号	质量等级	上屈服强度 R_{eH}[①]/MPa,≥								抗拉强度 R_m/MPa			断后伸长率 A(%),≥					
		公称厚度或直径/mm								公称厚度或直径/mm			公称厚度或直径/mm					
		≤16	>16~40	>40~63	>63~80	>80~100	>100~150	>150~200	>200~250	≤100	>100~200	>200~250	≤16	>16~40	>40~63	>63~80	>80~200	>200~250
Q355N	B、C、D、E、F	355	345	335	325	315	295	285	275	470~630	450~600	450~600	22	22	22	21	21	21
Q390N	B、C、D、E	390	380	360	340	340	320	310	300	490~650	470~620	470~620	20	20	20	19	19	19
Q420N	B、C、D、E	420	400	390	370	360	340	330	320	520~680	500~650	500~650	19	19	19	18	18	18
Q460N	C、D、E	460	440	430	410	400	380	370	370	540~720	530~710	510~690	17	17	17	17	17	16

注：正火状态包含正火加回火。
① 当屈服不明显时，可用规定塑性延伸强度 $R_{p0.2}$ 代替上屈服强度。

表 6-9　热机械轧制（TMCP）钢材的拉伸性能

牌号	质量等级	上屈服强度 R_{eH}[①]/MPa,≥						抗拉强度 R_m/MPa					断后伸长率 A(%),≥
		公称厚度或直径/mm						公称厚度或直径/mm					
		≤16	>16~40	>40~63	>63~80	>80~100	>100~120[②]	≤40	>40~63	>63~80	>80~100	>100~120	
Q355M	B、C、D、E、F	355	345	335	325	325	320	470~630	450~610	440~600	440~600	430~590	22
Q390M	B、C、D、E	390	380	360	340	340	335	490~650	480~640	470~630	460~620	450~610	20
Q420M	B、C、D、E	420	400	390	380	370	365	520~680	500~660	480~640	470~630	460~620	19
Q460M	C、D、E	460	440	430	410	400	385	540~720	530~710	510~690	500~680	490~660	17
Q500M	C、D、E	500	490	480	460	450	—	610~770	600~760	590~750	540~730	—	17
Q550M	C、D、E	550	540	530	510	500	—	670~830	620~810	600~790	590~780	—	16
Q620M	C、D、E	620	610	600	580	—	—	710~880	690~880	670~860	—	—	15
Q690M	C、D、E	690	680	670	650	—	—	770~940	750~920	730~900	—	—	14

注：机械轧制（TMCP）状态包含热机械轧制（TMCP）加回火状态。
① 当屈服不明显时，可用规定塑性延伸强度 $R_{p0.2}$ 代替上屈服强度。
② 对于型钢和棒材，厚度或直径不大于 150mm。

低合金高强度结构钢主要用于轧制各种型钢、钢板、钢管及钢筋，广泛用于钢结构和钢筋混凝土结构中，特别适用于桥梁工程、高层建筑、重型工业厂房、大跨度结构等。

6.5.2 钢筋混凝土结构用钢筋及钢丝

钢筋混凝土结构用钢筋及钢丝是用碳素结构钢或低合金结构钢经加工而成的。目前主要有钢筋混凝土用热轧钢筋、冷轧带肋钢筋、预应力混凝土用热处理钢筋、预应力混凝土用螺纹钢筋、预应力混凝土用钢丝和钢绞线。

1. 热轧钢筋

热轧钢筋是建筑工程中用量较大的钢材品种之一，主要用于钢筋混凝土结构和预应力钢筋混凝土结构的配筋。热轧钢筋按其表面形状不同分为光圆钢筋和带肋钢筋。截面通常为圆形，钢筋的公称尺寸是与其公称截面面积相等的圆的直径。

（1）热轧光圆钢筋　热轧光圆钢筋由碳素结构钢轧制，横截面为圆形，表面光滑。热轧光圆钢筋按屈服强度特征值为300MPa，钢筋牌号用HPB300表示。热轧光圆钢筋的公称直径范围为6~22mm。根据《钢筋混凝土用钢 第1部分：热轧光圆钢筋》，热轧光圆钢筋的力学性能和工艺性能见表6-10。

表6-10　热轧光圆钢筋的力学性能和工艺性能

牌号	下屈服强度 R_{eL} /MPa	抗拉强度 R_m /MPa	断后伸长率 A （%）	最大力总延伸率 A_{gt} （%）	冷弯试验180°
	不小于				
HPB300	300	420	25	10.0	$d = a$

注：d—弯心直径，a—钢筋公称直径。

热轧光圆钢筋属于低强度钢筋，具有塑性好、伸长率高、便于弯折成形、容易焊接等特点，因此被广泛用作中小型钢筋混凝土结构的主要受力钢筋和其他各种钢筋混凝土结构的箍筋，以及钢、木结构的拉杆、水泥混凝土路面的传力杆等。盘条钢筋还可作为冷拔低碳钢丝的原料。

（2）热轧带肋钢筋　热轧带肋钢筋用低合金钢轧制，以硅、锰为主要合金元素，还可加入钒、钛等作为固溶或弥散强化元素，其表面带有两条纵肋和沿长度方向均匀分布的横肋。纵肋是平行于钢筋轴线的均匀连续肋，横肋为与纵肋不平行的其他肋；月牙肋钢筋是指横肋的纵截面呈月牙形，且与纵肋不相关的钢筋。根据热轧工艺，热轧带肋钢筋分为普通热轧带肋钢筋（HRB）和细晶粒热轧带肋钢筋（HRBF）两类。热轧带肋钢筋按屈服强度特征值分为400、500和600三个级别，其牌号表达见表6-11。

表6-11　热轧带肋钢筋牌号

类别	序号	牌号构成	英文字母含义
普通热轧带肋钢筋	HRB400	由 HRB+屈服强度特征值构成	HRB——热轧带肋钢筋的英文 Hot Rolled Ribbed Bars 的缩写
	HRB500		
	HRB600		E——"地震"的英文 Earthquake 的首字母
	HRB400E	由 HRB+屈服强度特征值+E 构成	
	HRB500E		

（续）

类别	序号	牌号构成	英文字母含义
细晶粒热轧带肋钢筋	HRBF400	由 HRBF+屈服强度特征值构成	HRBF——在热轧带肋钢筋的英文缩写后加"细"的英文 Fine 的首字母 E——"地震"的英文 Earthquake 的首字母
	HRBF500		
	HRBF400E	由 HRBF+屈服强度特征值+E 构成	
	HRBF500E		

根据《钢筋混凝土用钢 第 2 部分：热轧带肋钢筋》，热轧带肋钢筋的力学性能和工艺性能分别见表 6-12 和表 6-13。

表 6-12 热轧带肋钢筋的力学性能

牌号	下屈服强度 R_{eL}/MPa	抗拉强度 R_m/MPa	断后伸长率 A(%)	最大力总延伸率 A_{gt}(%)	R_m^o/R_{eL}^o	R_{eL}^o/R_{eL}
			不小于			不大于
HRB400 HRBF400	400	540	16	7.5	—	—
HRB400E HRBF400E			—	9.0	1.25	1.30
HRB500 HRBF500	500	630	15	7.5	—	—
HRB500E HRBF500E			—	9.0	1.25	1.30
HRB600	600	730	14	7.5	—	—

注：R_m^o—钢筋实测抗拉强度，R_{eL}^o—钢筋实测下屈服强度。

表 6-13 热轧带肋钢筋的工艺性能

牌号	公称直径 d	弯曲压头直径
HRB400 HRBF400 HRB400E HRBF400E	6~25	4d
	28~40	5d
	>40~50	6d
HRB500 HRBF500 HRB500E HRBF500E	6~25	6d
	28~40	7d
	>40~50	8d
HRB600	6~25	6d
	28~40	7d
	>40~50	8d

热轧带肋钢筋强度较高，塑性和焊接性较好，因表面带肋，加强了钢筋与混凝土之间的黏结力。试验证明，用热轧带肋钢筋作为钢筋混凝土结构的受力钢筋，比使用光圆钢筋可节省钢材 40%～50%。因此，热轧带肋钢筋广泛用于大、中型钢筋混凝土结构，如桥梁、水坝、港口工程和房屋建筑结构的主筋。热轧带肋钢筋经冷拉后，也可用作房屋建筑结构的预应力钢筋。目前我国钢筋混凝土结构的主筋多采用 HRB400。HRB500 钢筋强度虽高，但塑

性和焊接性较差，多用于预应力钢筋。

2. 冷轧带肋钢筋

冷轧带肋钢筋由热轧圆盘条经冷轧而成，其表面带有沿长度方向均匀分布的三面或两面月牙形横肋。根据《冷轧带肋钢筋》规定，钢筋牌号由 CRB 和钢筋的抗拉强度最小值构成，C、R、B、H 分别为冷轧、带肋、钢筋、高延性四个词的英文首字母。冷轧带肋钢筋分为 CRB550、CRB650、CRB800、CRB600H、CRB680H 和 CRB800H 六个牌号。其中，CRB550、CRB600H 为普通钢筋混凝土用钢筋；CRB650、CRB800、CRB800H 为预应力混凝土用钢筋；CRB680H 既可作为普通钢筋混凝土用钢筋，也可作为预应力混凝土用钢筋使用。

冷轧带肋钢筋是采用冷加工方法强化的典型产品，与传统的冷拔低碳钢丝相比，具有强度高、塑性好、握裹力强、节约钢材、质量稳定等优点。其中，CRB550 宜作为普通钢筋混凝土结构构件的受力主筋、架立筋和构造钢筋，其他牌号钢筋宜用作中小型预应力混凝土结构构件的受力主筋。

3. 预应力混凝土用热处理钢筋

预应力混凝土用热处理钢筋是用热轧的螺纹钢筋经淬火和回火等调制处理而成的，按其螺纹外形分为有纵肋和无纵肋两种。预应力混凝土用热处理钢筋的优点：强度高，可代替高强钢丝使用；锚固性好，预应力值稳定。预应力混凝土用热处理钢筋主要用于预应力钢筋混凝土轨枕，也可用于预应力梁、板结构及吊车梁。

4. 预应力混凝土用螺纹钢筋

预应力混凝土用螺纹钢筋是一种热轧成带有不连续的外螺纹的直条钢筋，该钢筋在任意截面处，均可用带有匹配形状的内螺纹的连接器或锚具进行连接和锚固。根据《预应力混凝土用螺纹钢筋》的规定：预应力混凝土用螺纹钢筋以屈服强度最小值划分为五个级别。表示方法为：代号 PSB+规定屈服强度最小值，其中，P、S、B 分别为 Prestressing、Screw、Bars 的英文首字母，五个级别分别为 PSB785、PSB830、PSB930、PSB1080 和 PSB1200。如 PSB930 表示屈服强度最小值为 930MPa 的预应力混凝土用螺纹钢筋。钢筋的公称直径范围为 15~75mm，工程常使用公称直径为 25mm 和 32mm 的钢筋。预应力混凝土用螺纹钢筋的化学成分中，要求磷、硫含量不大于 0.035%。

5. 预应力混凝土用钢丝和钢绞线

（1）预应力混凝土用钢丝　预应力混凝土用钢丝为高强度钢丝，使用优质碳素结构钢经过冷拔或再经回火等工艺处理制成。根据《预应力混凝土用钢丝》的规定，预应力混凝土用钢丝按加工状态分为冷拉钢丝和消除应力钢丝两类；消除应力钢丝按松弛性能又分为低松弛级和普通松弛级两种；钢丝按外形可分为光圆钢丝、螺旋肋钢丝和刻痕钢丝三种。

经低温回火消除应力后钢丝的塑性比冷拉钢丝要高，刻痕钢丝经压痕轧制而成，刻痕后与混凝土握裹力大，可减少混凝土上的裂缝。预应力混凝土用钢丝具有强度高、柔性好、无接头、质量稳定可靠、施工方便、不需冷拉、不需焊接等优点，可用于大跨度屋架、吊车梁等大型构件及 V 形折板等。

（2）预应力混凝土用钢绞线　预应力混凝土用钢绞线是以数根冷拉光圆钢丝、螺旋肋钢丝或刻痕钢丝经绞捻和消除内应力的热处理后制成的。钢绞线按结构分为九类，结构代号如下：

1）用两根冷拉光圆钢丝捻制成的标准型钢绞线，1×2。

2）用三根冷拉光圆钢丝捻制成的标准型钢绞线，1×3。

3）用三根含有刻痕钢丝捻制成的刻痕钢绞线，1×3I。

4）用七根冷拉光圆钢丝捻制成的标准型钢绞线，1×7。

5）用六根含有刻痕钢丝和一根冷拉光圆中心钢丝捻制成的刻痕钢绞线，1×7I。

6）用六根含有螺旋肋钢丝和一根冷拉光圆中心钢丝捻制成的螺旋肋钢绞线，1×7H。

7）用七根冷拉光圆钢丝捻制后再经冷拔成的模拔型钢绞线，（1×7）C。

8）用十九根冷拉光圆钢丝捻制成的1+9+9西鲁式钢绞线，1×19S。

9）用十九根冷拉光圆钢丝捻制成的1+6+6/6瓦林吞式钢绞线，1×19W。

钢绞线用钢的化学成分和力学性能应符合《预应力混凝土用钢绞线》的规定。

预应力混凝土用钢丝和钢绞线均属于冷加工强化及热处理钢材，拉伸试验时没有屈服强度，但其抗拉强度却远远大于热轧及冷轧钢筋，并具有较好的柔韧性，且应力松弛率低，质量稳定，施工简便。两者均呈盘条状供应，松卷后可自行伸直，使用时可按要求长度切断，主要用于大跨度桥梁、屋架、吊车梁、电杆、轨枕等预应力混凝土结构。

■ 6.6　钢材的腐蚀与防护

我国每年因钢材腐蚀而损失大量的钢材，不仅如此，腐蚀还会使钢材的强度降低、塑性减小、时效性变差等，对钢材的性能产生不利影响。尤其在钢结构工程中，腐蚀会使建筑物的寿命缩短，甚至发生事故。因此，钢材的防护尤为重要。

本节主要涉及的标准规范有《耐候结构钢》（GB/T 4171—2008）。

1. 钢材的腐蚀

钢材的腐蚀是指钢材的表面与周围介质发生化学作用或电化学作用而遭到侵蚀破坏的过程。钢材的腐蚀普遍存在，如大气中的生锈、酸雨的侵蚀等。腐蚀不仅使钢筋混凝土结构中的钢筋及钢结构构件有效断面减小，而且会形成程度不同的锈坑、锈斑，造成应力集中，加速结构破坏。若受到冲击荷载、交变荷载作用，将产生锈蚀疲劳现象，使钢材疲劳强度大为降低，甚至出现脆性断裂。特别是钢结构，在使用期间应引起重视。

钢材腐蚀的主要影响因素有环境湿度、温度、侵蚀介质的性质及数量、钢材材质及表面状况等。钢材的腐蚀根据钢材与环境介质的作用机理分为化学腐蚀和电化学腐蚀两类。

（1）化学腐蚀　化学腐蚀是指钢材与周围介质（如氧气、二氧化碳、二氧化硫和水等）发生化学反应，生成疏松的氧化物而产生的腐蚀。腐蚀反应速度随温度、湿度提高而加快。一般在干燥环境中，腐蚀进展缓慢，但在温度或湿度较高的环境条件下，腐蚀速度会大大加快。

【创新思维——钢筋电化学腐蚀机理探索】

（2）电化学腐蚀　电化学腐蚀是指钢材与电解质溶液接触而产生电流，形成原电池而引起的腐蚀。电化学腐蚀是建筑钢材在存放和使用中发生腐蚀的主要形式。钢材由不同的晶体组织构成，并含有杂质，由于这些成分的电极电位不同，当有电解质溶液存在时，形成许多微电池。在阳极区，铁被氧化成 Fe^{2+} 进入水膜；在阴极区，溶于水膜中的氧将被还原为 OH^-；随后两者结合生成不溶于水的 $Fe(OH)_2$，并进一步氧化成疏松易剥落的红棕色铁锈 $Fe(OH)_3$。

2. 钢材的防护

钢材腐蚀是促使钢结构及钢筋混凝土结构早期破坏，直接影响结构耐

【钢材的防护】

久性的主要因素之一。钢材的腐蚀既有内部因素的作用，又有外部介质的影响。防止或减少钢材的腐蚀常从采用耐候钢、保护层法和电化学保护三个方面着手。

（1）采用耐候钢 耐候钢是在碳素钢和低合金钢中添加少量铜、铬、镍等合金元素而制成的。这种钢在大气作用下可在钢材表面形成一种致密的保护层，既起到防腐作用，又有良好的焊接性能，其强度级别与常用碳素钢和低合金钢一致，技术指标相近。耐候钢的牌号、化学成分、力学性能和工艺性能可参见《耐候结构钢》。

（2）保护层法 保护层法是指通过在钢材表面施加保护层，使其与周围介质隔离，从而达到防止腐蚀的目的。保护层可分为金属保护层和非金属保护层两种。

1）金属保护层是利用耐蚀性较强的金属，以电镀或喷镀的方法覆盖钢材表面，提高钢材的耐腐蚀能力。常用的方法有镀锌、镀锡、镀铜、镀铬等。

2）非金属保护层采用有机或无机物质在钢材表面作保护层，使钢材与外部环境隔离，从而起到防腐作用。常用的是在钢材表面涂刷各种防腐涂料（油漆、聚氨酯、聚脲），此方法简单易行，但不耐久，在使用过程中需要注意对其进行定期检查、修补或更新。此外，还可采用塑料保护层、沥青保护层及搪瓷保护层等。

（3）电化学保护 常用的电化学保护是阴极保护技术。其原理：使用外电源方法或牺牲阳极方法，让被保护的钢构件成为阴极，从而使因钢材腐蚀发生的电子迁移得到抑制，避免或减弱腐蚀的发生。

3. 实际工程中常用的防腐措施

（1）钢结构 钢结构防止腐蚀常用的方法是表面刷漆。刷漆通常有底漆、中间漆和面漆三道。底漆要求有较好的附着力和防锈能力，常用的有红丹、环氧富锌漆、云母氧化铁和铁红环氧底漆等。中间漆为防锈漆，常用的有红丹、铁红等。面漆要求有较好的牢度和耐候性，能保护底漆不受损伤或

【港珠澳大桥的
钢材防腐】

风化，常用的有灰铅、醇酸磁漆和酚醛磁漆等。钢材表面涂刷漆时，一般为一道底漆、一道中间漆和两道面漆。要求高时可增加一道中间漆或面漆。使用防锈涂料时，应注意钢构件表面的除锈，注意底漆、中间漆和面漆的匹配。

（2）混凝土结构 混凝土中的氯盐外加剂和空气会造成钢筋的腐蚀，引起钢筋混凝土结构的整体性能下降。为了防止钢筋的锈蚀，应保证钢筋外层的混凝土的密实度和厚度，减少钢筋与空气的接触，限制氯盐外加剂的掺量并使用阻锈剂。在不影响钢筋使用的情况下，也可在钢筋表面进行涂层防护，如镀锌、涂覆环氧树脂等。对于预应力混凝土用钢筋由于易被腐蚀，故应禁止使用氯盐类外加剂。

【工程案例分析1】

[现象] 某厂的钢结构屋架是用中碳钢焊接而成的，使用一段时间后屋架坍塌，请分析事故原因。

[分析] 经过调查检验发现：该厂钢结构屋架是采用中碳钢焊接而成的。中碳钢的碳含量比低碳钢的高，塑性、韧性比较差，焊接性也不好。焊接时，钢材局部形成热影响区，其温度较高，致使焊接后的塑性、韧性进一步下降，冷却易产生焊接裂纹。使用过程中，因周围气候环境影响，裂纹逐渐扩展，致使屋架局部断裂坍塌。

［拓展思考］ 如何提升钢材的拉伸性能和工艺性能？

【工程案例分析2】

［现象］ 哈尔滨 SHJ 大钢桥，长约 1000m，铆接结构。使用 10 年后，发现在桥梁端节点处出现裂纹，铆钉孔周围也出现辐射状裂纹。经试验研究，该桥梁钢材的化学成分为碳 $0.04\% \sim 0.13\%$，锰 $0.14\% \sim 0.8\%$，磷 $0.04\% \sim 0.14\%$，硫 $0.01\% \sim 0.07\%$。板材厚为 $10 \sim 14mm$，屈服强度为 $294MPa$，极限强度为 $392.4MPa$，$A = 21\%$。该批钢材脱氧程度不足，冷脆临界温度为 $0℃$。

［分析］ 经过调查检验发现：这批钢材冷脆临界温度为 $0℃$，而使用时最低气温为 $-40℃$，钢材在使用中，出现冷脆现象，这是造成裂缝的主要原因。同时钢材的金相分析后发现材质不均匀，不适于低温加工，母材冷弯试验时，在 $90°$ 下发生开裂，到 $180°$ 时有断裂。

【工程实例1】

"鸟巢"钢结构施工技术创造了我国钢结构施工史上的奇迹，也是当今世界上钢结构施工难度最大、最复杂的建筑之一，如图 6-12 所示。"鸟巢"钢结构施工中所采用的多项技术，在国内实属首例，如箱形弯扭构件制作技术研究与应用、钢结构综合安装技术研究与应用、钢结构合龙施工技术研究与应用、钢结构支撑卸载技术研究与应用、焊接综合技术研究与应用、施工测量测控技术研究与应用六项最难施工技术。"鸟巢"钢结构施工中的技术研究与应用，填补了我国钢结构技术多项空白，开创了钢结构技术之先河，为我国钢结构施工发展做出巨大贡献。

图 6-12 国家体育场"鸟巢"

"鸟巢"也是国内首次应用 Q460 级别高强度钢材的建筑。这种钢材称为"鸟巢钢"。以往 Q460 钢材仅用在机械方面，如大型挖掘机等。这次使用的钢板厚度达到 110mm，在我国材料史上绝无仅有，国家标准中 Q460 的最大厚度也只是 100mm。我国的科研人员经历了漫长的科技攻关，经过无数次的研发探索及多次反复试制，从无到有直至刷新国标，终于以自主创新、具有知识产权的国产 Q460 钢材，撑起了国家体育场的钢骨脊梁。

【工程实例2】

矮寨特大悬索桥位于湖南省湘西州吉首市矮寨镇境内，是联系中西部、长渝高速公路的控制性工程，也是跨峡谷世界第一的特大悬索桥工程，如图 6-13 所示。桥面的设计标高与地面的高度差达 300 多米，桥型方案为钢桁加劲梁单跨悬索桥，钢桁加劲梁包括钢桁架和桥面系。钢桁架由主桁架、主横桁架、上下平联及抗风稳定板组成。主桁架为带竖腹杆的华伦式结构，由上弦杆、下弦杆、竖腹杆和斜腹杆组成。上弦杆、下弦杆采用箱形截面，腹杆除支座处采用箱形外，其余均采用工字形。

矮寨特大悬索桥的建设创造了四项世界第一：一是矮寨特大悬索桥全长 1073.65m，悬索桥的主跨为 1176m，是"世界峡谷跨径

图 6-13　矮寨特大悬索桥

最大的钢桁梁悬索桥"，创世界第一；二是首次采用塔、梁完全分离的结构设计方案，创世界第一；三是首次采用"轨索滑移法"架设钢桁梁，创世界第一；四是首次采用岩锚吊索结构，并用碳纤维作为预应力筋材，创世界第一。

习　题

6-1　低碳钢的应力-应变曲线分为哪几个阶段？各阶段的特点是什么？

6-2　钢材的屈强比具有什么工程意义？

6-3　钢材的冷加工和时效对钢材的性能有什么影响？

6-4　影响钢材冲击韧性的主要因素有哪些？

6-5　碳含量对钢材的力学性能有什么影响？

6-6　为什么要严格限制钢材中的磷和硫的含量？

6-7　碳素结构钢的牌号如何表示？

6-8　钢材的腐蚀分为哪几种？如何防止钢材的腐蚀？

第7章 墙体材料

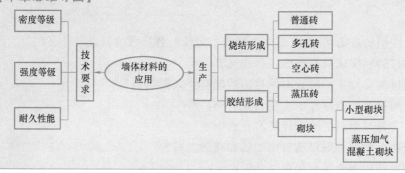

墙体材料是指用来砌筑、拼装或用其他方法构成承重或非承重墙的材料，承重墙材料在整个建筑中起承重、传递重力、围护和隔断等作用。在一座房屋建筑中，墙体占整个建筑物质量的60%以上。在墙体材料中，实心黏土砖已列入我国限期淘汰的产品行列。由于我国人口不断增长，人均耕地不断减少，能源供应紧缺，因此发展新型墙体材料势在必行。本章将着重介绍砌墙砖、建筑砌块等墙体材料。

■ 7.1 砌墙砖

砌墙砖可分为烧结砖和非烧结砖两大类，并有空心和实心两种。

本节涉及的主要标准规范有《烧结普通砖》（GB/T 5101—2017）、《烧结多孔砖和多孔砌块》（GB 13544—2011）、《烧结空心砖和空心砌块》（GB/T 13545—2014）、《蒸压灰砂实心砖和实心砌块》（GB/T 11945—2019）、《蒸压粉煤灰砖》（JC/T 239—2014）。

【烧结普通砖的生产】

7.1.1 烧结普通砖

烧结普通砖是以黏土、页岩、煤矸石、粉煤灰、建筑渣土、淤泥（江河湖淤泥）、污泥等为主要原料，经焙烧而成的。《烧结普通砖》规定：按主要原料分为黏土砖（N）、页岩砖（Y）、煤矸石砖（M）、粉煤灰砖（F）、建筑渣土砖（Z）、淤泥砖（U）、污泥砖（W）、固体废弃物砖（G）。

1. 外观指标

烧结普通砖的外形为直角六面体，其公称尺寸为240mm×115mm×53mm。通常将240mm×115mm的平面称为大面，240mm×53mm的平面称为条面，115mm×53mm的平面称为顶面，考虑砌筑灰缝厚度10mm，则4皮砖长，8皮砖宽，16皮砖厚分别为1m，每立方米砖砌体需用砖512块，如图7-1所示。

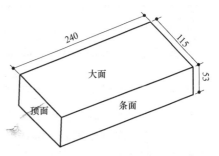

图 7-1 砖的尺寸及各平面名称

砖的外观指标包括尺寸偏差、弯曲、裂纹、颜色、完整面、棱角及表面凸出高度等要求，并应符合表 7-1 和表 7-2 的规定。

表 7-1　烧结普通砖尺寸允许偏差　　　　　（单位：mm）

公称尺寸	指标	
	样本平均偏差	样本极差≤
240	±2.0	6.0
115	±1.5	5.0
53	±1.5	4.0

在烧砖时，由于焙烧温度不均会出现欠火砖及过火砖。欠火砖色浅、敲击声哑、孔隙多、强度低、耐久性差，不宜使用。过火砖色深、声脆、强度高、耐久性好，但易产生酥砖和螺旋纹砖，欠火砖、酥砖和螺旋纹砖不得作为合格品出厂。

表 7-2　烧结普通砖外观质量　　　　　（单位：mm）

项目	指标
1. 两条面高度差，≤	2
2. 弯曲，≤	2
3. 杂质凸出高度，≤	2
4. 缺棱掉角的三个破坏尺寸，不得同时大于	5
5. 裂纹长度(大面上宽度方向及其延伸至条面的长度)，≤	30
6. 裂纹长度(大面上长度方向及其延伸至顶面的长度或条顶面上水平裂纹的长度)，≤	50
7. 完整面，不得少于	一条面和一顶面

注：1. 为砌筑挂浆而施加的凹凸纹、槽、压花等不算作缺陷。
　　2. 凡有下列缺陷之一者，不得称为完整面：缺损在条面或顶面上造成的破坏面尺寸同时大于 10mm×10mm；条面或顶面上裂纹宽度大于 1mm，其长度超过 30mm；压陷、粘底、焦花在条面或顶面上的凹陷或凸出超过 2mm，区域尺寸同时大于 10mm×10mm。

2. 强度

砖的强度按表7-3中抗压强度确定并分为五个等级：MU30、MU25、MU20、MU15、MU10。

表 7-3　烧结普通砖强度等级　　　　　　　　　　　（单位：MPa）

强度等级	抗压强度平均值$\bar{f}$,≥	强度标准值f_k,≥
MU30	30.0	22.0
MU25	25.0	18.0
MU20	20.0	14.0
MU15	15.0	10.0
MU10	10.0	6.5

3. 耐久性能

砖的耐久性能由冻融试验、泛霜试验、石灰爆裂试验和吸水率试验来确定。

泛霜是砖使用过程中的一种盐析现象。砖内过量的可溶盐受潮吸水而溶解，随水分蒸发迁移至砖表面，在过饱和状态下结晶析出，形成白色粉状附着物，影响建（构）筑物的美观。如果溶盐为硫酸盐，当水分蒸发呈晶体析出时，产生膨胀，使砖面及砂浆剥落。标准规定：每块砖不允许出现严重泛霜。

石灰爆裂是指砖坯中夹杂有石灰块，砖吸水后，由于石灰逐渐熟化而膨胀产生的爆裂现象。这种现象影响砖的质量，并降低砌体强度。标准规定：破坏尺寸大于 2mm 且小于或等于 15mm 的爆裂区域，每组砖样不得多于 15 处，其中大于 10mm 的不得多于 7 处；不允许出现最大破坏尺寸大于 15mm 的爆破区域；试验后抗压强度损失不得大于 5MPa。

抗风化性能是指砖在长期受风、雨、冻融等作用下，抵抗破坏的能力。通常以其抗冻性、吸水率及饱和系数（此处的饱和系数是指砖在常温下浸水 24h 后的吸水率与 5h 沸煮吸水率之比）等指标来判别。自然条件不同，对烧结普通砖的风化作用的程度也不同。国内的黑龙江省、吉林省、辽宁省、内蒙古自治区、新疆维吾尔自治区、宁夏回族自治区、甘肃省、青海省、陕西省、山西省、河北省、北京市、天津市、西藏自治区属于严重风化区，其他省区属于非严重风化区。严重风化区中的前五个省区用砖应进行冻融试验（经 15 次冻融试验后每块砖样不允许出现裂纹、分层、掉皮、缺棱、掉角等冻坏现象，冻后裂纹长度不得大于表 7-2 中第 5 项裂纹长度的规定），其他地区烧结普通砖的抗风化性能符合表 7-4 的规定时，可不做冻融试验，否则应进行冻融试验。

表 7-4　烧结普通砖抗风化性能

砖种类	严重风化区				非严重风化区			
	5h 沸煮吸水率（%），≤		饱和系数，≤		5h 沸煮吸水率（%），≤		饱和系数，≤	
	平均值	单块最大值	平均值	单块最大值	平均值	单块最大值	平均值	单块最大值
黏土砖、建筑渣土砖	18	20	0.85	0.87	19	20	0.88	0.90
粉煤灰砖[①]	21	23			23	25		
页岩砖	16	18	0.74	0.77	18	20	0.78	0.80
煤矸石砖								

① 粉煤灰掺入量（体积比）小于 30%时，按黏土砖规定判定。

4. 产品标记

砖的产品标记按产品名称的英文缩写、类别、强度等级和标准编号顺序进行标记。标记示例：烧结普通砖，强度等级 MU15 的黏土砖，标记为：FCB N MU15 GB/T 5101。

7.1.2 烧结多孔砖与烧结空心砖

1. 烧结多孔砖

烧结多孔砖是以黏土、页岩、煤矸石、粉煤灰、淤泥（江河湖淤泥）及其他固体废弃物等为主要原料，经焙烧而成的，主要用于承重部位。根据《烧结多孔砖和多孔砌块》的规定，按主要原料分为黏土砖和黏土砌块（N）、页岩砖和页岩砌块（Y）、煤矸石砖和煤矸石砌块（M）、粉煤灰砖和粉煤灰砌块（F）、淤泥砖和淤泥砌块（U）、固体废弃物砖和固定废弃物砌块（G）。烧结多孔砖的外形为直角六面体。其长度、宽度、高度尺寸应符合下列要求：290mm、240mm、190mm、180mm、140mm、115mm、90mm。砖的孔洞尺寸应符合：矩形条孔或矩形孔长、宽尺寸应≤40mm×13mm；规格大的砖应设置手抓孔，手抓孔尺寸为（30~40）mm×（75~85）mm。烧结多孔砖如图 7-2 所示。

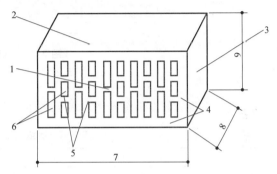

图 7-2 烧结多孔砖
1—大面（坐浆面） 2—条面 3—顶面 4—外壁
5—肋 6—孔洞 7—长度 8—宽度 9—高度

烧结多孔砖的密度等级分为 1000、1100、1200、1300 四个等级；根据抗压强度分为 MU30、MU25、MU20、MU15、MU10 五个强度等级（见表 7-5）。砖的产品标记按产品名称、品种、规格、强度等级、密度等级和标准编号顺序进行标记。标记示例：规格尺寸 290mm×140mm×90mm，强度等级 MU25、密度 1200 级的黏土烧结多孔砖，标记为烧结多孔砖 N 290×140×90 MU25 1200 GB 13544—2011。烧结多孔砖的强度等级应满足表 7-5 的要求。

表 7-5 烧结多孔砖的强度等级　　　　　　　　　　（单位：MPa）

强度等级	抗压强度平均值f，≥	强度标准值f_k，≥
MU30	30.0	22.0
MU25	25.0	18.0
MU20	20.0	14.0
MU15	15.0	10.0
MU10	10.0	6.5

2. 烧结空心砖

烧结空心砖是以黏土、页岩、煤矸石、粉煤灰、淤泥（江河湖淤泥）、建筑渣土及其他固体废弃物为主要原料，经焙烧而成的砖，主要用于建筑物非承重部位。烧结空心砖的外形为直角六面体，如图 7-3 所示。

《烧结空心砖和空心砌块》规定，烧结空心砖的长度、宽度、高度尺寸应符合下列要求：390mm、290mm、240mm、190mm、180（175）mm、140mm、115mm、90mm。烧结空心砖根据密度（即体积密度）分为 800kg/m³、900kg/m³、1000kg/m³、1100kg/m³ 四个密度等级。烧结空心砖按抗压强度分为 MU10.0、MU7.5、MU5.0、MU3.5。产品标记按产品名称、类别、规格、密度等级、强度等级和标准编号顺序进行编写。标记示例：规格尺寸 290mm×190mm×90mm，密度等级 800，强度等级 MU7.5 的页岩空心砖，其标记为烧结空心砖 Y（290×190×90）800 MU7.5 GB13545—2014。

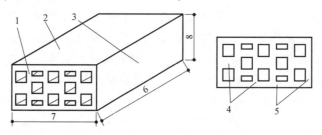

图 7-3　烧结空心砖

1—顶面　2—大面　3—条面　4—肋　5—壁　6—长度　7—宽度　8—高度

烧结空心砖的强度等级应满足表 7-6 的要求。

表 7-6　烧结空心砖的强度等级

强度等级	抗压强度/MPa		
	抗压强度平均值 $\bar{f}$，≥	变异系数 $\delta \leq 0.21$	变异系数 $\delta > 0.21$
		强度标准值 f_k，≥	单块最小抗压强度值 f_{min}，≥
MU10.0	10.0	7.0	8.0
MU7.5	7.5	5.0	5.8
MU5.0	5.0	3.5	4.0
MU3.5	3.5	2.5	2.8

7.1.3　非烧结砖

非烧结砖包括经常压蒸汽养护硬化而成的蒸养砖（蒸养粉煤灰砖、蒸养矿渣砖、蒸养煤渣砖）；经高压蒸汽养护硬化而成的蒸压砖（蒸压灰砂砖、蒸压粉煤灰砖、蒸压矿渣砖）；以石灰为胶凝材料，加入骨料，成型后经二氧化碳处理硬化而成的碳化砖。

由于非烧结砖生产不用黏土，综合利用工业废渣，制砖工艺简单，砖的技术性能可超过烧结普通砖，所以近年来在全国各地发展迅速。

1. 蒸压灰砂砖

蒸压灰砂砖（简称灰砂砖）是以石灰和砂为主要原料，经配料制备、压制成型、蒸压养护而成的实心砖或空心砖。

（1）灰砂砖的技术性质　根据《蒸压灰砂实心砖和实心砌块》的规定，灰砂砖的尺寸为 240mm×115mm×53mm，按抗压强度和抗折强度分为 MU30、MU25、MU20、MU15、MU10 五个强度等级，见表 7-7。按颜色分为本色（N）和彩色（C）两类。

（2）灰砂砖的应用　灰砂砖与其他墙体材料相比，强度较高，蓄热能力显著，隔声性能十分优越，属于不可燃建筑材料，可用于多层混合结构的承重墙体，其中 MU15、MU20、MU25 灰砂砖可用于基础及其他部位，MU10 可用于防潮层以上的建筑部位。长期在高于200℃温度下，受急冷、急热或有酸性介质的环境禁止使用蒸压灰砂砖。

表 7-7 灰砂砖的强度等级

强度等级	强度指标	
	抗压强度/MPa	
	平均值，≥	单块值，≥
MU30	30.0	25.5
MU25	25.0	21.2
MU20	20.0	17.0
MU15	15.0	12.8
MU10	10.0	8.5

2. 蒸压（养）粉煤灰砖

蒸压（养）粉煤灰砖是以粉煤灰、石灰、石膏、水泥及骨料为原料，经配料制备、压制成型、高压（常压）蒸汽养护等工艺过程而制成的实心粉煤灰砖。蒸压砖、蒸养砖只是养护工艺不同，但蒸压粉煤灰砖强度高，性能趋于稳定，而蒸养粉煤灰砖砌筑的墙体易出现裂缝。

（1）粉煤灰砖的技术性质 蒸压粉煤灰砖的尺寸为 240mm×115mm×53mm，按抗压强度和抗折强度分为 MU30、MU25、MU20、MU15、MU10 五个强度等级，见表 7-8。

（2）粉煤灰砖的应用 粉煤灰砖优等品的强度等级应不低于 MU15，抗冻性应符合表 7-8 的规定。其干燥收缩值应不大于 0.50mm/m。粉煤灰砖可用于工业与民用建筑的墙体和基础，但用于基础或用于易受冻融和干湿交替作用的建筑部位必须使用 MU15 及以上强度等级的砖。粉煤灰砖不得用于长期受热（200℃以上）、受急冷急热和有酸性介质侵蚀的建筑部位。

表 7-8 粉煤灰砖的强度等级和抗冻性要求

强度等级	强度指标				抗冻性指标	
	抗压强度/MPa		抗折强度/MPa		抗压强度损失率（%），≤	单块砖的干质量损失（%），≤
	平均值，≥	单块值，≥	平均值，≥	单块值，≥		
MU30	30.0	24.0	4.8	3.8		
MU25	25.0	20.0	4.5	3.6		
MU20	20.0	16.0	4.0	3.2	25	5.0
MU15	15.0	12.0	3.7	3.0		
MU10	10.0	8.0	2.5	2.0		

■ 7.2 建筑砌块

本节涉及的主要标准规范有《普通混凝土小型砌块》（GB/T 8239—2014）、《蒸压加气混凝土砌块》（GB/T 11968—2020）、《粉煤灰混凝土小型空心砌块》（JC/T 862—2008）。

【建筑砌块】

7.2.1 普通混凝土小型砌块

普通混凝土小型砌块是以水泥为胶凝材料，普通砂、石为骨料，按一定比例，加水搅拌，经振动、振动加压或冲压成型，并经养护而成的小型砌块，包括空心砌块和实心砌块。空心砌块的表观密度一般为实心砌块的一半左右。

小型砌块的主要规格 390mm × 190mm × 190mm，对于非抗震设防地区，其壁、肋厚度可允许采用 27mm，最小壁、肋厚度可为 20mm。小砌块的空心率、孔洞形状及孔结构，是否封底或半封底，以及有无端槽等，可根据当地具体情况而定。图 7-4 是目前我国常用混凝土小型砌块的构造尺寸示例。

砌块按尺寸允许偏差及外观质量应分别符合《普通混凝土小型砌块》的规定。砌块的强度等级又分为 MU5、MU7.5、MU10、MU15、MU20、MU25、MU30、MU35、MU40 九个等级，其技术要求见表 7-9。

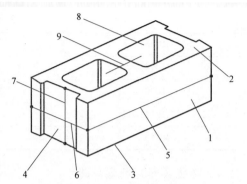

图 7-4　混凝土砌块各部位名称
1—条面　2—坐浆面（肋厚较小的面）
3—铺浆面（肋厚较大的面）　4—顶面
5—长度　6—宽度　7—高度　8—壁　9—肋

表 7-9　普通混凝土小型砌块强度等级　　　　　　（单位：MPa）

强度等级	砌块抗压强度		强度等级	砌块抗压强度	
	平均值，≥	单块最小值，≥		平均值，≥	单块最小值，≥
MU5	5.0	4.0	MU25	25.0	20.0
MU7.5	7.5	6.0	MU30	30.0	24.0
MU10	10.0	8.0	MU35	35.0	28.0
MU15	15.0	12.0	MU40	40.0	32.0
MU20	20.0	16.0			

混凝土砌块的强度以试验的极限荷载除以砌块毛截面面积计算。砌块的强度取决于混凝土的强度和空心率。这几个参数间的关系如下式。

$$f_k = (0.9577 - 1.129K)f_H$$

式中　f_k——砌块 28d 抗压强度（MPa）；

　　　f_H——混凝土 28d 抗压强度（MPa）；

　　　K——砌块空心率，以小数表示。

为保证小型砌块抗压强度的稳定性，生产厂严格控制变异系数在 10% ~ 15% 范围内。小型砌块的抗折强度随抗压强度的增加而提高，但并非是直线关系，抗折强度是抗压强度的 0.16 ~ 0.26 倍，如 MU5 的抗折强度为 1.3MPa，MU7.5 的是 1.5MPa，MU10 的是 1.7MPa。

砌块因失水而产生的收缩会导致墙体开裂，为了控制砌块建筑的墙体开裂，《普通混凝土小型砌块》规定了砌块的吸水率和线性干燥收缩值。L 类砌块的吸水率应不大于 10%；N 类砌块的吸水率应不大于 14%；L 类砌块的线性干燥收缩值应不大于 0.45mm/m；N 类砌块的线性干燥收缩值应不大于 0.65mm/m。此外，砌块的抗冻性应符合表 7-10 规定。

表 7-10　普通混凝土小型砌块抗冻性

使用条件	抗冻标号	质量损失率	强度损失率
夏热冬暖地区	D15	平均值≤5% 单块最大值≤10%	平均值≤20% 单块最大值≤30%
夏热冬冷地区	D25		
寒冷地区	D35		
严寒地区	D50		

注：使用条件应符合《民用建筑热工设计规范》（GB 50176—2016）的规定。

7.2.2　蒸压加气混凝土砌块

蒸压加气混凝土砌块是蒸压加气混凝土的制品之一，它是以硅质材料（砂、粉煤灰、工业废渣等）、钙质材料（水泥、石灰等）、外加剂、发泡稳定剂等为原料，经配料、搅拌、浇筑、发泡、成型、切割、压蒸养护而成的。

加气混凝土砌块发展很快，世界上 40 多个国家都能生产，我国加气砌块的生产和使用在 20 世纪 70 年代特别是 80 年代得到很大的发展。目前，我国的加气砌块厂的总生产能力达 700 万 m^3，应用技术规程等方面也已经成熟。

加气混凝土砌块的组成材料有水泥、石灰、粉煤灰和矿渣、铝粉、外加剂。

（1）水泥　水泥的主要作用在于保证生产初期阶段的浇筑稳定性和坯体凝结硬化速度，对于后期蒸压过程中的反应也有着相当大的作用。由于矿渣、火山灰、粉煤灰水泥早期强度低，若要保证早期性能就要增加水泥用量，因此从经济技术考虑，一般使用普通水泥。

（2）石灰　必须采用生石灰以使消解时放出的热量促进铝粉水化放出氢气，石灰另外的作用是参与水化反应，生成水化产物，促进料浆稠化和坯体硬化，提高砌块的强度。

（3）粉煤灰和矿渣　粉煤灰和矿渣均为活性混合材料，可以在激发剂作用下生成水硬性胶凝材料。

（4）铝粉　铝粉的主要作用是发气，产生气泡，使料浆形成多孔结构。

（5）外加剂　外加剂有气泡稳定剂、铝粉脱脂剂、调节剂等，其中气泡稳定剂保证坯体形成细小而均匀的多孔结构。调节剂的品种较多，主要包括用于激发、调节凝结时间等方面。

蒸压加气混凝土砌块按尺寸偏差分为Ⅰ型和Ⅱ型。Ⅰ型适用于薄灰缝砌筑，Ⅱ型适用于厚灰缝砌筑。根据《蒸压加气混凝土砌块》的规定，砌块按强度分为 A1.5、A2.0、A2.5、A3.5、A5.0 五个等级，标记中 A 代表砌块强度等级，数字表示强度值（MPa）。具体指标见表 7-11。按干密度分为 300kg/m^3、400kg/m^3、500kg/m^3、600kg/m^3、700kg/m^3 五级，分别记为 B03、B04、B05、B06、B07。强度级别 A1.5、A2.0 和干密度级别 B03、B04 适用于建筑保温。

表 7-11　蒸压加气混凝土砌块的抗压强度和干密度要求

强度等级	抗压强度/MPa		干密度等级	平均干密度/(kg/m³)，≤
	平均值，≥	单块值，≥		
A1.5	1.5	1.2	B03	350
A2.0	2.0	1.7	B04	450
A2.5	2.5	2.1	B04	450
			B05	550
A3.5	3.5	3.0	B04	450
			B05	550
			B06	650
A5.0	5.0	4.2	B05	550
			B06	650
			B07	750

砌块孔隙率较高，抗冻性较差，保温性较好；出釜时含水率较高，干缩值较大；因此《蒸压加气混凝土砌块》规定了干燥收缩、抗冻性和导热系数，见表 7-12 和表 7-13。

表 7-12　蒸压加气混凝土砌块的干燥收缩值和导热系数

干密度级别	B03	B04	B05	B06	B07
干燥收缩值/(mm/m)，≤	0.50				
导热系数(干态)/[W/(m·k)]，≤	0.10	0.12	0.14	0.16	0.18

表 7-13　蒸压加气混凝土砌块的抗冻性要求

强度等级	A2.5	A3.0	A5.0
冻后质量平均值损失(%)，≤	5.0		
冻后质量平均值损失(%)，≤	20		

蒸压加气混凝土砌块表观密度小，质量轻（仅为烧结普通砖的 1/3），在工程应用中可使建筑物自重减轻 2/5～1/2，有利于提高建筑物的抗震性能，并降低建筑成本。多孔砌块使导热系数小 [0.14～0.28W/(m·K)]，保温性能好。砌块加工性能好（可钉、可锯、可刨、可黏结），施工便捷。制作砌块可利用工业废料，有利于保护环境。

蒸压加气混凝土砌块可用于一般建筑物墙体，可作为低层建筑的承重墙和框架结构、现浇混凝土结构建筑的外墙填充、内墙隔断，也可用于抗震圈梁构造柱多层建筑的外墙或保温隔热复合墙体。蒸压加气混凝土砌块不得用于建筑基础和处于浸水、高湿和有化学侵蚀的环境中，也不能用于承重制品表面温度高于 80℃ 的建筑部位。

7.2.3　粉煤灰混凝土小型空心砌块

粉煤灰混凝土小型空心砌块是以粉煤灰、水泥、骨料、水为主要组分（也可加入外加剂等）制成的小型空心砌块，其中粉煤灰用量不应低于原材料质量的 20%，水泥用量不应低于原材料质量的 10%。主规格尺寸为 390mm×190mm×190mm，其中承重墙体最小外壁厚应不小于30mm，肋厚应不小于25mm。《粉煤灰混凝土小型空心砌块》规定：砌块按孔的排数分为单排孔（1）、双排孔（2）和多排孔（D）三类；按抗压强度分为MU3.5、MU5.0、MU7.5、MU10.0、MU15.0和MU20.0六个等级（见表7-14）。碳化系数应不小于0.80；干燥收缩率应不大于0.060%，软化系数应不小于0.80。粉煤灰砌块尺寸允许偏差、外观质量及抗冻性等技术要求详见规范规定。砌块按下列顺序进行标记：代号（FHB）、分类、规格尺寸、密度等级、强度等级和标准编号。标记示例：规格尺寸为390mm×190mm×190mm、密度等级为800级、强度等级为MU5的双排孔砌块的标记为FHB2 390×190×190 800 MU5 JC/T 862—2008。粉煤灰砌块适用于砌筑民用和工业建筑的墙体。

表7-14　粉煤灰混凝土小型空心砌块的强度等级　　　　（单位：MPa）

强度等级	立方体抗压强度	
	平均值，≥	单块最小值，≥
MU3.5	3.5	2.8
MU5.0	5.0	4.0
MU7.5	7.5	6.0
MU10.0	10.0	8.0
MU15.0	15.0	12.0
MU20.0	20.0	16.0

【工程案例分析】

［现象］　某施工单位采用混凝土小型空心砌块进行内墙的砌筑。施工前，工人对砌块进行了浇水润湿，而后使用砌筑砂浆进行施工。过了一段时间，发现墙体出现明显的开裂现象。请分析其中原因。

［分析］　小型空心砌块是用混凝土拌合料经浇筑、振捣、养护而成的。混凝土在硬化过程中逐渐失水而干缩，在自然养护条件下，成型28d后，收缩趋于稳定。对于干缩已趋稳定的混凝土砌块，如果再次被水浸湿，会再次发生干缩，称为第二干缩。砌块上墙后的干缩，引起砌体干缩，在砌体内部产生一定的收缩应力，当砌体的抗拉、抗剪强度不足以抵抗收缩应力时，就会产出裂缝。

［拓展思考］　如何减少混凝土小型空心砌块开裂现象？

【工程实例1】

河北赵州桥建于1300多年前的隋代，桥长约51m，净跨37m，拱圈的宽度在拱顶为9m，在拱脚处为9.6m。建造该桥的石材为石灰岩，石质的抗压强度非常高（约为100MPa）。

该桥在主拱肋与桥面之间设计了并列的四个小孔，挖去部分填肩材料，从而开创了"敞肩拱"的桥型。拱肩结构的改革是石拱建筑史上富有意义的创造，因为挖空拱肩不仅减轻桥的自重、节省材料、减轻桥的负担，使桥台可造得轻巧，并直接建在天然地基上；也可使桥台位移很小，地基下沉甚微；且使拱圈内部应力很小。这也正是该桥使用千年却仅有极微小的位移和沉陷，至今不坠的重要原因之一。经计算发现由于在拱肩上加了四个小拱并采用 16~30cm 厚的拱顶薄填石，使拱轴线（一般即拱圈的中心线）和恒载压力线甚为接近，拱圈各横截面上均只受压力或极小拉力。赵州桥结构体现的二线要重合的道理，直到现代才被国内外结构设计人员广泛认识。该桥充分利用了石材坚固耐用的长处，从结构上减轻桥的自重，扬长避短，是造桥史上的奇迹。

【工程实例 2】

镇江体育会展中心（见图 7-5）位于江苏省镇江市，建筑面积 19 万 m^2，由体育场（30000 座）、体育会展馆（其中体育馆 6000 座、会展 600 个展位）及综合训练馆三大建筑组成。此工程在建设过程中使用了一种新型的墙体材料——砂加气混凝土板材。

轻质砂加气混凝土产品以磨细石英砂、石灰、水泥和石膏为主要生产原材料，以铝粉为发气剂，经配料、搅拌、预养、切割、养护制成。其具有轻质、保温、隔声的特性，广泛用于轻质隔墙及节能建筑工程。砂加气混凝土板材在镇江体育会展中心墙体工程中的使用，不仅能满足普通内外墙的要求，还能方便灵活地用于大跨度、大高度、斜墙等墙体工程。尽管砂加气混凝土板材的材料成本较高，为传统砌体材料的 2~4 倍，但其安装效率高，工期约为普通墙体工程的 1/5，且板材表面平整，可在不予抹灰的情况下直接进行饰面施工。因此，综合考虑材料成本、安装成本、装饰处理成本等因素，该产品的总体经济成本相对可以接受，从长远看更符合绿色建筑、节能环保的理念。

图 7-5　镇江体育会展中心

习　题

7-1　烧结砖和砌块如何评定其强度等级和质量等级？

7-2　烧结多孔砖和烧结空心砖的强度等级是如何划分的？

7-3　烧结砖为什么要对泛霜和石灰爆裂情况进行测定？

7-4　烧结黏土砖在砌筑施工前为什么要浇水湿润？

7-5　非烧结砖有哪些品种？其强度等级是如何划分的？

第8章 沥青材料

【本章要点】

本章主要介绍石油沥青、煤沥青、改性沥青、沥青防水材料和沥青混合料。本章的学习目标：了解沥青的分类；掌握石油沥青的组分及其对沥青性能的影响；掌握石油沥青的技术性质；熟悉石油沥青的技术标准及选用；了解改性沥青；熟悉沥青混合料的性质及配合比设计。

【本章思维导图】

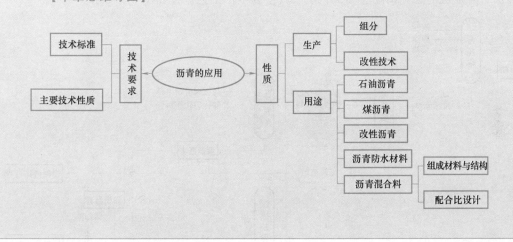

■ 8.1 沥青

沥青是一种有机胶凝材料。按照《防水沥青与防水卷材术语》（GB/T 18378—2008）的定义，沥青是由高分子碳氢化合物及其衍生物组成的、黑色或深褐色、不溶于水而几乎全溶于二硫化碳的一种非晶态有机材料。

沥青在常温下呈褐色的固态、半固态或液态，具有高度非牛顿液体、复合黏-塑性或黏-弹性的力学性质。沥青本身是憎水性材料，结构致密，不溶于水，并且与矿物材料有较强的黏结力，具有不导电、耐酸碱侵蚀等特点。因此，它被广泛用于有防腐要求的地基、地坪、沟梁、水池及金属结构的防腐、防锈处理及建筑防水。此外，随着公路交通行业的发展，沥

205

青混凝土铺设的道路路面占有不可缺少的地位。

沥青按其在自然界中获取的方式或来源，可分为地沥青和焦油沥青两大类。地沥青又分为天然沥青和石油沥青，天然沥青是指石油渗出地表经长期暴露和蒸发后的残留物；石油沥青是指石油原油经蒸馏等提炼出各种轻质油及润滑油后的残留物，或再经加工而得到的产品。焦油沥青是指由各种有机物，如煤、页岩、木材等干馏而得到的焦油，再经加工而得到的产物，相应称为煤沥青、页岩沥青和木沥青等。本节以最为常用的石油沥青作为代表进行介绍。

本节主要涉及的标准规范有《防水沥青与防水卷材术语》（GB/T 18378—2008）、《公路工程沥青及沥青混合料试验规程》（JTG E20—2011）、《建筑石油沥青》（GB/T 494—2010）、《公路沥青路面施工技术规范》（JTG F40—2004）、《煤沥青》（GB/T 2290—2012）。

8.1.1 石油沥青

1. 生产与加工

地沥青中的石油沥青是指由提炼石油的残留物生产而得的沥青。因为这一类沥青是全世界使用最广的地沥青材料，也常简称为沥青。

目前石油沥青的产量占原油加工量的 2%~4%。在炼油厂，生产石油沥青的主要方法有蒸馏法、溶剂沉淀法、调配法和氧化法。其主要生产工艺流程如图 8-1 所示。

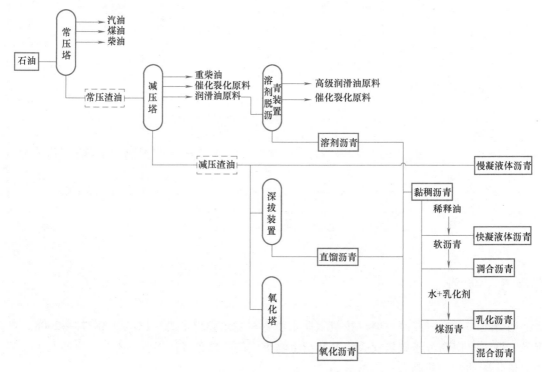

图 8-1　石油沥青的主要生产工艺流程

2. 沥青的组分

由于沥青化学组成结构极其复杂，且存在有机化合物的同分异构现象，目前还不能将沥青分离为纯粹的化合物单体。在研究沥青化学组成时，从使用角度，将沥青中化学成分及性质接近，并与物理力学性质有一定关系的成分划分为若干个组，这些组称为沥青的组分。

沥青中各组分的含量和性质与沥青的黏滞性、感温性、黏附性等化学性质有直接的联系。对于石油沥青化学组分的分析，最常采用的有以下几种说法：

二组分分析法，沥青分为沥青质和可溶质（软沥青质）两种组分。

三组分分析法，沥青分为沥青质、油分和树脂三种组分。

四组分分析法，沥青分为沥青质、饱和分、芳香分和胶质四种组分。

五组分分析法，按罗斯特勒提出的分离法，沥青可分为沥青质、氨基、第一酸性分、第二酸性分和链烷分五种组分。

沥青组分分析的方法很多，参照《公路工程沥青及沥青混合料试验规程》的规定，采用三组分分析法或四组分分析法。

【石油沥青的组分】

（1）三组分分析法　石油沥青的三组分分析法采用选择性溶解和吸附的方法将石油沥青分离为油分、树脂和（地）沥青质三个组分，各组分性状见表8-1。

表8-1　石油沥青三组分分析法的各组分性状

组分性状	外观特征	平均相对分子质量	含量（%）	碳氢比（原子比）	物理化学特性
油分	淡黄色至红褐色液体	200~700	45~60	0.5~0.7	溶于大部分有机质,具有光学活性,常发现有荧光
树脂	黄色至黑褐色黏稠半固体	800~3000	15~30	0.7~0.8	温度敏感性强,熔点低于100℃
（地）沥青质	深褐色至黑色固体颗粒	1000~5000	5~30	0.8~1.0	加热不熔化而碳化

不同组分对石油沥青性能的影响不同：

1）油分为淡黄色至红褐色的油状液体，是沥青中相对分子质量和密度最小的组分。油分赋予沥青流动性，油分含量越高，沥青流动性越大、越柔软，但容易在一定条件下转化为树脂甚至是沥青质，从而引起沥青温度稳定性下降、耐久性降低。

2）树脂为黄色至黑褐色黏稠性良好的物质，相对分子质量比油分大。树脂赋予沥青良好的塑性、黏结性和可流动性，其含量越高，沥青的黏结性和延伸性越好。

3）（地）沥青质为深褐色至黑色的固态无定形物质，相对分子质量比树脂更大，对光敏感性强。（地）沥青质决定了沥青的黏结性、黏度、温度敏感性及硬度、软化点等。（地）沥青质含量越高，软化点越高，塑性越低，沥青的硬脆性增加，温度敏感性提高。

石油沥青三组分分析法的组分界限明确，不同组分间的相对含量可在一定程度上反映沥青的工程性能；但采用该方法分析石油沥青时分析流程复杂，所需时间长。

（2）四组分分析法　石油沥青的四组分分析法将石油沥青分离为饱和分、芳香分、胶质和沥青质，各组分性状见表8-2。

1）饱和分是由直链烃和支链烃组成的，是一种非极性稠状油类，多为无色液体。对温度极为敏感。

2）芳香分是呈黄色至红色的黏稠液体。芳香分是由沥青中相对分子质量最低的环烷芳香化合物组成的，它是胶溶沥青质的分散介质。芳香分和饱和分都作为油分，在沥青中起着润滑和柔软作用。油分含量越多，沥青软化点越低，针入度越大，稠度越低。

表 8-2　石油沥青四组分分析法的各组分性状

组分性状	外观特征	平均相对密度	平均相对分子质量	主要化学结构
饱和分	无色液体	0.89	625	烷烃、环烷烃
芳香分	黄色至红色黏稠液体	0.99	730	芳香烃、含 S 衍生物
胶质	深棕色黏稠液体	1.09	970	多环结构，含 S、O、N 衍生物
沥青质	深棕色至黑色固体	1.15	3400	缩合环结构，含 S、O、N 衍生物

3）胶质是深棕色黏稠液体，极性很强，是沥青质的扩散剂或胶溶剂。胶质赋予沥青可塑性、流动性和黏结性，并能改善沥青的脆裂性和提高延度。其化学性质不稳定，易于氧化转变为沥青质。

4）沥青质是不溶于正庚烷而溶于苯或甲苯的黑色或深棕色的无定形固体。沥青质的含量对沥青的流变特性有很大影响。沥青质的存在，对沥青的黏度、黏结力、温度稳定性都有很大的影响。

按照四组分分析法，各组分对沥青性质的影响：饱和分含量越高，沥青稠度越低；胶质含量越高，沥青的延度越大；沥青质的含量越高，温度敏感性越低；胶质和沥青质总含量越高，黏度越大。

（3）蜡分　沥青中的蜡分是指沥青在除去沥青质和胶质后，在油分中含有的、经冷冻能结晶析出的、熔点在 25℃ 以上的混合组分。蜡在高温时融化，使沥青黏度降低；在低温时易结晶析出，分散在沥青质中，减少了沥青分子之间的联系，降低了沥青的低温延展性。在沥青混合料中，蜡会降低沥青与石料的黏附性。由于蜡对沥青及沥青混合料的性能有一定的负面影响，因此石油沥青中蜡含量应低于限制值。

3. 沥青的胶体结构

沥青的组分并不能全面反映沥青的性质，沥青的工程性质除了取决于其化学组分，还与其胶体结构的类型有着密切联系。现代胶体理论研究表明，沥青的苯溶液具有丁达尔现象，因此沥青溶液也是一种胶体溶液。沥青中沥青质是分散相，油分是分散介质，但沥青质与油分不亲和。而胶质对沥青是亲和的，对油分也是亲和的，因此胶质包裹沥青质形成胶团，分散在油分中，从而形成稳定的胶体。在胶团结构中，从核心的沥青质到油分是均匀的、逐步递变的，并无明显的分界层。

沥青中各个组分的数量及胶体芳香化的程度，决定了胶体的结构类型，通常分为溶胶型、溶-凝胶型、凝胶型三种胶体结构，如图 8-2 所示。其中溶胶型的沥青质含量大于 10%，凝胶型的沥青质含量超过 25%。

4. 主要技术性质

（1）黏性（黏滞性）　石油沥青的黏滞性又称为黏性，是指石油沥青内部阻碍其他相对流动性的一种特性，它反映石油沥青在外力作用下抵抗变形的能力。黏滞性可体现沥青把各种矿质材料结合为一个整体的黏结能力，是沥青最为重要的性质。黏滞性是划分沥青标号的主要技术指标。石油沥青黏滞性与沥青质含量及温度有关，沥青的黏滞性随沥青质含量增大而增大，随温度升高而降低。

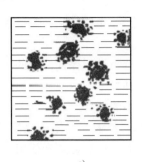 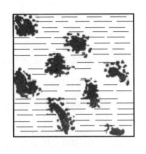 

a)   b)   c)

图 8-2 沥青胶体结构

a）溶胶型结构 b）溶-凝胶型结构 c）凝胶型结构

沥青的绝对黏度有动力黏度和运动黏度两种表达方式，可以采用毛细管法、真空减压毛细管法等多种方法测定。但由于这些测定方法的精密度要求高，操作复杂，不适于作为工程试验，因此工程中通常采用条件黏度来反映沥青黏性。其中常用的有针入度和标准黏度。

针入度是在规定温度条件下，以规定质量 100g 的标准针经过规定时间 5s 贯入沥青的深度，以 0.1mm 为单位。针入度法适用于较为黏稠的沥青。沥青的针入度值越大，表示其黏度越小。目前我国的沥青分级的指标采用的就是针入度。

石油沥青的标准黏度计可用于测定液体石油沥青或较稀的石油沥青的标准黏度。标准黏度是在规定温度、规定直径的孔口流出 $50cm^3$ 沥青所需的时间，以 s 为单位。

（2）塑性 石油沥青的塑性是指石油沥青在外力作用时产生变形而不破坏（裂缝或断开），除去外力后仍保持变形后形状的性质。它反映的是沥青受力时所能承受的塑性变形能力，通常用延度表示。沥青延度采用延度仪测试。延度值越大，塑性越好，沥青的柔韧性越好，沥青的抗裂性也越好。

石油沥青塑性与其组分和环境温度有关。如树脂含量较多，其他组分含量适当时，则塑性较大。温度越高，塑性越大。

塑性好的沥青适应变形能力强，在使用中能随建筑结构的变形而变形，沥青层保持完整而不开裂，并且在受到冲击荷载时能吸收一定能量而不破坏。

（3）温度敏感性 沥青是一种无定形的非结晶高分子化合物。它的力学性质取决于分子运动，且明显受温度影响。沥青在不同温度下，表现出不同的性状，具体如图 8-3 所示。

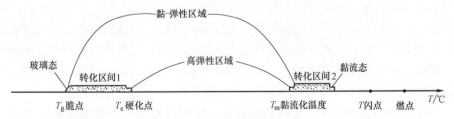

图 8-3 沥青的温度敏感性

沥青的温度敏感性本质上是沥青在黏-弹性区域内，黏滞性和塑性随温度升降而变化的性能。沥青从高弹态到黏流态并不存在一固定温度转变点，而是有一个很大的变态间隔或转化区间。为此，规定其中某一状态（针入度为800）作为从高弹态转为黏流态的起点，该点的相应温度就称为沥青的软化点。测定沥青软化点的方法很多，国内外一般采用环球法测定。

软化点温度越高，说明沥青受温度影响越小，温度敏感性越小。为保证沥青的物理力学性能在工程使用中具有良好的稳定性，通常期望它具有在温度升高时不易流淌，温度降低时不硬脆开裂的性能。因此，在工程中尽可能地采用温度敏感性小的沥青。

软化点是沥青性能随着温度变化过程中重要的标志点。但它是人为确定的温度标志点，单凭软化点这一性质来反映沥青性能随温度变化的规律并不全面。目前，还常使用针入度指数 PI 来表征沥青的温度敏感性。基于针入度的对数与温度呈线性关系，针入度指数 PI 可采用下式计算：

$$PI = \frac{30}{1+50A} - 10 \qquad (8-1)$$

式中　PI——针入度指数；

A——回归常数，为针入度对数与温度关系直线的斜率，表示沥青的温度敏感性，在0.0015~0.006 范围内波动。

由式（8-1）计算出的针入度指数的变化范围为 -10~15，针入度指数越大，表示沥青的温度敏感性越低。用 PI 值评价沥青的感温性时，要求沥青的 PI 为 -1~+1。PI 不仅可以用来评价沥青的温度敏感性，还可以用来判断石油沥青的胶体结构类型。当 PI<-2 时，石油沥青属于胶溶结构，温度敏感性较强；当 PI 为 -2~+2 时，属于溶-凝胶结构；当 PI>+2 时，石油沥青属于凝胶结构，温度稳定性较好。

不同的工程对沥青的 PI 值有着不同的要求：用作黏结剂，要求 PI 为 -2~2；用作涂料，要求 PI 为 -2~5；用作灌缝材料，要求 PI 为 -3~1；路用沥青一般要求 PI>-2。

（4）大气稳定性　在阳光、空气和热的综合作用下，沥青组分会不断递变。低分子化合物将逐步变成高分子物质，即油分和树脂逐渐减少，而沥青逐渐增多，使沥青的流动性和塑性逐渐降低，硬脆性增大，直至脆裂。这个过程称为石油沥青的"老化"。大气稳定性体现了石油沥青的抗老化性，是指石油沥青在热、阳光、氧气和潮湿等因素的长期影响下，依然能保持性能基本不变的能力。

沥青老化后的化学组成与结构均会发生变化，因此大气稳定性是影响石油沥青使用寿命最重要的因素。通过测试老化前后沥青的物理性能（针入度、延度和软化点等）和流变性能（黏度等）可以评价沥青的老化。目前我国评价沥青大气稳定性的方法包括短期老化评价和长期老化评价。长期老化评价方法包括老化指数法、SHRP 压力老化容器法、反相气液色谱技术等，而短期老化评价试验包括沥青蒸发损失试验、薄膜烘箱试验和沥青旋转薄膜烘箱试验。建筑石油沥青大气稳定性多以蒸发损失试验进行，以蒸发损失百分率和蒸发后针入度比进行评定。蒸发损失百分率越小，蒸发后针入度比越大，则表示沥青大气稳定性越好，沥青耐久性越好。

（5）安全性　目前大部分沥青试验需加热，常用沥青混合料需采用热拌工艺，而沥青是一种有机物，当加热至一定温度时，沥青材料中挥发的油分蒸气与周围空气混合，此混合气体遇火焰则发生闪光。若继续加热，油分蒸气的饱和度增加，由于此种蒸气与空气组成的混合气体遇火焰极易燃烧，易发生火灾。因此，为保证使用安全性，还需了解其安全性。沥青安全性以其闪点和燃点作为表征。通常，燃点温度比闪点温度约高 10℃。沥青质含量越多，闪点和燃点相差越大。闪点和燃点的高低表明沥青引起火灾或爆炸的可能性大小，它关系到运输、储存和加热使用等方面的安全。

5. 技术标准与选用

根据用途不同，石油沥青分为建筑石油沥青、道路石油沥青和普通石油沥青。土木工程主要使用的是建筑石油沥青和道路石油沥青。目前我国对建筑石油沥青执行《建筑石油沥青》的相关规定，道路石油沥青则按其性能及应用道路的等级执行《公路沥青路面施工技术规范》的相关规定。

（1）建筑石油沥青 《建筑石油沥青》根据针入度将沥青分为 10 号、30 号和 40 号三种牌号，相关技术标准见表 8-3。

表 8-3 建筑石油沥青技术标准

项目	质量指标			试验方法
	10 号	30 号	40 号	
针入度（25℃，100g，5s）/0.1mm	10～25	26～35	36～50	GB/T 4509
针入度（46℃，100g，5s）/0.1mm	报告	报告	报告	
针入度（0℃，200g，5s）/0.1mm	≥3	≥6	≥6	
延度（25℃，5cm/min）/cm	≥1.5	≥2.5	≥3.5	GB/T 4508
软化点（环球法）/℃	≥95	≥75	≥60	GB/T 4507
溶解度（三氯乙烯）（%）	≥99.0			GB/T 11148
蒸发后质量变化（163℃，5h）（%）	≤1			GB/T 11964
蒸发后 25℃针入度比（%）	≥65			GB/T 4509
闪点（开口杯法）/℃	≥260			GB/T 267

注：1. 报告应为实测值。
2. 测定蒸发损失后样品的 25℃针入度与原 25℃针入度之比乘以 100 后所得的百分比，称为蒸发后针入度比。

选用沥青材料时，根据工程性质（房屋、防腐）、当地气候条件、所处工作环境（屋面、地下）来选择不同牌号的沥青，以黏性、塑性和温度敏感性等主要性质为立足点，在满足使用要求的前提下，尽量选用较大牌号的石油沥青。牌号大的沥青，耐老化能力强，以保证在正常使用条件下，石油沥青有较长的使用年限。

建筑石油沥青黏度较大、高温稳定性较好，但塑性较小。选用时，应根据气候条件、所处的工作环境等因素进行选择，在满足使用要求的前提下，尽量选用较大牌号的沥青。建筑石油沥青主要用于屋面及地下防水、沟槽防水与防腐、管道防腐等工程，还可以用于制作油纸、油毡、防水涂料和沥青嵌缝油膏。

（2）道路石油沥青 《公路沥青路面施工技术规范》将沥青分为 160 号、130 号、110号、90 号、70 号、50 号和 30 号七个牌号，其技术标准见表 8-4。

道路石油沥青等级划分除了根据针入度的大小划分外，还要以沥青路面使用的气候条件为依据，在同一气候划分内根据道路等级和交通特点再将沥青划分为 1～3 个不同的针入度等级；同时，按照技术指标将沥青分为 A、B、C 三个等级，分别适用于不同范围工程，由 A 到 C，质量级别逐渐降低。各个沥青等级的适用范围应符合《公路沥青路面施工技术规范》的规定，参见表 8-5。

表 8-4　道路石油沥青技术标准

指标	单位	等级	160号④	130号④	110号	90号	70号③	50号	30号④
针入度(25℃,5s,100g)①	0.1mm		140~200	120~140	100~120	80~100	60~80	40~60	20~40
适用的气候分区①			注④	注④	2-1　2-2　3-2	1-1　1-2　1-3　2-2　2-3	1-3　1-4　2-2　2-3　2-4	1-4	注④
针入度指数 PI②		A	-1.5~+1.0	-1.5~+1.0	-1.5~+1.0	-1.5~+1.0	-1.5~+1.0	-1.5~+1.0	-1.5~+1.0
		B	-1.8~+1.0	-1.8~+1.0	-1.8~+1.0	-1.8~+1.0	-1.8~+1.0	-1.8~+1.0	-1.8~+1.0
软化点(R&B),≥	℃	A	38	40	43	45 / 44	46 / 45	49	55
		B	36	39	42	43 / 42	44 / 43	46	53
		C	35	37	41	42	43	45	50
60℃动力黏度②,≥	Pa·s	A	—	60	120	160 / 140	180 / 160	200	260
10℃延度②,≥	cm	A	50	50	40	45 / 30	25 / 20	15	10
		B	30	30	30	30 / 20	20 / 15	10	8
15℃延度,≥	cm	A、B	80	80	60	100	40	80	50
		C	—	—	—	—	—	30	20
蜡含量(蒸馏法),≤	%	A	2.2	2.2	2.2	2.2	2.2	2.2	2.2
		B	3.0	3.0	3.0	3.0	3.0	3.0	3.0
		C	4.5	4.5	4.5	4.5	4.5	4.5	4.5
闪点,≤	℃		230	230	230	245	260	260	260
溶解度,≥	%		99.5	99.5	99.5	99.5	99.5	99.5	99.5
密度(15℃)	g/cm²		实测记录	实测记录	实测记录	实测记录	实测记录	实测记录	实测记录
TFOT 或 RTFOT 后⑤									
质量变化,≤	%		±0.8	±0.8	±0.8	±0.8	±0.8	±0.8	±0.8
残留针入度比(25℃),≥	%	A	48	54	55	57	61	63	65
		B	45	50	52	54	58	60	62
		C	40	45	48	50	54	58	60
残留延度(10℃),≥	cm	A	12	12	10	8	6	4	—
		B	10	10	8	6	4	2	—
残留延度(15℃),≥	cm		40	35	30	20	15	10	—

注：
① 试验方法按照《公路工程沥青及沥青混合料试验规程》(JTJ E52—2011) 规定的方法执行。用于仲裁试验求取 PI 时的 5 个温度的针入度关系的相关系数不得小于 0.997。
② 经建设单位同意，表中 PI 值、60℃ 动力黏度、10℃ 延度可作为选择性指标，也可作为施工质量检验指标。
③ 70 号沥青可根据需要要求供应商提供针入度范围为 60~70 或 70~80 的沥青，50 号沥青可要求供应商提供针入度范围为 40~50 或 50~60 的沥青。
④ 30 号沥青仅适用于沥青稳定基层。130 号和 160 号沥青除寒冷地区可直接在中低级公路上直接应用外，通常用作乳化沥青、稀释沥青、改性沥青的基质沥青。
⑤ 老化试验以 TFOT 为准，也可以 RTFOT 代替。

气候分区见《公路沥青路面施工技术规范》(JTG F40—2004) 附录 A。

表 8-5 道路石油沥青的适用范围

沥青等级	适用范围
A 级沥青	各个等级公路,适用于任何场合和层次
B 级沥青	高速公路、一级公路沥青下面层及以下层次,二级及二级以下公路的各个层次 用作改性沥青、乳化沥青、改性乳化沥青、稀释沥青的基质沥青
C 级沥青	三级及三级以下公路的各个层次

沥青路面采用的沥青标号,宜按照公路等级、气候条件、交通条件、路面类型及在结构层中的层位及受力特点、施工方法等,结合当地的使用经验,经技术论证后确定。对高速公路、一级公路,夏季温度高、高温持续时间长、重载交通、山区及丘陵区上坡路段、服务区、停车场等行车速度慢的路段,尤其是汽车荷载剪应力大的层次,宜采用稠度大、60℃动力黏度大的沥青,也可提高高温气候分区的温度水平选用沥青等级;对冬季寒冷的区域或交通量较小的公路、旅游公路宜选用稠度小、温度延度大的沥青;对温度日温差、年温差大的地区宜选用针入度指数大的沥青。当高温要求与低温要求发生矛盾时应优先考虑满足高温性能的要求。

(3)普通石油沥青　普通石油沥青因含有较多的蜡,温度敏感性大。当采用普通石油沥青做黏结材料时,随着时间增长,沥青中的石蜡向胶结层表面渗透,在表面形成薄膜,使沥青黏结层黏结能力降低,因此一般在建筑工程上不宜直接采用,只能与其他种类的石油沥青掺配使用。

6. 沥青的掺配

施工时,若采用一种沥青不能满足配制沥青要求所需的软化点或者缺乏某一牌号的沥青时,可以采用两种或三种不同牌号的沥青进行掺配。掺配时,应遵循同源原则,即石油沥青与石油沥青掺配、煤沥青只与煤沥青掺配。不同沥青掺配比应由试验决定,也可按下式进行估算:

$$Q_1 = \frac{T_2 - T}{T_2 - T_1} \times 100\%$$
$$Q_2 = 100\% - Q_1 \tag{8-2}$$

式中　Q_1——软沥青用量（%）;

Q_2——较硬沥青用量（%）;

T——掺配后的沥青软化点（℃）;

T_1——较软沥青软化点（℃）;

T_2——较硬沥青软化点（℃）。

如用三种沥青,可首先算出两种沥青的配比,接着与第三种沥青进行配比计算,然后根据估算的掺配比例和在其临近的比例（±5%）进行试配,测定掺配后沥青的软化点,最后绘制掺配点-软化点曲线,即可从曲线上确定所要求的比例。同样可采用针入度指标按上法进行估算及试配。

8.1.2 煤沥青

煤沥青是炼油厂或煤气厂的副产品。烟煤在干馏过程中的挥发物质,　【煤沥青】

经冷却后形成的黑色黏性液体称为煤焦油。煤焦油经分馏加工提取轻油、中油、重油、蒽油以后，所得残渣即煤沥青，也称为煤焦油沥青或柏油。

由于煤沥青是由复杂化合物组成的混合物，因此采用选择性溶解等方法将煤沥青分离为游离碳、油分、软树脂及硬树脂四个部分。游离碳又称为自由碳，是高分子有机化合物的固态碳质颗粒，不溶于有机溶剂，加热不熔，但高温分解。煤沥青的游离碳含量增加，可提高其黏度和温度稳定性。但随着游离碳含量增加，其低温脆性也增加。油分为液态碳氢化合物，与其他组分相比是结构最简单的物质。树脂为环心含氧的碳氢化合物，分为两类：硬树脂，类似石油沥青中的沥青质；软树脂，赤褐色黏塑性物，溶于氯仿，类似石油沥青中的树脂。

《煤沥青》根据软化点的高低将煤沥青分为低温沥青、中温沥青和高温沥青，不同煤沥青的技术要求见表 8-6。

表 8-6　不同煤沥青的技术要求

指标名称	低温沥青		中温沥青		高温沥青	
	1 号	2 号	1 号	2 号	1 号	2 号
软化点/℃	35~45	46~75	80~90	75~95	95~100	95~120
甲苯不溶物含量(%)	—	—	15~25	≤25	≥24	—
灰分(%)	—	—	≤0.3	≤0.5	≤0.3	—
水分(%)	—	—	≤5.0	≤5.0	≤4.0	≤5.0
喹啉不溶物(%)	—	—	≤10	—	—	—
结焦值(%)	—	—	≥45	—	≥52	—

注：1. 水分只作为生产操作中的控制指标，不作为质量考核依据。
　　2. 沥青喹啉不溶物含量每月至少测定一次。

根据煤沥青在工程中应用要求的不同，按照稠度可划分为软煤沥青和硬煤沥青两大类。建筑工程和道路工程主要使用软煤沥青，其技术要求应符合相应的行业技术标准。由于煤沥青具有较好的黏附性，煤沥青可用于制作电极黏结剂、型煤黏结剂、沥青清漆等产品；其渗透性极好，常用于路基工程中，作为半刚性基层上洒透层油；其抗腐性能好，适用于地下防水工程及防腐工程，还可以浸渍油毡，但其温度稳定性差，因此相较于石油沥青，多用于较次要的工程中。

8.1.3　改性沥青

现代公路运输业的发展，使交通量迅猛增长，重载、超载情况加剧，交通渠化现象越趋明显，对道路材料的质量提出了越来越高的要求。对现有沥青性能进行改进，才能满足现代土木工程的技术要求。这些经过改进后的沥青通常称为改性沥青。

按照《公路沥青路面施工技术规范》的定义，改性沥青是指"掺加橡胶、树脂、高分子聚合物、天然沥青、磨细的橡胶粉，或者其他材料等外掺剂（改性剂）制成的沥青混合料，从而使沥青或沥青混合物的性能得以改善"。其改性机理主要有两种：一是改变沥青化学组成；二是使改性剂均匀分布于沥青中形成一定的空间网络结构。其相关技术如图 8-4 所示。通过改性技术，可提高沥青的流变性能、黏附能力，延长沥青的耐久性。

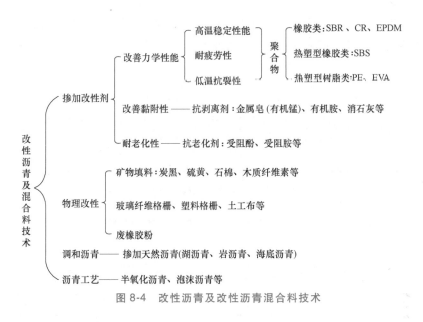

图 8-4 改性沥青及改性沥青混合料技术

1. 改性沥青的分类及其特性

（1）氧化沥青 氧化沥青是借助于氧化工艺生产而得的。在 250~300℃ 高温下，向熔融沥青中吹入少量氧气，通过氧化和聚合作用使沥青分子变大，并反复多次，以此形成越来越大的分子，从而使沥青的黏性得以提高，温度稳定性得以改善。

（2）橡胶改性沥青 橡胶能与沥青有较好的混溶性，并能赋予沥青更好的高温变形性、低温柔韧性等橡胶的优点，因此橡胶可作为沥青的重要改性材料。目前使用最为普遍的是 SBS。SBS 是采用阳离子聚合法制得的丁二烯-苯乙烯热塑性丁苯橡胶。SBS 能使沥青的性能大大改善，表现为：低温柔韧性改善，冷脆点降至-40℃；热稳定性能提高，耐热度达 90~100℃，弹性好，延伸率大，耐候性好。SBS 改性沥青是目前最成功和用量最大的一种改性沥青，在国内外已得到普遍使用，主要用途是 SBS 改性沥青防水卷材。

（3）树脂改性沥青 用树脂改性石油沥青，可以改进沥青的耐寒性、耐热性、黏结性和不透气性。

（4）橡胶和树脂改性沥青 橡胶和树脂同时用于改善沥青的性质，使沥青同时具有橡胶和树脂的特性。树脂比橡胶便宜，橡胶和树脂又有较好的混溶性，故改性效果较好。配制时，通过改变原材料品种、配比、制作工艺，可以得到很多性能各异的产品，主要有卷材、片材、密封材料、防水涂料等。

（5）矿物填充料改性沥青 为了提高沥青的黏结能力和耐热性，降低沥青的温度敏感性，经常要加入一定数量的矿物填充料。常用的矿物填充料大多是粉状的和纤维状的，主要有滑石粉、石灰石粉、硅藻土和石棉等。

2. 技术要求

石油沥青经改性后其性能与普通沥青有较大的不同，应用范围也有较大区别，既有用于防水工程的改性沥青，又有用于道路工程的改性沥青。不同用途的改性沥青其技术要求也有较大区别。由于工程中较多采用聚合物改性沥青（树脂或橡胶类改性沥青），因此本小节以聚合物改性沥青为对象进行介绍。我国聚合物改性沥青性能评价方法基本沿用了道路石油沥青标准体系，并增加了一些评价聚合物性能的指标，如弹性恢复、黏韧性和离析等，具体指标依据《公路沥青路面施工技术规范》，详见表8-7。

表 8-7 聚合物改性沥青的性能指标

技术指标	单位	SBS 类（Ⅰ类）				SBR（Ⅱ类）			EVA、PE（Ⅲ类）			
		Ⅰ-A	Ⅰ-B	Ⅰ-C	Ⅰ-D	Ⅱ-A	Ⅱ-B	Ⅱ-C	Ⅲ-A	Ⅲ-B	Ⅲ-C	Ⅲ-D
针入度（25℃,100g,5s）	0.1mm	>100	80~100	60~80	40~60	>100	80~100	60~80	>80	60~80	40~60	30~40
针入度指数 PI，≥		-1.2	-0.8	-0.4	0	-1.0	-0.8	-0.6	-1.0	-0.8	-0.6	-0.4
延度（5℃,5cm/min），≥	cm	50	40	30	20	60	50	40	—	—	—	—
软化点，≥	℃	45	50	55	60	45	48	50	48	52	56	60
动力黏度（135℃），≤	Pa·s	3										
闪点，≥	℃	230				230			230			
溶解度，≥	%	99				99			—			
弹性恢复（25℃），≥	%	55	60	65	75	—						
黏韧性，≥	N·m	—				5						
韧性，≥	N·m					2.5						
储存稳定性离析，48h 软化点差，≤	℃	2.5				—			无改性剂明显析出，凝聚			
质量变化，≤	%	±1.0										
针入度比（25℃），≥	%	50	55	60	65	50	55	60	50	55	58	60
延度（5℃），≥	cm	30	25	20	15	30	20	10	—			

■ 8.2 沥青防水材料

建筑防水是保证建筑物发挥其正常功能和寿命的一项重要措施，防水材料是建筑物必须使用的一种功能材料。

建筑防水材料品种繁多，按其制品的特征可分为防水卷材、涂料、密封材料等；按施工特点可分为柔性防水材料、刚性防水材料；按材料主要成分可分为沥青防水材料、高分子橡胶、塑料防水材料、聚氨酯防水材料、丙烯酸防水材料等。具体介绍见第11章。

沥青材料具有天然的憎水性，沥青防水材料是建筑工程中使用量较大的柔性防水材料。

本节主要涉及的标准规范有《屋面工程质量验收规范》（GB 50207—2012）。

8.2.1 沥青防水制品

1. 冷底子油

冷底子油是用稀释剂（汽油、柴油、煤油、苯等）对沥青进行稀释的产物，施工时一般用30%~40%的石油沥青和60%~70%的溶剂混合而成，并且随用随配。它一般在常温下用于防水工程的底层，故称为冷底子油。由于冷底子油喷涂后油中的沥青分子随着溶剂渗透到基层的毛细孔隙中，其余沥青在溶剂挥发后，相互结合凝聚成牢固的涂膜，并使基层有憎水性，因此，在这种冷底子油上面涂布沥青胶粘贴卷材，可以使防水层和基层粘贴牢固。冷底子油形成的涂膜较薄，一般不单独作防水材料使用，只作为某些防水材料的配套材料。

2. 沥青胶

沥青胶是用沥青材料加入矿质填充材料均匀混合制成的。填充材料主要有粉状的，如滑石粉、石灰石粉、普通水泥和白云石等；还有纤维状的，如石棉粉、木屑粉等，或用两者的混合物。填充材料加入量一般为 10%～30%。沥青胶主要用于粘贴各层石油沥青油毡、涂刷面层油、嵌缝、街头、补漏以及作为防水层的底层等，其使用要符合耐热度、柔韧度和黏结力三项要求。

3. 沥青嵌缝油膏

沥青嵌缝油膏是以石油沥青为基料，加入改性材料、稀释剂及填充材料混合制成的密封膏。改性材料有废橡胶粉和硫化鱼油；稀释剂有松焦油、松节重油和机油；填充材料有石棉绒和滑石粉等。沥青嵌缝油膏主要用作屋面、墙面、沟和槽的防水嵌缝材料。

8.2.2 沥青防水卷材

防水卷材是一种常用的防水构造形式。沥青防水卷材由于其质量轻、成本低、防水效果好、施工方便等优点，被广泛应用于工业、民用建筑防水工程。目前，我国大多数屋面防水工程均采用沥青防水卷材。

沥青防水卷材的品种繁多，包括以纸、织物、纤维毡、金属箔等为胎基，两面浸涂沥青材料而制成的各种卷材和以橡胶或其他高分子聚合物为改性材料制成的各种卷材。

1. 石油沥青防水卷材

石油沥青防水卷材是用原纸、纤维毡等胎体材料浸涂沥青，表面撒布粉状、粒状或片状材料制成可卷曲的片状防水材料，包括有胎卷材和无胎卷材。用厚纸或玻璃丝布、石棉布、棉麻织品等胎料浸渍石油沥青制成的卷状材料，称为有胎卷材；将石棉、橡胶粉等掺入沥青材料中，经碾压制成的卷状材料称为辊压卷材，即为无胎卷材。根据《屋面工程质量验收规范》的规定，石油沥青防水卷材适用于屋面防水等级为Ⅲ级和Ⅳ级的屋面防水工程。常用的有石油沥青纸胎油毡、石油沥青玻璃布油毡、石油沥青纤胎油毡、石油沥青麻布胎油毡等。它们的特点、适用范围及施工工艺见表 8-8。

表 8-8　石油沥青防水卷材

卷材名称	特点	适用范围	施工工艺
石油沥青纸胎油毡	是我国传统的防水材料，目前在屋面工程中仍占主导地位。其低温柔性差，防水层耐用年限较短，但价格较低	三毡四油、二毡三油叠层铺设的屋面工程	热沥青玛蹄脂、冷沥青玛蹄脂粘贴施工
石油沥青玻璃布油毡	抗拉强度高，胎体不易腐烂，材料柔韧性好，耐久性比纸胎油毡提高 1 倍	多用作纸胎油毡的增强附加层和凸出部位的防水层	
石油沥青纤胎油毡	有良好的耐水性，耐腐蚀性和耐久柔韧性也优于纸胎油毡	常用作屋面或地下防水工程	
石油沥青麻布胎油毡	抗拉强度高，耐水性好，但胎体材料易腐烂	常用作屋内增强附加层	
石油沥青铝箔胎油毡	有很高的阻隔蒸汽的渗透能力，防水功能好，且具有一定的抗拉强度	与带孔玻璃纤维毡配合或单独使用，宜于隔汽层	热沥青玛蹄脂粘贴

2. 聚合物改性沥青防水卷材

聚合物改性沥青防水卷材是指以合成高分子聚合物改性沥青为涂层，纤维织物或纤维毡为胎体，粉状、粒状、片状或薄膜材料为覆盖材料制成的防水卷材。

改性沥青防水卷材改善了普通沥青防水卷材温度稳定性差、延伸率小等缺点，具有高温不流淌、低温不脆裂、抗拉强度较高、延伸率较大等特点。我国常用的改性沥青防水卷材有弹性体改性沥青防水卷材、塑性体改性沥青防水卷材、改性沥青聚乙烯胎防水卷材、自粘橡胶沥青防水卷材、自粘聚合物改性沥青聚氨酯防水卷材等，其中弹性体或塑性体改性沥青防水卷材是使用较广的产品。其中弹性体改性沥青防水卷材的代表产品是 SBS 改性沥青防水卷材；塑性体改性沥青防水卷材的代表产品是 APP 改性沥青防水卷材。

SBS 改性沥青防水卷材是指用苯乙烯-丁二烯-苯乙烯（SBS）橡胶改性沥青作涂层，用玻纤毡（G）、聚酯毡（PY）、玻纤增强聚酯毡（PYG）为胎基，两面覆以隔离材料所做成的一种性能优异的防水材料。SBS 改性沥青柔性油毡具有良好的不透水性和低温柔韧性，同时具有抗拉强度高、延伸率大、耐腐蚀性、耐热性及耐老化性等优点。SBS 改性沥青防水卷材适用于工业与民用建筑的屋面及地下、卫生间等防水、防潮，以及游泳池、隧道、蓄水池等的防水工程，尤其适用于寒冷地区和结构变形频繁的建筑物防水。

APP 改性沥青防水卷材是指以聚酯毡、玻璃纤维毡或玻璃纤维增强聚酯毡为胎基，无规聚丙烯（APP）或聚烯烃类聚合物（APAO、APO）改性沥青作为涂层，两面覆以隔离材料制成的防水卷材。该类卷材的特点是抗拉强度大，延伸率高，具有良好的弹塑性和耐高、低温性能；具有更高的耐热性和耐紫外线性能，在 130℃ 高温下不流淌；但低温柔韧性较差，在低温下容易变得硬脆，因而不适合寒冷地区使用。APP 改性沥青防水卷材适用于各种屋面、墙体、地下室等一般工业和民用建筑的防水，也可用于水池、桥梁、公路、机场跑道、水坝等防水、防护工程，还可以用于各种金属容器和地下管道的防腐保护。该类防水卷材的耐高温性能和耐老化性能都较好，故特别适用于我国南方炎热地区。

3. 自粘聚合物改性沥青防水卷材

为与基层粘贴牢固、方便施工，生产时在改性沥青防水卷材的下表面复合一定厚度的黏结料（如丁基橡胶）和防粘隔离层，成为有自粘功能的自粘聚合物改性沥青防水卷材。自粘聚合物改性沥青防水卷材是指以 SBS 等合成橡胶、优质道路沥青及增黏剂为基料，以聚酯膜（PET）、聚乙烯膜（PE）、铝箔或涂硅隔离膜为上表面材料，下表面覆以涂硅隔离膜为防粘层而制成的自粘聚合物改性沥青无胎基防水卷材。

自粘聚合物改性沥青防水卷材的改性剂大多为 SBS 弹性体，其高温性能（耐热度）不如 SBS 改性沥青防水卷材，力学性能也低于 SBS 改性沥青防水卷材，但该类卷材的最大优点是保证卷材与基层的黏结，使卷材既有防水功能，又有密封功能。

8.2.3 沥青防水涂料

1. 沥青基防水涂料

沥青基防水涂料是指以沥青为成膜物质的防水涂料，有溶剂型和水乳型两大类。

溶剂型沥青基防水涂料由沥青、溶剂、改性材料、辅助材料所组成，主要用于防水、防潮和防腐，其耐水性、耐化学侵蚀性均好，涂膜光亮平整，丰满度高，主要品种有冷底子油、再生橡胶沥青防水涂料、氯丁橡胶沥青防水涂料。

虽然溶剂型沥青基防水涂料来源广，但由于使用有机溶剂，不仅在配制时易引起火灾，而且施工时要求基层必须干燥；有机溶剂挥发时，引起环境污染，因此，除特殊情况外，已较少使用。近10多年来，着力发展的是水乳型沥青基防水涂料。水乳型沥青基防水涂料是以石油沥青、水、乳化剂、辅助材料等经乳化而制成的。常用品种有乳化沥青防水涂料、石灰膏乳化沥青防水涂料等。

沥青基防水涂料主要用于Ⅲ级和Ⅳ级防水等级的工业与民用建筑屋面、混凝土地下室和卫生间防水工程。

2. 高聚物改性沥青防水涂料

沥青基防水涂料因其价格低，生产工艺简单，使用方便，是世界各国普遍采用的产品。但普通沥青基防水涂料的弹性、延伸率及低温柔韧性均差，易引起渗漏，在地下易于再乳化，因而目前又广泛发展了高聚物改性沥青防水涂料。

高聚物改性沥青防水涂料是指以沥青为基料，用合成高分子聚合物进行改性制成的水乳型或溶剂型防水涂料。这类涂料在柔韧性、抗裂性、抗拉强度、耐高低温性能、使用寿命等方面比沥青基防水涂料有很大的改善。品种有再生橡胶改性沥青防水涂料、水乳型氯丁橡胶沥青防水涂料、SBS橡胶改性沥青防水涂料等。高聚物改性沥青防水涂料适用于Ⅱ级、Ⅲ级、Ⅳ级防水等级的屋面、地面、混凝土地下室和卫生间等防水工程。

■8.3 沥青混合料

目前，我国道路工程发展迅速，对路面材料的要求也越来越高。相较于水泥混凝土路面（白色路面），沥青混凝土路面（黑色路面）具有路面美观、行车舒适、噪声小、行车安全系数高，后期维护方便，对交通的影响小并可反复利用，资源利用率高等特点，因此，沥青混合料已成为现代道路路面结构的主要材料之一，并广泛应用于各类道路路面，尤其是高等级道路路面。

本节主要涉及的标准规范有《公路沥青路面施工技术规范》（JTG F40—2004）、《公路沥青路面设计规范》（JTG D50—2017）。

8.3.1 定义与分类

按《公路沥青路面施工技术规范》有关定义和分类，沥青混合料是指由矿料与沥青结合料拌和而成的混合料总称。其中沥青结合料是指在沥青混合料中起胶结作用的沥青类材料（含添加的外掺剂、改性剂等）的总称。

沥青混合料按结构品种分为石油沥青混合料和煤沥青混合料。按拌和和铺筑温度分为热拌热铺沥青混合料、热拌冷铺沥青混合料、冷拌冷铺沥青混合料；按密实度分为密实型（残留空隙率为3%~6%）沥青混合料和空隙型（残留空隙率为6%~10%）沥青混合料；按骨料级配分为连续级配和间断级配的沥青混合料；按矿物质最大粒径分为粗粒式沥青混合料（$D_m = 35mm$ 或 $30mm$）、中粒式沥青混合料（$D_m = 25mm$ 或 $20mm$）、细粒式沥青混合料（$D_m = 15mm$ 或 $10mm$）和砂粒式（$D_m = 5mm$）沥青混合料。粗粒式沥青混合料和中粒式沥青混合料只用于沥青路面的基层；细粒式沥青混合料和砂粒式沥青混合料多用作沥青路面的面层；中粒式沥青混合料有时也用作单层式沥青路面。其中，以热拌热铺的连续型密级配的沥青混合料使用居多。

8.3.2 组成材料与结构

1. 组成材料

沥青混合料的基本组成包括沥青材料、粗细骨料和矿物填料。沥青混合料是一种多相复合材料，其中粗细骨料起骨架作用，沥青和填料起胶结和填充作用。沥青混合料经摊铺、压实成型后成为沥青路面。

（1）沥青材料　沥青是沥青混合料中的胶凝材料，主要起胶结作用。相较于水泥，沥青除了满足胶结能力的要求外，还需满足高温稳定性、气候抗裂性及防滑性等多种要求，可采用道路石油沥青、煤沥青、乳化石油沥青、液体石油沥青等。

在选用沥青时应根据交通性质、气候条件、路面结构、沥青混合料类型和施工条件等因素确定。对于高等级道路，还应对沥青的一些性质，如温度敏感性、低温变形能力等进行试验分析，以保证沥青混合料的技术性质。

（2）粗骨料　石子为粗骨料，在沥青混合料中起骨架作用，粗骨料应洁净、干燥、无风化、无杂质，并具有足够的强度和耐磨耗性。用于沥青面层的粗骨料包括碎石、破碎砾石、筛选砾石、矿渣等；路面抗滑表面粗骨料应选用坚硬、耐磨、抗冲击性好的碎石或破碎砾石，不得使用筛选砾石、矿渣及软质骨料。粗骨料的颗粒形状和表面构造对路面的使用性能有很大影响。针片状颗粒较多，不利于沥青混合料的和易性和稳定性。使用表面粗糙的骨料，有利于提高沥青混合料的稳定性。

高速公路、一级公路沥青路面的表面层或磨耗层的粗骨料应符合磨光值与黏附性的要求。如果磨光值高的岩石缺乏，可将硬质碎石料与质地较软的碎石料按一定比例配合使用，混合后的粗骨料应满足磨光值的要求。当粗骨料与沥青黏附性不符合要求时，可以采取在混合料中掺加消石灰、水泥、抗剥落剂等措施，使沥青混合料的水稳定性满足要求。

（3）细骨料　砂为细骨料，其作用是填充粗骨料空隙。用于拌制沥青混合料的细骨料，可以采用天然砂、机制砂及石屑。砂应与沥青有良好的黏结能力，如果在高速公路、一级公路和城市快速路、主干路沥青面层中使用与沥青黏结性能很差的天然砂及用花岗石、石英等酸性石料破碎的机制砂或石屑，应采取粗骨料的抗剥落措施对细骨料进行处理。细骨料应洁净、干燥、无风化、无杂质，并有适当的颗粒级配，质量符合《公路沥青路面施工技术规范》的规定。

（4）矿物填料　填料是指在沥青混合料中起填充作用的粒径小于 0.075mm 的矿物质粉末。沥青混合料的矿粉必须采用石灰岩或岩浆岩中的强基性岩石等憎水性材料经磨细而得到。根据《公路沥青路面施工技术规范》的规定，矿物填料应保持干燥、洁净，并不应含有泥土杂质和团粒。高速公路、一级公路的沥青面层不宜采用粉煤灰作填料。

2. 组成结构

沥青混合料的组成结构通常按其矿质混合料的组成分为悬浮密实型、骨架空隙型和骨架密实型三种类型，如图 8-5 所示。其结构类型与采用的级配密切相关。

【沥青混合料的组成结构】

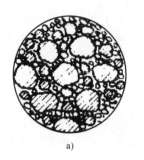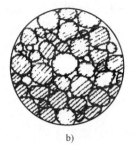

a)   b)   c)

图 8-5   沥青混合料组成结构

a) 悬浮密实型   b) 骨架空隙型   c) 骨架密实型

（1）悬浮密实型结构   悬浮密实型结构采用连续密级配的沥青混合料，由于细骨料的数量较多，矿质材料由大到小形成连续密实型混合料，粗骨料被细骨料挤开。因此，粗骨料以悬浮状态位于细骨料之间。这种结构的沥青混合料的密实度较高，但各级骨料均被次级骨料所隔开，不能直接形成骨架，而是悬浮于次级骨料和沥青胶浆之间，这种结构的特点是黏结力较高，内摩阻力小，混合料耐久性好，但稳定性较差。密级配沥青混合料 AC 型就是典型的悬浮密实型结构，这种材料经压实后，密实度较高，水稳定性高、低温抗裂性和耐久性较好，是使用较为广泛的一种沥青混合料。

（2）骨架空隙型结构   骨架空隙型结构采用连续开级配的沥青混合料，由于细骨料的数量较少，粗骨料之间不仅紧密相连，而且有较多的空隙。这种结构的沥青混合料的内摩阻力起重要作用，黏结力较小。因此，沥青混合料受沥青材料的变化影响较小，稳定性较好，但耐久性较差。当沥青路面采用这种形式的沥青混合料时，沥青面层下必须做下封层。沥青碎石混合料 AM 和开级配磨耗层沥青混合料 OGFC 是典型的骨架空隙型结构。

（3）骨架密实型结构   骨架密实型结构采用间断密级配的沥青混合料，是上面两种结构形式的有机组合。它既有一定数量的粗骨料形成骨架结构，又有足够的细骨料填充到粗骨料之间的空隙中，因此，这种结构的沥青混合料的特点是黏聚力与内摩阻力均较高，密实度、强度和稳定性都比较好，耐久性好，但施工和易性差。沥青玛蹄脂碎石 SMA 是此种结构的典型代表。

8.3.3 技术标准

沥青混合料作为一种重要的路面面层材料，应能够承受车辆行驶的反复荷载作用和气候因素的长期影响而不产生车辙、裂缝、剥落等现象，因此应具备足够的高温稳定性、低温抗裂性、耐久性、抗滑性和施工和易性等技术性质，以保证沥青路面经久耐用。

1. 高温稳定性

高温稳定性是指沥青混合料在最高使用温度下，抵抗黏性流动的性能。当温度升至某一温度时，沥青混合料中的矿料颗粒会在自重作用下产生相互移动，使变形迅速增加，最后导致混合料丧失稳定而破坏。

《公路沥青路面施工技术规范》规定，采用马歇尔稳定度试验（包括稳定度、流值、马歇尔模数）来评价沥青混合料高温稳定性。由于马歇尔稳定度试验中试件承受荷载的状态与道路工程中所承受运动车轮荷载的状态有较大的差别，难以全面地反映沥青混合料的抗车辙能力。为此，对用于高速公路、一级公路和城市快速路、主干路沥青路面的上面层和中面层所用的沥青混凝土混合料进行配合比设计时，还应通过车辙试验来检验其抗车辙的能力。

影响沥青混合料高温稳定性的主要因素有沥青的用量、黏度和矿料的级配、尺寸、形状等。沥青混合料高温稳定性的形成主要来源于矿质骨料颗粒间的嵌锁作用及沥青的黏结作用。

2. 低温抗裂性

低温抗裂性是指沥青混合料在温度较低时不出现低温脆化、低温缩裂、温度疲劳等现象的性能。

目前，尚无相关规定反映沥青混合料低温抗裂性的具体指标，我国现行规范建议采用低温线收缩系数试验、低温弯曲试验及低温劈裂试验评价沥青混合料的低温抗裂性能。

在低温条件下，沥青混合料的变形能力越强，抗裂性就越好，而沥青混合料的变形能力与其低温劲度模量成反比。也就是说，为了提高沥青混合料的低温抗裂性，应选用低温劲度模量较低的混合料。影响沥青混合料低温劲度的主要因素是沥青的低温劲度模量，而沥青黏度和温度敏感性是决定沥青劲度模量的主要指标。

3. 耐久性

耐久性是指沥青混合料在长期受自然因素（阳光、温度、水分等）的作用下抗老化的能力、抗水损害的能力，以及在长期行车荷载作用下抗疲劳破坏的能力。它是一项综合技术指标，包括沥青混合料的水稳定性、抗老化性和抗疲劳性等方面。

（1）水稳定性　沥青混合料的水稳定性是指沥青混合料抵抗自由水侵害，保持荷载和温度胀缩反复作用而不发生破坏的能力。沥青混合料水稳定性差不仅导致路表功能的降低，而且直接影响路面的耐久性和使用寿命。评价沥青混合料水稳定性的方法通常分为两大类：第一类是沥青与矿料的黏附性试验，这类试验方法主要用于判断沥青与粗骨料（不包含矿粉）的黏附性，包括水煮法和静态浸水法；第二类是沥青混合料的水稳性试验，这类试验方法适用于级配矿料与适量沥青拌和成混合料，制成试样后，测定沥青混合料在水的作用下力学性质发生变化的程度，这类方法与沥青在路面中的使用状态较为接近。测试方法有浸水马歇尔试验、真空饱水马歇尔试验及冻融劈裂试验。

（2）抗老化性　沥青混合料老化取决于沥青的老化程度，与外界环境因素和实际空隙率有关。在气候温暖、日照时间较长的地区，沥青的老化速度快；在气温较低、日照时间较短的地区，沥青的老化速度相对较慢。沥青混合料的空隙率越大，环境介质对沥青的作用就越强烈，其老化程度也越高。

（3）抗疲劳性　沥青混合料的抗疲劳性是指沥青混合料在重复应力作用下，能保持路面结构强度无明显下降、路面无明显裂缝的能力。沥青混合料的抗疲劳性通过疲劳试验来检测。影响沥青路面抗疲劳性能的主要因素包括沥青混合料组成特性和疲劳试验条件等。影响沥青混合料抗疲劳性能的主要参数有沥青种类、沥青用量、矿料类型、级配类型及混合料空隙率等。

4. 抗滑性

沥青路面的抗滑性与所用矿料的表面构造深度、颗粒形状与尺寸、抗磨光性有密切的关系。矿料的表面构造深度取决于矿料的矿物组成、化学成分及风险程度；颗粒形状与尺寸既受到矿物组成的影响，也与矿料的加工方法有关；抗磨光性则受到上述所有因素及矿物成分硬度的影响。因此，用于沥青路面表层的粗骨料应选用表面粗糙、坚硬、耐磨、抗冲击性好、磨光值大的碎石或碎砾石骨料。

为了保证汽车在路面上的安全行驶，沥青路面应具有较好的抗滑性。《公路沥青路面设计规范》规定以横向力系数 SFC60 和路面构造深度 TD（mm）为主要指标。

5. 施工和易性

沥青混合料的和易性是指它在拌和、运输、摊铺及压实过程中具有与施工条件相适应，既能保证质量又便于施工的性能。沥青混合料应具备良好的施工和易性，在拌和、摊铺与碾压过程中，骨料颗粒应保持分布均匀，表面被沥青膜完整地裹覆，并能被压实到规定的密度，这是保证沥青路面使用质量的必要条件。沥青混合料的和易性取决于所用材料的性质、用量及拌和质量。目前尚无直接评价沥青混合料施工和易性的方法和指标，一般通过合理选择组成材料、控制施工条件等措施来保证沥青混合料的质量。

8.3.4 配合比设计

沥青混合料各项性能之间是互相联系、互相制约的，如何既平衡沥青混合料各项路用性能，又能满足施工操作，这就取决于沥青混合料各组成材料的性质和比例。沥青混合料配合比设计的目的就是根据设计要求，选择合适的组成材料，确定合适的级配类型和级配范围，确定各组成材料的比例，使配制的沥青混合料能够满足各技术性能。

热拌沥青混合料作为工程中最为常用的沥青混合料，广泛应用于各种等级的沥青面层，因此本节以此为对象进行其配合比设计的介绍。热拌沥青混合料配合比设计应包括三个阶段：目标配合比设计阶段、生产配合比设计阶段、生产配合比验证阶段。后两个设计阶段是在目标配合比的基础上进行的，借助于施工单位的拌和设备、摊铺和碾压设备，在进行沥青混合料的试拌试铺的基础上，完成沥青混合料配合比的调整。

沥青混合料配合比的主要设计方法有马歇尔设计法、体积设计法、Superpave 法等，其中马歇尔法是我国目前规范指定的设计法。采用马歇尔法设计目标配合比的流程如图 8-6 所示。

由图 8-6 可知，沥青混合料的配合比设计主要包括两个方面的内容：一是矿质混合料的组成设计；二是沥青最佳用量的确定。

1. 矿质混合料的组成设计

1）确定矿质混合料的设计级配范围。根据道路等级与所处位置的功能要求，确定各层所用沥青混合料类型。矿质混合料的合成级配曲线必须符合设计级配范围要求。

【沥青混合料的配合比设计】

2）拟订初试配合比。根据各档骨料的筛分结果，采用计算法或图解法，在设计级配范围中设计三组初选配合比，确定每组混合料中各档骨料的用量比例，计算矿质混合料的合成级配。

3）矿质混合料设计配合比的确定。根据使用经验初估沥青用量，按照初试矿料配合比拌制三组沥青混合料。根据沥青混合料马歇尔试件体积参数指标的技术要求，确定矿料的设计配合比。

2. 沥青最佳用量的确定

目前，我国采用马歇尔试验法来确定沥青最佳用量，其步骤如下：

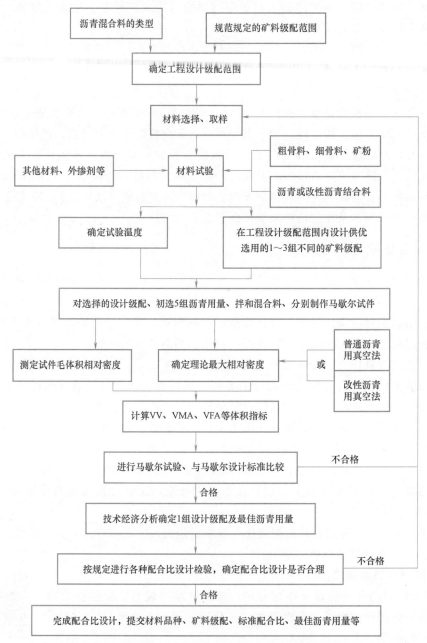

图 8-6　密级配热拌沥青混合料目标配合比设计流程

（1）制作马歇尔试件　按所涉及的矿料配合比配制五组矿质混合料，每组按规范推荐的沥青用量范围加入适量沥青，沥青用量按 0.5% 间隔递增，拌和均匀，制成马歇尔试件。

（2）测定物理性质　根据骨料吸水率大小和沥青混合料的类型，采用合适的方法测出试件的实测密度，并计算理论密度、空隙率、沥青饱和度等物理指标。

（3）测定马歇尔稳定度和流值　《公路沥青路面施工技术规范》中对沥青混合料马歇尔试件的成型条件、试件的体积参数指标、马歇尔稳定度和流值指标的要求见表 8-9。当使用改性沥青时，混合料的马歇尔试验指标要求允许适当调整，其流值可适当放宽。

表 8-9　密级配热拌沥青混合料（AC）马歇尔试验技术标准

试验指标		密级配热拌沥青混合料					
		高速公路、一级公路、城市快速路、主干路				其他等级道路	行人道路
		中轻交通	重交通	中轻交通	重交通		
		夏炎热区		夏热区及夏凉区			
试件每面的击实次数（次）		75	75	75	75	50	50
空隙率（%）	深约 90mm 以内	3~5	4~6	2~4	3~5	3~6	2~4
	深约 90mm 以下	3~6	3~6	2~4	3~6	—	—
稳定度/kN，≥		8	8	8	8	5	3
流值/mm		2~4	1.5~4	2~4.5	2~4	2~4.5	2~5

（4）确定沥青最佳用量

1）以沥青用量为横坐标，以实测密度、空隙率、饱和度、稳定度、流值为纵坐标，画出关系曲线，包括沥青混合料密度与沥青用量关系曲线、沥青混合料稳定度与沥青用量关系曲线、沥青混合料流值与沥青用量关系曲线、沥青混合料空隙率与沥青用量关系曲线、沥青混合料饱和度与沥青用量关系曲线。

2）根据沥青混合料技术标准在关系曲线上分别确定各项性质合格的沥青用量，每个合格范围叠合部分即为沥青混合料的沥青最佳用量范围，取其中值即为沥青最佳用量。

（5）配合比设计检验　确定了矿物组成及沥青最佳用量之后，还需根据工程实际要求进行配合比设计检验。因为沥青混合料的体积参数以及马歇尔试验指标虽然与沥青混合料的路用性能存在联系，但还不能充分反映沥青混合料的路用性能。

配合比设计检验按照设计的最佳沥青用量在标准条件下进行。根据需要，可以改变试验条件进行配合比设计检验，如按调整后的最佳沥青用量、变化最佳沥青用量 OAC±0.3%、提高试验湿度、加大试验荷载、采用现场压实密度进行车辙实验，在施工后的残余空隙率（如 7%~8%）的条件下进行水稳定性试验和渗水试验等，但不宜用规范规定的技术要求进行合格评定。

【工程案例分析 1】

［现象］　某高速公路进行白改黑工程，其气候分区为 2-2，为了方便施工，采用 110 号道路石油沥青和公称最大粒径为 9.5mm 的粗骨料配制沥青混合料进行面层和基层的施工。投入使用半年后，出现了面层脱离的现象，可能的原因有哪些？

［分析］　对于高速公路，宜采用稠度大，动力黏度大的沥青，且沥青路面面层和基层用料应有一定区别，面层高温稳定性应大一些，抗车辙能力要强一些，而基层要有较强的水稳定性。2-2 的气候分区属于炎热气候区，应采用稠度较高的沥青，采用细粒式粗骨料配制沥青混合料，满足面层施工要求，但该配合比配制的沥青混合料却无法满足较好的水稳定性，因此导致面层剥离。

［拓展思考］ 从沥青材料的选用和制备角度考虑，如何保证沥青路面的施工质量？

【工程案例分析2】

［现象］ 某高速公路在铺设沥青混合料路面时，使用了针片状含量较高（约18%）的粗骨料。经试验，在满足马歇尔技术要求的情况下，将沥青的用量增加约10%。但实际使用后，沥青路面的强度和抗渗能力相对较差。请分析原因，并提出防治措施。

［分析］ 首先，粗骨料的针片状含量约18%，超过了规定，使矿料和沥青构成的空间网络结构中的空洞增加，加大沥青用量只能很小地弥补和填充；其次，针片状颗粒在施工中易于折断，使级配细化，沥青混合料内部出现损伤，从而影响路面的强度。此外，针片状含量过高，空隙率显著增加，路面的抗渗能力下降。

［防治措施］

1）发现粗骨料的针片状含量过高时，应在加工厂回轧，使之严格控制在不大于15%的含量。

2）使粗骨料的颗粒形状近似立方体，富有棱角和纹理粗糙，使网络骨架中的空洞减少。

3）在设计粗骨料配合比时，在级配曲线范围内适当降低针片状含量过高的瓜子片的用量（因为粒径为5~15mm瓜子片的针片状含量往往较高）。

【工程实例1】

上海世博会召开时间正值梅雨季节，针对这一因素，世博园区车行道路面摒弃了以往易导致路面积水的常规密实不透水材料，转而采用排水性沥青路面，如图8-7所示。首先，排水性沥青路面可减少路面积水，避免车行时产生水雾，防止水飘现象（因积水使轮胎与路面失去接触造成车辆打滑的现象）的发生。其次，积水减少也有助于防止车灯反射眩光的现象，提高能见度，有效避免驾驶者因眩光而产生的视觉疲劳，确保行车安全。再次，排水性沥青路面还可减少交通噪声，其原理：排水性沥青路面表面孔隙较密实，有助于吸收噪声。最后，排水性沥青路面具有调节路面温度的功能，在烈日暴晒情况下，相较于普通沥青路面平均温度约低2℃，若在城市中得以广泛应用，可一定程度上缓解热岛效应。

图8-7 上海世博园区排水性沥青路面

排水性沥青路面的应用，标志着这类技术的成熟与完善。此类工程技术以世博会为契机，将世博会园区的道路建设与"生态建市，走可持续发展道路"的宗旨相结合，大力推进了城市化的发展。

【工程实例2】

被誉为"新国门第一路"的北京大兴国际机场高速公路使用了高性能防冰融雪沥青混合料进行面层摊铺（见图8-8），这将使高速公路关键路段拥有了更强的防冰抗冻、自融雪性能，大幅提升了雨雪天气的行车安全和通行效率。

技术人员通过在原高级沥青路面配方中添加国产高性能融雪添加剂（见图8-9），使路面实现更强的融雪特性。国产高性能融雪添加剂能把路面原本0℃的冰点降低到-25℃，在雨雪天时，雪水不会结冰，能有效避免北方秋冬及初春时节路面"地穿甲"的形成，为行车安全提供保障。防冰融雪添加剂以氯化钙为主，是一种绿色环保、无毒无害的材料，对道路周边的植被、土壤、水源不会造成任何破坏。在效益方面，融雪路面技术可以替代传统的撒盐融雪，使用人工、机械铲雪等被动养护措施，一次投入便具有永久性路面主动防冰融雪效果，降低了冬季路面管理养护成本，高速公路全寿命周期综合运营成本效益尤为突出。

图8-8　高性能防冰融雪沥青混合料现场作业

图8-9　国产高性能融雪添加剂

习 题

8-1 石油沥青的组分和特性分别是什么？石油沥青的组分对其性质有什么影响？

8-2 石油沥青的主要技术性能有哪些？各用什么指标表示？

8-3 石油沥青牌号是如何划分的？牌号与性能之间有什么关系？

8-4 某建筑工程屋面防水，需要用软化点为 85℃ 的石油沥青，但工地目前只有软化点为 35℃ 和 95℃ 的两种石油沥青，如何进行掺配？

8-5 如何对石油沥青进行改性？可以改变哪些性质？

8-6 石油沥青防水卷材主要有哪几类？

8-7 沥青混合料有哪些技术性质？如何配制沥青混合料？

第 9 章　高分子材料

【本章要点】

　　本章主要介绍建筑塑料、合成橡胶、合成纤维、黏结剂和建筑涂料。本章的学习目标：了解高分子化合物的特征及基本性质；熟悉建筑塑料、合成橡胶的组成及用途；了解合成纤维的特点及用途，黏结剂的组成及用途、常用建筑涂料的组成及用途。

【本章思维导图】

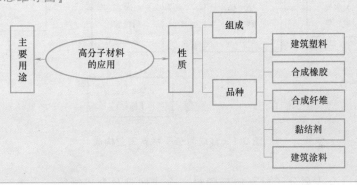

　　高分子材料是以高分子化合物为基础的材料，是由相对分子质量较高（一般在 10^4 以上）的化合物构成的材料。高分子材料具有两个基本特征：一是相对分子质量大；二是相对分子质量分布具有多分散性，即高分子化合物与小分子不同，它在聚合过程后变成了不同相对分子质量大小的高聚物组成的混合物。

　　高分子材料按来源分为天然高分子材料和合成高分子材料。天然高分子是存在于动物、植物及生物体内的高分子物质，可分为天然纤维、天然树脂、天然橡胶、动物胶等。合成高分子材料主要是指塑料、合成橡胶和合成纤维三大合成材料，还包括黏结剂、涂料及各种功能性高分子材料。

　　高分子材料具有质量轻、韧性高、耐腐蚀性好、功能多样、易加工、具有一定装饰性等特点，因此，现代建筑材料用量有 25% 以上为高分子材料，尤其是合成高分子材料，主要用于非结构材料和装饰装修材料。合成高分子材料是当前发展最快，也是现代建筑领域广泛采用的新材料，鉴于此，本章着重介绍合成高分子材料。

■9.1　合成高分子材料概述

9.1.1　基本概念

合成高分子材料是指由一些不饱和的低分子碳氢化合物为主要成分，经人工合成高分子化合物，并以这些合成高分子化合物为基础组成的材料。合成高分子材料的基本成分是合成高分子化合物，即由千万个原子彼此以共价键连接的大分子化合物，也称为高聚物。高聚物中所含链节的数目 n 称为"聚合度"，高聚物的聚合度一般为 $1\times(10^3\sim10^7)$，从而产生较大的相对分子质量。

合成高分子材料的生产来自于石油化工产品的再加工，其工业构成图如图9-1所示。

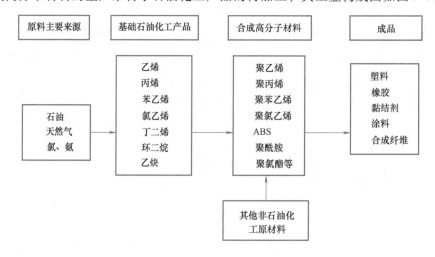

图9-1　合成高分子材料工业构成

按用途来分，合成高分子材料包括塑料、合成橡胶及合成纤维三大类。黏结剂和涂料是在塑料和橡胶的基础上衍生而成的。

9.1.2　分子特征

高分子化合物按其链节在空间排列的几何形式，可分为线形聚合物和体形聚合物两类，其中线形聚合物包括线形和支链形。

1. 线形

线形高聚物的大小分链节排列成线状主链（见图9-2a），大多数呈卷曲状，线状大分子间以分子间力结合在一起。因分子间作用力微弱，使分子容易相互滑动，因此线形结构的合成树脂可反复加热软化、冷却硬化，称为热塑性树脂。线形高聚物具有良好的弹性、塑性、柔顺性，但强度较低、硬度小，耐热性、耐腐蚀性较差，且可溶可熔。

属于线形无支链结构的聚合物：聚苯乙烯（PS）、用低压法制造的高密度聚乙烯（HDPE）和聚酯纤维素分子等。

2. 支链形

支链形高聚物的分子在主链上带有比主链短的支链（见图9-2b），因分子排列较松，分子间作用力较弱，因而密度、熔点及强度低于线形高聚物。

属于线形带支链结构的聚合物：低密度聚乙烯（LDPE）和聚醋酸乙烯（PVAC）等。

3. 体形

体形高聚物的分了由线形或支链形高聚物分子以化学键交联形成，呈空间网状结构，如图 9-2c 所示。由于化学链结合力强，且交联成一个巨型分子，因此体形结构的合成树脂仅在第一次加热时软化，固化后再加热时不会软化，称为热固性树脂。属于体形高分子（网状结构）的聚合物有：酚醛树脂（PF）、不饱和聚酯（UP）、环氧树脂（EP）、脲醛树脂（UF）等。

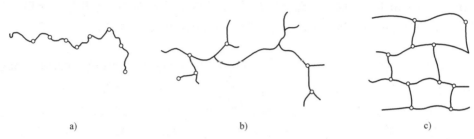

图 9-2 高分子化合物结构
a）线形无支链结构　b）线形带支链结构　c）网状体形结构

■ 9.2　合成高分子材料的应用

9.2.1　建筑塑料

塑料是以单体为原料，通过加聚或缩聚反应聚合而成的高分子化合物，可以自由改变成分及形式。建筑塑料是指用于建筑工程的各种塑料及制品，通过添加各种改性剂及助剂，为适合建筑工程各部位的特点和要求而生产的一类新型的高分子材料。

1. 组成

塑料是以合成树脂为基本材料，按比例加入填料、增塑剂、稳定剂、润滑剂、色料等添加剂而形成的。按其主要功能，其组成可大致分为合成树脂、助剂和改性剂。

【塑料的组成与分类】

（1）合成树脂　习惯上或广义地讲，凡作为塑料基材的高分子化合物（高聚物）都称为树脂。合成树脂是塑料的基本组成材料，在塑料中起黏结作用。塑料的性质主要取决于合成树脂的种类、性质和数量。合成树脂在塑料中的含量为 30%～60%，仅有少数塑料完全由合成树脂所组成，如有机玻璃。

用于塑料的热塑性树脂主要有聚乙烯、聚氯乙烯、聚甲基丙烯酸甲酯、聚苯乙烯、聚四氟乙烯等加聚高聚物；用于塑料的热固性树脂主要有酚醛树脂、脲醛树脂、不饱和树脂、不饱和聚酯树脂、环氧树脂、有机硅树脂等缩聚高聚物。

（2）助剂　建筑塑料制品应用广泛，各类制品的功能、性能、档次和应用领域均有所区别。助剂的作用是改善塑料的加工性能、降低加工成本。在合成树脂品种相同的情况下，各类助剂的加入将赋予建筑塑料制品更好的工程性能。助剂的品种很多，作用各异，常用的助剂包括填充料、增塑剂、固化剂、偶联剂等。

1）填充料。在合成树脂中加入填充料可以降低分子链间的流淌性，提高塑料的强度、硬度及耐热性，减少塑料制品的收缩，并能有效地降低塑料的成本。常用的填充料有木粉、滑石粉、硅藻土、石灰石粉、石棉、铝粉、炭黑和玻璃纤维等，塑料中填充料的掺率为40% ~ 70%。

2）增塑剂。掺入增塑剂的目的是提高塑料加工时的可塑性、流动性及塑料制品在使用时的弹性和柔软性，改善塑料的低温脆性等，但会降低塑料的强度与耐热性。增塑剂能够改善塑料的塑性和韧性，是使用最多的助剂品种之一。工程中对增塑剂的要求主要包括相容性和稳定性，一般采用不挥发的、与聚合物能很好结合的液态有机物。常用的增塑剂有邻苯二甲酸二丁酯、邻苯二甲酸二辛酯、磷酸三甲酚酯、樟脑、二苯甲酮等。

3）固化剂。固化剂也称为硬化剂或热化剂。它的主要作用是使线形高聚物交联成体形高聚物，使树脂具有热固性，形成稳定而坚硬的塑料制品。固化剂的成分随树脂品种不同而各异，一般分为两种情况：一种是采用能与高分子官能团产生反应的低分子物质作固化剂，如环氧树脂常用多元胺类或多元酸（酐）类作固化剂，聚酯树脂常用过氧化物作固化剂；另一种是采用能与高分子官能团产生反应的高分子化合物作固化剂，如用聚酰胺树脂作环氧树脂的固化剂。

4）偶联剂。建筑塑料制品由于是多组分配方，加工时要考虑各组分之间有较好的相容性，这就要考虑在配方中加入合理、适量的相容偶联剂。建筑塑料制品中常用的偶联剂品种有钛酸酯偶联剂、硅烷类偶联剂、铝酸类偶联剂、铝钛复合偶联剂等。其中，最常用的是硅烷类偶联剂和钛酸酯偶联剂。

（3）改性剂　随着现代建筑的发展，建筑塑料不仅要求在结构上要有一定的强度、在施工时要便于加工、在作为装饰材料时要具有美观效果，还要能够适应环境气候变化，具有较好的耐久性和一定的功能性。因此，现代塑料在生产中有时会加入着色剂、稳定剂、阻燃剂、发泡剂、抗静电剂等改性剂。

2. 常用建筑塑料的特性与用途

常用建筑塑料的特性与用途见表9-1。

表9-1　常用建筑塑料的特性与用途

	名称	代号	特性	用途
热塑性塑料	聚乙烯	PE	耐水性好、化学稳定性好、强度不高	防水薄膜、给水排水管、卫生洁具
	聚氯乙烯（软）	PVC	弹性、柔性及低温韧性均较好，强度及耐热性较差，电绝缘性较好	塑料薄膜、充气薄膜、止水带、防水卷材、软管、片材、地板及装饰材料等
	聚氯乙烯（硬）	PVC	抗压、抗弯强度较高，韧性较好，电绝缘化、化学稳定性较好，成本低	给水排水管、水工闸门、板材、硬管材、各种型材
	聚苯乙烯	PS	质轻、易加工；强度较低、耐热性差、韧性差	泡沫塑料制品、隔热保温材料
	ABS树脂	ABS	强度高、冲击韧性好、硬度大、刚性好、耐化学腐蚀性强、易加工、可代替木材钢板等	应用广泛，做建筑五金、工具、卫生洁具、管材、薄板、仪表及电机外壳等
	聚四氟乙烯塑料	PTFE	长期使用温度−200 ~ 260℃，有卓越的耐化学腐蚀性，对所有化学品都耐腐蚀，摩擦系数在塑料中最低，还有很好的电性能，其电绝缘性不受温度影响，有"塑料王"之称	主要作为密封材料和填充材料，用于性能要求较高的耐腐蚀的管道、容器、泵、阀及制雷达、高频通信器材等

（续）

名称		代号	特性	用途
热塑性塑料	聚丙烯塑料	PP	密度小,是目前所有塑料中最轻的品种之一,强度、刚度、耐热性均优于低压聚乙烯,可在100℃左右使用,具有优良的耐腐蚀性,良好的高频绝缘性,不受湿度影响,表面硬度和耐热性较好,但成型收缩率大,低温易变脆,不耐磨,易老化	主要用于地下工程防水、可加入屋面、墙体、水池、地下室材料中,起到抗裂、防渗、保温的作用,还可用于管道、模板、耐腐蚀性衬板等,现还用于生产家具、卫生洁具
	聚甲基丙烯酸甲酯塑料	PMMA	也称为"有机玻璃",是目前最优良的高分子透明材料,透光率达到92%,比玻璃的透光度高,表面光滑、密度小、强度较大,耐腐蚀,耐潮湿,耐光热,绝缘性能好,隔声性好,化学稳定性好,易染色,易加工	主要应用于采光体、屋顶、棚顶、楼梯、室内墙壁护板及隔声门窗等,还用于高速公路和高级道路的照明灯罩及汽车灯具方面,还可制作卫生洁具和广告灯箱等
热固性塑料	环氧树脂塑料	EP	强度高、耐磨性好、耐腐蚀性强,选用不同的固化剂,可获得不同性能的塑料	生产玻璃钢制品、层压制品,拌制砂浆及混凝土,做修补、防护材料及电绝缘材料
	酚醛塑料	PF	刚度大,耐热性较高,有良好的机械强度及电绝缘性,耐腐蚀性强,性脆,色泽有限	做电绝缘材料、层压塑料及纤维增强塑料,可代替木材制成板材、片材、管材等
	不饱和聚酯树脂塑料	UP	黏结力强,抗腐蚀性好,耐磨性好,弹性强度较低,有一定弹性,固化收缩较大	生产玻璃钢制品,拌制砂浆及混凝土,做修补及护面材料
	有机硅树脂塑料	—	有很高的耐热性和化学稳定性、优良的电绝缘性和憎水性,耐水性好、较强的黏结力,低温抗脆裂性能好,但耐溶剂性较差	多用于耐热性高级绝缘材料、电工器材、防水材料、黏结剂、涂料等,还可用于制造层压塑料

9.2.2　合成橡胶

橡胶是制造飞机、军舰、汽车、拖拉机、收割机、水利排灌机械、医疗器械等所必需的材料。根据来源不同,橡胶可以分为天然橡胶和合成橡胶。合成橡胶广义上是指用化学方法合成制得的橡胶,以区别于从橡胶树生产出的天然橡胶。因为一般天然橡胶产品的价格比较昂贵,企业为了降低成本,大量采用成本低廉的合成橡胶材料,因此采用合成橡胶材料的主要目的是节约成本、提高橡胶制品的性能。合成橡胶在20世纪初开始生产,从20世纪40年代起得到了迅速发展。合成橡胶一般在性能上虽然不如天然橡胶全面,但它具有高弹性、绝缘性、气密性、耐油、耐高温或低温等性能,因而广泛应用于工农业、国防、交通及日常生活中。

1. 生产

橡胶材料通常由生橡胶、硫化剂与硫化促进剂、增塑剂、防老化剂、填充料等材料组成。合成橡胶中有少数品种的性能与天然橡胶相似,大多数与天然橡胶不同,一般均需经过硫化和加工之后,才具有实用性和使用价值。

合成橡胶的生产工艺大致可分为单体的合成和精制、聚合过程及橡胶后处理三部分。合成橡胶的基本原料是单体,通过精馏、洗涤、干燥等方法进行单体的精制,而后进行单体聚合以便合成橡胶。聚合过程是单体在引发剂和催化剂作用下进行聚合反应生成聚合物的过程。合成橡胶的聚合工艺有乳液聚合、溶液聚合、悬浮聚合、本体聚合四种，生产中主要采用乳液聚合法和溶液聚合法。乳液聚合的凝聚工艺主要采用加电解质或高分子凝聚剂，破坏乳液使胶粒析出；溶液聚合的凝聚工艺以热水凝析为主。凝聚后析出的胶粒，含有大量的水，需脱水、干燥，通过后处理完成。后处理是使聚合反应后的物料（胶乳或胶液），经脱除未反应单体、凝聚、脱水、干燥和包装等步骤，最后制得成品橡胶的过程。

目前国内生产的主要合成橡胶产品是丁苯橡胶（SBR）、丁二烯橡胶（BR）、氯丁橡胶（CR）、丁腈橡胶（NBR）、乙丙橡胶（EPDM）和丁基橡胶（IIR）等基本合成橡胶，苯乙烯类热塑性丁苯橡胶（SBCS），以及多种合成胶乳和特种橡胶。

2. 合成橡胶的特性与应用

按应用特性，合成橡胶分为通用型橡胶和特种橡胶。通用型橡胶是指可以部分或全部代替天然橡胶使用的橡胶，如丁苯橡胶、异戊橡胶、顺丁橡胶等，主要用于制造各种轮胎及一般工业橡胶制品。通用型橡胶的需求量大，是合成橡胶的主要品种。特种橡胶是指具有耐高温、耐油、耐臭氧、耐老化和高气密性等特点的橡胶，常用的有硅橡胶、各种氟橡胶、聚硫橡胶、氯醇橡胶、丁腈橡胶、聚丙烯酸酯橡胶、聚氨酯橡胶和丁基橡胶等，主要用于要求有某种特性的特殊场合。

合成橡胶的种类繁多，性能各异，工程中选用橡胶时，应使其主要性能满足工程要求。当橡胶用作止水材料时，要求其弹性好、强度和硬度较高，低温柔性好；当橡胶制品暴露于大气中时，要求其耐老化、耐热或耐低温；当橡胶制品与油或酸、碱等介质接触时，应按耐油或抗化学腐蚀的要求来选择橡胶品种；当用作电绝缘材料时，应根据其电绝缘性能要求选择橡胶材料。在土木工程中，合成橡胶主要应用于输送管带、防水材料、密封材料或黏结剂及沥青改性材料中。常用合成橡胶的主要特征和应用范围见表9-2。

表9-2　常用合成橡胶的主要特征和应用范围

	名称	缩写	生产基料	主要特征	应用范围
通用型橡胶	丁苯橡胶	SBR	丁二烯和苯乙烯的无规共聚物	是最大、最早的通用合成橡胶品种，有较高的耐磨性和很高的抗张强度，良好的加工性能，耐候性好，耐臭氧老化，有自熄性，耐油性良好，但电绝缘性、储存稳定性差，使用温度为-35～130℃	主要用于制造轮胎、运输带、胶管、黏结剂、浸渍纤维和织物，还可用于生产建筑胶、封闭胶、防水卷材专用胶、涂料及改性沥青
	顺丁橡胶	BR	单体丁二烯聚合而成	弹性高、耐磨性好、耐寒性好、生热低、耐曲挠性和动态性能好，吸水率低、填充性好，但抗湿滑性差，撕裂强度和拉伸强度低，冷流性大，加工性能稍差，必须与其他胶种并用	主要用于轮胎、制鞋、高抗冲聚苯乙烯及ABS树脂的改性，还用于输送带、覆盖胶、腻子、漆布等
	异戊橡胶	IR	单体异戊二烯聚合而成	最接近天然橡胶，被称为"合成天然橡胶"，其耐水性、电绝缘性超过天然橡胶，膨胀和收缩小、流动性好，但其生胶强度、黏着性、加工性能及耐疲劳性等均稍低于天然橡胶	主要用于轮胎生产，还用于胶鞋、胶带、黏结剂、工业橡胶制品的生产
	乙丙橡胶	EPR	乙烯、丙烯共聚物	具有低密度、高填充性、耐热、耐磨、耐老化、耐腐蚀，低温柔性好、电绝缘性能好，但因不含双键，故硫化困难、自黏和互黏性差、不易黏结和加工	主要用于汽车密封条、胶垫、胶管、塑胶运动场、防水卷材、房屋门窗密封条、玻璃幕墙密封、卫生设备和管道密封件及沥青改性材料

（续）

	名称	缩写	生产基料	主要特征	应用范围
通用型橡胶	聚丁二烯橡胶	PBR	丁二烯单体聚合而成	具有良好的弹性、耐磨性、耐低温性和耐老化性，可与其他橡胶共混，但耐撕裂性差，加工性不如天然橡胶	用于生产橡胶弹簧、减振橡胶垫，还可用于制作黏结剂和封闭剂
特种橡胶	氯丁橡胶	CR	单体氯丁二烯聚合而成	具有很高的拉伸强度和伸长率，具有自动补强性质，耐老化能力强、不自燃、阻燃性好、耐油、耐化学腐蚀性好、耐水性好、电绝缘性差、耐低温性差、储存稳定性不好	主要用于传动带、运输带、电线电缆、耐油胶板、耐油胶管、密封材料等橡胶制品，还用于桥梁或高层建筑承载衬垫、屋顶防水板、配制涂料和黏结剂
	丁腈橡胶	NBR	丁二烯与丙烯腈共聚物	耐油性极好，耐磨性较高，耐热性较好，黏结力强，但耐低温性差、耐臭氧性差，绝缘性能极差，弹性稍低	用于制各种耐油橡胶制品、多种耐油垫圈、垫片、套管、软包装、软胶管等，还可作为 PVC/PF 等树脂的改性剂
	丁基橡胶	HR	异丁烯与少量异戊二烯共聚	具有良好的化学稳定性和热稳定性，最突出的是气密性和水密性，对空气的透过率仅为天然橡胶的 1/7，对蒸汽的透过率则为天然橡胶的 1/200，有吸震、电绝缘性能，对阳光及臭氧具有良好的抵抗性，但硫化速度慢、互黏性差、与其他橡胶相容性差	主要用于制造各种内胎、蒸汽管、水胎、水坝底层及垫圈等各种橡胶制品，也可用于做防水材料
	三元乙丙橡胶	EPDM	乙烯、丙烯、二烯烃三元共聚物	轻质、拉伸强度高、伸长率大、耐热、耐候性好、憎水性强、耐低温、耐撕裂性好	主要应用于屋顶单层防水卷材、民用和商用建筑的输入线、建筑用电线、汽车封闭条等

9.2.3　合成纤维

纤维是一种长径比很大而长度较短的物质单元。将纤维材料与基体材料复合在一起，可以利用纤维材料的单向拉伸能力高、乱向分布、对基体材料性能干扰小等优良性质，对基体材料进行改性。

纤维材料的分类如图 9-3 所示。

合成纤维是化学纤维的一种，是用合成高分子化合物作原料，经纺丝成型和后处理而制得的化学纤维的统称。它以小分子有机化合物为原料，经加聚反应或缩聚反应合成的线形有机高分子化合物。与天然纤维和人造纤维相比，合成纤维的原料是由人工合成方法制得的，生产不受自然条件的限制。合成纤维的生产有三大工序：合成聚合物制备、纺丝成型、后处理。合成纤维工业最早实现工业化生产的是聚酰胺纤维（锦纶），随后聚丙烯腈纤维（腈纶）、聚酯纤维（涤纶）等陆续投入工业生产，这三种合成纤维的工业化程度最为成熟。

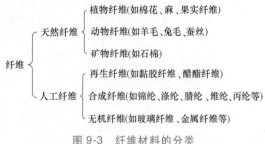

图 9-3　纤维材料的分类

合成纤维的线形分子结构中含有部分晶体，因此非常坚韧，一般具有强度高、变形小、耐腐蚀、耐磨等特点，因此广泛用于纺织工业、航天航空、交通运输、国防、化工及土木工程等行业。在土木工程中，合成纤维的主要应用包括装饰材料、土工织物、改性或增强材料、制作复合材料制品等方面。工程常用合成纤维的主要特点和应用见表9-3。

表9-3 工程常用合成纤维的主要特点和应用

名称	简称	生产基料	主要特点	应用
聚酰胺纤维	锦纶	其聚合物由己二胺和己二酸缩聚而成，或由己内酰胺缩聚或开环聚合而成	耐磨性较其他纤维优越，弹性恢复率高，密度小，耐腐性高，但耐旋光性稍差，耐热性较差	广泛用于日用织物、家具窗帘布、带轮衬布及地毯纤维等装饰材料
聚酯纤维	涤纶	其聚合物由有机二元酸和二元醇缩聚而成	耐皱性好、弹性和尺寸稳定性大，电绝缘性能良好，耐日光照射，耐摩擦，有较好的耐化学试剂性能，耐强碱性较差	广泛用于服装制品、轮胎帘子线、运输带、消防水管等，也可用作电绝缘材料、耐酸过滤布和造纸毛毯及室内装饰物，还作为沥青混凝土改性材料
聚丙烯腈纤维	腈纶	其聚合物由单体丙烯腈经自由基聚合反应而成	弹性极好，腈纶密度小，织物保暖性好，有"人造羊毛"之称，耐日光性与耐气候性好，但吸湿差、染色性差	广泛用于服装制品，可用作窗帘、幕布及毛毯织物等装饰材料，近几年改性腈纶纤维作为改性材料还应用于混凝土工程中
聚丙烯纤维	丙纶	以聚丙烯为原材料，通过特殊工艺制造而成	纤维直径非常小，密度小，强度较高，耐酸碱性极好，分散能力强	常用作混凝土和水泥砂浆增强或改性材料，作为防渗抗裂材料广泛用于地下工程防水，工业民用建筑工程的屋面、墙体、地坪、水池、地下室等，以及道路和桥梁工程中，可用于各种装饰布、土工布、吸油毡、运输带绳、包装材料和滤布等
聚乙烯醇纤维	维纶	由聚乙烯醇为原料纺丝制得	强度高、吸湿性好，有"合成棉花"之称，耐腐蚀能力强、耐日光照射、分散性好，但染色性差、耐热水性较差	可用于制作帆布、防水布、滤布、运输带、包装材料、自行车胎、帘子线等，还会代替石棉作水泥制品的增强材料
聚氯乙烯纤维	氯纶	由聚氯乙烯或其共聚物为原料纺丝制得	具有自熄性，为一般天然纤维和化学纤维所不具备；耐化学侵蚀能力强，保暖性较好，弹性好，耐磨性好，吸湿性极低，染色性差，耐热性差，易产生和保持静电	常用于制作舞台幕布、家具装饰织物、过滤材料、绝缘布及防护材料，也可用作土工织物
改性聚丙烯短纤维	改性丙纶短纤维	由聚丙烯树脂经特殊加工和处理制成	物理力学性能好，和水泥混凝土的基料有极强的结合力，有效地控制混凝土及水泥砂浆的早期塑性收缩和沉降裂纹；大大提高混凝土的抗渗、抗破碎、抗冲击性能；增强混凝土韧性和耐磨性	作为抗裂材料加入水泥砂浆中，用于内(外)墙粉刷、加气混凝土抹灰、室内装饰腻子及保温砂浆；作为加固材料加入喷射混凝土用于隧道等工程；作为增强材料用于抗裂、抗冲击、抗磨损要求高的工程中，如水利工程、地铁、机场跑道、立交高架桥桥面等工程

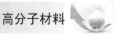

9.2.4　黏结剂

黏结剂也称为粘结剂，是一种能在两种物体表面形成薄膜，并将两个或两个以上同质或不同质的物体黏结在一起的材料。随着现代工艺方法的改进和建筑要求的提高，采用黏结剂进行构件和材料的加工，具有工艺简单、省时省工、接缝处密封紧密、应力均匀分布、耐腐蚀性好等优点，因此，黏结剂越来越广泛地应用于土木工程领域。

黏结剂主要提供的是黏结能力，黏结主要来源于黏结剂与被粘材料间的机械联结、物理吸附、化学键力或相互分子的渗透或扩散作用等。这种黏结能力与黏结剂的组成有密切关系。黏结剂一般多为有机合成材料，主要由黏结料、固化剂、增塑剂、稀释剂及填充剂（填料）等原材料配制而成。有时为了改善黏结剂的某些性能，还需要加入一些改性材料。

按黏结料性质可将黏结剂分为有机黏结剂和无机黏结剂两大类，其中有机类中又可分为人工合成有机类和天然有机类，其分类如图9-4所示。

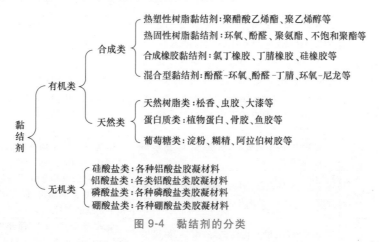

图 9-4　黏结剂的分类

据不完全统计，迄今为止已有6000多种黏结剂产品问世，由于其品种繁多，组分各异，应用也各有不同。在土木工程中，黏结剂常用于建筑加固工程和装饰工程中。工程常用的黏结剂可分为热固性树脂黏结剂、热塑性树脂黏结剂和合成橡胶黏结剂三类。

热固性树脂黏结剂以含有反应性基团的热固性树脂为主要黏结料，具有比强度高、耐蚀性好、介电性能优越、成型性能良好等特点，但刚度较差，易老化，易蠕变。常用的热固性树脂黏结剂有环氧树脂黏结剂、不饱和聚酯树脂黏结剂、聚氨酯黏结剂、酚醛树脂黏结剂等。

热塑性树脂黏结剂以线形高分子材料的热塑性树脂为主要黏结料，加热时软化黏结，冷却后硬化而具有一定的强度。其优点是耐冲击，剥离强度和起始黏结性都好，使用方便，可反复进行黏合；缺点是耐热性受到限制，耐溶剂性差。常用的热塑性树脂黏结剂有聚醋酸乙烯酯黏结剂、聚乙烯醇黏结剂及聚乙烯缩醛黏结剂、丙烯酸酯类黏结剂等。

合成橡胶黏结剂以合成橡胶为主要黏结料，具有优异的弹性，使用方便、初黏力强等特点，但其黏结强度不高，耐热性较差，属于非结构黏结剂。合成橡胶黏结剂可分为溶剂型、胶乳型和无溶剂型三类。常用的合成橡胶黏结剂有氯丁橡胶黏结剂、丁腈橡胶黏结剂、聚硫橡胶黏结剂、硅橡胶黏结剂等。土木工程中常用黏结剂的性能及应用见表9-4。

表9-4 土木工程中常用黏结剂的性能及应用

种类		特性	主要用途
热塑性树脂黏结剂	聚乙烯缩醛黏结剂	黏结强度高,抗老化,成本低,施工方便	粘贴塑胶壁纸、瓷砖、墙布等。加入水泥砂浆中,改善砂浆性能,也可配成地面涂料
	聚醋酸乙烯酯黏结剂	黏附力好,水中溶解度高,常温固化快,稳定性好,成本低,耐水性、耐热性差	黏结各种非金属材料、玻璃、陶瓷、塑料、纤维织物、木材等
	聚乙烯醇黏结剂	水溶性聚合物,耐热、耐水性差	适合黏结木材、纸张、织物等。与热固性黏结剂并用
	丙烯酸酯类黏结剂	黏度低、干燥成型迅速、对多种材料具有良好的黏结能力、耐候性好、耐水性及耐化学腐蚀性好、电气性能好、使用方便、毒性低	广泛用于钢、铁、铝、钛、不锈钢、塑料、玻璃、陶瓷等材料的黏结,用于应急修补、装配定位、堵漏、密封、紧固防松等工程中
热固性树脂黏结剂	环氧树脂黏结剂	黏结强度高,收缩率小,耐腐蚀,电绝缘性好,且耐水、耐油	黏结金属制品、玻璃、陶瓷、木材、塑料、皮革、水泥制品、纤维制品等
	酚醛树脂黏结剂	黏结强度高,耐疲劳,耐热,耐气候老化	黏结金属、陶瓷、玻璃、塑料和其他非金属制品
	聚氨酯黏结剂	黏附性好,耐疲劳、耐油、耐水、耐酸,韧性好,耐低温性能优异,可室温固化,但耐热性差	黏结塑料、木材、皮革等,特别适用于防水、耐酸、耐碱等工程中
	不饱和聚酯树脂黏结剂	黏度低、易润湿、强度较高,耐热性好、可室内固化、电绝缘性好、收缩率大、耐水性差	主要用于玻璃钢的黏结,还可黏结陶瓷、金属、木材、人造大理石、混凝土等材料
合成橡胶黏结剂	丁腈橡胶黏结剂	弹性及耐候性良好,耐疲劳,耐油、耐溶剂性好,耐热,有良好的混溶性,但黏着性差,成膜缓慢	耐油部件中橡胶与橡胶、橡胶与金属、织物等的黏结,尤其适用于黏结软质聚氯乙烯材料
	氯丁橡胶黏结剂	黏结力、内聚强度高,耐燃、耐油、耐溶剂性好,储存稳定性差	结构黏结或不同材料的黏结,如橡胶、木材、陶瓷、石棉等不同材料的黏结
	聚硫橡胶黏结剂	弹性、黏性良好,耐油、耐候性好,对气体和蒸汽不渗透,防老化性好	作密封胶及用于路面、地坪、混凝土的修补、表面密封和防滑,以及用于海港、码头及水下建筑的密封
	硅橡胶黏结剂	耐紫外线、耐老化性良好,耐热、耐腐蚀性、黏附性好,防水防震	金属、陶瓷、混凝土、部分塑料的黏结,尤其适用于门窗玻璃的安装以及隧道、地铁等地下建筑中瓷砖、岩石接缝间的密封

9.2.5 建筑涂料

　　涂料是涂覆在被保护或被装饰的物体表面,并能与被涂物形成牢固附着的连续薄膜,通常是以树脂或油或乳液为主,添加相应助剂,还可添加颜料、填料,用有机溶剂或水配制而成的黏稠液体,也有些以固体形式存在。早期涂料大多以植物油为主要原料,因此在很长一段时间里,涂料被称为油漆,但现在合成树脂等高分子材料已取代植物油作为基料,因此涂料是更为准确的用词。涂料用途很广,用于建筑工程中的称为建筑涂料。涂料的基本组成成分为主要成膜物质、次要成膜物质和辅助成膜物质,如图9-5所示。

　　主要成膜物质是涂料的基础和主要成分,主要包括油料、树脂和无机胶凝材料,目前多以合成树脂为主。主要成膜物质的作用是将涂料中的其他组分黏结在一起,并能牢固附着在基层表面,形成连续均匀、坚韧的保护膜,因此要求主要成膜物质应具有较高的化学稳定性,以保证膜层的坚韧性、耐磨性、耐候性、化学稳定性及工程适用性。由于每一种树脂特性不一,为了满足建筑涂料多方面的使用要求,生产中常采用几种树脂或树脂与油料混合。

因此，用于涂料的树脂之间或树脂与油料之间应有很好的相容性，在溶剂中也要有良好的溶解性。

次要成膜物质作为构成涂料的重要组成物质，不能离开主要成膜物质单独构成涂膜，主要是指颜料。次要成膜物质的主要作用是使涂料着色，赋予涂料具有色彩、质感和较好的遮盖力，改善涂料的流变性、耐候性，有时还能赋予涂料抗紫外线等特殊性能及降低成本。

辅助成膜物质是指能帮助成膜物质形成一定性能涂膜的物质，一般包括溶剂和助剂两类。辅助成膜物质的主要作用是改善涂料的施工性、储存性，改善涂料与基层的黏结力，以及柔韧性、抗氧化性等功能性。辅助成膜物质一般用量少，但种类很多，包括催化剂、增塑剂、稀释剂、防霉剂、固化剂、消泡剂等，它们各有特点，对涂料的作用各有不同，是改善涂料性能不可忽视的成分。

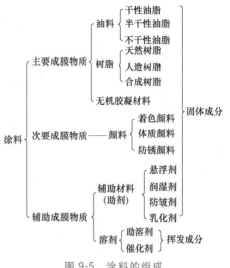

图 9-5　涂料的组成

由于建筑涂料的种类繁多，新品种层出不穷，按分类的依据不同，常用的建筑涂料如下：

（1）按主要成膜物质的化学成分分类　按主要成膜物质的化学成分，可将建筑涂料分为有机涂料、无机涂料、有机-无机复合涂料。有机涂料是建筑涂料的主要品种，常用的有机涂料有溶剂型、水溶型和乳液型涂料三种。无机涂料是历史最长的一种涂料，如传统的石灰水、大白粉、可赛银等。它的耐水性差，涂料质地疏松，与基材的黏结性差，易起粉和掉皮，所以逐渐被以合成树脂为基料配制成的各类涂料所取代。目前主要有以碱金属硅酸盐为主要成膜物质的无机涂料和以胶态二氧化硅为主要成膜物质的无机涂料。

（2）按涂膜的厚度分类　按涂膜的厚度，可将建筑涂料分为薄质涂料、厚质涂料。建筑涂料的涂膜厚度小于1mm的，称为薄质涂料；涂膜厚度为1~5mm的，称为厚质涂料。

（3）按建筑材料的使用部位分类　按建筑涂料的使用部位，可将建筑涂料分为外墙涂料、内墙涂料、地面涂料和屋面防水涂料等。根据它们涂刷于建筑物部位的不同，对涂料性能的要求，有不同的侧重。

建筑涂料的主要作用是装饰建筑物，保护主体建筑材料，提高其耐久性。随着现代居住环境要求的提高，建筑涂料还要具有防霉变、防火、防水，增加居住美观等作用。建筑涂料分类及常用建筑涂料的特性及应用见表9-5和表9-6。

表 9-5　建筑涂料分类

主要产品类型		主要成膜物类型
建筑涂料	墙面涂料	合成树脂乳液内墙涂料 合成树脂乳液外墙涂料 溶剂型外墙涂料 其他墙面涂料	丙烯酸酯类及其改性共聚溶液；醋酸乙烯及其改性共聚乳液；聚氨酯、氟碳等树脂；无机黏结剂等

（续）

主要产品类型		主要成膜物类型
建筑涂料	防水涂料：溶剂型防水涂料、聚合物乳液防水涂料、其他防水涂料	EVA、丙烯酸酯类乳液、聚氨酯、沥青、PVC 腻泥或油膏、聚丁二烯等树脂
	地坪涂料：水泥基等非木质地面用涂料	聚氨酯、环氧等树脂
	功能性建筑涂料：防火涂料、防霉（藻）涂料、保温隔热涂料、其他功能性建筑涂料	聚氨酯、环氧、丙烯酸酯类、乙烯类、氟碳等树脂

表 9-6　常用建筑涂料的特性及应用

种类		主要成分	性能	应用
外墙涂料	过氯乙烯外墙涂料	过氯乙烯树脂、改性酚醛树脂、DOP 等	涂膜平滑、韧性、有弹性、不透水，表面干燥快、色彩丰富，耐候性、耐腐蚀性好	砖墙、混凝土、石膏板、抹灰墙面等的装饰
	氯化橡胶外墙涂料	氯化橡胶、瓷土、溶剂等	耐水、耐酸碱、耐候性好，对混凝土、钢铁附着力强，维修性能好	水泥、混凝土外墙，抹灰墙面
	丙烯酸酯外墙涂料	丙烯酸酯、碳酸钙等	耐水、耐候性、耐高低温性良好，装饰效果好、色彩丰富、可调性好	各种外墙饰面
	立体多彩涂料	合成树脂、乳胶漆、腻子等	立体花形图案多样，装饰豪华高雅，耐水、耐油、耐候、耐冲洗，对基层适应性强	休闲娱乐场所、宾馆等各种外墙饰面
	多功能陶瓷涂料	聚硅氧烷化合物、丙烯酸树脂等	耐候性、加工性、耐污性、耐划性优异，是适应高档墙面装饰的涂料	高档高层外墙饰面等
	纳米材料改性外墙涂料	纳米材料、乳胶漆等	不沾水、油，抗老化、抗紫外线、不龟裂、不脱皮，耐冷热、不燃，自洁、耐霉菌。超过传统涂料标准 3 倍以上	各种高档内外墙饰面
内墙涂料	聚乙烯醇水玻璃涂料	聚乙烯醇树脂、水玻璃、轻质碳酸钙等	无毒、无味、耐燃，干燥快、施工方便、涂膜光滑、配色性强，价廉，不耐水擦洗	一般公用建筑的内墙装饰
	醋酸乙烯-丙烯酸酯内墙涂料（乳胶）	醋酸乙烯、丙烯酸酯、钛白粉等	耐水、耐候、耐酸碱性好，附着力强，干燥快、易施工，有光泽	要求较高的内墙装饰建筑物
	烯酸酯内墙涂料（乳胶）	醋酸乙烯、丙烯酸酯、钛白粉等	耐水、耐候、耐酸碱性好，附着力强，干燥快、易施工，有光泽	要求较高的内墙装饰建筑物
	苯-丙乳胶涂料	苯乙烯、丙烯酸丁酯、甲基丙烯酸甲酯等	耐水、耐候、耐碱、耐擦洗性好，外观细腻，色彩鲜艳，加入不同的填料，可表现出丰富的质感	高级建筑的内墙装饰
	环保壁纸型内墙涂料	天然贝壳粉末、有机黏结剂等	色彩图案丰富，不褪色、不起皮，经久耐用，无毒、无害，施工简便，无接缝	中高档建筑内墙装饰
地面涂料	过氧乙烯地面涂料	过氧乙烯、丙烯酸酯、601 等	耐水、耐磨、耐化学腐蚀、耐老化性好，色彩丰富，附着力强，涂膜硬度高，施工方便，重涂性好	各种水泥地面的室内装饰

【工程实例1】

上海世博会最大的单体建筑是世博轴。它作为"一轴四馆"的中心，从园区入口一直延伸到黄浦江边。其上错落有致地矗立着六朵银白色"喇叭花"，这六个倒锥形的"喇叭花"有一个好听的名字，叫作"阳光谷"。40m高的"阳光谷"将阳光采集到地下空间的同时，也把新鲜空气运送到地下，既改善了地下空间的压抑感，又实现了节能。此外，雨水能顺着这些广口花瓶状的玻璃幕墙，流入地下二层的积水沟，再汇入 7000m³ 的蓄水池，经过处理后实现水的再利用。

这种节能环保设计也同样体现在总面积达 77224m²，最大跨度97m的白色"喇叭花"膜布上。该索膜材料厚度仅为 1mm，但强度高，具有高反射性、防紫外线、不易燃烧等特点，而且索膜表面含有一层功能性涂料，能在雨水冲刷下自行清洁。

【工程实例2】

平江历史街区位于苏州古城东北隅，是苏州迄今保存最完整、规模最大的历史街区，堪称苏州古城的缩影。今天的平江历史街区仍然基本保持着"水陆并行、河街相邻"双棋盘格局以及"小桥流水、粉墙黛瓦"独特风貌，并积淀了极为丰富的历史遗存和人文景观。苏州各地的古镇、古村落大多开发成了旅游、休闲的热点，但同时很多古建筑遭受气候环境和人为不同程度的破坏，对古建筑开发的同时修缮维护也是一个重要的工作。在传统中，苏州古建筑的白墙多是使用石灰和石膏来粉刷墙面，但这种材料耐候性差，很容易褪色脱落等（见图9-6），苏州很多古建筑都面临类似的问题。

案例中的此古建筑修复以凉亭墙面修复为例，使用硅质漆进行修缮工作，在经历几场大雨后，凉亭依旧如新，没有出现脱落和渗水的现象（见图9-7）。

图9-6　平江历史街区出入口处的凉亭（修缮前）　　　图9-7　平江历史街区出入口处的凉亭（修缮后）

硅质漆是一种改性无机高分子硅酸盐材料，技术来自于加拿大，以地壳储量非常丰富且环保的硅质矿产为原料，从原料开采就不含甲醛，比来自石化行业的乳胶漆在技术上做了更新。硅质漆在环保程度上可以做到：游离甲醛、可挥发有机物、苯类有机物，有毒重金属几乎检测不出。在性能上，硅质漆可以渗透墙面 0.5~2mm，与墙体发生"石化反应"，与墙体永久长在一起，涂料干燥后形成硅酸盐，而硅酸盐是天然环保的，是石头的主要成分。所以在耐碱耐酸防霉防剥落性能上都超越传统涂料。一些品牌外墙硅质漆耐候性更是超过 20 年。

【工程实例3】

福建省的地形地貌以山地丘陵为主，在该地区修建高速公路，其边坡坡面较高，两侧较陡，地质状况不良且富含地下水，如 G1501 福州市绕城高速公路（见图 9-8）。高边坡施工中为了提高预应力锚索对地层的锚固力，在锚索孔道压浆中添加了聚丙烯腈纤维。

聚丙烯腈纤维是一种新型高分子合成材料，是以纯丙烯腈为原料、以特殊工艺生产的高科技产品，也就是俗称的"腈纶"，如图 9-9 所示。聚丙烯腈纤维具有较高的弹性模量、抗拉强度和较好的抗紫外线性能，以及较好的耐腐蚀性能。聚丙烯腈纤维可以提高混凝土的抗弯韧性、抗疲劳强度和抗弯拉强度，显著改善混凝土的早期抗裂性能，是混凝土理想的抗裂增强与增韧材料，广泛应用于高性能混凝土道路路面、桥梁面板、机场道路等工程。

图 9-8　G1501 福州市绕城高速公路

图 9-9　极似羊毛的聚丙烯腈纤维

习　　题

9-1　什么是热塑性塑料和热固性塑料？常见的热塑性塑料和热固性塑料有哪些？

9-2　塑料的组成成分包括哪些？各有什么作用？

9-3　常用合成橡胶和合成纤维有哪些？各有什么特点和用途？

9-4　建筑涂料的主要成分包括哪些？各有什么作用？什么是黏结剂？有哪些种类？

第 10 章 木 材

【本章要点】

　　本章主要介绍木材的性质及影响因素、木材的加工及木材的技术性质。本章的学习目标：了解木材的构造；熟悉含水率对木材变形及强度的影响规律，木材变形规律；掌握影响木材强度的主要因素；了解木材强度的分类及特点，木材的防火、防腐，以及主要的木材制品。

【本章思维导图】

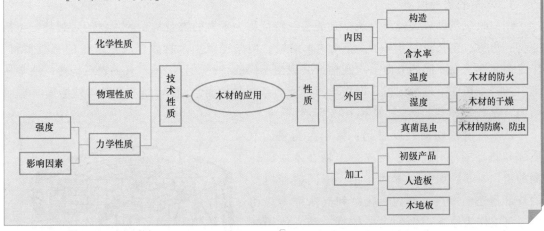

　　木材是我国古代建筑的主要建筑材料。我国使用木材的历史不仅悠久，而且在技术上有独到之处，如闻名于世的故宫太和殿、天坛祈年殿、山西佛光寺正殿、山西应县木塔等都是古代木结构的杰出代表。木材被广泛应用于土木工程，包括屋架、梁、柱、支撑、门窗、地板、桥梁、混凝土模板等，在结构工程和装饰装修工程中有重要的地位。

　　木材具有许多优点：轻质高强，比强度大；弹性、韧性好，耐冲击、振动；绝缘、绝热、隔声性能好；在干燥环境或长期置于水中均有较好的耐久性；纹理美观，装饰性好；易于加工，可制成各种形状的产品；绿色环保，树木可再生，可降解。

　　但是木材也具有缺点：内部构造不均匀，导致各向异性；湿胀干缩大，容易产生变形；长期处于干湿交替中，其耐久性变差；易腐蚀、易燃、易虫蛀；天然疵病较多，影响材质。不过，木材经过一定的加工和处理后，这些缺点可得到相当程度的改善。

■ 10.1　木材的分类与构造

10.1.1　木材的分类

【木材的分类】

木材的树种很多，一般根据树叶外观形状的不同，可分为针叶树和阔叶树两大类。

针叶树的树叶细长、呈针状，树干通直且高大，纹理顺直，材质较软易于加工，故又称为软木材。针叶树表观密度和胀缩变形较小，强度较高，耐腐蚀性较强。针叶树在土木工程中常用作承重结构材料，常见的针叶树有松木、杉木、柏木等。

阔叶树的树叶宽大，树干短而曲，木质坚硬较难加工，因此又称为硬木材。阔叶树表观密度和胀缩变形较大，易翘曲开裂，不宜用作承重结构材料。但阔叶树纹理美观，常用于室内装饰、制作家具及加工成胶合板材。常见的阔叶树有水曲柳、桦木、榆木、椴木等。

10.1.2　木材的构造

木材的构造直接决定和影响木材的性质，针叶树和阔叶树具有不同的构造，因而性质也有一定的差异。了解木材的构造可从宏观和微观两个方面进行。

1. 木材的宏观构造

用肉眼或借助放大镜所能观察到的组织特征称为木材的宏观构造。木材的宏观特征包括心材和边材、生长轮（年轮）、管孔、木射线、树脂道等。木材属于天然生长的有机材料，呈各向异性，在不同的方向上宏观构造表现出不同的特征。要了解木材的宏观构造，通常从木材的三个切面上进行剖析，即横切面（垂直于树轴的面）、径切面（通过树轴的面）和弦切面（平行于树轴的面），如图10-1所示。

从木材的横切面可以看到：树木由树皮、木质部和髓心三部分组成。树皮是包裹在木质部外侧的组织，起到保护树木的作用。不同树种树皮的外部形态、厚度、颜色、花纹和气味等不尽相同，可以作为原木识别的主要依据。髓心位于树干的中心，是木材最早生成的部分。髓心组织松软，易开裂、易腐朽，使木材质量下降，所以对材质要求高的用材不能带有髓心。如航空用材不允许有髓心，但一般用途的木材可以有髓心。木质部位于树皮与髓心之间，是树干的主要部分，是最具有使用价值的部分，土木工程中使用的木材主要是树木的木质部。在木质部中心颜色较深的部分称为心材，心材材质较硬，密度较大、不易翘曲变形，耐久性与耐腐蚀性较强。

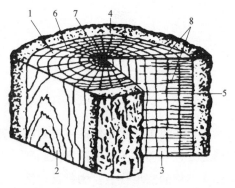

图 10-1　木材的宏观构造

1—横切面　2—弦切面　3—径切面　4—树皮
5—木质部　6—生长轮　7—髓心　8—木射线

木质部中靠近树皮的颜色较浅的部分称为边材，边材含水率大，容易发生翘曲变形，耐腐蚀性低于心材。

生长轮为树木在每个生长周期所形成的围绕髓心的同心圆。在温带和寒带，树木的生长周期为一年，即在横切面上一年只生长一层木材，故生长轮又称为年轮。而在热带地区，气候在一年内变化不大，树木生长几乎四季不间断，一年可生长几轮。生长轮在不同的切面上呈现不同的形状。在横切面上围绕髓心呈同心圆，在径切面上为明显的平行条状，在弦切面上为抛物线或 V 形。

管孔是绝大多数阔叶树才具有的输导组织，阔叶树的管孔较大，在肉眼或放大镜下容易观察到，故阔叶树又称为有孔材。针叶树除麻黄科的树种外，均不具有导管，用肉眼和放大镜都看不到管孔，故针叶树又称为无孔材。管孔的有无是区别针叶树和阔叶树的重要特征。管孔的分布、组合与排列对阔叶树的识别十分重要。

木射线是指在木材横切面上由颜色较浅的，从髓心向树皮呈辐射状排列的细胞构成的组织，来源于形成层中的射线原始细胞。木射线在木材三个切面上的形态不同，在横切面上为辐射状，在径切面上呈垂直于年轮的平行短线，在弦切面上呈平行于木材纹理的短线。针叶树的木射线不发达，用肉眼或放大镜观察在横切面和弦切面上不明显。阔叶树的木射线很发达，但不同树种的射线宽度和高度是不同的。木射线宽度和高度在弦切面上可以显示出来，垂直木材纹理方向的为宽度，顺着木材纹理方向的为高度。

树脂道是指针叶树中由分泌细胞围绕而成的细胞间隙。正常树脂道分为轴向树脂道和横向树脂道两种，在横切面上轴向树脂道呈乳白色或褐色点状，大多单独分布。横向树脂道存在于树木的木射线内，与木射线细胞一起形成呈纺锤形木射线。横向树脂道在肉眼下很难看见。

2. 木材的微观构造

木材构造上的特征一般用肉眼虽可以辨别，但组成木材各种细胞的微细构造及相互之间的联系，用肉眼或放大镜就无法观察到，必须借助光学显微镜。用光学显微镜观察到的木材及构造，称为木材的微观构造。不同树木的微观构造是各式各样的，图 10-2 和图 10-3 分别是针叶树与阔叶树的微观结构。针叶树的微观构造比较简单，阔叶树的微观构造比较复杂。针叶树与阔叶树在微观构造上存在很大差别，但又具有许多共同特征。

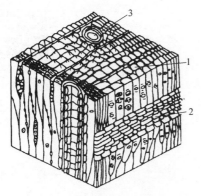

图 10-2 针叶树的微观结构
1—管胞 2—髓线 3—树脂道

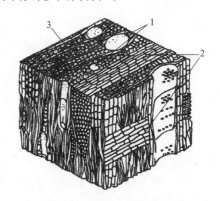

图 10-3 阔叶树的微观结构
1—导管 2—髓线 3—木纤维

（1）针叶树与阔叶树的共同特征 木材均由无数管状细胞组成，除少数细胞横向排列外，绝大部分细胞是纵向排列的。每个细胞分为细胞壁和细胞腔两个部分，细胞壁由纤维素、半纤维素、木质素等若干层纤维组成。细胞之间纵向联结比横向联结牢固，导致细胞纵向强度高，横向强度低，木材呈各向异性。细胞中细胞腔和细胞间隙之间存在大量的孔隙，能吸附水和渗透水分。木材的细胞壁越厚，细胞腔就越小，细胞就越致密，宏观表现为木材的表观密度大、强度高；同时，细胞壁吸附水分的能力也越强，宏观表现为湿胀干缩变形大。

（2）针叶树与阔叶树的区别　木材的细胞因功能不同可分成许多种，树种不同，其构造细胞不同。针叶树的微观构造简单而规则，主要由管胞和髓线组成。管胞为纵向细胞，起支撑和输送养分的作用。其髓线较细不明显，某些树种（如马尾松）在管胞间还有树脂道以储存树脂。阔叶树的微观构造较复杂，主要由导管、木纤维和髓线组成。导管由壁薄而腔大的细胞构成，大的导管孔肉眼可见；木纤维由壁厚而腔小的细胞构成，起支撑作用；髓线很发达，粗大而明显。所以造成两种树木构造及性能上的差异。有无导管及髓线的粗细是区分针叶树和阔叶树的重要依据。

■ 10.2　木材的主要技术性质

10.2.1　化学性质

木材的化学性质是对木材进行处理、改性及综合利用的工艺基础。木材是一种天然生长的有机材料，它的化学组分因树种、生长环境、组织存在的部位不同而差异较大。木材由高分子物质和低分子物质组成，构成木材细胞壁的主要物质是纤维素、半纤维素和木质素三种高聚物，占木材质量的97%~99%。除了高分子物质外，木材还含有少量的低分子物质。所以木材的组成主要是一些天然高分子化合物。

木材的化学性质复杂多变，在常温下木材对盐溶液、稀酸、弱碱有一定的抵抗能力。但随着温度的升高，其抵抗能力显著降低。强氧化性的酸、强碱在常温下也会使木材发生变色、湿胀、水解、氧化等反应。在高温下即使是中性水，也会使木材发生水解反应。

10.2.2　物理性质

1. 密度和表观密度

木材的密度反映材料的分子结构，由于各树种木材的分子构造基本相同，因而其密度相差不大，一般为$1.48~1.56g/cm^3$。

【木材的物理性质】

木材的表观密度随木材的种类、含水率、孔隙率及其他因素的变化而不同。木材的表观密度越大，其湿胀干缩率也越大。

2. 吸湿性与含水率

由于木纤维等分子含有大量的羟基，木材很容易从周围环境中吸收水分，木材含水率随所处环境的湿度变化而不同。木材中的水分按其存在的状态可分自由水、吸附水和化合水三类。

自由水是指存在于木材细胞腔和细胞间隙中的水分。其与木材的结合方式为物理结合，容易从木材中逸出。木材干燥时，自由水最先蒸发。自由水的含量影响到木材的表观密度、含水率、燃烧性和抗腐蚀性，而不会影响木材的体积和强度变化。吸附水是指被吸附在细胞壁基体相中的水分。由于细胞壁基体相具有较强的亲水性，且能吸附和渗透水分，所以水分进入木材后首先被吸入细胞壁。吸附水是影响木材强度和缩胀的主要因素。化合水是指与木材细胞壁物质组成牢固的化学结合状态的水。这部分水分含量极少，而且相对稳定。一般温度下的热处理是难以将木材中的化合水除去的，化合水对日常使用过程中的木材物理性质没有影响。

水分进入木材后，首先吸附在细胞壁中的细纤维间，成为吸附水，吸附水饱和后，其余的水成为自由水；反之，木材干燥时，首先失去自由水，然后才失去吸附水。当自由水蒸发完毕而吸附水处于饱和状态时木材的含水率称为木材的纤维饱和点。其数值随树种而异，通常为25%~35%。木材的纤维饱和点是木材物理力学性质发生变化的转折点。

木材具有吸湿性，干燥的木材会从周围的湿空气中吸收水分，而潮湿的木材也会向空气中蒸发水分。在一定湿度和温度的环境中，木材的含水率相对稳定，此时的含水率称为平衡含水率。平衡含水率随周围空气的温湿度而变化，通常为12%~18%。图10-4所示为各种温度和湿度的环境条件下，木材相应的平衡含水率。平衡含水率是木材进行干燥时的控制指标。

3. 湿胀干缩

湿胀干缩是指木材在含水率增加时体积膨胀，减小时体积收缩的现象。从微观角度看，木材的胀缩实际上是细胞壁的胀缩。木材的湿胀干缩有一定的规律：当木材含水率在纤维饱和点以上变化时，只是自由水的增减变化，木材的体积不发生改变；当木材含水率在纤维饱和点以下变化时，随含水率的增减，木材体积随之膨胀或收缩。由于木材构造不均匀，导致其纵、径、弦三个方向的胀缩值不同，纵向胀缩最小，弦向最大，径向约为弦向的1/2，如图10-5所示。径向和弦向干缩率的不同是木材产生裂缝和翘曲的主要原因。木材的湿胀干缩对木材的使用有严重影响，干缩使木材产生裂缝或翘曲变形，引起木结构的结合松弛；湿胀则会造成凸起变形。为了避免这种情况，最根本的办法是预先将木材进行干燥，使木材的含水率与构件所使用的环境湿度相适应，即将木材预先干燥至平衡含水率后才使用。

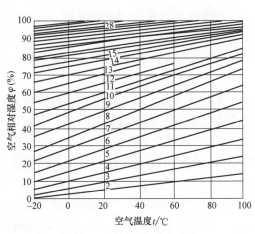

图 10-4　木材的平衡含水率

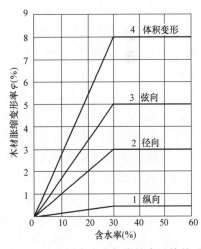

图 10-5　木材含水率与胀缩变形的关系

10.2.3　力学性质

1. 木材的强度

木材按受力状态分为抗压、抗拉、抗弯和抗剪四种强度。由于木材是一种自然生长的有机高分子材料，具有各向异性，使木材强度具有明显的方向性。根据所施加应力的方式和方向的不同，木材的强度有顺纹（力作用方向

【木材的强度】

与纤维方向平行）和横纹（力作用方向与纤维方向垂直）之分。由于木材中的细胞大多是纵向排列的，故木材的顺纹强度比横纹强度大很多，工程上均充分利用其顺纹强度，其中顺纹抗拉强度最大，横纹抗拉强度最小。它们之间的比例关系见表10-1。

表 10-1　木材各种强度的大小关系

抗压强度		抗拉强度		抗弯强度	抗剪强度	
顺纹	横纹	顺纹	横纹		顺纹	横纹
1	1/10~1/3	2~3	1/20~1/3	3/2~2	1/7~1/3	1/2~1

（1）抗拉强度　顺纹抗拉强度是木材各种力学强度中最高的强度指标，为横纹抗拉强度的10~40倍，顺纹抗压强度的2~3倍，顺纹抗剪强度的10~20倍。尽管木材具有相当高的顺纹抗拉强度，但木材在实际使用中很少用作受拉构件。因为木材的变异性和构造的不均一性，易对木材顺纹抗拉产生不利影响。木材疵病（节子、斜纹、裂缝等）的存在，会使木材顺纹抗拉强度大大降低。同时，木材受拉构件在连接处应力复杂，使顺纹抗拉强度难以被充分利用。因为木材纤维之间的横向连接薄弱，所以木材的横纹抗拉强度很低，工程中一般不使用。

（2）抗压强度　木材的顺纹抗压强度很高，仅次于顺纹抗拉和抗弯强度，且木材的疵病对其影响较小。因此，这种强度在工程中应用很广，常用于柱、桩、斜撑等承重构件。木材横纹受压时，其初始变形与外力呈正比，当超过比例极限时，细胞壁失去稳定，细胞腔被挤紧、压扁，产生显著的变形而破坏。木材的横纹抗压强度通常只有顺纹抗压强度的10%~30%，横纹抗压强度高的木材适于作为枕木、木棍、楔子和垫板等。

（3）抗弯强度　木材的抗弯强度很高，为顺纹抗压强度的1.5~2倍，仅次于顺纹抗拉强度。木材受弯曲时将产生压、拉、剪等复杂应力。上部为顺纹受压，下部为顺纹受拉，在中部水平面和垂直面上产生剪切力。受弯破坏时，上部受压区首先达到极限强度，出现细小的皱纹但不会立即破坏；当外力继续增大时，皱纹在受压区逐渐扩展，产生大量塑性变形，但这时构件仍有一定的承载力；当下部受拉区达到极限强度时，纤维本身及纤维间连接断裂，导致木材的最后破坏。

在土木工程中木材常用作受弯构件，如桥梁、桁架、支撑架、地板等。但木材的疵病对抗弯强度影响很大，特别是木节子出现在受拉区时尤为显著，另外裂纹不能承受弯曲构件中的顺纹剪切，使用时应加以注意。

（4）抗剪强度　木材受剪时，根据作用力对木材纤维方向的不同分为顺纹剪切、横纹剪切和横纹切断，如图10-6所示。顺纹剪切时，剪力方向和受剪面均与木材纤维平行，破坏时绝大部分纤维本身并不损坏，而是纤维间连接破坏产生纵向位移，所以顺纹抗剪强度很小，为顺纹抗压强度的15%~30%。横纹剪切时，剪力方向与纤维垂直，而受剪面与纤维平行，破坏时剪切面中纤维的横向连接被撕裂，因此木材的横纹抗剪强度比顺纹抗剪强度还要低。横纹切断时，剪力方向和受剪面均与纤维垂直，破坏时纤维被切断，横纹切断强度较大，一般为顺纹抗剪强度的4~5倍。

2. 木材强度的主要影响因素

木材是一种低密度、各向异性、多孔性的毛细管胶体，具有不可避免的天然缺陷和相当大的变异性。木材强度不同于一般均匀的、各向同性的材料，影响因素较多。除木材本身组织构造因素外，还与含水率、环境温度、负荷时间、疵病等因素有关。

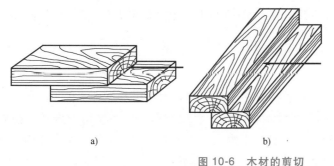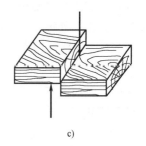

a)   b)   c)

图 10-6　木材的剪切

a) 顺纹剪切　b) 横纹剪切　c) 横纹切断

（1）含水率的影响　当木材的含水率在纤维饱和点以下变化时，含水率的降低，吸附水减少，细胞壁趋于紧密，木材强度增大；反之，木材的强度减小。当木材含水率在纤维饱和点以上变化时，只是自由水在变化，对木材的强度没有影响。含水率对木材各种强度的影响程度并不相同，对顺纹抗压强度和抗弯强度影响较大，对顺纹抗剪强度影响较小，对顺纹抗拉强度影响最小。

木材力学试样制作要求用气干材，气干材含水率不是恒定的。因此当测定木材的强度时，必须测定试验时木材试样的含水率，并将强度调整为标准试验方法所规定的同一含水率下的木材强度，以便于不同木材强度的比较。

（2）环境温度的影响　环境温度对木材的强度有直接影响。当环境温度升高时，木材中的胶结物质会逐渐软化，强度和弹性均会随之降低。当木材长期处于 40~60℃ 温度时，会发生缓慢碳化；当木材长期处于 60~100℃ 温度时，会引起木材水分和所含挥发物的蒸发；当温度在 100℃ 以上时，木材开始分解、挥发，木材变黑，强度明显下降。因此，环境温度长期超过 50℃ 时，不应采用木结构。当环境温度降至 0℃ 以下时，木材中的水分结冰，强度增大，但木材变得较脆，一旦解冻，各项强度都将比未解冻时的强度低。

（3）负荷时间的影响　木材在长期荷载作用下所能承受的最大应力称为木材的持久强度。由于木材在长期荷载作用下将产生塑性流变，使木材强度随荷载时间的增长而降低，木材的持久强度仅为短期荷载作用下极限强度的 50%~60%。木结构一般都处于长期负荷状态，因此在设计木结构时，应考虑负荷时间对木材强度的影响，应以木材的持久强度作为设计依据。

（4）疵病的影响　木材在生长、采伐、保存过程中，所产生的内部和外部的缺陷，统称为疵病。木材中的主要疵病有木节、斜纹、裂纹、虫蛀、腐朽等。一般木材或多或少都存在一些疵病，使木材的物理力学性质受到影响。木节使木材的顺纹抗拉强度显著降低，而对顺纹抗压强度影响较小，提高横纹抗压和顺放剪切强度。在装饰工程中木材的缺陷会给装饰效果带来不良的影响。裂纹、虫蛀、腐朽等疵病，会造成木材构造的不连续或破坏其组织，严重地影响木材的力学性质，有时甚至能使木材完全失去使用价值。

■ 10.3　木材的防护及应用

木材属于植物性材料，具有明显的生物特性。天然木材易变形、易腐朽、易燃烧。为了延长木材的使用寿命并扩大其使用范围，木材在加工和使用前必须进行干燥、防腐、防虫、防火等各种防护处理。

10.3.1 木材的干燥

未经干燥的木材制成的产品不能保证质量，干燥处理是木材生产上必不可少的环节。木材经过干燥处理以后，可以提高强度，减小收缩、开裂和变形，提高使用稳定性，防腐防虫，提高耐久性。木材干燥的方法可分为自然干燥和人工干燥，并以平衡含水率作为干燥的指标。通常室内装饰用材应干燥至含水率为6%~12%，室内实木地板和建筑门窗应干燥至含水率为8%~13%，室外建筑用料应干燥至含水率为12%~17%。

1. 自然干燥

将锯开的板材或方材按一定方式堆积在通风良好的场地，避免阳光直射和雨淋，使木材中的水分自然蒸发。该方法简单易行，节约能源，不需要特殊设备，干燥后木材的质量良好；但其干燥速度缓慢，干燥程度低，只能干燥到风干状态，而且受环境影响较大，一般只作为人工干燥前的辅助干燥措施。

2. 人工干燥

人工干燥常用的方法有炉气干燥、蒸汽干燥、化学干燥、辐射干燥等。炉气干燥是指用炉灶燃烧时的炽热炉气为热源，以炉气-湿空气混合气体为干燥介质对木材进行干燥。蒸汽干燥是指用饱和水蒸气，通过加热器加热干燥介质来干燥木材的传统干燥方法。化学干燥是指用化学物品对木材进行干燥。辐射干燥是指利用微波、远红外射线等为热源对木材进行干燥。

10.3.2 木材的防腐、防虫

木材是天然有机材料，易受真菌、昆虫侵害而腐朽变质。侵蚀木材的真菌主要有霉菌、变色菌和木腐菌三种。霉菌只寄生于木材表面，主要影响木材的外观颜色，对材质无影响，通常称为发霉，经过抛光后可去除。变色菌多寄生于边材，以木细胞内含物为养料，不分解木材，对木材力学性质影响不大；但变色菌侵入木材较深，难以除去，严重损害木材外观质量。上述霉菌、变色菌只会使木材变色，而不影响木材的强度。而木腐菌是将细胞壁物质分解为其可吸收的养料，供自身生长发育。腐朽初期，木材仅颜色改变；随着真菌逐渐深入内部，木材强度开始下降；到腐朽后期，木材组织遭严重破坏，外观呈海绵状、蜂窝状等，最后变得松软易碎。木材的腐蚀主要来源于木腐菌。

木材除受真菌腐蚀外，还会遭受昆虫的危害，如白蚁、天牛、蠹虫等。它们在树皮或木质内部生存、繁殖，使木材强度降低，甚至结构崩溃。有时候木材内部已被虫蛀一空，但外观依然保持完整，使破坏具有很大的隐蔽性，因此危害极大。木材中被昆虫蛀蚀的孔道称为虫眼，大量的虫眼不但降低木材的力学性质，也成为真菌侵入木材内部的通道。

木材的防腐就是应用构造措施和化学药剂等方法处理木材，以延长木材的使用年限。通常采用构造预防法和防腐剂法两种。

1. 构造预防法

无论是真菌还是昆虫，它们的生存繁殖均需要适宜的条件，如水分、空气、温度、养料等。真菌最适宜的生长繁殖条件是：温度为25~30℃；木材的含水率为30%~60%；有一定量空气存在。当温度高于60℃或低于5℃，木材含水率低于25%或高于150%，隔绝空气时，真菌的生长繁殖就会受到抑制，甚至停止。因此，将木材置于通风、干燥处或浸没在水中或深埋于地下等方法，都可作为木材的构造防腐措施。在设计和施工中，要求将木结构的各个部分处于通风良好的条件下，木地板下设防潮层或设通风道等，使木材构件不受潮湿，即使一时受潮也能及时风干，叮起到防护作用。

2. 防腐剂法

对于经常受潮或间歇受潮的木结构或构件，以及不得不封闭在墙内的木梁端头、木砖、木龙骨等，都必须用防腐剂处理。即用防腐剂涂刷木材表面或浸渍木材，使木材含有有毒物质，以起到防腐和杀虫作用。木材防腐剂主要包括油剂性防腐剂、水溶性防腐剂和复合防腐剂三类，目前使用最为广泛的是水溶性防腐剂。由于对环境问题的日益关注，防腐剂配方中的金属成分因为对环境不利终将被淘汰。因此，未来的木材防腐剂应该是复合防腐剂。复合防腐剂是几种有机生物杀灭剂的混合物，这几种不同的生物杀灭剂将有不同的针对性，如有的针对腐朽菌，有的针对虫类等。

10.3.3　木材的防火

木材属于木质纤维材料，其燃点很低，仅为220℃，容易燃烧。因此可燃是木材的最大缺点。木材的防火处理也称为阻燃处理，经处理后，可提高

【木材的防火】

木材的耐火性，使其不易燃烧；或木材在高温下只炭化，没有火焰，不至于很快波及其他可燃物；或当火焰移开后，木材表面的火焰立即熄灭。古代人们就已采用在木柱表面涂泥土的方法来防火，现在常用的防火处理有以下方法：

1）使用阻燃木。阻燃木是指使用阻燃剂进行浸渍处理过的木材，具有较好的阻燃性能。

2）使用防火涂料。将防火涂料涂刷或喷洒于木材表面，待涂料固结后即构成防火保护层，其防火效果与涂层厚度或每平方米涂料用量有密切关系。

3）不燃材料覆盖。在防火要求高时，除采用阻燃木或防火涂料外，还可使用难燃或不燃材料覆盖木材。

10.3.4　木材的应用

木材的应用涵盖了采伐、制材、防护、木制品生产、剩余物利用、废弃物回收等环节，在这些环节中，应当对每株树木的各个部分按照各自的最佳用途予以收集加工，实现多次增值以达到木材在量与质的总体上的高效益综合利用。其基本原则：合理使用，高效利用，综合利用；产品及其生产应符合安全、健康、环保、节能要求；加强木材防护，延长木材使用寿命；废弃木材的利用要减量化、资源化、无害化，实现木材的重新利用和循环利用。

1. 木材的初级产品

木材的初级产品按加工程度和用途的不同，分为原条、原木、锯材等。

原条是指已经除去根、梢、枝，但尚未进行加工的木料，主要用于土木工程中的脚手架、支撑架和供进一步加工。

原木是指已经除去根、梢、枝和树皮，并按一定尺寸加工成规定直径和长度的圆木段。其又有直接使用原木和加工原木之分，直接使用原木在工程中用作屋架、檩条、木桩等，加工原木用于加工成锯材和胶合板等。

锯材是原木经制材加工得到的产品。锯材又可分为板材和方材两大类。宽度为厚度的3

倍及以上的木料称为板材，按其厚度、宽度可分为薄板、中板、厚板和特厚板。宽度不足厚度 3 倍的木料称为方材，按截面面积分为小方、中方、大方。方材可直接在工程中用作支撑、檩条、木龙骨等，或用于制作门窗、扶手、家具等。

2. 木质人造板

由于天然木材不可避免地存在各种缺陷，木材加工时也产生大量的边角废料，为了提高木材的利用率和木制品质量，用木材、边角废料制作的人造板材已得到广泛的应用。人造板材与锯材相比，具有幅面大、尺寸稳定、材质均匀、结构性好、不易变形开裂、施工方便等优点。但人造板材生产中常采用黏结剂，而黏结剂中含有甲醛，甲醛会污染室内环境，所以必须限制人造板材产品的甲醛释放量。木质人造板材的主要品种有胶合板、纤维板、刨花板和细木工板等，其延伸产品达上百种之多。

（1）胶合板　胶合板又称为层压板、多层板。它是指由圆木蒸煮软化后旋切成单板薄片，然后将各单板按相邻层木纤维互相垂直的方向放置，经涂黏结剂、加压、干燥、锯边、表面修整而成的板材。胶合板的层数呈奇数，一般为 3~13 层，常用的是 3 层和 5 层，称为三合板、五合板。胶合板的特点：消除了木材的天然缺陷，变形较小；材质均匀，各向异性小，强度较高；表面平整、纹理美观、极富装饰性。薄层胶合板常用于室内隔墙、墙裙、顶棚灯装饰和制作门面板、家具等，厚层胶合板多用于土木工程中的木模板。

（2）纤维板　纤维板也称为密度板，是指利用木材碎料、树皮、树枝等废料或加入其他植物纤维为原料，经破碎、浸泡、研磨成木浆，再经施胶、加压成型、干燥处理而制成的板材。纤维板按成型时温度和压力不同，分为硬质纤维板、半硬质纤维板和软质纤维板三种。纤维板材质均匀、各向同性，完全克服了木材的各种缺陷，不易变形、翘曲和开裂。硬质纤维板密度大、强度高，可用于室内墙面、顶棚等装饰及制作门面板、家具等；半硬质纤维板表面光滑、材质细密、强度较高，且板面再装饰性好，是用于室内装饰和制作家具的优良材料；软质纤维板密度小，可用作保温和吸声材料。

（3）刨花板　刨花板是指利用木材的刨花碎片、短小废料刨制的木丝和木屑，经干燥、拌黏结剂、热压而成的板材。这类板材表观密度小、材质均匀，但强度不高，常用作室内的保温、吸声或装饰材料。

（4）细木工板　细木工板是一种夹芯板，它是指利用木材加工中产生的边角废料，经整形、刨光成小块木条并拼接起来作为芯材，两个板面粘贴单层薄板，经热黏合而成的板材。细木工板构造均匀，具有较高的刚度和强度，且吸声性、绝热性好，易于加工。细木工板主要用于室内装饰和制作家具，既可用作表面装饰，也可直接作为构造材料。

3. 木地板

由于木地板是用天然木材加工而成的，有着独特的质感和纹理，且具有轻质高强、可缓和冲击、保温调温性能好等优点，迎合了人们回归自然、追求质朴的心理，所以木地板成为建筑装饰中广泛采用的地板材料。木地板按构造和材料来分，主要有实木地板、实木复合地板、强化木地板等几类。

（1）实木地板　实木地板是用天然木材直接加工而成的，又称为原木地板，常用的是条木地板和拼花木地板。条木地板保持了天然木材的性能，具有花纹自然、脚感舒适、保温隔热、易于加工等优点，是室内装饰中普遍使用的理想材料。拼花木地板是指采用优质硬木材，经加工处理后制成一定尺寸的小木条，再按一定图案（如芦席纹、人字纹、清水墙纹等）拼装而成的方形地板材料。拼花木地板材质坚硬而富有弹性，纹理美观质感好，耐磨及耐蚀性好，且不易变形，常用于体育馆、练功房、舞台、高级住宅等高级场所的室内地面装饰。

（2）实木复合地板　实木复合地板是指采用优质硬木材作表层，材质较软的木材为中间层，旋切单板为底层，经热压胶合而成的多层结构复合地板。由于实木复合地板由不同树种的板材交错层压而成，有效调整了木材之间的内应力，所以既保持了普通实木地板的各种优点，又具有不变形、不开裂、铺装简易、表面耐磨性及防滑阻燃性能好等特点。它既适合普通地面的铺设，又适合地热供暖地面的铺设。

（3）强化木地板　强化木地板也称为浸渍纸层压木质地板，是指以一层或多层专用纸浸渍热固性氨基树脂，铺装在刨花板、中密度纤维板、高密度纤维板等人造板基材表面，背面加防潮平衡层，正面加耐磨层，经热压而成的地板。强化木地板的色彩图案种类很多，装饰效果好，且具有抗冲击、不变形、耐磨、耐腐蚀、阻燃、防潮、易清理等优点，但其弹性较小、脚感稍差、可修复性差。

【工程案例分析】

［现象］某邮电调度楼设备用房位于7楼现浇钢筋混凝土楼板上，铺炉渣混凝土50mm，再铺木地板。完工后设备未及时进场，门窗关闭了一年，当设备进场时，发现木板大部分腐蚀，人踩即断裂。请分析原因。

［分析］炉渣混凝土中的水分封闭于木地板内部，慢慢浸透到未做防腐、防潮处理的木隔栅和木地板中，门窗关闭使木材含水率较高，此环境正好适合真菌的生长，导致木材腐蚀。

【工程实例】

日本隈研吾建筑事务所设计的"梼原木桥博物馆"位于日本高知县。该博物馆将日本传统美学与当代建筑元素相结合，力求工程建筑与自然景观的和谐共处。这个好像飘浮在空中的建筑由无数相互交织排列的木梁架组成，所有结构都由建筑底部的一根中心支柱支撑，突出了全木质结构的建筑主体。

梼原木桥博物馆通过小结构单元的重复运用形成一个有机的整体，又通过建筑材料的相互穿插、交贯形成了稳定而富有变化的内部构架，充分利用了木材在装饰和力学结构上的双重作用，如图10-7～图10-9所示。梼原木桥博物馆重叠的木梁结构被转化成室内顶棚，同

图10-7　木结构的梼原木桥博物馆

图10-8　狭长的木走廊

时突出了整个建筑倒三角的形式特点。地面与顶棚之间被玻璃板包围起来，为公共大厅和每个展厅提供了向外观景的良好视野。

图 10-9　重叠的木梁结构

习　　题

10-1　木材的主要优点与缺点是什么？

10-2　木材按树叶的外形分类，可分为哪几类？各有什么特点？

10-3　什么是木材的纤维饱和点、平衡含水率？在实际使用中有什么意义？

10-4　木材含水率的变化对木材哪些性质有影响？有什么样的影响？

10-5　简述木材的主要力学性质。

10-6　解释木材干缩、湿胀的原因，说明各向异性变形的特点。

10-7　试分析影响木材强度的主要因素。

10-8　木材的防护包括哪几个方面？木材主要的防护措施是什么？

10-9　简述木材的初级产品和木制品的特点及应用。

第 11 章　建筑功能材料

【本章要点】

本章主要介绍各类建筑功能材料，包括防水材料、绝热材料和吸声与隔声材料。本章的学习目标：了解各类功能材料的功能性；熟悉绝热材料的作用原理及影响因素；了解常用绝热材料；熟悉吸声材料的作用原理及影响因素，以及吸声材料与隔声材料的区别。

【本章思维导图】

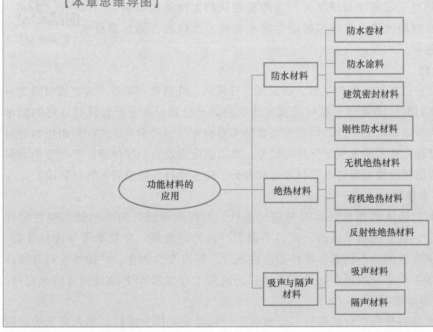

建筑功能材料是指以材料的力学性能以外的功能为特征的材料，功能材料在建（构）筑物中的重要作用有保温隔热、防水密封、吸声隔声、防火和防腐等。它们对拓展建（构）筑物的用途、优化其使用环境、延长其使用寿命以及环保、节能、低碳等都具有重要意义。目前，国内外现代建筑中常用的建筑功能材料有绝热材料、防水材料、吸声材料、装饰材料、光学材料、防火材料、建筑加固修复材料等。本章重点介绍防水材料、绝热材料、吸声与隔声材料。

■ 11.1 防水材料

防水材料是指具有防止工程结构免受雨水、地下水、生活用水侵蚀的材料，主要用于建（构）筑物的屋面防水、地下防水及其他防止渗透的工程部位。防水材料通过自身密实性达到防水的效果，绝大多数防水材料具有憎水性，在使用过程中不产生裂缝，即使结构或基层发生变形或开裂，也能保持其防水功能。

【防水材料】

目前工程中应用的防水材料有很多品种，由于新型防水材料的不断问世，各种产品命名依据不一，使防水材料分类混杂。一般根据防水材料的特性分为柔性防水材料和刚性防水材料两类。柔性防水材料是指具有一定柔韧性和较大伸长率的防水材料，如防水卷材、防水涂料。刚性防水材料是指具有较高强度但无延伸能力的防水材料，如防水砂浆、防水混凝土等。根据防水材料的外观形态的不同，又可分为防水卷材、防水涂料、密封材料三大系列。

11.1.1 防水卷材

防水卷材是指具有一定宽度和厚度并可卷曲成卷状的柔性防水材料，是目前用量最大的防水材料。防水卷材包括沥青防水卷材、改性沥青防水卷材和合成高分子防水卷材三大类。

【防水卷材】

1. 沥青防水卷材

沥青防水卷材是指以各种沥青为基材，以原纸、纤维毡、纤维布为胎基，表面施以隔离材料而制成的片状防水材料。沥青防水卷材是我国传统的防水材料，由于沥青具有良好的防水性，而且价格低廉，所以在过去一段时间里，沥青防水卷材在我国占主导地位。但由于沥青材料低温柔韧性、温度稳定性及耐大气老化性均较差，难以适应建筑物基层伸缩、开裂变形和耐久性的要求，因此逐渐被改性沥青防水卷材及合成高分子防水卷材等新型防水卷材替代。

2. 改性沥青防水卷材

采用高聚物材料对传统的沥青防水卷材进行改性，可以改善沥青防水卷材温度稳定性差、伸长率小等缺点，具有高温不流淌、低温不脆裂、拉伸强度高、伸长率大等优异性能。根据石油沥青中所加改性剂的不同有各类树脂改性沥青、橡胶改性沥青、矿物掺合料改性沥青等多种。目前，在工程中应用最多的是 SBS 改性沥青防水卷材和 APP 改性沥青防水卷材。

3. 合成高分子防水卷材

合成高分子防水卷材是指以合成橡胶、合成树脂或两者共混体为基料，加入适量的助剂和填充料等，经过塑炼、共混、挤出成型、硫化、定型等工序，制成的无胎加筋或不加筋的弹性或塑性卷材。合成高分子防水卷材的特点：优异的高弹性、高延伸性，耐高温及低温柔性好；良好的耐老化性、耐腐蚀性，适宜冷粘法施工。合成高分子防水卷材是近年来在我国得到迅速发展。高分子材料的分子链长，且互相缠绕，使其具有优异的抗拉伸性、弹性和耐老化性。因此，这类卷材已成为新型防水材料发展的主导方向。其主要产品有三元乙丙橡胶防水卷材、聚氯乙烯防水卷材、氯化聚乙烯-橡胶共混防水卷材等。

（1）三元乙丙橡胶防水卷材　三元乙丙橡胶防水卷材是以三元乙丙橡胶为主料，掺入适量的丁基橡胶、硫化剂、促进剂、软化剂、补强剂等，经过密炼、拉片、过滤、压延或挤出成型、硫化等工艺制成的。该卷材是当前耐老化性能最好的防水卷材，其突出的优点：耐老化性能最好，耐臭氧性和耐化学腐蚀性强，使用寿命可达 50 年；弹性和拉伸强度高，拉伸强度超过 7MPa，断裂伸长率极大，可在 450% 以上，且对基层变形开裂的适应性极强；耐高低温性能好，使用温度范围宽，其中冷脆性温度在 -40℃ 以下。其缺点是价格较高，且需配合合适的黏结材料使用。

三元乙丙橡胶防水卷材优异的性能使其特别适用于高等级的防水工程，广泛用于防水要求高、耐久年限长的建筑物防水工程，尤其适用于屋面工程中单层外露面的防水。

（2）聚氯乙烯防水卷材　聚氯乙烯防水卷材是以聚氯乙烯树脂为主料，掺入填充料和适量的改性剂、增塑剂、抗氧剂，经混炼、压延或挤出成型而制成的。聚氯乙烯（PVC）防水卷材根据其基料的组成及特性分为 S 型和 P 型，S 型是指以煤焦油与聚氯乙烯树脂混溶料为基料的柔性卷材；P 型是指以增塑聚氯乙烯为基料的塑性卷材。P 型 PVC 防水卷材的突出特点是拉伸强度高、断裂伸长率较大。与三元乙丙橡胶防水卷材相比，其性能虽稍逊，但原材料丰富，价格比合成橡胶便宜。S 型 PVC 防水卷材由于在生产中掺有较多的废旧塑料，其性能远低于 P 型 PVC 防水卷材。

（3）氯化聚乙烯-橡胶共混防水卷材　氯化聚乙烯-橡胶共混防水卷材是指以氯化聚乙烯树脂和合成橡胶为主体，掺入适量的助剂和填充料，经混炼、压延或挤出等工艺而制成的防水卷材。它既具有氯化聚乙烯的高强度和优异的耐臭氧、耐老化性能，又有橡胶类材料的高弹性、高延伸性和良好的低温柔性。其性能指标接近三元乙丙橡胶防水卷材，施工方法和适用范围也与其基本相同，且这种防水卷材的生产原料丰富，价格较低，比较经济。

11.1.2　防水涂料

防水涂料是指将常温下呈黏稠状态的物质，涂布在基体表面，经溶剂或水分挥发，或各组分间的化学反应，形成具有一定厚度和弹性的防水膜的物料总称。防水涂料按其主要成膜物质分为沥青基防水涂料、高聚物改性沥青防水涂料、合成高分子防水涂料。合成高分子防水涂料是指以合成橡胶或合成树脂为主要成膜物质，加入其他辅料配制而成的单组分或多组分的防水涂料。合成高分子防水涂料的品种很多，常见的主要产品有聚硅氧烷防水涂料、聚氨酯防水涂料、聚合物乳液防水涂料、聚氯乙烯防水涂料、有机硅防水涂料等。这类涂料具有高弹性、高耐久性及优良的耐高低温性能，适用于高防水等级的屋面、地下室、水池及卫生间的防水工程。

防水涂料具有许多优点，如防水涂料比防水卷材的适用性好，因其固化前呈液态，适宜在立面、阴阳角、穿结构层管道、不规则屋面、节点等复杂表面施工，能在这些复杂表面处形成完整的防水膜。防水涂料施工属于冷施工，可刷涂和喷涂，施工速度快，环境污染小，容易在发生渗漏的原防水涂层的基础上修补。但施工时须用刷子、刮板等逐层涂刷或涂刮，故不易保证防水膜的厚度均匀一致。

11.1.3　建筑密封材料

建筑密封材料又称为嵌缝材料，主要应用于建筑物的各种接缝、裂缝、变形缝内和门窗框、幕墙材料周边或其他结构连接处，起到水密、气密性作用的材料。对密封材料的性能要求：高水密性和气密性；良好的弹塑性和拉伸-压缩循环变形性能；较强的黏结性、施工性及抗下垂性；良好的耐候、耐热、耐寒及耐水性。

建筑密封材料按形态的不同一般可分为不定型密封材料和定型密封材料两大类。不定型密封材料是指不具有一定形状，但能起到密封作用的密封防水材料。不定型密封材料在常温下一般是膏状或黏稠状的液体，俗称密封膏或嵌缝膏。定型密封材料是指具有特定形状的密封材料，如密封条、密封带、密封垫等。目前工程中应用较多的密封材料有橡胶沥青油膏、聚氯乙烯密封膏、有机硅建筑密封膏、聚氨酯密封膏、聚硫密封膏、硅酮密封膏、止水带、密封条等。

1. 橡胶沥青油膏

橡胶沥青油膏是以石油沥青为基料，加入橡胶改性材料和填充料等经混合加工而成，是一种弹塑性冷施工防水嵌缝密封材料，是目前我国用量最大的密封材料。橡胶沥青油膏具有良好的防水防潮性能，黏结性好，延伸率大，耐高低温性能好，老化缓慢，适用于各种混凝土屋面、墙板及地下工程的接缝密封等，是一种较好的密封材料。

2. 聚氯乙烯密封膏

聚氯乙烯密封膏是指以煤焦油为基料，聚氯乙烯为改性材料，掺入一定量的增塑剂、稳定剂和填充料，在高温下塑化而成的热施工嵌缝材料。聚氯乙烯密封膏具有良好的耐热性、黏结性、弹塑性、防水性及较好的耐寒性、耐腐蚀性和耐老化性能。聚氯乙烯密封膏适用于各种工业厂房和民用建筑的屋面防水嵌缝，以及受酸碱腐蚀的屋面防水，也可用于地下管道的密封和卫生间等。

3. 有机硅建筑密封膏

有机硅建筑密封膏是以有机硅橡胶为基料配制成的，具有优良的耐热、耐寒、耐老化及耐紫外线等耐候性能，与各种基材如混凝土、铝合金、不锈钢、塑料等具有良好的黏结力，并且具有良好的伸缩性、耐疲劳性、防水防潮性。有机硅建筑密封膏适用于各类建筑物和地下结构的防水、防潮和接缝处理。

4. 聚氨酯密封膏

聚氨酯密封膏是一种双组分的材料，甲组分是含有异氰酸基的预聚体，乙组分是含有多羟基的固化剂与增塑剂、填充料、稀释剂等，使用时将甲乙两组分按比例混合，经固化反应形成弹性密封材料。聚氨酯密封膏具有易触变的黏度特性，因此不易流坠，施工性好；耐寒性好，在-50℃时仍具有弹性，但耐热性差；耐水、耐油、耐疲劳性好。聚氨酯密封膏广泛用于屋面、墙板、地下室、卫生间、门窗、给水排水管道、储水池、公路、桥梁等部位接缝处的密封防水。

5. 聚硫密封膏

聚硫密封膏是双组分型密封材料，是指以由液态硫橡胶为主剂和金属过氧化物等为硫化剂，在常温下反应形成的弹性体密封膏。它属于高档密封材料，耐候性优异，耐水、耐油、耐湿热，黏结性好、低温柔性良好。聚硫密封膏适用于金属幕墙、预制混凝土、玻璃门窗、游泳池、储水槽、地坪及构筑物等处的接缝密封防水。

6. 硅酮密封膏

硅酮密封膏是指以聚硅氧烷为主剂，加入适量硫化剂、硫化促进剂、增强填充料和颜料等制成的密封材料。它属于高档密封材料，具有优异的耐热、耐寒性，良好的黏结性、耐候性、耐疲劳性及耐水性。硅酮密封膏根据其性能有高模量、中模量、低模量之分。高模量的密封膏也称为结构胶，主要用于玻璃幕墙结构中玻璃与铝合金构件、玻璃板与玻璃板之间的黏结，以及门、窗框周边的密封；中模量的密封膏除在大伸缩性接缝处不能使用外，其他场合均可采用；低模量的密封膏主要用于建筑物非结构部位，如铝合金、玻璃、石材等的嵌缝密封。

7．止水带

止水带也称为封缝带，是处理建筑物或地下构筑物接缝（伸缩缝、施工缝、变形缝）用的一类定型防水密封材料。常用的止水带的品种有橡胶止水带、塑料止水带等。

8．密封条

密封条是指由橡胶或合成橡胶制成的橡胶密封条，主要用于建筑的玻璃门窗和火车、汽车、飞机、电冰箱等的密封防水。

11.1.4　刚性防水材料

刚性防水材料是指以水泥、砂、石为原料或掺入少量外加剂、高分子聚合物等材料，通过调整配合比、抑制或减小孔隙率、改变孔隙特征、增加各原材料界面间的密实性等方法，配制成具有一定抗渗透能力的水泥砂浆或混凝土类的防水材料。刚性防水材料是相对防水卷材、防水涂料等柔性防水材料而言的防水形式。刚性防水层在受到拉伸外力大于防水材料的拉伸强度时，容易发生脆性开裂而造成渗漏水。

刚性防水材料可通过两种方法实现：一是以硅酸盐水泥为基料，加入无机或有机外加剂配制而成的防水砂浆、防水混凝土，如外加剂防水混凝土、聚合物防水砂浆等；二是以膨胀水泥为主的特种水泥为基材配制的防水砂浆、防水混凝土。

■ 11.2　绝热材料

在建筑中，习惯上把用于控制室内热量外流的材料称为保温材料；把防止室外热量进入室内的材料称为隔热材料。保温、隔热材料统称为绝热材料。

影响材料保温隔热性能的主要因素是导热系数，导热系数越小，材料的保温隔热性能越好。材料的导热系数受材料的性质、表观密度和孔隙特征、温湿度和热流方向的影响。热流方向的影响主要体现为热阻力的大小，对于

【导热系数】

各向异性的材料，如木材等纤维质材料，当热流平行于纤维方向时，热流受到的阻力小，导热较快，保温性能差，而热流垂直于纤维方向时，热阻较大，保温性能较好。建筑用绝热材料在特定应用情况下所需性能要求参照《建筑用绝热材料　性能选定指南》（GB/T 17369—2014）。

绝热材料按化学成分可以分为无机绝热材料和有机绝热材料两大类；按材料的构造可分为纤维状、松散粒状和多孔状三种。无机绝热材料是用无机矿物质原材料制成的，常呈纤维状、松散颗粒状或多孔状，可制成板、片、卷材或型制品。有机绝热材料是用有机原材料（各种树脂、软木、木丝、刨花等）制成的。一般来说，无机绝热材料的表观密度较大，不易腐朽，不会燃烧，耐高温；而有机绝热材料质轻，绝热性能好，但吸湿性大，耐久性和耐热性较差。

11.2.1　无机绝热材料

1. 石棉及其制品

石棉为常见的绝热材料，是一种天然矿物纤维。石棉纤维具有极高的拉伸强度，并具有耐火、耐热、耐酸碱、绝热、绝缘等优良特性，是一种优质绝热材料，通常将其加工成石棉粉、石棉板、石棉毡等制品。由于石棉中的粉尘对人体有害，因此在民用建筑中已很少使用，目前主要用于工业建筑的隔热、保温及防火覆盖。

2. 矿棉及其制品

岩棉和矿渣棉统称为矿棉。岩棉的主要原料为玄武岩、花岗石等天然岩石，矿渣棉的主要原材料为高炉矿渣、铜矿渣等。上述原料经高温熔融后，用高速离心法或压缩空气喷吹法制成细纤维材料。矿棉具有质轻、不燃、绝燃和电绝缘等性能，且原料来源广、成本低，可制成矿棉板、矿棉保温带、矿棉管壳等。矿棉可用于建筑物的墙体、屋面和顶棚等处的保温隔热和吸声材料，以及热力管道的保温材料。

3. 玻璃棉及其制品

玻璃棉及其制品是建筑行业中较为常见的无机纤维绝热、吸声材料。它是指以石英砂、白云石、蜡石等天然矿石为主要原料，配以其他纯碱、硼砂等化工原料熔制成玻璃，在熔融状态下经拉制、吹制或甩制而成的絮状纤维材料。建筑行业中常用的玻璃棉分为两种，即普通玻璃棉和超细玻璃棉。普通玻璃棉的纤维长度一般为 50~150mm，纤维直径为 12mm，而超细玻璃棉细得多，一般在 4mm 以下，可用来制作玻璃棉毡、玻璃棉板、玻璃棉套管等。

4. 膨胀珍珠岩及其制品

珍珠岩是一种酸性火山玻璃质岩石，内部含有 3%~6% 的结合水，当受高温作用时，玻璃质由固态转化为黏稠态，内部水则由液态变为一定压力的水蒸气向外扩散，黏稠的玻璃质不断膨胀，当被迅速冷却到软化温度以下时，就形成一种多孔结构的物质，称为膨胀珍珠岩。其原料来源广泛，价格低廉，加工简单，同时具有表观密度小、导热系数低、化学稳定性好、吸湿能力小，且无毒、无味、吸声等特点。膨胀珍珠岩可与不同的胶结材料（水泥、沥青、水玻璃、石膏等）配合，可制成不同品种和形状的制品，广泛应用于建筑、化工、冶金和电力等行业。

5. 膨胀蛭石及其制品

膨胀蛭石是指由天然矿物蛭石经烘干、破碎、焙烧（800~1000℃），在短时间内体积急剧膨胀（6~20 倍）而成的一种金黄色或灰白色的颗粒状材料，具有表观密度小、导热系数低、防火、防腐、化学性能稳定、无毒、无味等特点，因而是一种优良的保温隔热材料。在建筑行业中，膨胀蛭石的应用方式和方法与膨胀珍珠岩相同，除用作保温绝热填充材料外，还可以用胶结材料将膨胀蛭石胶结在一起，制成膨胀蛭石制品，如水泥膨胀蛭石制品等。

6. 泡沫玻璃

泡沫玻璃是指以天然玻璃或人工玻璃碎料和发泡剂配成的混合物，经高温煅烧而得到的一种内部多孔的块状绝热材料。泡沫玻璃具有均匀的微孔结构，孔隙率高达 80%~90%，且多为封闭气孔，因此，具有良好的防水抗渗性、耐热性、抗冻性、防火性和耐腐蚀性。大多数绝热材料都具有吸水透湿性，随着时间的增长，其绝热效果也会降低，而泡沫玻璃的导热系数长期稳定，不因环境影响发生改变。实践证明，泡沫玻璃在使用20年后，其性能没有任何改变。同时，其使用温度较宽，其工作温度一般为-200~430℃，这也是其他材料无法替代的。

11.2.2 有机绝热材料

1. 泡沫塑料

泡沫塑料是指以各种树脂为基料，加入各种辅助材料加热发泡制得的一种具有轻质、保温、隔热、吸声、抗震性能的材料。它保持了原有树脂的性能，并且同塑料相比，具有表观密度小、导热系数低、防震、吸声、耐腐蚀、耐霉变、加工形成方便、施工性能好等优点。由于这类材料造价高，且具有可燃性，所以应用上受到一定的限制。今后随着这类材料性能的改善，将向着高效多功能方向发展。

2. 炭化软木板

炭化软木板是以一种软木橡树的外皮为原料，经适当破碎后再在模型中成型，经300℃左右热处理而制成的。由于软木具有极其细微的气泡状细胞结构，热传导率低，所以成为理想的保温、隔热、吸声材料，且具有不透水、无味、无毒等特性。

3. 植物纤维复合板

植物纤维复合板是以植物纤维为重要材料加入胶结材料和填充料而制成的。如木丝板是以木材下脚料制成的木丝加入硅酸钠溶液及普通硅酸盐水泥混合，经成型、冷却、养护、干燥而制成的。甘蔗板是以甘蔗汁为原料，经过蒸制、加压、干燥等工序制成的一种轻质、吸声、保温材料。

11.2.3 反射性绝热材料

目前在建筑工程中，普遍采用多孔保温材料和在维护结构中设置普通空气层的方法来解决隔热。但维护结构较薄，用第二种方法解决保温隔热的问题比较困难。反射性保温隔热材料为解决上述问题提供了一条新途径。如铝箔型保温隔热板是以波形纸板为基层，铝箔作为面层加工而制成的，具有保温隔热性能、防潮性能，吸声效果好，且质量轻，成本低，可固定在钢筋混凝土屋面板下作保温隔热顶棚用，也可以设置在复合墙体内作为冷藏室、恒温室及其他类似房间的保温隔热墙体使用。

■ 11.3 吸声与隔声材料

建筑声学环境是重要的建筑物理环境之一，为了改善声波在室内传播的质量，保持良好的音响效果和减少噪声的危害，在音乐厅、影剧院、大礼堂、播音室及噪声大的工厂车间的墙面、地面、顶棚等部位，应选用适当的吸声材料。

11.3.1 吸声材料

吸声材料是指能在较大程度上吸收由空气传递的声波能量的建筑材料。描述吸声的指标是吸声系数 α。吸声系数 α 是指材料吸收的声能与入射到材料上的总声能之比。当入射声能被完全反射时，$\alpha=0$，表示无吸声作用；当入射声能完全没有被反射时，$\alpha=1$，表示完全被吸收。

一般材料或结构的吸声系数 $\alpha = 0 \sim 1$，α 值越大，表示吸声性能越好，它是目前表征吸声性能最常用的参数。为全面反映材料的吸声频率特性，工程上通常认为对 125Hz、250Hz、500Hz、1000Hz、2000Hz 和 4000Hz 六个频率的平均吸声系数大于 0.2 的材料才可称为吸声材料。

【吸声材料】

吸声结构的种类很多，按其材料结构状况可分为以下几类。

1. 多孔吸声材料

多孔吸声材料是常用的一种吸声材料，具有良好的中高频吸声性能。多孔吸声材料具有大量的内外连通的微小间隙和连续气泡，通气性良好。这些结构特征和隔热材料的结构特征有区别，隔热材料要求封闭的微孔。当声波入射到多孔材料表面时，声波顺着微孔进入材料的内部，引起孔隙的空气振动，由于空气与孔壁的摩擦，空气的黏滞阻力使振动空气的动能不断转化为微孔热能，从而使声能衰减。

多孔吸声材料品种很多，有呈松散状的超细玻璃棉、矿棉、海草、麻绒等；有的已加工成板状材料，如玻璃棉毡、穿孔吸声玻璃纤维板、软质木纤维板、木丝板；有微孔吸声砖、矿渣膨胀珍珠岩吸声砖、泡沫玻璃等。

影响多孔性材料吸声性能的主要因素有以下方面：

1）材料表观密度和构造。多孔材料表观密度增加，意味着微孔减少，能使低频吸声效果有所提高，但高频吸声性能却下降。材料孔隙率高，孔隙细小，吸声性能就较好。但孔隙过大效果反而较差。

2）材料厚度。增加材料的厚度，可提高材料的吸声系数，但厚度对高频声波系数的影响并不显著，因而为了提高材料的吸声能力而盲目增加材料的厚度是不可取的。

3）材料背后的空气层厚度。空气层相当于增加了材料的有效厚度，因此它的吸声性能一般来说随空气层厚度增加而提高，特别是改善对低频的吸收，它比增加材料厚度来提高低频的吸声效果更有效。

4）材料的表面特征。一般来说，互相连通、细小的开放性孔隙吸声效果好，而粗大孔、封闭的微孔对吸声性能是不利的，这与保温隔热材料有着完全不同的要求，同样是多孔材料，保温绝热材料要求必须是封闭的不能连通的孔。

2. 薄板振动吸声结构

薄板振动吸声结构具有良好的低频吸声效果，同时有助于声波的扩散。建筑中通常把胶合板、薄木板、硬质纤维板、石膏板、石棉水泥板或金属板等周边固定在墙体或顶棚的龙骨上，并在后面留有空气，即构成薄板振动吸声结构。由于低频声波比高频声波容易激起薄板产生振动，所以薄板振动吸声结构具有低频吸声的特性。

3. 共振吸声结构

共振吸声结构中间封闭有一定体积的空腔，并通过一定深度的小孔与声场相联系。受外力振荡时，空腔内的空气会按一定的共振频率振动，此时空腔开口颈部的空气分子在声波作用下，像活塞一样往复振动，因摩擦而消耗声能，能起到吸声的效果。如腔口蒙一层细布或疏松的棉絮，有助于加宽吸声频率范围和提高吸声量。也可同时用几种不同共振频率的共振器，加宽和提高共振频率范围内的吸声量。和多孔吸声材料相比，共振吸声结构一般吸声的频率范围较窄，吸声效率较低，但它的优点是具有较好的低频吸声效果，吸收的频率容易选择和控制，从而可以弥补多孔吸声材料在低频区域吸声性能的不足。在厅堂的声学处理和噪声控制中，常常用到各种形式的共振吸声结构。

4. 穿孔板组合共振吸声结构

穿孔板组合共振吸声结构在各种穿孔板、狭缝板背后设置空气层形成吸声结构，属于空腔共振吸声类结构，它们相当于若干个共振器并列在一起。这类结构取材方便，并有较好的装饰效果，所以使用广泛。穿孔板具有适合于中频的吸声特性。穿孔板还受其板厚、孔径、孔距、背后空气层厚度的影响，它们会改变穿孔板的主要吸声频率和共振频率；若穿孔板背后空气层还填有多孔吸声材料，则吸声效果更好。

5. 悬挂空间吸声体结构

悬挂于空间的吸声体，由于声波与吸声材料的两个或两个以上的表面接触，增加了有效吸声面积，产生边缘效应，加上声波的衍射作用，大大提高实际的吸声效果。实际使用时，可以根据不同的使用地点和要求，设计成各种形式的悬挂在顶棚下的空间吸声体，既能获得良好的声学效果，又能获得良好的艺术效果。空间吸声体有平板形、球形、圆锥形和棱锥形等形式。

6. 帘幕吸声体结构

帘幕吸声体结构是用具有通气性的纺织品制成的，安装时离墙或窗洞一定距离，并在背后设置空气层。这种吸声体对中、高频都有一定的吸声效果。帘幕的吸声效果与材料的种类和褶纹有关。帘幕吸声体安装、拆卸方便，同时兼具装饰的功能，应用价值高。

7. 柔性吸声材料

柔性吸声材料是指具有密闭气孔和一定弹性的材料，如聚氯乙烯泡沫塑料，表面近似为多孔材料，但因具有密闭气孔，声波引起的空气振动不易直接传递至材料内部，只能相应地产生振动，在振动过程中由于克服材料内部的摩擦而消耗声能，引起声波衰减。这种材料的吸声特性是在一定的频率范围内会出现一个或多个吸收频率。

11.3.2　隔声材料

建筑上把主要起隔绝声音作用的材料称为隔声材料。隔声材料主要用于外墙、门窗、隔墙及隔断等。隔声材料与吸声材料不同，吸声材料一般为轻质、疏松、多孔性材料，而隔声材料则多为沉重、密实性材料。通常隔声性能好的材料其吸声性能就差，同样吸声性能好的材料其隔声能力较弱。但是，如果将两者结合起来应用，则可以使吸声性能与隔声性能都得到提高。比如，实际中常采用在隔声较好的硬质基板上铺设高效吸声材料的做法制作隔声墙，不但使声音被阻挡、反射回去，而且使声音能量大幅度降低，从而达到极高的隔声效果。

隔声可分为隔绝空气声（通过空气传播的声音）和隔绝固体声（通过撞击或振动传播的声音）。两者的隔声原理截然不同。声音如果只通过空气的振动而传播，称为空气声，如说话、唱歌、拉小提琴、吹喇叭等都产生空气声；如果某种声源不仅通过空气辐射其声能，同时也引起建筑结构某一部分发生振动时，称为撞击声或固体声，如大提琴、脚步声及电动机、风扇等产生的噪声为典型的固体声。固体声的隔绝主要是吸收，这和吸声材料是一致的；空气声的隔绝主要是反射。空气声的传声大小主要取决于墙或板的单位面积质量，质量越大，越不易振动，隔声效果就越好。因此，空气声的隔绝应选用密实、沉重的（如黏土砖、混凝土等）材料。对固体声最有效的隔声措施是结构处理，即在构件之间加设弹性衬垫（如软木、矿棉毡等），以隔断声波的传递。

对于隔绝固体声音，目前尚无行之有效的隔声方法。

隔声材料五花八门，日常人们比较常见的有实心砖块、钢筋混凝土墙、木板、石膏板、铁板、隔声毡、纤维板等。严格意义上说，几乎所有的材料都具有隔声作用，其区别就是不同材料隔声量的大小不同而已。同一种材料，由于面密度不同，其隔声量存在比较大的变化。隔声量遵循质量定律原则，就是隔声材料的单位密集面密度越大，隔声量就越大，面密度与隔声量成正比关系。隔声材料在物理上有一定弹性，当声波入射时便激发振动在隔层内传播。

在实际工程中一般采用双层隔声结构，在两隔声板中间设有空气层，形成固体-空气-固体的双层结构。如果两层固体隔层由刚性构件相连、使两个隔层的振动连在一起，隔声量便大为降低。尤其是双层结构隔声，相互之间必须相互支撑或连接时，一定要用弹性构件支撑或悬吊，同时注意需要分割的两个空间之间不能有缝或孔相通。"漏气"就要漏声，所以应保证隔声构件的密封性。

【工程实例1】

上海世博会的主题是"城市，让生活更美好"，而其建筑材料则充分诠释了低碳绿色的主旋律。中国国家馆顶上的观景台使用了先进的太阳能薄膜，大屋顶与外墙上也利用了太阳能光伏板材料，通过"太阳能光伏建筑一体化发电工程"，并用了多种新型太阳能发电组件材料，对太阳能进行了高效利用，使之成为一座"绿色电站"。地区馆平台上铺了厚达1.5m的覆土层，可为展馆节省10%以上的能耗。"沪上·生态家"一砖一瓦都是废物利用。万科馆的外墙采用了天然麦秸秆压制成的秸秆板。

竹子美观、廉价和坚韧，很早就成了人类钟爱的建筑材料。它在上海世博会上也大放异彩。印度馆的外部造型像泰姬陵，穹顶用数万根盘口粗的竹子建成，穹顶上还种满了绿草。挪威馆以木材作为结构材料，外墙则用竹子予以装饰。印尼馆和越南馆也利用了竹子，新颖别致。世博会结束之后还可将这些竹子用于修建其他设施。大篮子西班牙馆外墙用了8524块不同质地、颜色各异的藤条板，有效地减少了阳光辐射、降低了馆内能耗，成为建筑史上第一座用藤编作为建材的建筑。

日本馆被称为"紫蚕岛"。其外形是一个半圆形的大穹顶，上面覆盖着具有太阳能发电功能的超轻薄膜，能透过阳光，又能产生并储存电能，还能在夜晚让建筑物闪闪发光。

定名为"冰壶"的世博会芬兰馆，其鱼鳞状外墙使用了由废纸与塑料合成的生态材料。按照永久性建筑的标准设计的"冰壶"在世博会后，可以方便地拆卸，然后异地重建，继续使用。

【工程实例2】

2005年3月29日开工建设的北京五棵松体育馆是2008年北京奥运会篮球预赛和决赛用比赛场馆，如图11-1所示。该工程的地下防水工程面积为30000m²，设防等级为一级。采用三道设防，主体结构为自防水的钢筋混凝土，外包两层柔性卷材，以此形成刚柔结合的复合防水构造。

柔性防水材料选用 SBS Ⅱ 型聚酯胎改性沥青防水卷材（见图11-2），以 SBS 橡胶改性石油沥青引为浸渍覆盖层，以聚酯纤维无纺布、黄麻布、玻璃纤维毡等分别制作为胎基，以塑料薄膜为防黏隔离层，经选材、配料、共熔、浸渍、复合成型、卷曲等工序加工制作而成的一种防水建筑材料。这种防水卷材具有不透水性强，拉伸强度高，伸长率大，耐高低温性能好，耐穿刺，施工方便等特点，广泛应用于桥梁、隧道、停车场、游泳池、蓄水池、地下室、卫生间等工业与民用建筑物的防水、防潮、隔汽、抗渗，尤其适用于寒冷地区、结构变形频繁地区的建筑物防水。

图 11-1 五棵松体育馆

图 11-2 SBS Ⅱ 型聚酯胎改性沥青防水卷材

习　　题

11-1 简述防水材料的分类。

11-2 合成高分子防水卷材具有哪些优点？

11-3 建筑物上使用保温隔热材料的目的是什么？

11-4 无机保温材料与有机保温材料的区别是什么？

11-5 吸声材料与隔声材料的区别是什么？

11-6 影响多孔性材料吸声性能的主要因素有哪些？

附录　核心知识点

各章节核心知识点如图 1~图 11 所示。

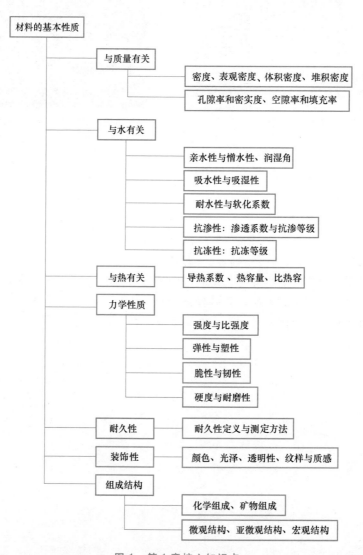

图 1　第 1 章核心知识点

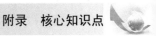

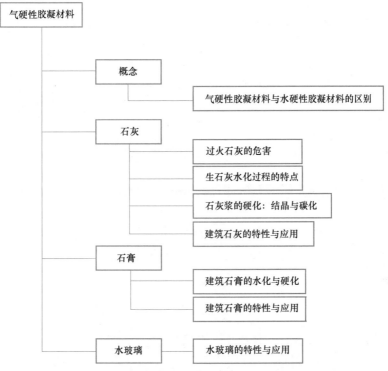

图2 第2章核心知识点

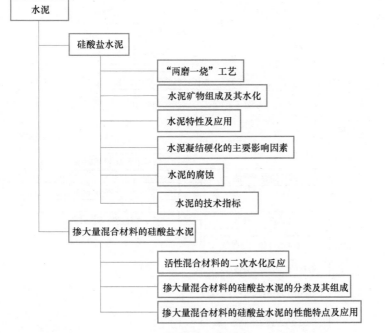

图3 第3章核心知识点

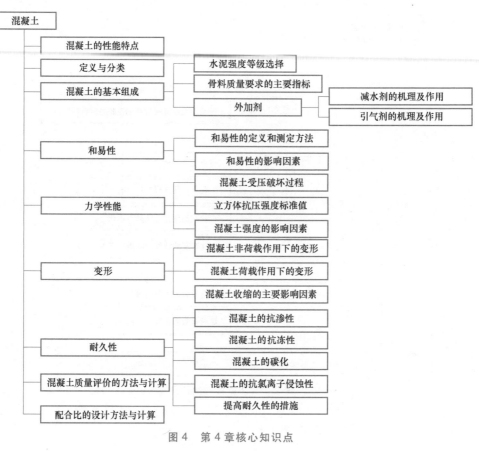

图 4　第 4 章核心知识点

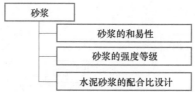

图 5　第 5 章核心知识点

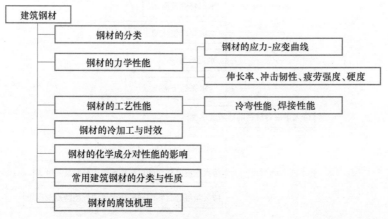

图 6　第 6 章核心知识点

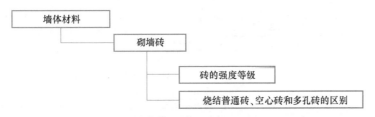

图 7　第 7 章核心知识点

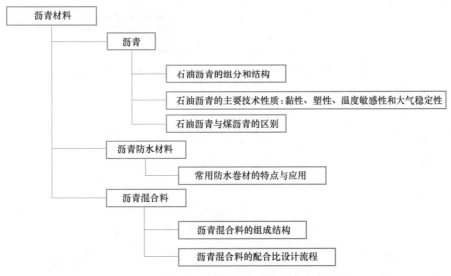

图 8　第 8 章核心知识点

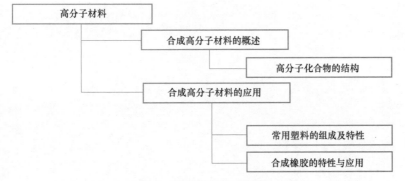

图 9　第 9 章核心知识点

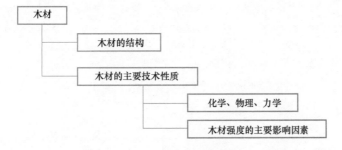

图 10　第 10 章核心知识点

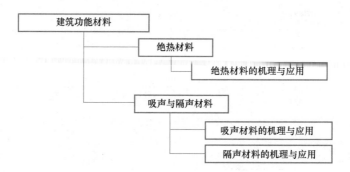

图 11 第 11 章核心知识点

参 考 文 献

[1] 苏卿，黄涛，赵跃萍. 土木工程材料 [M]. 3版. 武汉：武汉理工大学出版社，2016.

[2] 朋改非. 土木工程材料 [M]. 2版. 武汉：华中科技大学出版社，2013.

[3] 陈瑜. 土木工程材料 [M]. 北京：冶金工业出版社，2011.

[4] 杨医博，何娟，王绍怀，等. 土木工程材料 [M]. 2版. 广州：华南理工大学出版社，2016.

[5] 苏达根. 土木工程材料 [M]. 3版. 北京：高等教育出版社，2015.

[6] MEHTA P K, PAULO J M, MONTEIRO. Concrete：microstructure，properties and materials [M]. 3rd ed. New York：McGraw Hill，2006.

[7] 杨中正，刘焕强，赵玉青. 土木工程材料 [M]. 北京：中国建材工业出版社，2017.

[8] 方海林，张良，邓育新. 高分子材料合成与加工用助剂 [M]. 北京：化学工业出版社，2015.

[9] 倪修全，殷和平，陈德鹏. 土木工程材料 [M]. 武汉：武汉大学出版社，2014.

[10] 付明琴，龙变珍. 建筑材料 [M]. 杭州：浙江大学出版社，2015.

[11] 李崇智，周文娟，王林. 建筑材料 [M]. 北京：清华大学出版社，2009.

[12] 吴中伟，廉慧珍. 高性能混凝土 [M]. 北京：中国铁道出版社，1999.

[13] 江见鲸，王元清，龚晓南，等. 建筑工程事故分析与处理 [M]. 3版. 北京：中国建筑工业出版社，2006.

[14] 余丽武，朱平华，张志军. 土木工程材料 [M]. 北京：中国建筑工业出版社，2017.

[15] 西安建筑科技大学，华南理工大学，重庆大学，等. 建筑材料 [M]. 4版. 北京：中国建筑工业出版社，2013.

[16] 湖南大学，天津大学，同济大学，等. 土木工程材料 [M]. 2版. 北京：中国建筑工业出版社，2013.

[17] 陈德鹏，阎利. 土木工程材料 [M]. 北京：清华大学出版社，2014.

[18] 王培铭. 无机非金属材料 [M]. 上海：同济大学出版社，1999.

[19] ELSHARIEF A，COHEN M D，OLEK J. Influence of aggregate size，water cement ratio and age on the microstructure of the interfacial transition zone [J]. Cement and Concrete Research，2003，33（11）：1837-1849.

[20] SHUI Z H，WANG H W. Distributions of chemical elements in aggregate-cement interfacial transition zone in old concrete [J]. Journal of Wuhan University of Technology，2002，24（5）：22-25.

[21] 陈正，胡以婵，赵宇飞，等. 标准碳化环境下基于材料参数的混凝土碳化深度多因素计算模型 [J]. 硅酸盐通报，2019，38（6）：1681-1687.

[22] 杨绿峰，周明，陈正. 海洋混凝土结构耐久性定量分析与设计 [J]. 土木工程学报，2014，47（10）：70-79.

[23] 余波，杨绿峰，成荻. 混凝土结构的碳化环境作用量化与耐久性分析 [J]. 土木工程学报，2015，48（9）：51-59.

[24] ZHENG C，NONG Y M，CHEN J H，etc. A DFT study on corrosion mechanism of steel bar under water-oxygen interaction [J]. Computational Materials Science，2020，171：109265.

[25] 中国建筑材料联合会. 建筑生石灰：JC/T 479—2013 [S]. 北京：中国建材工业出版社，2013.

[26] 中国建筑材料联合会. 建筑消石灰：JC/T 481—2013 [S]. 北京：中国建材工业出版社，2013.

[27] 中国建筑材料联合会. 建筑石膏：GB/T 9776—2022 [S]. 北京：中国标准出版社，2022.

[28] 中华人民共和国住房与城乡建设部. 砌筑砂浆配合比设计规程：JGJ/T 98—2010 [S]. 北京：中国

建筑工业出版社，2010.

［29］　中华人民共和国住房与城乡建设部. 建筑砂浆基本性能试验方法标准：JGJ/T 70—2009 ［S］. 北京：中国建筑工业出版社，2009.

［30］　中国钢铁工业协会. 碳素结构钢：GB/T 700—2006 ［S］. 北京：中国标准出版社，2006.

［31］　中国钢铁工业协会. 低合金高强度结构钢：GB/T 1591—2018 ［S］. 北京：中国质检出版社，2018.

［32］　中国钢铁工业协会. 钢筋混凝土用钢　第 1 部分：热轧光圆钢筋：GB/T 1499.1—2017 ［S］. 北京：中国标准出版社，2017.

［33］　中国钢铁工业协会. 钢筋混凝土用钢　第 2 部分：热轧带肋钢筋：GB/T 1499.2—2018 ［S］. 北京：中国标准出版社，2018.

［34］　中国钢铁工业协会. 冷轧带肋钢筋：GB/T 13788—2017 ［S］. 北京：中国标准出版社，2017.

［35］　中国钢铁工业协会. 预应力混凝土用螺纹钢筋：GB/T 20065—2016 ［S］. 北京：中国标准出版社，2016.

［36］　中国钢铁工业协会. 预应力混凝土用钢丝：GB/T 5223—2014 ［S］. 北京：中国标准出版社，2014.

［37］　中国钢铁工业协会. 预应力混凝土用钢绞线：GB/T 5224—2023 ［S］. 北京：中国标准出版社，2023.

［38］　中国钢铁工业协会. 耐候结构钢：GB/T 4171—2008 ［S］. 北京：中国标准出版社，2008.

［39］　中国建筑材料工业协会. 通用硅酸盐水泥：GB 175—2007 ［S］. 北京：中国标准出版社，2007.

［40］　中国建筑材料工业协会. 硫铝酸盐水泥：GB 20472—2006 ［S］. 北京：中国标准出版社，2006.

［41］　中国建筑材料联合会. 水泥胶砂强度检验方法：GB/T17671—2021 ［S］. 北京：中国标准出版社，2021.

［42］　中国建筑材料联合会. 铝酸盐水泥：GB/T 201—2015 ［S］. 北京：中国标准出版社，2015.

［43］　中国建筑材料联合会. 白色硅酸盐水泥：GB/T 2015—2017 ［S］. 北京：中国标准出版社，2017.

［44］　中国建筑材料联合会. 道路硅酸盐水泥：GB/T 13693—2017 ［S］. 北京：中国标准出版社，2017.

［45］　中国建筑材料联合会. 中热硅酸盐水泥、低热硅酸盐水泥：GB/T 200—2017 ［S］. 北京：中国标准出版社，2017.

［46］　中国建筑材料联合会. 砌筑水泥：GB/T 3183—2017 ［S］. 北京：中国标准出版社，2017.

［47］　中国建筑材料联合会. 硅酸盐建筑制品用粉煤灰：JC/T 409—2016 ［S］. 北京：中国建材工业出版社，2016.

［48］　中国建筑材料联合会. 建设用砂：GB/T 14684—2022 ［S］. 北京：中国标准出版社，2022.

［49］　中国建筑材料联合会. 建设用卵石、碎石：GB/T 14685—2022 ［S］. 北京：中国标准出版社，2022.

［50］　中华人民共和国住房和城乡建设部. 粉煤灰混凝土应用技术规范：GB/T 50146—2014 ［S］. 北京：中国计划出版社，2014.

［51］　中华人民共和国住房和城乡建设部. 混凝土结构工程施工质量验收规范：GB 50204—2015 ［S］. 北京：中国建筑工业出版社，2015.

［52］　中国建筑材料联合会. 用于水泥和混凝土中的粉煤灰：GB/T 1596—2017 ［S］. 北京：中国标准出版社，2017.

［53］　中国建筑材料联合会. 烧结普通砖：GB/T 5101—2017 ［S］. 北京：中国标准出版社，2003.

［54］　中国建筑材料联合会. 烧结多孔砖和多孔砌块：GB 13544—2011 ［S］. 北京：中国标准出版社，2011.

［55］　中国建筑材料联合会. 烧结空心砖和空心砌块：GB/T 13545—2014 ［S］. 北京：中国标准出版社，2014.

［56］　中国建筑材料联合会. 普通混凝土小型砌块：GB/T 8239—2014 ［S］. 北京：中国标准出版社，2014.

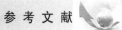

［57］ 中国建筑材料联合会. 蒸压加气混凝土砌块：GB/T 11968—2020 ［S］. 北京：中国标准出版社，2020.

［58］ 中国建筑材料联合会. 粉煤灰混凝土小型空心砌块：JC/T 862—2008 ［S］. 北京：中国建材工业出版社，2008.

［59］ 中国建筑材料联合会. 防水沥青与防水卷材术语：GB/T 18378—2008 ［S］. 北京：中国标准出版社，2008.

［60］ 中华人民共和国交通运输部. 公路工程沥青及沥青混合料试验规程：JTG E20—2011 ［S］. 北京：人民交通出版社，2011.

［61］ 全国石油产品和润滑剂标准化技术委员会. 建筑石油沥青：GB/T 494—2010 ［S］. 北京：中国标准出版社，2010.

［62］ 交通部公路科学研究所. 公路沥青路面施工技术规范：JTG F40—2004 ［S］. 北京：人民交通出版社，2004.

［63］ 中国钢铁工业协会. 煤沥青：GB/T 2290—2012 ［S］. 北京：中国标准出版社，2012.

［64］ 中华人民共和国住房和城乡建设部. 砌体结构工程施工质量验收规范：GB 50203—2011 ［S］. 北京：中国建筑工业出版社，2011.

［65］ 中华人民共和国住房和城乡建设部. 混凝土强度检验评定标准：GB/T 50107—2010 ［S］. 北京：中国建筑工业出版社，2010.

［66］ 中华人民共和国住房和城乡建设部. 普通混凝土配合比设计规程：JCJ 55—2011 ［S］. 北京：中国建筑工业出版社，2011.

［67］ 中华人民共和国住房和城乡建设部. 普通混凝土拌合物性能试验方法标准：GB/T 50080—2016 ［S］. 北京：中国建筑工业出版社，2016.

［68］ 中华人民共和国住房和城乡建设部. 混凝土物理力学性能试验方法标准：GB/T 50081—2019 ［S］. 北京：中国建筑工业出版社，2019.

［69］ 中国工程建设标准化协会. 高性能混凝土应用技术规程：CECS 207：2006 ［S］. 北京：中国计划出版社，2006.

［70］ 中华人民共和国住房和城乡建设部. 混凝土结构耐久性设计标准：GB/T 50476—2019 ［S］. 北京：中国建筑工业出版社，2019.

［71］ 中国建筑材料联合会. 建筑用绝热材料 性能选定指南：GB/T 17369—2014 ［S］. 北京：中国标准出版社，2014.

［72］ 中国建筑材料联合会. 蒸压粉煤灰砖：JC/T 239—2014 ［S］. 北京：中国建材工业出版社，2015.

［73］ 中华人民共和国住房和城乡建设部. 普通混凝土长期性能和耐久性能试验方法标准：GB/T 50082—2009 ［S］. 北京：中国建筑工业出版社，2009.

［74］ 中国建筑材料联合会. 蒸压灰砂实心砖和实心砌块：GB/T 11945—2019 ［S］. 北京：中国标准出版社，2019.

［75］ 中华人民共和国住房和城乡建设部. 岩土锚杆与喷射混凝土支护工程技术规范：GB 50086—2015 ［S］. 北京：中国计划出版社，2016.

［76］ 中华人民共和国住房和城乡建设部. 大体积混凝土施工标准：GB 50496—2018 ［S］. 北京：中国计划出版社，2018.